北京大学预防医学核心教材
普通高等教育本科规划教材

供公共卫生与预防医学类及相关专业用

生 物 统 计 学 教 程

主　编　周晓华

编　委　（按姓名汉语拼音排序）

艾明要（北京大学）

邓明华（北京大学）

耿　直（北京大学）

贾金柱（北京大学）

梁宝生（北京大学）

王　红（北京大学）

周晓华（北京大学）

北京大学医学出版社

SHENGWU TONGJIXUE JIAOCHENG

图书在版编目（CIP）数据

生物统计学教程 / 周晓华主编. —北京：北京大学医学出版社，2023.8
ISBN 978-7-5659-2826-0

Ⅰ. ①生⋯ Ⅱ. ①周⋯ Ⅲ. ①生物统计学－医学院校－教材 Ⅳ. ① Q-332

中国国家版本馆 CIP 数据核字（2023）第 013369 号

生物统计学教程

主　　编：周晓华

出版发行：北京大学医学出版社

地　　址：（100191）北京市海淀区学院路 38 号　北京大学医学部院内

电　　话：发行部 010-82802230；图书邮购 010-82802495

网　　址：http://www.pumpress.com.cn

E-mail：booksale@bjmu.edu.cn

印　　刷：北京瑞达方舟印务有限公司

经　　销：新华书店

责任编辑：靳　奕　　责任校对：靳新强　　责任印制：李　啸

开　　本：850 mm×1168 mm　1/16　印张：16.5　字数：470 千字

版　　次：2023 年 8 月第 1 版　2023 年 8 月第 1 次印刷

书　　号：ISBN 978-7-5659-2826-0

定　　价：45.00 元

版权所有，违者必究

（凡属质量问题请与本社发行部联系退换）

北京大学预防医学核心教材编审委员会

主 任 委 员： 孟庆跃

副主任委员： 王志锋　郝卫东

委　　　　员：（按姓名汉语拼音排序）

崔富强　郭新彪　贾　光　刘建蒙　马冠生

马　军　王海俊　王培玉　吴　明　许雅君

詹思延　郑志杰　周晓华

秘　　　　书： 魏雪涛

前言

党的二十大对新时代新征程实施科教兴国战略,强化现代化人才支撑作出了战略部署。报告指出:"加强基础学科、新兴学科、交叉学科建设,加快建设中国特色、世界一流的大学和优势学科""全面提高人才自主培养质量,着力造就拔尖创新人才"。这也是生物统计学科建设的愿景。

步入大数据时代,在临床医学、公共卫生、药物研发等领域实现创新发展的关键是夯实基础学科的教学与研究,推进交叉学科的协同与融合。生物统计学就是这样一门统计方法学与生物医学应用实践紧密结合的专业基础学科,对于培养新时代复合型医学和公共卫生人才具有重要意义。

生物统计学是统计学的一个分支,是使用统计学方法收集和分析生物与医学数据、传达和控制数据不确定性的科学。生物统计学也被称为生物计量学、卫生统计学。它与统计学的区别在于统计学以概率论为基础,源于数学,是一门方法论学科,致力于为其他领域提供一套连贯的数据处理思想和工具;而生物统计学是统计学在公共卫生和医学领域的应用。生物统计方法在医学中的应用十分普遍。因此,即便是不从事医学科研的医疗卫生从业人员,也需要理解统计学原理,才能区分研究的优劣,验证研究结论的可靠性,并了解研究的局限性。

北京大学生物统计系成立后,承担了公共卫生学院、基础医学院的生物统计课程教学。在教学中,参考许多同类教材,我们认识到将概率统计的基本原理和生物统计的实际问题结合起来非常有必要,能让同学们在理解统计学基本原理的基础上,更好地解决生物统计学的实际问题。

本书由北京大学数学科学学院概率统计系老师和北京大学公共卫生学院生物统计系老师共同编著。本书注重讲解概率统计的基本原理,让读者做到对使用的统计方法有较为清晰的理解。

本书第一章介绍了生物统计学的意义、生物统计学的基本概念以及统计学的发展历史。第二章介绍了概率论的基础知识。编者注意到许多同类教材不包含概率理论基本知识的介绍。但我们认为,为了更好地理解统计学方法,概率论基础知识是不可或缺的。本书还涵盖了描述统计学、参数估计、假设检验、方差分析、线性相关和回归、非参数检验、生存分析等方法。这些方法广泛应用于解决各种生物统计学问题,因此理解和掌握这些方法非常重要。考虑到生物统计工作者,特别是临床研究设计和诊断医学工作者的实际需求,本书加入了临床试验方法和诊断医学中的统计学方法。统计方法的实现离不开软件,本书的所有计算都依赖于开源统计软件 R。附录对 R 语言做了简单介绍,文中部分章节也提供了 R 代码。

由衷感谢北京大学生物统计系研究生:曹梦奇、姜宽、李闵涛、梁玮杰、欧夏娴、宋倩倩、王鑫培、王敬元、吴寒羽、周好奇、周江杰和张翌玺同学对本书初稿的公式、代码和数据分析结果的多次认真校对工作。感谢北京大学基础医学院 2020 级和 2021 级全体本科生在本书教学试用期间给予的反馈和修改意见。最后，感谢北京大学公共卫生学院党委和预防医学核心教材编审委员会在教材思政内容的融合与修改方面提供的建议。

本书适合生物统计学、医学、公共卫生等领域的学生、老师以及科研工作者参考。由于水平有限，书中难免会有不足之处，恳请读者批评指正。

本书由北京大学医学出版基金赞助出版。

周晓华

2023 年 2 月

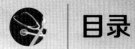

目录

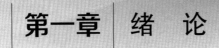

第一章 绪 论

第一节 生物统计学的定义及意义

一、生物统计学的定义

生物统计学（biostatistics）是统计学（statistics）的一个分支。美国统计协会将"统计学"定义为"一门测量、控制和传达数据中不确定性的科学"。统计学是一门解决现实世界问题的学科，也是一门关于如何将数据转化为对现实世界的见解的学科。特定工作的方法学经验形成的统计理论成果可进一步用于研究许多其他领域的问题。统计学尽管源于数学，却是一门方法论学科，它并不局限于自身发展，而是致力于为其他领域提供一套连贯的数据处理思想和工具。为了实现该目标，统计学需要以数学为工具。在数学中，研究者对数学结构本身感兴趣，而在统计学中，数学结构只是被用作发展统计理论从而解决现实世界问题的工具。因此，数学家倾向于获得近似问题的确切答案，而应用统计学家更倾向于获得确切问题的近似答案。

Wild 和 Pfannkuch 提出统计思维模型包括以下 4 个方面：①研究周期（PPDAC），②思维方式，③疑问周期，④性格特质；详见图 1.1。

统计方法在医学中的应用十分普遍。Strasak 等在 2004 年上半年期间发表在两大医学顶尖期刊 New England Journal of Medicine（《新英格兰医学杂志》，NEJM）和 Natura Medicine《自然·医学》（Nat Med）的原始文献的调查结果显示 94.5% [95% 置信区间（CI）为 87.6% ~ 98.2%）的 NEJM 文章和 82.4%（95% CI 为 65.5% ~ 93.2%）Nat Med 文章使用了统计推断。这说明发表在这些期刊的文章大多需要一些统计学知识才能完全理解。因此，即便是不从事医学科研的医疗卫生从业人员，也需要理解统计学原理，才能区分研究的优劣，验证研究结论的可靠性，并了解研究的局限性。

根据美国国立卫生研究院下属美国国家癌症研究所的词典中的定义，使用统计学方法收集和分析生物与医学数据的科学称为生物统计学。它可用于帮助了解癌症的可能病因和癌症在特定人群的发病率。生物统计学也被称为生物计量学，它与统计学的区别在于生物统计学是数学和统计学在公共卫生和医学领域的应用，而统计学则涉及所有类型数据的收集、记录和评估。

二、生物统计学的意义

1988 年，美国医学研究所（IOM）发表的《公共卫生的未来》研究报告中明确了公共卫生的定义。该报告指出，公共卫生的使命是保障一切实现人群健康的条件来满足社会的利益。为实现这一使命，需要履行如下职能：

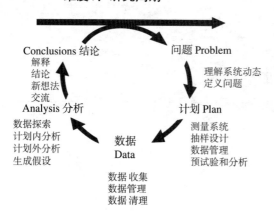

维度1：研究周期

Conclusions 结论
解释
结论
新想法
交流
Analysis 分析
数据探索
计划内分析
计划外分析
生成假设

问题 Problem
理解系统动态
定义问题

计划 Plan
测量系统
抽样设计
数据管理
预试验和分析

数据
Data
数据收集
数据管理
数据清理

维度2：思维方式

一般类型
- 策略性
  - 计划，预知问题
  - 对现实约束条件的认识
- 寻求解释
- 建立模型
  - 先建立后使用
- 应用方法
  - 遵循先例
  - 问题原型的识别和使用
  - 使用解决问题的工具

统计思维的基本类型（基础）
- 认识到需要数据
- 数据分析（改变表现形式以促进理解）
  - 从真实系统中捕捉"测度"
  - 改变数据表现形式
  - 数据中传递信息
- 考虑变异
  - 发现和确认
  - 为了预测、解释和控制而进行测量和建模
  - 解释和处理
  - 研究的策略
- 用统计模型推理
  - 基于聚合的推理
- 将统计与实际情境相联系
  - 信息、知识和概念

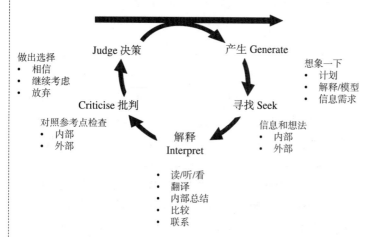

维度3：疑问周期

Judge 决策
做出选择
- 相信
- 继续考虑
- 放弃

产生 Generate
想象一下
- 计划
- 解释/模型
- 信息需求

Criticise 批判
对照参考点检查
- 内部
- 外部

寻找 Seek
信息和想法
- 内部
- 外部

解释
Interpret
- 读/听/看
- 翻译
- 内部总结
- 比较
- 联系

维度4：性格特质

- 怀疑精神
- 想象力
- 好奇心和觉察力
  - 善于观察、注意
- 接受力强
  - 对于与既往观念冲突的想法
- 探究深层意义的倾向
- 逻辑性
- 参与度
- 毅力

图 1.1 统计思维的 4 个维度

1．评估　识别人群健康问题并确定其影响程度。

2．制定政策　确定健康问题的优先级，确定可能的干预措施和（或）预防措施，制定规章制度从而努力达成改变，并预测这些改变对人群的影响。

3．保障执行　确保提供必要的服务以达到政策中设定的预期目标，并对监管机构和社会其他部门是否执行政策进行监督。

党的二十大报告也指出，要推进健康中国战略。把保障人民健康放在优先发展的战略位置，完善人民健康促进政策。要创新医院协同、医防融合机制，健全公共卫生体系。

生物统计学在上述职能中发挥着至关重要的作用。在评估方面，生物统计学通过设计针对人群及其需求的一般化调查，计划必要的试验对调查结果进行补充，协助估计健康问题的严重程度，并发现相关危险因素，以解决如下问题：确定所需收集信息和健康问题，在收集的数据中发现规律，以及用这些规律来更好地描述目标人群。在政策制定和保障执行方面，生物统计学通过抽样、估计等方法来研究与依从性和结局相关的因素，以解决如下问题：疾病的改善是否由依从性所致，如何更好地测量依从性，以及如何提高目标人群的依从性水平等。在分析调查数据的过程中，生物统计学家需要考虑应答和测量中可能存在的不准确性，可能其中一些是有意的，一些是无意的。因此，生物统计学的功能还包括设计能够检查准确性的测量工具，以及发展能够校正无应答或缺失观测值的方法等。此外，生物统计学还在干预效应的评价和政策与收益的关联评估等工作中起着重要作用。

在公共卫生领域，生物统计学的主要任务是开发必要的数学工具来量化问题，评估危险因素与疾病的关联，确定问题的优先级，建立模型来预测政策变化的影响，并对预防和治疗措施的费用和副作用等成本进行估计。

第二节 生物统计学在医学和公共卫生领域的应用

在医学和公共卫生领域，几乎所有的新理论的发现过程都需要统计思想和原理的指导。下面展示 3 个具体案例。

第一个例子是弗雷明翰心脏研究（Framingham Heart Study，FHS）。FHS 是现代医学史上心血管疾病（cardiovascular diseases，CVDs）领域最具影响力的研究项目。心血管疾病是一组心脏和血管疾病，包括冠心病、脑血管疾病、外周动脉血栓形成、风湿性心脏病、先天性心脏病、深静脉血栓形成和肺栓塞等疾病。全球每年大概有 1 750 万人死于心血管疾病，约占总死亡人数的 31%。FHS 是一项针对美国马萨诸塞州弗雷明翰镇居民的长期的、持续的心血管研究，自 1948 年开始，共招募 5 209 名成人。FHS 明确了传统的冠心病的危险因素，如高血压、糖尿病和吸烟。通过该研究，学者们已在顶尖医学期刊上发表论文约 1 200 篇。CVD 危险因素的概念已经成为现代医学课程中不可或缺的一部分，并推动了临床实践中有效治疗和预防策略的发展。由于 FHS 是一项观察性研究，因此在分析 CVD 危险因素时存在许多混杂因素。为了控制混杂因素并得出正确结论，目前已经发展出许多新的统计方法。

第二个例子是妇女健康倡议（Women's Health Initiative，WHI），该项目是在 20 世纪 90 年代计划和启动的，旨在解决激素治疗在预防绝经后妇女疾病中有效性的问题，因为有大量证据表明雌激素（含或不含孕激素）可能对绝经后妇女的健康有益，可能可以预防心脏病、髋部骨折和结直肠癌等疾病。然而，一些观察性研究则表明雌激素可能增加患乳腺癌的风险。基于观察性研究，我们无法确认这种风险是否真实。由于随机临床试验可以提供最有力的证据，WHI 采用了随机化设计，纳入了 27 347 名年龄在 50 ~ 79 岁的女性。她们在积极治疗和后续未治疗期间接受了随访，总共随访时间为 13 年，其中使用雌激素加孕激素治疗 5.6 年，单独使用雌激素治疗 7.2 年。WHI 的结果（W.G. et al.，2002）是不建议将激素治疗用于预防慢性病，但它仍然是治疗年轻女性短期更年期症状的合理选择。这一实例说明了良好的设计在临床研究中的重要性。

第三个例子体现了正确处理混杂因素的重要性。该研究由 Burke 和 Yiamouyannis 开展，旨在研究氟化水对癌症死亡率的影响。该研究选择了美国的 10 个饮用水为氟化水城镇（简称"氟化城镇"）和 10 个饮用水为非氟化水城镇（简称"非氟化城镇"）。在进行数据分析后，他们发现在 1950—1970 年，氟化城镇癌症死亡率上升了 20%，而非氟化城镇死亡率仅增加 10%。该研究进而得出饮用氟化水会导致癌症的结论。然而，该研究的局限性在于作者并未考虑性别和种族这两个混杂因素，而这两个混杂因素与居民是否居住在氟化城镇和死亡率均有关。实际上，在该研究开展的 20 年中，年轻白人更倾向于搬离氟化城镇，这部分人群的癌症发病率较低，而留下的则是患病风险较高的人群。Oldham 和 Newell 在调整了性别和种族因素后，发现氟化城镇的癌症发病率实际上在 20 年内仅增加了 1%，而在未氟化城市，发病率增加了 4%。他们由此得出结论，没有证据表明氟化水会导致癌症。在上述的例子中，年龄、性别和种族等即是混杂变量，如图 1.2 所示。

这个例子说明了观察性研究的挑战在于可能存在很多混杂因素（confounding factors）。尽管研究者可以测量所有对他来说合理的变量，但是评论者总能想到另一个也可以解释结果但是未测量的变量。只有前瞻性随机化研究才能避免这种逻辑上的难题。在随机化研究中，暴露变

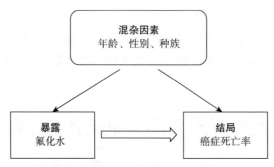

图 1.2　氟化致癌研究中的混杂因素

量（exposure，如替代治疗）完全是随机分配的，因此可以假设在平均水平上两组间未测量的混杂变量具有可比性。然而，许多情况下（例如，不符合伦理），不可能将暴露变量随机化作为试验设计的一部分，如探究吸烟与肺癌关联的案例。

生物统计学在未来也将大有可为。随着中国实施积极战略应对低生育率及人口老龄化等社会问题，生物统计学将在降低生育、养育、教育成本，发展养老事业和养老产业等方面提供政策依据；随着全世界对重大传染性疾病疫情防控的重视和积极应对，生物统计学将在数据统计、模型构建等方面提供大量的研究支持，助力重大疫情防控救治体系和应急能力建设。当前，大数据、大模型等领域方兴未艾，其在医学领域的应用也是生物统计学的重要方向。

第三节　生物统计学的基本概念

生物统计学的基本概念包括：总体、样本、统计量、估计、假设检验和统计决策。下面我们对这些基本概念进行更详细的讨论。

一、总体、参数、样本和统计量

生物统计学的一个主要目标是分析样本（sample），从而对样本所在的总体（population）进行推断，因此明确总体的定义十分重要。一个研究中的总体是希望该研究结论所能够推广的全部人群或事物。因此总体也称为研究总体。总体的规模可以是有限的或无限的。例如，如果研究者对 2019 年北京市全体居民的收缩压和舒张压感兴趣，研究总体就是 2019 年全体北京居民，则总体规模是有限的。如果研究者对某一计划用于世界上现有和未来居民的医疗设备的有效性感兴趣，那么研究总体就是无限的。其他无限总体还包括世界上所有患者体内的细菌数量，以及全世界海滩上的沙粒数量等。参数是描述整个总体的某个特征的任何数量或度量。例如，如果我们对 2019 年北京市所有居民的收缩压均值感兴趣，那么研究总体就是 2019 年北京市所有居民，感兴趣的参数就是研究总体中所有居民的收缩压均值。

由于从研究总体中收集每个个体的数据几乎是不可能的，而且成本较大，因此从总体中的一个样本收集数据更为实际。如果样本能够代表总体，那么我们就可以使用样本中的数据来准确估计总体的参数（parameter）。一个有代表性的样本意味着它可以准确地表示或反映研究总体，并且应该是总体的无偏反映。生成代表性样本的一种方法是使用简单随机抽样设计（simple random sampling design）。每个个体都是随机选择的，且总体中的每一个体都有相同的机会被选入样本。相同大小的不同样本具有相同的入选机会。

在操作层面上有不同选择样本的方式，这取决于总体是无限的还是有限的。对于无限总体，可通过从总体中顺序随机抽取个体来生成随机样本，相对简单。对于有限总体，则更加棘手，必须使用放回简单随机抽样（simple random sampling with replacement，SRSWR）方法。例如，如果我们对一枚硬币是否均匀感兴趣，可以通过独立掷 n 次硬币来生成一个大小为 n 的简单随机样本。但是，如果我们对北京市 65 岁以上患有阿尔茨海默病的居民感兴趣，由于这是一个有限总体，采用不放回简单随机抽样将无法产生简单随机样本，只有采用放回简单随机抽样才会产生简单随机样本。然而，重复抽样（放回抽样）的一个潜在问题是一个个体有可能被选中超过两次。当总体规模足够大时，不重复抽样也能够产生近似的简单随机样本。

在选择样本之后，我们需要计算统计量以估计总体参数，其中统计量是关于样本的函数。用数学语言表示，将 $X_1, \cdots, X_n$ 记作一个大小为 n 的来自总体的随机样本。$T(X_1, \cdots, X_n)$ 为一个关于 $X_1, \cdots, X_n$ 的实值或向量值函数，它的定义域包括 $(X_1, \cdots, X_n)$ 所在的样本空间。随机变量或随机向量 $Y = T(X_1, \cdots, X_n)$ 称为一个统计量。统计量 Y 的概率分布称为 Y 的样本分布。统计量涵盖的范围非常广泛，但它不能包括未知参数。

疟疾案例研究

气候在疟疾的动力学和分布中起着至关重要的作用。在生物学层面，气候与疟疾发病率有着内在联系，因其对蚊媒和蚊媒内疟原虫的生长都有影响。疟疾目前仍是中国西南地区所面临的重要公共卫生问题。主要涉及省份包括：四川、重庆、云南和贵州。该地区人口数为 189 977 077（数据来自 2010 年第六次全国人口普查），区域覆盖 1 137 570 km²。Zhao 等使用了温度和疟疾发病率数据来探索平均温度与疟疾发病率之间的关系是否依赖于中国西南地区昼夜温差范围（diurnal temperature range，DTR）。该地区共有 483 个县。由于无法收集这 483 个县所有居民个体的数据，需要根据疟疾和气象数据的可及性选择 30 个县作为研究地点。疟疾数据覆盖了 483 个县，而其中只有 131 个县有每日气象记录。如果在 483 个县中进行随机选择，得到的样本便是随机样本；如果没有进行随机选择，得到的样本就不是随机样本。

比较深刺电针和伪深刺电针的疗效

另一个例子是 Liu 等进行的研究，这是一项随机、对照、双臂、大规模临床试验，旨在比较深刺电针（deep needling electro-acupuncture，EA）和伪 EA（sham EA）治疗慢性功能性便秘的效果。便秘是一种常见的胃肠道疾病，虽然西药的效果立竿见影，但其长期使用可能导致药物依赖，更严重者会导致结肠黑变病、泻药性便秘甚至癌症。该研究调查了 EA 与伪 EA 治疗慢性功能性便秘的有效性。他们将中国 15 家医院共 1 034 名严重慢性功能性便秘患者纳入研究，这些患者通过报纸、电视、网络发布和社区海报等方式招募而来。患者被随机分配到 EA 组（$n = 517$）和伪 EA 组（$n = 517$）。主要结局指标为治疗 8 周内每周平均完全自发性排便（complete spontaneous bowel movements，CSBMs）次数与基线相比的变化值。研究中，总体是 15 家参与医院的所有严重慢性功能性便秘的患者，样本为 1 034 名被选中并同意参与该研究的患者。总体参数是治疗 8 周内研究总体预期每周CSBMs 与基线时的差值。样本统计量是治疗 8 周期间研究样本观测到的 CSBMs 与基线值的差值。样本是否为随机样本取决于所选患者是否能够代表 15 家医院中所有慢性功能性便秘的患者。为了获得随机样本，可以从就诊于这 15 家医院的所有慢性功能性便秘患者中随机选择一个子集。

二、估计、假设检验和统计决策

统计推断主要包括 3 种方法：估计（estimate）、假设检验（hypothesis test）和统计决策

(statistical decision)。记 $X_1, \ldots, X_n \sim f(x; \theta)$ 为一个随机样本。设我们感兴趣的是估计参数向量 $\theta = (\theta_1, \ldots, \theta_k)$。这类问题被称为估计问题。在统计学中，对于感兴趣的参数 θ 有两种不同的估计方法，一种是假设 θ 为固定但未知的常量，另一种是假设 θ 为有相应预设分布的随机变量。基于前一种思想的统计方法被称为频率学方法（frequentist methods），基于后一种思想的统计方法称为贝叶斯方法（Bayesian methods）。在频率学派中，两种主要的估计方法为矩估计（method of moment，MOM）和极大似然估计（maximum likelihood，ML）。矩估计的原理是使总体矩与样本矩相等，以得出感兴趣参数的估计量。极大似然估计是在给定观察样本的前提下，最大化参数的似然函数，其中似然函数表示在给定参数值的情况下观察到样本的概率。贝叶斯方法则是根据 θ 的后验分布产生参数 θ 的估计值，后验分布（posterior distribution）即 θ 的先验分布（prior distribution）和似然函数的乘积。后验分布表示基于观察样本的信息，即对于 θ 的先验分布的更新信息。

未知和固定参数的估计量是随机样本的函数，不同的样本将产生估计量的不同值。那么如何评价某一估计量在固定大小的有限样本中的表现呢？我们可以使用估计量的抽样分布来反映其性能。抽样分布（sampling distribution）展示了在总体的所有可能随机样本中，估计量所取的所有可能值的分布规律。为了概括抽样分布中的信息，我们通常使用抽样总体的 3 个汇总指标进行度量：偏差（bias）、方差（variance）和均方误差（mean squared error，MSE）。这里偏差是参数真实值与估计值的差异，$E(\hat{\theta} - \theta_0)$；方差指估计的变异性，$E[\hat{\theta} - E(\hat{\theta})]^2$；均方误差反映了参数估计值与真实值之间的平方距离 $E(\hat{\theta} - \theta_0)^2$。

虽然估计方法可以基于样本给出感兴趣的参数的估计值，却无法量化与估计量相关的不确定性。为了量化这种不确定性，我们将引入置信区间或真实参数集的概念。置信区间方法能够表示基于样本构建的置信区间覆盖了真实参数的概率，即置信度。频率和贝叶斯方法的置信区间中的置信度的含义有所不同。在实践中，除了 θ 的估计问题外，我们有时还需要检验某些感兴趣参数的一些特定假设是否成立。这类问题可以通过统计学中的假设检验来解决。

第四节　统计学的发展历史

统计科学的发展总是和真实世界中的问题息息相关，如博弈问题、物理学、社会学、生物学、农业和医学等。生物统计科学的发展是统计科学和生物医学相结合的的发展。Fienberg 和 Matthews 把统计学科的历史分为如下几个阶段：① 1654—1750 年，萌芽阶段。博弈中的一些问题推动了统计学科的建立。② 1750—1820 年，正式统计方法的基础发展阶段。统计学常与物理尤其是天文学中的问题相结合。③ 1820—1900 年，正式统计方法的基础发展阶段。统计学常与社会科学和生物学中的问题相结合。④ 1900—1950 年，现代统计方法学阶段。统计学常与农业中的问题相结合。现代临床试验的发展是统计科学和医学的结合。

一、18 世纪前的发展历史：经典概率论

统计学在这个时期的发展和经典概率论（traditional probability theory）的发展密切相关，主要有 3 个阶段（Hald，2003）：① 1654—1708 年，概率论的诞生。代表人物包括法国数学家 Blaise Pascal 和 Pierre de Fermat。② 1708—1718 年，概率论系统理论的发展。代表人物包括法国数学家 Pierre Remond、De Montmort、De Moivre 和瑞士数学家 Jakob Bernoulli。值得一提的是，Bernoulli 不仅证明了大数定律，而且明确了概率论的概念。③ 1718—1750 年，完善和拓展时期。De Moivre 提出了二项分布的正态近似。图 1.3 展示了这一阶段经典概率论发展的过程。

第一阶段：1654—1750年

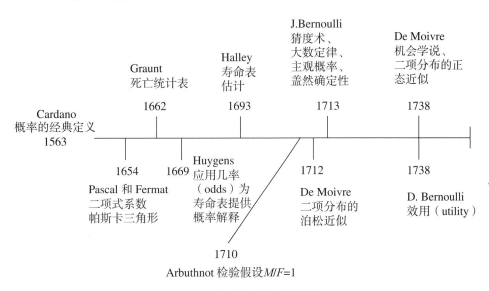

图 1.3 经典概率论发展历史

二、19 世纪的发展历史：物理中的基本统计学方法

1750—1820 年是数理统计学的开端时期，统称为 Gauss-Laplace 时期。在这个时期，有两条相互交织的统计学发展线索。一条是用于估计线性方程中未知系数的普通最小二乘法（ordinary least square method）的发展，另一条是基于 Bernoulli 和 De Moivre 的工作而衍生出来的基于概率的推理。

在这个时期有许多代表性的工作。英国数学家 Thomas Bayes 利用逆概率公式发展了贝叶斯理论，并基于数据对二项分布的参数 p 进行了估计。在 1810 年，法国数学家 Pierre Simon Laplace 也利用逆概率公式发展了中心极限定理，从而证明了可以使用正态分布来近似几乎所有概率分布的样本之和的分布。德国数学家 Carl Friedrich Gauss 利用 Laplace 发展的基于概率

第二阶段：1750—1820年

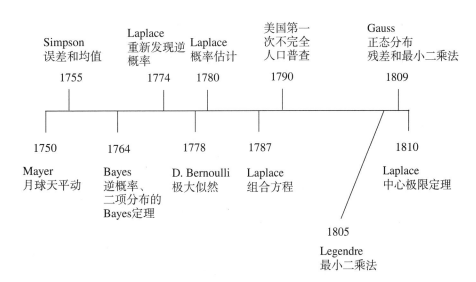

图 1.4 物理学中统计学方法的发展过程

的推理方法给出了最小二乘法和不确定性量化间的关键联系。此外，基于 Gauss-Laplace 综合理论的统计推断利用概率论提供了由样本观测推广到总体度量的归纳过程。图 1.4 展示了这一阶段物理学中的基本统计学方法发展的过程。

三、19 世纪的发展历史：社会科学和生物学中的基本统计方法

1820—1900 年是社会科学和生物学中基本统计方法的发展时期。在社会科学问题的驱动下，英国数学家 Francis Galton 发展出回归的思想及与正态分布（normal distribution）的联系，还引入了相关性的概念。之后英国统计学家 Francis Ysidro Edgeworth 将 Galton 的回归和相关性的思想扩展到多元正态分布的背景下，并引入了相关矩阵的记号。在生物学问题的启发下，英国统计学家 Karl Pearson 提出了偏态曲线的 Pearson 曲线族，并针对列联表的拟合优度问题发展了卡方检验方法。为了在相关性理论和回归之间建立联系，Yule 提出了早期的最小二乘法和误差理论，并引入了多重相关和偏相关的概念。图 1.5 展示了这一阶段社会科学和生物学中的基本统计方法发展的过程。

四、20 世纪的发展历史：现代统计学方法

20 世纪是现代统计学方法的发展时期。受农业领域问题的启发，英国统计学家 Ronald A. Fisher 发展了统计学模型符号、充分性、似然性、随机化的统计概念、随机化意义下的试验设计理论、方差分析方法等相关理论。波兰统计学家 Jerry Neyman 在他 1923 年的博士论文中明确地使用了假设响应变量的相关记号，对应于当干预分配不同时将会观测到的结果，为基于潜在结果的因果推断打下了基础。Jerry Neyman 和英国统计学家 Egon Pearson 也发展了假设检验（hypothesis test）理论，他们认为，该理论通过明确承认对立假设的作用，改进了 Fisher 的显著性检验。1934 年，Jerry Neyman 为统计抽样理论奠定了基础，并首次描述了基于无限重复抽样序列的置信区间估计方法。图 1.6 展示了 20 世纪现代统计学方法发展的过程。

五、现代临床试验的发展历史

生物统计学的发展和临床试验（clinical trial）的发展有密切的关系。临床试验的发展有很长的历史。*Bibel*（《圣经》）中的 *Boot of Daniel*（《但以理书》）提到了最早应用的现代临床试验之一：巴比伦的尼布甲尼撒王（Neb-uchadnezzar）想让他所有的臣民以酒肉为食，然而但以和其他犹太子民则希望继续以豆类和水为食。尼布甲尼撒王允许他们继续自己的饮食方式 10 天，之后如果他们比其他人更加健康就可以保持他们的饮食习惯。最终，犹太人的饮食方式得以保留。在《圣经》之外也有关于现代临床试验的记载，1757 年，面对在水手中暴发的坏血病，一位名为 James Lind 的随船苏格兰外科医生想检验他使用的特定饮食方法是否能有效治疗坏血病。他的试验共检验了 6 种不同的除主食以外的补充剂在治疗坏血病上的效果，其中一种补充剂是橘子和酸橙。结果显示，餐饭中加入了橘子和酸橙的两名水手，其中一人完全康复，另一人几乎康复，而其他 5 个小组中没有人的病情有所改善。

在 19 世纪，当 Galton 和 Pearson 在物理和生物学中发展基本统计方法理论时，统计思想和推理在医学领域也得到了应用。法国临床医生 Pierre Charles Alexandre Louis 是医学领域中使用数值方法的先驱。他认为，可以从汇总的临床数据中获得新的有效医学知识。在 19 世纪早期，各种各样的发热在欧洲很常见，而巴黎医生 Francois Joseph Victor Broussais 断言所有的发热都有相同的起因，并且都是人体器官炎症的表现。他认为放血是治疗发热的有效方法，可通过在炎症器官相对应的身体表面上放置水蛭来实现。当时的法国医生高度重视 Broussais 的有关发热的理论和治疗方法。而 Pierre-Charles-Alexandre Louis 对 Broussais 理论的有效性表示怀疑，因此，在 1835 年，Louis 进行了一项临床研究来调查放血对肺炎患者的影响。在这项研

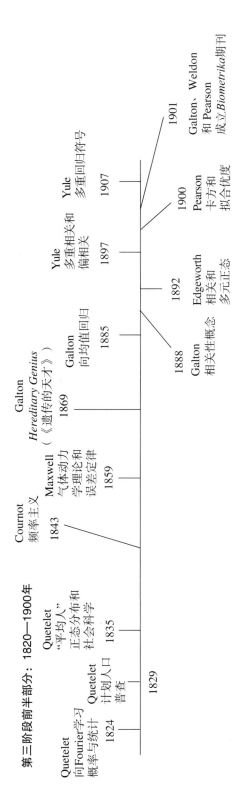

图 1.5 统计学在社会科学和生物学中的发展过程

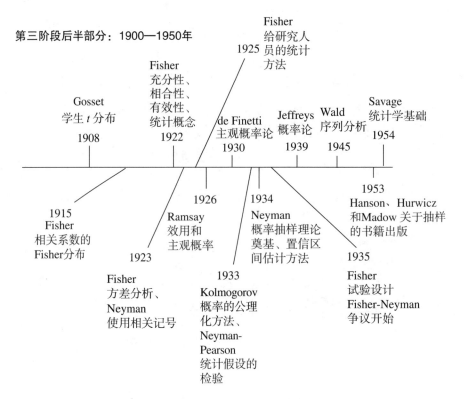

图1.6 现代统计学方法的发展过程

究中，他从在巴黎医院的多年临床实践期间收集的大量病例记录中选择了一组具有相同特征的肺炎患者。Louis 的报告显示，在 47 名进行放血的患者中有 18 名患者死亡，而在 36 名未放血的患者中仅有 9 名死亡，说明未放血患者的死亡率更低。Louis 进一步预测了数值推理（包括群体对比和基于人群的思维方式）将被广泛应用于医学推断，而医学将不再是医生们滥用神学来自圆其说的学科。Louis 在那时的工作就已经预示着如今对循证医学的讨论和重视。然而，一些 Louis 的批评者指出他的方法与医生必须将个体而不是一个统计总体视为真正的患者的观念不合（Morabia，2006）。因此，统计循证的意义在整个 19 世纪仍然存在争议。

Karl Pearson 和 Ronald A. Fisher 最杰出的贡献是通过发展医学数值方法的标准化和数学理论创建了现代临床试验方法。Pearson 不仅开发了许多现代统计方法来研究生物变异以便明确达尔文自然选择理论的统计含义，而且还通过在《英国医学期刊》（*British Medical Journal*）、《柳叶刀》（*Lancet*）、《皇家医学期刊》（*The Royal Society of Medicine*）等期刊上发表文章，提倡将这些方法应用到医学领域中，并在医学从业者中开展统计推断方法的专业教育。

在 Pearson 发展生物数据统计方法时，Fisher 发展了他在农业领域的试验设计原则。Fisher 关于正确设计试验的主要思想包括：①随机化的重要性，也就是将试验中的个体随机分配到不同组；②可重复性，测量和试验操作都应该可重复，以减少不确定性并识别变异来源；③区组化，将试验单元分成彼此相似的单元组，以减少无关的变异来源；④使用析因试验，可以有效地评估几个独立因素的影响和可能的相互作用。Fisher 提出的试验设计原则为现代临床试验奠定了基础，他的试验设计原则侧重于随机化试验，而 Austin Bradford Hill 通过提出观察性研究的数据分析原则，进一步发展了临床试验方法。

此外，临床试验的规范和制度也在不断发展与完善。1947 年，作为审判纳粹战犯的纽伦堡军事法庭决议的一部分，*Nuremherg Codo*（《纽伦堡法典》）制定了人体实验的十点声明，其基本原则包括必须有利于社会且应该符合伦理道德和法律观点。1964 年第 13 届世界医人学会通过的 *World Medical Associrtion Oeoleartion Helsinbi*（《世界医学学会赫尔辛基宣言》）继承了该法典的精神，并制定了涉及人体对象医学研究的伦理指导原则，在近半个世纪来被作为人体对象医学研究的核心标准。药品的临床试验情况复杂，为确保试验的科学性，需要严密的试验设计和严格可行的试验方案等。20 世纪 80 年代末，许多国家开始组织有经验的临床药理学家、临床医学家和生物统计学家，根据《世界医学学会赫尔辛基宣言》的原则，制定临床试验管理规范（Good Clinical Practice，GCP）。然而，随着 GCP 的广泛实施，不同国家在临床试验的标准上存在差异，导致临床试验的周期很长，也造成了人力、物力、财力的重复耗费。1990年，国际协调会议（International Conference on Harmonization，ICH）由欧盟、美国、日本三方成员国发起。ICH 致力于协调三方国家在药品注册技术要求方面不统一的规定和认识，并设法采取措施以避免大量资源的重复耗费和缩短新药上市时间。2000 年，ICH 正式建议新药申请采用通用技术文件（Common Technical Document，CTD），从而减少药品申报资料编撰过程中人力和物力的消耗，并缩短审批时间。2017 年，我国正式加入 ICH，这意味着我国的药品监管能力的提升，它也对安全有效的创新药物能早日为患者健康服务起了促进作用。

现代临床试验和技术手段的完善也促进了中医药的发展。中国十分重视中医药的传承创新和发展，近年来在中医诊疗服务、中医健康管理、中西医监管、中医药创新等领域不断发展。生物统计学也在中医药研发、疗效评价、证候诊断、大数据应用和智慧中医院建设等方面为传统中医药的创新发展赋能。

第二章 | **基本概率理论**

第一节 引 言

在特定条件下去做的事情称为试验（trial）。例如，观察一个地区的气温，投一枚骰子查看出现的点数等。试验的结果称为事件。在判断一个事件是否会发生的时候，人们实际上是在关心该事件发生的可能性大小。在概率论中，我们用概率（probability）定量地衡量一个试验中事件发生的可能性大小。本章介绍特定试验下事件概率的定义及其计算公式、描述事件的随机变量、随机向量及其数字特征等。

第二节 概率的定义

为了叙述的方便和明确，下面把一个特定的试验称为试验 S，称试验 S 的可能结果为样本点（sample point），用 ω 表示。称试验 S 的所有样本点 ω 构成的集合为样本空间（sample space）。用 Ω 表示样本空间时，有 $\Omega = \{\omega \mid \omega$ 是试验 S 的样本点 $\}$。

掷一枚硬币时，用 H 表示硬币正面朝上，用 T 表示硬币反面朝上。本试验的样本点是 H 和 T，样本空间是 $\Omega = \{H, T\}$。

掷一枚骰子时，用 1 表示掷出点数 1，用 2 表示掷出点数 2，…，用 6 表示掷出点数 6。本试验的样本点是 1，2，3，4，5，6，样本空间是 $\Omega = \{\omega \mid \omega = 1, 2, \cdots, 6\}$。

向区间（0，1）中投掷一个质点，用 ω 表示落点，则 ω 是样本点，试验的样本空间是 $\Omega = (0, 1)$。

一、有限样本空间及其事件

如果试验 S 的样本空间（sample space）Ω 是有限集合，则称 Ω 的子集为事件（event）。通常用大写字母 A，B，C，D 或 A_1，A_2，$\cdots$，B_1，B_2，$\cdots$ 等表示事件。如果试验的结果 $\omega \in A$，则称事件 A 发生，否则称 A 不发生。

由于事件是子集，所以可以对事件进行集合的运算，其结果仍然是事件。本书对于子集符号"$\subset$"和"$\subseteq$"不加区分，统一使用"$\subset$"。$A \subset B$ 只表示 A 是 B 的子集，不表示真子集。用 $\overline{A} = \Omega - A$ 表示集合 A 的余集，则事件 A 发生和试验结果 $\omega \in A$ 是等价的，事件 A 不发生和试验结果 $\omega \in \overline{A}$ 是等价的。

例 2.1 掷一个骰子，用 A 表示掷出奇数点，用 B 表示掷出偶数点。写出试验的样本空间，事件 A 和事件 B.

解：样本空间是 $\Omega = \{j \mid 1 \leqslant j \leqslant 6\}$，$j$ 为整数。

$$A = \{1, 3, 5\}, \quad B = \{2, 4, 6\}.$$

例 2.2 投掷两枚硬币，写出试验的样本点和样本空间。

解：将两枚硬币区分为第一枚和第二枚。用 H 表示硬币正面朝上，用 T 表示硬币反面朝上。试验一共有 4 个样本点，它们是

HH 为第一枚正面朝上，第二枚正面朝上；

HT 为第一枚正面朝上，第二枚反面朝上；

TH 为第一枚反面朝上，第二枚正面朝上；

TT 为第一枚反面朝上，第二枚反面朝上。

样本空间是 $\Omega = \{HH, HT, TH, TT\}$。

注意，HT 和 TH 是不同的样本点。

空集 $\varnothing$ 是 Ω 的子集。由于 $\varnothing$ 中没有样本点，所以称 $\varnothing$ 是不可能事件。Ω 也是样本空间 Ω 的子集，包含了所有的样本点，于是称 Ω 是必然事件。

当 A，B 是事件，则 $A \cup B$，$A \cap B$，$A - B = A \cap \overline{B}$ 都是事件。本书也用 AB 表示 $A \cap B$，用 $A + B$ 表示 $A \cup B$。

当事件 $AB = \varnothing$，称事件 A，B 互斥或互不相容。特别称 $\overline{A} = \Omega - A$ 为 A 的对立事件或补事件。如果多个事件 A_1，A_2，$\cdots\cdots$ 两两互斥，则称他们互斥或互不相容。

事件的运算符号和集合的运算符号是相同的，例如：

1．$A = B$ 表示事件 A，B 相等。

2．$A \cup B$ 发生等价于至少 A，B 之一发生。

3．$A \cap B$（或 AB）发生等价于 A 和 B 都发生。

4．$A - B = A\overline{B}$ 发生等价于 A 发生且 B 不发生。

5．$\bigcup_{j=1}^{n} A_j$ 发生表示至少有一个 $A_j (1 \leq j \leq n)$ 发生，$\bigcap_{j=1}^{n} A_j$ 发生表示所有的 $A_j (1 \leq j \leq n)$ 都发生。

6．$A \cup B = A + \overline{A}B$，$A = AB + A\overline{B}$。

7．对偶公式：$\overline{\bigcup_{j \geq 1} A_j} = \bigcap_{j \geq 1} \overline{A_j}$，$\overline{\bigcap_{j \geq 1} A_j} = \bigcup_{j \geq 1} \overline{A_j}$。

二、古典概率模型

设 Ω 是有限样本空间。对于 Ω 的事件 A，我们用 $[0, 1]$ 中的数 $P(A)$ 表示 A 发生的可能性的大小，称 $P(A)$ 是事件 A 发生的概率，简称为 A 的概率。并且规定必然事件（certain event）发生的概率等于 1，即 $P(\Omega) = 1$。

以后总用 $|A|$ 表示事件 A 的样本点个数，用 $|\Omega|$ 表示 Ω 中的样本点个数。

定义 2.1 设试验 S 的样本空间 Ω 是有限集合，$A \subset \Omega$。如果的每个样本点发生的可能性相同，则称 $P(A)$ 为试验 S 下 A 发生的概率，简称为事件 A 的概率。

$$P(A) = \frac{|A|}{|\Omega|}$$
公式 2.2.1

人们把能够用公式 2.2.1 描述的模型称为古典概率模型（classical probability model），简称古典概型。

从上面的定义知道，投掷一枚均匀的硬币，样本空间 $\Omega = \{H, T\}$ 中有两个样本点。事件 $A = \{H\}$，$B = \{T\}$ 各有一个样本点，故

$$P(A) = \frac{|A|}{|\Omega|} = \frac{1}{2}, \quad P(B) = \frac{|B|}{|\Omega|} = \frac{1}{2}$$

投掷一枚均匀的骰子，样本空间是 $\Omega = \{\omega \mid \omega = 1, 2, \cdots, 6\}$。

用 $A=\{j\}$ 表示掷出点数 j，$B=\{2，4，6\}$ 表示掷出偶数点。则有

$$P(A)=\frac{|A|}{|\Omega|}=\frac{1}{6}，\quad P(B)=\frac{|B|}{|\Omega|}=\frac{1}{2}$$

在古典概型下计算事件 A 的概率时，先计算样本空间 Ω 中样本点的个数 $|\Omega|$，然后计算事件 A 中样本点的个数 $|A|$。在古典概型的计算中经常用到以下的计数方法：

（1）从 n 个不同的元素中有放回地每次抽取一个，依次抽取 m 个排成一列，可以得到 n^m 个不同的排列。当随机抽取时，得到的不同排列是等可能的。

（2）从 n 个不同的元素中（无放回）抽取 m 个元素排成一列时，可以得到 $A_n^m=\dfrac{n!}{(n-m)!}$ 个不同的排列。当随机抽取和排列时，得到的不同排列是等可能的。

（3）从 n 个不同的元素中（无放回）抽取 m 个元素，不论次序地组成一组，可以得到 $C_n^m=\dfrac{n!}{m!(n-m)!}$ 个不同的组合。当随机抽取时，得到的不同组合是等可能的。

（4）将 n 个不同的元素分成有次序的 k 组，不考虑每组中元素的次序，第 i（$1\le i\le k$）组恰有 n_i 个元素的不同结果数是 $\dfrac{n!}{n_1!n_2!\cdots n_k!}$。当随机分组时，得到的不同结果是等可能的。

例2.3 在由6位女教授、16位男教授组成的候选人中，随机地选出11位代表。
（1）计算有3位女教授当选的概率；
（2）计算6位女教授都当选的概率。

解：用 A_3 表示有3位女教授当选的事件，用 A_6 表示6位女教授都当选的事件。利用

$$|\Omega|=C_{22}^{11}，\quad |A_3|=C_6^3 C_{16}^8，\quad |A_6|=C_6^6 C_{16}^5，$$

得到 $P(A_3)=\dfrac{C_6^3 C_{16}^8}{C_{22}^{11}}\approx0.365，\quad P(A_6)=\dfrac{C_6^6 C_{16}^5}{C_{22}^{11}}\approx0.006$

$P(A_3)$ 是 $P(A_6)$ 的大约60倍。6位女教授都当选的可能性极小。

例2.4 将52张扑克（去掉两张王牌）随机地均分给4家，求每家都是同花色的概率。

解：由题意，要计算52张牌被等可能地分为4组，计算每组13张牌同花色的概率。这时，$|\Omega|=52!/(13!)^4$，$|A|=4!$，故 $P(A)=\dfrac{|A|}{|\Omega|}=\dfrac{4!(13!)^4}{52!}\approx4.474\times10^{-28}$

例2.5 N 件产品中有 N_i 件 i 等品（$1\le i\le k$），从中任取 n 件。求这 n 件中恰有 n_i 件 i 等品（$1\le i\le k$）的概率。

解：从题意知 $N_1+N_2+\cdots+N_k=N$，$n_1+n_2+\cdots+n_k=n$。用 Ω 表示试验的样本空间，用 A 表示取出的 n 件中恰有 n_i 件 i 等品（$1\le i\le k$），则

$$|\Omega|=C_N^n，\quad |A_3|=C_{N_1}^{n_1}C_{N_2}^{n_2}\cdots C_{N_i}^{n_i}，$$

于是

$$P(A)=\frac{C_{N_1}^{n_1}C_{N_2}^{n_2}\cdots C_{N_k}^{n_k}}{C_N^n}$$

公式2.2.2

三、概率的公理化

古典概型中我们只对样本空间 Ω 含有限个样本点的情况定义了事件及其概率。下面将事件和概率的定义推广到一般情形。

设 Ω 是试验 S 的样本空间。因为在实际问题中往往并不需要关心 Ω 的所有子集,所以只要把关心的子集称为事件就够了。但事件必须是 Ω 的子集,并且满足以下条件:

(1) Ω 和空集 $\varnothing$ 是事件;

(2) 事件经过有限次集合运算(交、并、补运算)得到的集合是事件;

(3) 如果 A_j 是事件,则 $\bigcup_{j=1}^{\infty} A_j$ 是事件。这里的运算 $\bigcup_{j=1}^{\infty} A_j = A_1 \bigcup A_2 \bigcup \cdots$ 称为可列并运算。

我们把事件的全体记为 F,F 中的事件满足上面 3 个条件,它是一个 σ 域,则称它为事件域(event field)。

对于事件 A,概率 $P(A)$ 是表示 A 发生的可能性大小的实数,必须满足以下 3 个条件。

(1) 非负性:对于任何事件 A,$P(A) \geqslant 0$;

(2) 完全性:$P(\Omega) = 1$,$P(\varnothing) = 0$;

(3) 可加性:对于互不相容的事件 A_1,A_2,$\cdots$,有 $P(\bigcup_{j=1}^{n} A_j) = \sum_{j=1}^{n} P(A_j)$, $P(\bigcup_{j=1}^{\infty} A_j) = \sum_{j=1}^{\infty} P(A_j)$。

条件(1)、(2)、(3)称为概率的公理化(axiomatization)条件。不满足公理化条件的 P 不是概率。以后讨论的概率 P 都满足公理化条件。

我们称三元总体 (Ω, F, P) 为概率空间。

定理 2.1 概率 P 有如下的性质:

(1) $P(\overline{A}) = 1 - P(A) \leqslant 1$;

(2) 单调性:如果 $B \subset A$,则 $P(B) \leqslant P(A)$;

(3) 次可加性:对于事件 A_1,A_2,$\cdots$,有

$$P(\bigcup_{j=1}^{n} A_j) \leqslant \sum_{j=1}^{n} P(A_j), P(\bigcup_{j=1}^{\infty} A_j) \leqslant \sum_{j=1}^{\infty} P(A_j)$$

第三节 概率计算公式

一、加法公式

概率的可加性是概率 P 的最基本性质。由两个互斥事件的概率可加性,可以推出任意两个事件并的概率加法公式(addition formula)。

命题 2.1 对于事件 A,B,有

$$P(A \bigcup B) = P(A) + P(B) - P(AB) \qquad \text{公式 2.3.1}$$

证明: 利用 $A \bigcup B = A + \overline{A}B$ 和 $B = AB + \overline{A}B$ 得到

$$P(A \bigcup B) = P(A + \overline{A}B)$$
$$= P(A) + P(\overline{A}B)$$
$$= P(A) + [P(\overline{A}B) + P(AB)] - P(AB)$$
$$= P(A) + P(B) - P(AB)$$

同理,我们可以推出任意多个事件并的概率加法公式。特别地,任意三个事件并的概率加法公式如下。

命题 2.2 对于事件 A_1,A_2,A_3,有

$$P(\bigcup_{j=1}^{3} A_j) = \sum_{j=1}^{3} P(A_j) - \sum_{1 \leqslant i < j \leqslant 3} P(A_i A_j) + P(\bigcap_{j=1}^{3} A_j) \qquad \text{公式 2.3.2}$$

证明： 用公式 2.3.1 和 $A_1(A_2 \cup A_3) = (A_1A_2) \cup (A_1A_3)$，得到

$$
\begin{aligned}
P(A_1 \cup A_2 \cup A_3) &= P[A_1 \cup (A_2 \cup A_3)] \\
&= P(A_1) + P(A_2 \cup A_3) - P(A_1(A_2 \cup A_3)) \\
&= P(A_1) + [P(A_2) + P(A_3) - P(A_2A_3)] \\
&\quad - [P(A_1A_2) + P(A_1A_3) - P(A_1A_2A_3)] \\
&= \sum_{j=1}^{3} P(A_j) - \sum_{1 \leqslant i < j \leqslant 3} P(A_iA_j) + P(A_1A_2A_3) \qquad (i \neq j)
\end{aligned}
$$

例 2.6　下学期将为全班的 m 个学生开设 3 个讨论班。如果每人独立地随机选修一个讨论班，计算至少有一个讨论班没人选修的概率。

解： 用 A_i 表示没有人选修第 i 个讨论班，则 $B = \bigcup_{j=1}^{3} A_j$ 表示至少有一个讨论班没被选修。

题目要求计算 $P(B)$。容易计算出

$$P(A_1) = P(A_2) = P(A_3) = \left(\frac{2}{3}\right)^m$$

$$P(A_1A_2) = P(A_1A_3) = P(A_2A_3) = \left(\frac{1}{3}\right)^m$$

$$P(A_1A_2A_3) = 0$$

根据公式 2.3.2 得到

$$
\begin{aligned}
P(B) &= \sum_{j=1}^{3} P(A_j) - \sum_{1 \leqslant i < j \leqslant 3} P(A_iA_j) + P\left(\bigcap_{j=1}^{3} A_j\right) \\
&= 3\left(\frac{2}{3}\right)^m - C_3^2\left(\frac{1}{3}\right)^m \\
&= \frac{2^m - 1}{3^{m-1}}
\end{aligned}
$$

二、条件概率和乘法公式

例 2.7　在一副扑克的 52 张中任取一张，已知抽到黑桃的条件下，求抽到的是黑桃 5 的概率。

解： 设 $A =$ 抽到黑桃，$B =$ 抽到黑桃 5，用 w_j 表示黑桃 j（j 是整数），则

$$A = \{w_j \mid 1 \leqslant j \leqslant 13\}, \quad B = \{w_5\}$$

已知 A 发生后试验的样本空间发生了变化，新的样本空间就是 A。A 的样本点具有等可能性，B 是 A 的子集，$|A| = 13$，$|B| = 1$。用 $P(B \mid A)$ 表示要求的概率时，按照古典概率模型的定义，有

$$P(B \mid A) = \frac{|B|}{|A|} = \frac{1}{13}$$

设 A，B 是事件，以后总用 $P(B \mid A)$ 表示已知 A 发生的条件下，B 发生的条件概率（conditional probability）。下面是条件概率的计算公式。

命题 2.3　如果 $P(A) > 0$，则

$$P(B \mid A) = \frac{P(AB)}{P(A)} \qquad\qquad\qquad \text{公式 2.3.3}$$

在计算条件概率（conditional probability）时，公式 2.3.3 有时会比较方便，但有时根据

问题的特点可以直接得到结果。

例 2.8　将一副扑克牌的 52 张随机均分给 4 家，设 $A=$ 东家得到 6 张梅花，$B=$ 西家得到 3 张梅花，求 $P(B|A)$。

解：4 家各有 13 张牌，已知 A 发生后，A 的 13 张牌已固定，余下的 39 张牌在另三家中的分派是等可能的。由于余下的 39 张牌中恰有 7 张梅花，所以

$$P(B|A)=\mathrm{C}_7^3\mathrm{C}_{39-7}^{10}/\mathrm{C}_{39}^{13}\approx 0.278$$

命题 2.4　设 $P(A)>0$，$P(A_1A_2\cdots A_{n-1})>0$，则

（1）$P(AB)=P(A)P(B|A)$；

（2）$P(A_1A_2\cdots A_n)=P(A_1)P(A_2|A_1)\cdots P(A_n|A_1A_2\cdots A_{n-1})$。

证明：（1）将条件概率公式 $P(B|A)=P(AB)/P(A)$ 代入就得到结果。对（2）式右边每个因子使用条件概率公式得到

$$P(A_1)P(A_2|A_1)\cdots P(A_n|A_1A_2\cdots A_{n-1})$$
$$=\frac{P(A_1)}{1}\frac{P(A_1A_2)}{P(A_1)}\frac{P(A_1A_2A_3)}{P(A_2A_1)}\cdots\frac{P(A_1A_2\cdots A_{n-1}A_n)}{P(A_1A_2\cdots A_{n-1})}$$
$$=P(A_1A_2\cdots A_n).$$

例 2.9　学生甲在毕业时向两个相互无关的用人单位递交了求职信。根据经验，他被第一个单位录用的概率为 0.4，被第二个单位录用的概率是 0.5。现在知道他至少被某个单位录用了，计算他也被另一单位录用的概率。

解：用 A_1、A_2 分别表示他被第 1 个、第 2 个单位录用，则 A_1，A_2 独立，$P(A_1)=0.4$，$P(A_2)=0.5$。已知至少被某个单位录用等价于已知 $B=A_1\cup A_2$ 发生。用 C 表示被另一单位录用，则已知 B 时 $C=A_1A_2$。要计算的概率是

$$P(C|B)=P(A_1A_2|A_1\cup A_2)=\frac{P(A_1A_2)}{P(A_1\cup A_2)}$$
$$=\frac{P(A_1)P(A_2)}{P(A_1)+P(A_2)-P(A_1)P(A_2)}$$
$$=\frac{0.4\times 0.5}{0.4+0.5-0.2}$$
$$=\frac{2}{7}$$

如果 $P(A)>0$，且 A 的发生与否不影响 B 发生的概率，即 $P(B|A)=P(B)$，则称 B 对 A 独立。相应地，如果 $P(B)>0$，且 B 的发生与否不影响 A 发生的概率，即 $P(A|B)=P(A)$，则称 A 对 B 独立。可以看出，当 $P(A)>0$ 和 $P(B)>0$ 时，B 对 A 独立与 A 对 B 独立是等价的，因此称为 A 和 B 相互独立，简称 A，B 独立（independent）。

定义 2.2　如果 $P(AB)=P(A)P(B)$，则称 A，B 相互独立，简称为独立。

定理 2.2　A，B 独立当且仅当 $\overline{A}$，B 独立。

证明：用 $B=AB+\overline{A}B$ 得到 $P(B)=P(\overline{A}B)+P(AB)$。当 A，B 独立，有

$$P(\overline{A}B)=P(B)-P(AB)=P(B)-P(A)P(B)$$
$$=(1-P(A))P(B)=P(\overline{A})P(B),$$

即 $\overline{A}$，B 独立。如果 $\overline{A}$，B 独立，则用刚证明的结论得到 $A=\Omega-\overline{A}$，B 独立。

定义 2.3　（1）称事件 A_1，A_2，$\cdots$，A_n 相互独立，如果对任何 $1\leqslant j_1<j_2<\cdots<j_k\leqslant n$，有

$$P(A_{j1}A_{j2}\cdots A_{jk}) = P(A_{j1})P(A_{j2})\cdots P(A_{jk}).$$

公式 2.3.4

（2）称事件 A_1，A_2，$\cdots$ 相互独立，如果对任何 $n \geq 2$，事件 A_1，A_2，$\cdots$，A_n 相互独立。这时也称 $\{A_n\}$ 是独立事件列。

从定义 2.3 知道：要事件 A、B、C 相互独立，不仅需要两两独立，还需要 $P(ABC) = P(A)P(B)P(C)$。下面的例子说明事件 A，B，C 两两独立还不能保证它们相互独立。

例 2.10 在带有标号的质地相同的 4 个球中任取一个，用 A，B，C 分别表示得到 1 或 2 号，1 或 3 号，1 或 4 号球。则 $P(A) = P(B) = P(C) = 1/2$，并且 $AB = AC = BC$ 都表示得到 1 号球。于是

$$P(AB) = P(A)P(B) = \frac{1}{4}$$

$$P(AC) = P(A)P(C) = \frac{1}{4}$$

$$P(BC) = P(B)P(C) = \frac{1}{4}$$

说明 A、B、C 两两独立。因为 ABC 也表示得到 1 号球，故

$$P(ABC) = \frac{1}{4} \neq \frac{1}{8} = P(A)P(B)P(C)$$

说明 A，B，C 不相互独立。

容易理解，如果 S_1，S_2，$\cdots$，S_n 是 n 个独立进行的试验，A_i 是试验 S_i 下的事件，则 A_1，A_2，$\cdots$，A_n 相互独立。如果 S_1，S_2，$\cdots$ 是一列独立进行的试验，A_i 是试验 S_i 下的事件，则 A_1，A_2，$\cdots$ 相互独立。

例 2.11 设 A_1，A_2，$\cdots$，A_n 相互独立，则有如下的结果：

（1）对 $1 \leq j_1 < j_2 < \cdots < j_k \leq n$，$A_{j1}$，$A_{j2}$，$\cdots$，$A_{jk}$ 相互独立。

（2）用 B_i 表示 A_i 或 $\overline{A}_i$，则 B_1，B_2，$\cdots$，B_n 相互独立。

（3）(A_1A_2)，A_3，$\cdots$，A_n 相互独立。

（4）$(A_1 \cup A_2)$，A_3，$\cdots$，A_n 相互独立。

例 2.12 在有 50 个人参加的登山活动中，假设每个人意外受伤的概率是 1%，每个人是否意外受伤是相互独立的。

（1）计算 50 个人都没有意外受伤的概率。

（2）计算至少有一个人意外受伤的概率。

（3）为保证不发生意外受伤的概率大于 90%，应如何控制参加人数？

解：记 $n = 50$。用 A_j 表示第 j 个人没有意外受伤，则 A_1，A_2，$\cdots$，A_n 相互独立，$P(A_j) = 1 - 0.01 = 0.99$。

（1）$B = \bigcap_{j=1}^{n} A_j$ 表示没人意外受伤，并且有 $P(B) = \prod_{j=1}^{n} P(A_j) = 0.99^n \approx 60.5\%$。

（2）$\overline{B}$ 表示至少有一人意外受伤，$P(\overline{B}) = 1 - 0.605 = 39.5\%$。

（3）如果队员人数为 m 时可以满足要求，则有 $P(\bigcap_{j=1}^{m} A_j) = \prod_{j=1}^{m} P(A_j) = 0.99^m \geq 0.90$。

取对数后得到 $m \ln 0.99 \geq \ln 0.90$，于是解出 $m \leq \dfrac{\ln 0.90}{\ln 0.99} \approx 10.48$，所以应当控制参加人数在 10 人之内。

定义 2.4 如果 $P(BC|A) = P(B|A)P(C|A)$，则称在 A 发生的条件下，B 与 C 条件独立。

三、全概率公式和贝叶斯公式

对于任何事件 A，B，利用概率的可加性得到 $P(B) = P(AB + \overline{A}B) = P(AB) + P(\overline{A}B)$。

再用乘法公式得到

$$P(B) = P(A)P(B|A) + P(\overline{A})P(B|\overline{A})$$

公式 2.3.5

公式 2.3.5 被称为全概率公式（total probability formula）。这是一个常用的重要公式。

例 2.13 李教授 7：30 出发去参加 8：30 开始的论文答辩会。根据以往的经验，他骑自行车迟到的概率是 0.05，乘出租车迟到的概率是 0.50。他出发时首选自行车，发现自行车有故障时再选择出租车。设自行车有故障的概率是 0.01。计算他迟到的概率。

解： 用 B 表示李教授迟到，用 A 表示自行车有故障。则 $P(B|A)$ 是乘出租车迟到的概率，$P(B|\overline{A})$ 是骑自行车迟到的概率。根据题意

$$P(A) = 0.01, \quad P(B|\overline{A}) = 0.05, \quad P(B|A) = 0.50$$

利用公式 2.3.5 得到他迟到的概率是

$$\begin{aligned}
P(B) &= P(A)P(B|A) + P(\overline{A})P(B|\overline{A}) \\
&= 0.01 \times 0.50 + (1 - 0.01) \times 0.05 \\
&= 0.054\,5
\end{aligned}$$

例 2.14 敏感问题调查：在调查服用过兴奋剂的运动员在全体运动员中所占的比例 p 时，如果采用直接的问卷方式，运动员一般不会回答真相。为得到实际的 p 同时又不侵犯个人隐私，调查人员先请调查对象在心目中任意选定一个整数（不说出）。然后请他在下面的问卷中选择回答"是"或"否"。

> 当你选的最后一位数是奇数，请回答：你选的是奇数吗？
> 当你选的最后一位数是偶数，请回答：你服用过兴奋剂吗？
>
> 　　　　　是　　　　　　　　否

因为回答只在"是"或"否"中选一个，所以没有人知道调查对象回答的是哪个问题，更不知道他是否服用过兴奋剂。假设运动员们随机地选定数字，并且能按要求回答问题，当回答"是"的概率为 p_1 时，求 p。

解： 对任一个运动员，用 B 表示他回答"是"，用 A 表示他选到奇数，则 $P(A) = 0.5$，$P(\overline{A}) = 0.5$，$P(B|A) = 1$，$P(B|\overline{A}) = p$。利用全概率公式 2.3.5 得到

$$\begin{aligned}
p_1 &= P(B) \\
&= P(A)P(B|A) + P(\overline{A})P(B|\overline{A}) \\
&= 0.5 + 0.5p
\end{aligned}$$

于是得到 $p = 2p_1 - 1$。

实际问题中，p_1 是未知的，需要经过调查得到。假定调查了 n 个运动员，其中有 k 个回答"是"，则可以用 $\hat{p}_1 = k/n$ 估计 p_1，于是可以用 $\hat{p} = 2k/n - 1$ 估计 p。

如果调查了 200 个运动员，其中有 115 个运动员回答"是"，则 p 的估计是

$$\hat{p} = 2 \times 115/200 - 1 = 15\%$$

定理 2.3 是公式 2.3.5 的推广。

定理 2.3 全概率公式：如果事件 $A_1, A_2, \cdots, A_n$ 互不相容，$B \subset \bigcup_{j=1}^{n} A_j$，则

$$P(B) = \sum_{j=1}^{n} P(A_j)P(B|A_j).$$

公式 2.3.6

证明： 因为 $B = B\bigcup_{j=1}^{n} A_j = \bigcup_{j=1}^{n} BA_j$，且 $BA_1, BA_2, \cdots$ 互不相容，所以

$$P(B) = P\left(B \bigcup_{j=1}^{n} A_j\right)$$
$$= P\left(\bigcup_{j=1}^{n} BA_j\right)$$
$$= \sum_{j=1}^{n} P(BA_j)$$
$$= \sum_{j=1}^{n} P(A_j)P(B|A_j)$$

如果事件 $A_1, A_2, \cdots, A_n$ 互不相容，$\bigcup_{j=1}^{n} A_j = \Omega$，则称 $A_1, A_2, \cdots, A_n$ 是完备事件组（complete events group），这时 $B \subset \bigcup_{j=1}^{n} A_j$ 自然成立，于是公式 2.3.6 对任何事件 B 成立。

对于事件 A，B，当 $P(B) > 0$，利用条件概率公式得到 $P(A|B) = \dfrac{P(AB)}{P(B)} = \dfrac{P(A)P(B|A)}{P(B)}$。

对于 $P(B)$ 再利用全概率公式，得到

$$P(A|B) = \frac{P(A)P(B|A)}{P(A)P(B|A) + P(\overline{A})P(B|\overline{A})} \qquad \text{公式 2.3.7}$$

公式 2.3.7 被称为贝叶斯公式（Bayesian formula）。这也是一个常用的重要公式。

例 2.15 在例 2.13 中，如果 8：30 时李教授还没到答辩会，计算他出发时自行车发生故障的概率。

解： 仍用 B 表示迟到，用 A 表示出发时自行车发生故障。要计算 $P(A|B)$。因为

$$P(A) = 0.01, \quad P(B|\overline{A}) = 0.05, \quad P(B|A) = 0.50。$$

所以用贝叶斯公式得到

$$P(A|B) = \frac{P(A)P(B|A)}{P(A)P(B|A) + P(\overline{A})P(B|\overline{A})}$$
$$= \frac{0.01 \times 0.50}{0.01 \times 0.50 + (1 - 0.01) \times 0.05}$$
$$= 0.0917$$

这是已知李教授迟到的条件下，他出发时遇到自行车有故障的概率。

例 2.16 疾病普查问题：AIDS 是人类健康的大敌，发病率还在逐年上升。早发现早治疗是有效阻断 AIDS 进一步传播的医学手段，准确检测在该过程中起重要作用。假设某地区符合被检查条件的公民中携带 HIV 的比例是 1/10 万，验血检查的准确率是 95%（有病被正确诊断和没病被正确诊断的概率都是 95%）。甲在检查后被通知带有 HIV，计算甲的确带有 HIV 的概率。

解： 设 $A =$ 甲携带 HIV，$B =$ 甲被检查出携带 HIV。根据题意，

$$P(A) = 10^{-5}, \quad P(B|A) = 0.95, \quad P(B|\overline{A}) = 0.05$$

用贝叶斯公式得到

$$P(A|B) = \frac{P(A)P(B|A)}{P(A)P(B|A) + P(\overline{A})P(B|\overline{A})}$$
$$= \frac{10^{-5} \times 0.95}{10^{-5} \times 0.95 + (1 - 10^{-5}) \times 0.05}$$
$$= \frac{0.95}{0.95 + 99\,999 \times 0.05}$$
$$= 0.00019$$

不带 HIV 的概率 $P(\overline{A}\,|\,B) = 0.999\,81 > 99.9\%$。

例 2.16 的结论说明检查出携带 HIV 距离真正携带 HIV 还差得很远。也说明这样的普查没有什么实质意义。造成这个结果的原因是发病率较低和诊断的准确性还不够高。可以设想，如果被检查人群中没有人携带 HIV，则 $P(A\,|\,B) = 0$；如果检查的正确率是 100%，则 $P(A\,|\,B) = 1$。

例 2.17 在例 2.16 中，甲被查出携带 HIV 后再次复查，如果复查又被认为携带 HIV，计算他真的携带 HIV 的概率。

解：仍用 A 表示甲携带 HIV，用 B 表示复查出携带 HIV，这时

$$P(A) = 0.000\,19, \; P(B\,|\,A) = 0.95, \; P(B\,|\,\overline{A}) = 0.05,$$

再用贝叶斯公式计算出他携带 HIV 的概率是

$$
\begin{aligned}
P(A\,|\,B) &= \frac{P(A)P(B\,|\,A)}{P(A)P(B\,|\,A) + P(\overline{A})P(B\,|\,\overline{A})} \\
&= \frac{0.000\,19 \times 0.95}{0.000\,19 \times 0.95 + (1 - 0.000\,19) \times 0.05} \\
&= 0.0036
\end{aligned}
$$

现在，他真的携带 HIV 的概率提高到 0.36%。

以上的举例也告诉我们，确诊发病率很低的疾病时应当十分慎重。

定理 2.4 把公式 2.3.7 进行了推广。

定理 2.4 如果事件 A_1，A_2，$\cdots$，A_n 互不相容，$B \subset \bigcup_{j=1}^{n} A_j$，则 $P(B) > 0$ 时，有

$$P(A_j\,|\,B) = \frac{P(A_j)P(B\,|\,A_j)}{\sum_{i=1}^{n} P(A_i)P(B\,|\,A_i)}, \; 1 \le j \le n \qquad \text{公式 2.3.8}$$

证明：由全概率公式得到 $P(B) = \sum_{i=1}^{n} P(A_i)P(B\,|\,A_i)$，再由条件概率公式得到

$$P(A_j\,|\,B) = \frac{P(A_jB)}{P(B)} = \frac{P(A_j)P(B\,|\,A_j)}{\sum_{i=1}^{n} P(A_j)P(B\,|\,A_i)}, \quad 1 \le j \le n \; 。$$

当 A_1，A_2，$\cdots$，A_n 是完备事件组时，总有 $B \subset \bigcup_{j=1}^{n} A_j = \Omega$，所以公式 2.3.8 成立。

第四节　随机变量

事件是用来描述简单随机现象的。为了研究更复杂的随机现象，需要引入随机变量。

一、随机变量及其分布函数

（一）随机变量

定义 2.5 设 $X(\omega)$ 是定义于概率空间 (Ω, F, P) 上的单值实函数，如果对于直线上任一博雷尔点集（Borel point set）B，有 $\{\omega: X(\omega) \in B\} \in F$，则称 $X(\omega)$ 为随机变量。

如果用 X 表示明天的最高气温，则 $\{X \le 30\}$ 表示明天的最高气温不超过 30℃，由于 X 的取值在今天无法确定，所以称 X 是随机变量（random variable）。

掷一个骰子，用 X 表示掷出的点数，则 X 是随机变量。$\{X \le 3\}$ 表示掷出的点数不超过 3，$\{2 \le X \le 5\}$ 表示掷出的点数在 2 和 5 之间。

在概率统计中，人们已经习惯用靠后的大写字母 X，Y，Z 等表示随机变量。不够时还可以用 X_1，X_2，… 等表示。

例 2.18 在 52 张扑克中任取 13 张，求这 13 张牌中恰有 5 张黑桃的概率。

解：用 X 表示这 13 张牌中黑桃的张数，则 $X = 5$ 是关心的事件。容易得到

$$P(X = 5) = \frac{C_{13}^5 C_{39}^8}{C_{52}^{13}} = 0.125$$

例 2.19 设 X 是随机变量，则对任何常数 $a < b$，有

$$P(a < X \leq b) = P(X \leq b) - P(X \leq a) \qquad \text{公式 2.4.1}$$

证明：从 $\{X \leq a\} + \{a < X \leq b\} = \{X \leq b\}$ 得到

$P(X \leq a) + P(a < X \leq b) = P(X \leq b)$，移项后得到公式 2.4.1。

（二）分布函数和概率密度

定义 2.6 对随机变量 X，称函数

$$F(x) \equiv P(X \leq x)，-\infty \leq x \leq \infty \qquad \text{公式 2.4.2}$$

为 X 的概率分布函数，简称为分布函数（distribution function）。

下面是分布函数 $F(x)$ 的常用性质。

定理 2.5 设 $F(x) = P(X \leq x)$ 是 X 的分布函数，则

（1）F 是单调不减的右连续函数。

（2）$\lim_{x \to \infty} F(x) = F(\infty) = 1$，$\lim_{x \to -\infty} F(x) = F(-\infty) = 0$。

（3）F 在点 x 连续的充分必要条件是 $P(X = x) = 0$。

定义 2.7 设 $F(x) = P(X \leq x)$ 是随机变量 X 的分布函数，如果有非负函数 $f(x)$ 使得 $F(x) = \int_{-\infty}^x f(s)\,\mathrm{d}s$，$x \in (-\infty，\infty)$，则称 $f(x)$ 是 X 或 $F(x)$ 的概率密度（probability density），简称为密度。

容易看出，$F(x)$ 有概率密度时，作为变上限的积分，$F(x)$ 是连续函数。所以，当分布函数 $F(x)$ 不是连续函数时，X 没有概率密度。

概率密度通过公式 2.4.3 决定分布函数。用高等数学中的牛顿 - 莱布尼茨公式可以给出由分布函数得出概率密度的方法如下。

定理 2.6 设 X 的分布函数 $F(x)$ 连续，且在任何有限区间 (a, b) 中除去有限个点外有连续的导数，则

$$f(x) = \begin{cases} |F'(x)|，& \text{当 } F'(x) \text{ 存在} \\ 0，& \text{否则} \end{cases}$$

是 X 的概率密度。

设 $F(x) = P(X \leq x)$ 是 X 的分布函数，$f(x)$ 是 $F(x)$ 的概率密度。对于任何常数 $a < b$，从公式 2.4.1 得到

$$P(a < X \leq b) = P(X \leq b) - P(X \leq a)$$
$$= \int_{-\infty}^b f(s)\,\mathrm{d}s - \int_{-\infty}^a f(s)\,\mathrm{d}s$$
$$\text{则 } P(a < X \leq b) = \int_b^a f(s)\,\mathrm{d}s \qquad \text{公式 2.4.3}$$

由此知道当数集 A 是两个或若干个区间的并时，有

$$P(X \in A) = \int_A f(s)\,\mathrm{d}s \qquad \text{公式 2.4.4}$$

二、离散型随机变量

定义 2.8　如果随机变量 X 只取有限个值 x_1, x_2, $\cdots$, x_n, 或可列个值 x_1, x_2, $\cdots$, 则称 X 是离散型随机变量（discrete random variable），简称为离散随机变量。

以下就 X 取可列个值的情况加以表述，对于 X 取有限个值的情况可类似地表述。

定义 2.9　如果随机变量 X 在 $\{x_k | k = 1, 2, \cdots\}$ 中取值，则称 $p_k = P(X = x_k)$，$k \geqslant 1$，为 X 的概率分布（probability distribution）。称 $\{p_k\}$ 是概率分布列（probability distribution column），简称为分布列。

当分布列 $\{p_k\}$ 的规律性不够明显时，也常常用分布表

X	x_1	x_2	x_3	$\cdots$
P	p_1	p_2	p_3	$\cdots$

的方式表达。

容易看到，分布列 $\{p_k\}$ 有如下的性质：

（1）$p_k \geqslant 0$。

（2）$\sum_{j=1}^{\infty} p_j = 1$。

下面是常用的离散型随机变量及其概率分布。

（1）伯努利分布（Bernoulli distribution），$B(1, p)$：如果 X 只取值 0 或 1，概率分布是 $P(X=1)=p$，$P(X=0)=q$，$p+q=1$，则称 X 服从伯努利分布，记作 $X \sim B(1, p)$。

任何试验，若只考虑成功与否时都可以用服从伯努利分布的随机变量描述：

$$X = \begin{cases} 1, & \text{试验成功} \\ 0, & \text{试验不成功} \end{cases}$$

（2）二项分布（binomial distribution），$B(n, p)$：对于 p, $q > 0$，$p + q = 1$，如果随机变量 X 有概率分布 $P(X=k) = C_n^k p^k q^{n-k}$，$k = 0, 1, \cdots, n$。则称 X 服从二项分布，记作 $X \sim B(n, p)$。

称为二项分布的原因是 $C_n^k p^k q^{n-k}$ 为二项展开式 $(p+q)^n = \sum_{k=0}^{n} C_n^k p^k q^{n-k}$ 的第 $k+1$ 项。B 表示 Binomial。

图 2.1 是 $B(n, 0.6)$ 的概率分布折线图，按最大值由高到低 n 依次等于 3，6，$\cdots$，15，18，横坐标是 k，纵坐标是 $P(X=k)$。图 2.2 是 $B(5, 0.6)$ 的概率分布函数，横坐标是 x，纵坐标是 $F(x) = P(X \leqslant x)$。

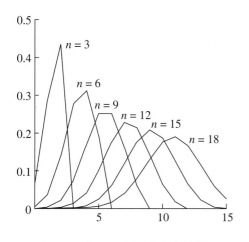

图 2.1　$B(n, 0.6)$ 概率分布折线图

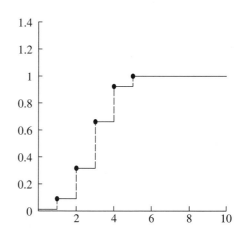

图 2.2　$B(5, 0.6)$ 的分布函数

二项分布的背景　容易看出 $n = 1$ 时的二项分布就是伯努利分布。对于一般的 n，设试验

S 成功的概率为 p，将试验 S 独立重复 n 次，用 X 表示成功的次数，下面证明 $X \sim B(n, p)$。

用 A_j 表示第 j 次试验成功，则 A_1，A_2，$\cdots$，A_n 相互独立，且 $P(A_j) = p$。从 n 次试验中选定 k 次试验的方法共有 C_n^k 种。对第 j 种选定的 $\{j_1, j_2, \cdots, j_k\}$，用 $B_j = A_{j1} A_{j2} \cdots A_{jk} \overline{A}_{jk+1} \overline{A}_{jk+2} \cdots \overline{A}_{jn}$ 表示第 j_1，j_2，$\cdots$，j_k 次试验成功，其余的试验不成功，则 $\{B_j\}$ 互不相容，并且 $\{X = k\} = \bigcup_{j=1}^{C_n^k} B_j$，$P(B_j) = p^k q^{n-k}$，用概率的可加性得到 $P(X = k) = \sum_{j=1}^{C_n^k} P(B_j) = C_n^k p^k q^{n-k}$。

（3）泊松分布（Poisson distribution）$P(\lambda)$：设 λ 是正常数。如果随机变量 X 有概率分布

$$P(X = k) = \frac{\lambda^k}{k!} e^{-\lambda}, \quad k = 0, 1, \cdots$$

则称 X 服从参数是 λ 的泊松分布，简记为 $X \sim P(\lambda)$。

图 2.3 是 $P(\lambda)$ 的概率分布折线图。按最大值由高到低参数依次是 $\lambda = 1$，2，$\cdots$，6，横坐标是 k，纵坐标是 $P(X = k)$。

实际问题中有许多泊松分布的例子。

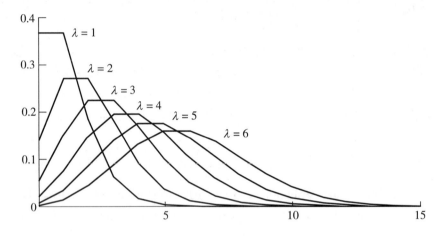

图 2.3 $P(\lambda)$ 概率分布图

例 2.20 1910 年，科学家卢瑟福和盖革观察了放射性物质钋（polonium）放射 α 粒子的情况。他们进行了 $N = 2\,608$ 次观测，每次观测 7.5 s，一共观测到 10 094 个 α 粒子放出，表 2.1 是观测记录，其中的 Y 是服从 $P(3.87)$ 分布的随机变量，$3.87 = 10\,094/2\,608$，是 7.5 s 中放射出 α 粒子的平均数。

表 2.1 钋放射 α 粒子的观测记录

观测到的 α 粒子数 k	观测到 k 个粒子的次数 m_k	发生的频率 m_k/N	$P(Y = k)$ $Y \sim P(3.87)$
0	57	0.022	0.021
1	203	0.078	0.081
2	383	0.147	0.156
3	525	0.201	0.201
4	532	0.204	0.195
5	408	0.156	0.151
6	273	0.105	0.097
7	139	0.053	0.054
8	45	0.017	0.026
9	27	0.010	0.011
10+	16	0.006	0.007
总计	2 608	0.999	1.00

用 X 表示这块放射性钋在 7.5 s 内放射出的 α 粒子数。表 2.1 的最后两列表明，事件 $\{X = k\}$ 在 $N = 2\,608$ 次重复观测中发生的频率 m_k / N 和 $P(Y = k)$ 基本相同。将它们用折线图 2.4 表示出来就更清楚了。横坐标是 k，纵坐标是频率 m_k / N 和 $P(Y = k)$。从图 2.4 看到

$$P(X = k) \approx P(Y = k), \quad 0 \leqslant k < 10 。$$

泊松分布可以描述许多有类似背景的随机现象。例如一部手机一天内收到的短信数 X 服从泊松分布，一个 E-mail 账号在一天内收到的 E-mail 数服从泊松分布，确定的高速公路段上一周内发生的交通事故数服从泊松分布，一天内到达某个超市的顾客次数（时间非常相近的到达认为是一次到达）服从泊松分布，一小时内某办公室收到的电话数服从泊松分布，一上午某大学上课迟到的总人数也近似服从泊松分布。

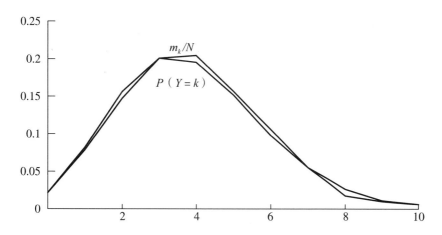

图 2.4 例 2.20 中的频率 m_k / N 和概率 $P(Y = k)$

（4）超几何分布（hypergeometric distribution），$H(N, M, n)$：如果 X 的概率分布是

$$P(X = m) = \frac{C_M^m C_{N-M}^{n-m}}{C_N^n}, \quad m = 0, 1, \cdots, M \qquad \text{公式 2.4.5}$$

则称 X 服从超几何分布，记作 $X \sim H(N, M, n)$。

注意对 $k < 0$ 和 $k > n$，已经约定 $C_n^k = 0$。名称超几何分布来自超几何函数，类似于名称二项分布来自二项展开式。

例 2.21 在 N 件产品中恰有 M 件次品，从中任取 n 件，用 X 表示这 n 件中的次品数，则 X 服从超几何分布。

解：从 N 件产品中任取 n 件时，可能结果的总数是 $|\Omega| = C_N^n$。事件 $X = m$ 表示取到的 n 件中有 m 件次品和 $n - m$ 件正品，对这 m 件次品有 C_M^m 种取法，对这 $n - m$ 件正品有 C_{N-M}^{n-m} 种取法，所以从 $|\{X = m\}| = C_M^m C_{N-M}^{n-m}$ 得到公式 2.4.5。

在例 2.21 中，如果产品数量 N 充分大，抽取的件数 n 较小，并且是确定的，则无放回地抽取和有放回地抽取就没有本质的差异。这是因为抽取少数几件时对次品率的影响极小。有放回抽取时，抽到的次品数服从二项分布 $B(n, p_N)$，其中 $p_N = M / N$ 是次品率。于是得到下面的近似公式：若 N 较大，n 较小，$p_N = M / N$，则

$$\frac{C_M^m C_{N-M}^{n-m}}{C_N^n} \approx C_n^m p_N^m (1 - p_N)^{n-m} \qquad \text{公式 2.4.6}$$

实际问题中，对于较大的 N 和 M，计算组合数 C_N^n，C_M^m，C_{N-M}^{n-m} 要比计算 C_n^m 更加

繁复。因为抽样的个数 n 一般不会很大，所以对较大的 N 和 M，采用近似公式 2.4.6 往往会更方便。

（5）几何分布（geometric distribution）：设 $p + q = 1$，$pq > 0$。如果随机变量 X 有概率分布 $P(X = k) = q^{k-1}p$，$k = 1, 2, \cdots$。则称 X 服从参数为 p 的几何分布。

例 2.22　甲向一个目标射击，直到击中为止。用 X 表示首次击中目标时的射击次数。请证明如果甲每次击中目标的概率是 p，则 X 服从几何分布。

解：用 A_j 表示甲第 j 次没击中目标，由 $\{A_j\}$ 的独立性得到

$$P(X = k) = P(A_1 A_2 \cdots A_{k-1}\overline{A_k})$$
$$= q^{k-1}p, \quad k = 1, 2, \cdots$$

三、连续型随机变量

按照定义 2.7，如果 X 有分布函数 $F(x)$ 和概率密度 $f(x)$，则有

$$F(x) = \int_{-\infty}^{x} f(s)\,\mathrm{d}s, \quad x \in (-\infty, \infty)。$$

定义 2.10　如果随机变量 X 有概率密度 $f(x)$，则称 X 是连续型随机变量（continuous random variable）。

连续型随机变量 X 及其概率密度 $f(x)$ 有如下的基本性质：

（1）$\int_{-\infty}^{\infty} f(x)\,\mathrm{d}x = 1$。

（2）$P(X = a) = 0$，于是 $P(a \le X \le b) = P(a < X \le b)$。

（3）对数集 A，$P(X \in A) = \int_A f(x)\,\mathrm{d}x$。

（4）$F(x) = \int_{-\infty}^{x} f(s)\,\mathrm{d}s$ 是连续函数。

下面介绍几个常见的连续型随机变量。

（1）均匀分布（uniform distribution），$U(a, b)$：对 $a < b$，如果 X 的概率密度是

$$f(x) = \begin{cases} \dfrac{1}{b-a}, & x \in (a, b) \\ 0, & x \notin (a, b) \end{cases}$$

则称 X 服从区间 (a, b) 上的均匀分布，记做 $X \sim U(a, b)$。这里 U 是 uniform 的缩写。

明显，均匀分布定义中的区间 (a, b) 也可以写成 $(a, b]$，$[a, b)$ 或 $[a, b]$。为了方便，还可以把 X 的概率密度简写成 $f(x) = \dfrac{1}{b-a}$，$x \in (a, b)$。

容易理解，当 X 在 (a, b) 中均匀分布时，X 落在 (a, b) 的子区间内的概率和这个子区间的长度成正比。反之，如果 X 落在 (a, b) 的子区间的概率和这个子区间的长度成正比，则 X 在 (a, b) 中均匀分布。

当我们说在区间 (a, b) 中任掷一点，用 X 表示质点的落点时，意指 X 在 (a, b) 中服从均匀分布。当我们说某人在时间段 (a, b) 中随机到达时，也是指他的到达时间 X 在 (a, b) 中服从均匀分布。

例 2.23　每天的整点（如 9 点、10 点、11 点等）甲站都有列车发往乙站。一位要去乙站的乘客在 9 点至 10 点之间随机到达甲站。计算他候车时间小于 30 分钟的概率。

解：用 X 表示他的到达时刻，则 X 在 0 至 60 分钟内均匀分布，有概率密度

$$f(x) = \frac{1}{60}, \quad x \in (0, 60)。$$

用 Y 表示他的候车时间（单位：分钟），则 $\{Y < 30\} = \{30 < X \le 60\}$ 表示该乘客在 9：30 至 10：00 之间到达，于是

$$P(Y < 30) = P(30 < X \leqslant 60) = \int_{30}^{60} f(x)\, \mathrm{d}x = \frac{1}{2}.$$

（2）指数分布（exponential distribution），$\varepsilon(\lambda)$：对正常数 λ，如果 X 的概率密度是

$$f(x) = \begin{cases} \lambda \mathrm{e}^{-\lambda x}, & x \geqslant 0 \\ 0, & x < 0 \end{cases} \qquad 公式\ 2.4.7$$

则称 X 服从参数为 λ 的指数分布，记做 $X \sim \varepsilon(\lambda)$。这里 ε 是 exponential 的缩写。

通常还把公式 2.4.7 简记为 $f(x) = \lambda \mathrm{e}^{-\lambda x}$，$x \geqslant 0$。

图 2.5 是概率密度的图形。纵轴上从高至低分别是 $\lambda = 1.2$，$\lambda = 0.6$，$\lambda = 0.3$ 的概率密度。

如果随机变量 X 使得 $P(X < 0) = 0$，则称 X 是非负随机变量。容易看出，如果 $X \sim \varepsilon(\lambda)$，则 X 是非负随机变量。

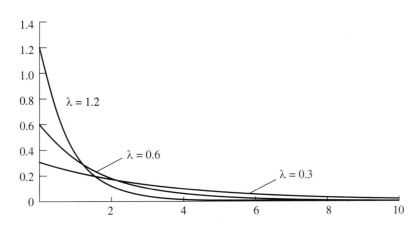

图 2.5 $\lambda = 1.2$，$\lambda = 0.6$，$\lambda = 0.3$ 的概率密度图形

定理 2.7 设 X 是连续型非负随机变量，则 X 服从指数分布的充分必要条件是对任何 s，$t \geqslant 0$，有

$$P(X > s + t \,|\, X > s) = P(X > t) \qquad 公式\ 2.4.8$$

公式 2.4.8 称为无记忆性或无后效性，它是指数分布的特征。

如果 X 表示某仪器的工作寿命，无记忆性的解释是当仪器工作了 s 小时后再能继续工作 t 小时的概率等于该仪器刚开始就能工作 t 小时的概率。说明该仪器的剩余寿命不随使用时间的增加发生变化，或说仪器是"永葆青春"的。

一般来说，电子元件和计算机软件等具备这种性质，它们本身的老化是可以忽略不计的，造成损坏的原因是意外的高电压、计算机病毒等等。

（3）正态分布（normal distribution），$N(\mu, \sigma^2)$：设 μ 是常数，σ 是正常数。如果 X 的概率密度是 $f(x) = \dfrac{1}{\sqrt{2\pi}\sigma} \exp\left(-\dfrac{(x-\mu)^2}{2\sigma^2}\right)$，$x \in \mathbb{R}$。则称 X 服从参数为 (μ, σ^2) 的正态分布，记做 $X \sim N(\mu, \sigma^2)$。这里 N 是 Normal 的缩写。特别地，当 $X \sim N(0, 1)$ 时，称 X 服从标准正态分布（standard normal distribution）。标准正态分布的概率密度有特殊的重要地位，所以用一个特定的符号 φ 表示：

$$\varphi(x) = \frac{1}{\sqrt{2\pi}} \exp\left(-\frac{x^2}{2}\right), \quad x \in \mathbb{R}.$$

图 2.6 是 $\mu = 0$ 时正态概率密度的图形。纵轴上从低至高分别是 $\sigma = 2$，$\sigma = 1$，$\sigma = 0.5$

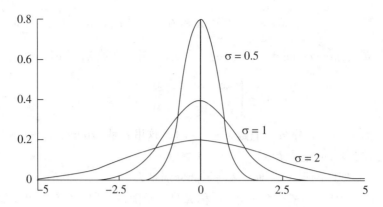

图 2.6 $\sigma = 2$, $\sigma = 1$, $\sigma = 0.5$ 时的概率密度

的概率密度。

正态分布在概率论和数理统计中有特殊的重要地位。事实表明，产品的许多质量指标，生物和动物的许多生理指标等都服从或近似服从正态分布。大量相互独立且有相同分布的随机变量的累积也近似服从正态分布（参考图 2.2）。

正态概率密度有如下的简单性质：

1) $f(x)$ 关于 $x = \mu$ 对称。

2) $f(\mu) = 1/\sqrt{2\pi\sigma^2}$ 是最大值。

对 $X \sim N(\mu, \sigma^2)$，在许多应用问题中会遇到计算概率 $P(X \leqslant a)$ 的问题。为了方便，人们已经习惯于用 $\Phi(x) = \int_{-\infty}^{x} \varphi(s)\,ds$ 表示标准正态分布 $N(0, 1)$ 的分布函数。利用 $\varphi(x)$ 的对称性（图 2.7）得到

$$\Phi(x) + \Phi(-x) = 1, \quad x \in \mathbb{R} \qquad \text{公式 2.4.9}$$

并且，只要 $X \sim N(\mu, \sigma^2)$，则有

$$
\begin{aligned}
P(X \leqslant a) &= \frac{1}{\sqrt{2\pi\sigma^2}} \int_{-\infty}^{a} \exp\left(-\frac{(x-\mu)^2}{2\sigma^2}\right) dx \\
&= \frac{1}{\sqrt{2\pi}} \int_{-\infty}^{(a-\mu)/\sigma} \exp\left(-\frac{x^2}{2}\right) dx \\
&= \Phi\left(\frac{a-\mu}{\sigma}\right)
\end{aligned}
$$

于是对任何 $a < b$，当 $X \sim N(\mu, \sigma^2)$，用 $P(a < X \leqslant b) = P(X \leqslant b) - P(X \leqslant a)$ 得到公式

$$P(a < X \leqslant b) = \Phi\left(\frac{b-\mu}{\sigma}\right) - \Phi\left(\frac{a-\mu}{\sigma}\right) \qquad \text{公式 2.4.10}$$

例 2.24 一台机床加工的部件长度服从正态分布 $N(10, 36 \times 10^{-6})$。当部件的长度在 10 ± 0.01 内为合格品，求一个部件是合格品的概率。

解：用 X 表示部件的长度，则 $X \sim N(10, 36 \times 10^{-6})$。事件 $\{10 - 0.01 \leqslant X \leqslant 10 + 0.01\}$ 表示这个部件是合格品。利用公式 2.4.9 和公式 2.4.10 得到

$$P\left(10-0.01\leqslant X\leqslant 10+0.01\right)=\Phi\left(\frac{0.01}{6\times10^{-3}}\right)-\Phi\left(\frac{-0.01}{6\times10^{-3}}\right)$$
$$=\Phi\left(1.67\right)-\Phi\left(-1.67\right)$$
$$=2\Phi\left(1.67\right)-1$$
$$=2\times0.9525-1=0.905$$

这个概率太不令人满意了，说明这台机床的质量有问题。以后会知道质量问题是由参数 σ 控制的。σ 越小，质量越好。

为了介绍伽马分布，先介绍 Γ 函数。这里 Γ 是 gamma 的简写。伽马函数 $\Gamma(\alpha)$ 由积分 $\Gamma(\alpha)=\int_{0}^{\infty}x^{\alpha-1}e^{-x}\mathrm{d}x,\ \alpha>0$ 定义。对正数 α 和正整数 n，容易验证如下的基本性质：

$$\Gamma\left(1+\alpha\right)=\alpha\Gamma\left(\alpha\right),\ \Gamma\left(n\right)=\left(n-1\right)!,\ \Gamma\left(1/2\right)=\sqrt{\pi}\ 。$$

（4）伽马分布（Gamma distribution）$\Gamma(\alpha,\beta)$：设 α,β 是正常数，如果 X 的概率密度是

$$f\left(x\right)=\begin{cases}\dfrac{\beta^{\alpha}}{\Gamma\left(\alpha\right)}x^{\alpha-1}\mathrm{e}^{-\beta x}, & x\geqslant0\\[2mm]0, & x<0\end{cases}$$

则称 X 服从参数是 (α,β) 的伽马分布，记做 $X\sim\Gamma(\alpha,\beta)$。

图 2.7 是 $\Gamma(\alpha,2)$ 分布的概率密度图，按概率密度由大到小依次排列的分别是 $\alpha=1,2,$ $3,6,10$ 时的图形。

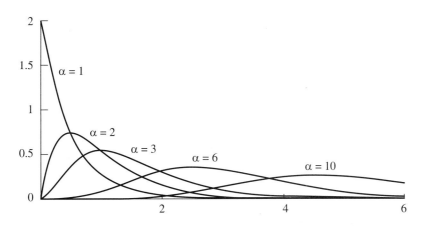

图 2.7 $\beta=2,\ \alpha=1,\ 2,\ 3,\ 6,\ 10$ 的概率密度图

英国著名统计学家皮尔逊（Pearson）在研究物理、生物及经济中的随机变量时，发现很多连续型随机变量的分布都不是正态分布。这些随机变量的特点是只取非负值，于是他致力于这类随机变量的研究。从 1895—1916 年间，皮尔逊连续发表了一系列的概率密度曲线，认为这些曲线可以包括常见的单峰分布，其中就有伽马分布。在气象学中，干旱地区的年、季或月降水量被认为服从伽马分布，指定时间段内的最大风速等也被认为服从伽马分布。

（5）贝塔分布（beta distribution），$B(a,b)$：设 a,b 是正常数，如果 X 的概率密度是

$$f\left(x\right)=\begin{cases}\dfrac{1}{\beta\left(a,b\right)}x^{a-1}\left(1-x\right)^{b-1}, & x\in\left(0,1\right)\\[2mm]0, & 否则\end{cases}$$

则称 X 服从参数是 (a, b) 的贝塔分布，记做 $X \sim B(a, b)$。其中，$\beta(a, b) = \int_0^1 x^{a-1}(1-x)^{b-1} dx$，$a > 0$，$b > 0$。

四、随机变量函数的分布

先通过下面的例子说明离散型随机变量函数的分布的一般计算方法。

例 2.25 设 X 有如下的概率分布

X	−2	−1	0	1	2	3
P	0.2	0.2	0.3	0.1	0.1	0.1

求 $Y = X^2$ 的分布。

解：Y 的取值是 0，1，4，9，而且

$$P(Y=0) = P(X=0) = 0.3,$$
$$P(Y=1) = P(X^2=1) = P(X=-1) + P(X=1) = 0.2 + 0.1 = 0.3,$$
$$P(Y=4) = P(|X|=2) = P(X=-2) + P(X=2) = 0.2 + 0.1 = 0.3,$$
$$P(Y=9) = P(X=3) = 0.1。$$

于是 Y 有概率分布

Y	0	1	4	9
P	0.3	0.3	0.3	0.1

下面介绍连续型随机变量函数的概率密度的计算方法。

设连续型随机变量 X 有分布函数 $F(x)$，用 dx 表示 x 的正微分。通过微积分的知识知道当 $F'(x)$ 在 x 连续时，有

$$\begin{aligned}
P(X=x) &= \lim_{\Delta x \to 0} |F(x) - F(x-\Delta x)| \\
&= |dF(x)| \\
&= F'(x) dx
\end{aligned}$$

这表示 X 在 x 点有概率密度 $F'(x)$。

如果 $F(x)$ 在 $x = h(y)$ 处有连续的导数 $f(h(y))$，并且 $h(y)$ 在 y 处可微，则

$$P(X = h(y)) = |f(h(y)) dh(y)| = f(h(y)) |h'(y)| dy。$$

使用上述微分法求连续型随机变量函数的概率密度时，需要遵守以下的约定：当且仅当 $A = B$ 时，可用公式 $P(A) = P(B)$；当且仅当 $A = \bigcup_{i=1}^n A_i$，且 $A_1, A_2, \cdots, A_n$ 作为集合互不相交时，可使用公式

$$P(A) = \sum_{i=1}^n P(A_i) \qquad \text{公式 2.4.11}$$

例 2.26 设 $X \sim N(\mu, \sigma^2)$，证明 $Z = \dfrac{X - \mu}{\sigma} \sim N(0, 1)$。

解：因为 X 有概率密度 $f_x(x) = \dfrac{1}{\sqrt{2\pi}\sigma} \exp\left[-\dfrac{(x-\mu)^2}{2\sigma^2}\right]$，

且对任何 z，有

$$P(Z=z)=P\left(\frac{X-\mu}{\sigma}=z\right)=P(X=\sigma z+\mu)$$

$$=f_X(\sigma z+\mu)|\mathrm{d}(\sigma z+\mu)|$$

$$=\frac{1}{\sqrt{2\pi}\sigma}\exp\left[-\frac{(\sigma z+\mu-\mu)^2}{2\sigma^2}\right]\sigma\mathrm{d}z$$

$$=\frac{1}{\sqrt{2\pi}}\exp\left(-\frac{z^2}{2}\right)\mathrm{d}z$$

所以 Z 有概率密度 $f_Z(z)=\dfrac{1}{\sqrt{2\pi}}\exp\left(-\dfrac{z^2}{2}\right)$。

这正是标准正态分布的概率密度。

例 2.27 设 $X\sim N(0,1)$，$b\neq 0$，求 $Y=a+bX$ 的概率密度。

解：因为 X 有概率密度 $\varphi(x)=\dfrac{1}{\sqrt{2\pi}}\exp\left(-\dfrac{x^2}{2}\right)$，

且对任何 y，有

$$P(Y=y)=P(a+bX=y)$$

$$=P\left(X=\frac{y-a}{b}\right)$$

$$=\varphi\left(\frac{y-a}{b}\right)\left|\mathrm{d}\left(\frac{y-a}{b}\right)\right|$$

$$=\frac{1}{\sqrt{2\pi}\,|b|}\exp\left[-\frac{(y-a)^2}{2b^2}\right]\mathrm{d}y$$

所以 $Y\sim N(a,b^2)$，有概率密度

$$f_Y(y)=\frac{1}{\sqrt{2\pi}\,|b|}\exp\left[-\frac{(y-a)^2}{2b^2}\right],\quad y\in(-\infty,\infty)。$$

用 X 表示某种产品的使用寿命，$F_X(x)=P(X\leqslant x)$ 是 X 的分布函数。在产品的可靠性研究中，人们称产品的使用寿命 X 大于某固定值 a 的概率 $P(X>a)=1-F_X(a)$ 为该产品的可靠性。如果产品的使用寿命 X 服从指数分布 $\varepsilon(\lambda)$，则已经使用了一段时间的旧产品和新产品有相同的可靠性（定理 2.7）。在实际中的大多数场合，人们都不愿意使用旧产品，也就是说，人们并不认为产品的使用寿命应服从指数分布。为了更加合理地描述产品的使用寿命，可以对 X 进行改造。设 a，b 是正数，$X\sim\varepsilon(1)$，定义 $Y=(X/a)^{1/b}$。现在用 Y 表示产品的使用寿命，并称 Y 的分布为韦布尔分布（Weibull distribution）。

实际经验表明，许多电子元件和机械设备的使用寿命都可以用韦布尔分布描述。另外，凡是由局部部件的失效或故障会引起全局停止运行的设备的寿命也都常用韦布尔分布近似。特别是金属材料（如轴承等）的疲劳寿命被认为是服从韦布尔分布的。

例 2.28 韦布尔分布：设 X 服从参数为 $\lambda=1$ 的指数分布 $\varepsilon(1)$，a，b 是正常数。计算 $Y=(X/a)^{1/b}$ 的概率密度。

解：X 有概率密度 $f_X(x)=\mathrm{e}^{-x}$，$x>0$。因为 $P(Y>0)=1$，且对 $y>0$，有

$$P\,(Y = y) = P\,(\,(X/a)^{1/b} = y)$$
$$= P\,(X = ay^b)$$
$$= |\,f_X\,(ay^b)\;\mathrm{d}\,(ay^b)\,|$$
$$= \exp\,(-ay^b)\;aby^{b-1}\;\mathrm{d}y,$$

所以 Y 的概率密度是 $f_Y\,(y) = aby^{b-1}\exp\,(-ay^b)$，$y > 0$。

这时称 Y 服从参数为 $(a,\ b)$ 的韦布尔分布，记作 $Y \sim W\,(a,\ b)$。

图 2.8 和图 2.9 是韦布尔密度的图形。横轴是 y，纵轴是 $f_Y\,(y)$。

设 $X \sim N\,(\mu,\ \sigma^2)$，则称 $Y = \mathrm{e}^X$ 的分布为对数正态分布（log-normal distribution）。在产品的使用寿命研究中，人们经常用到对数正态分布。实践表明，在研究因化学或物理化学的缓慢变化造成的断裂或失效时（如绝缘体等），用对数正态分布描述使用寿命是合适的。

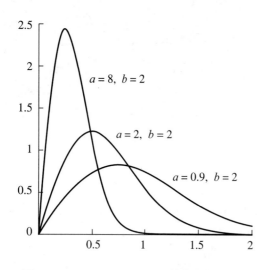

图 2.8　$a = 8$、2、0.9，$b = 2$ 的韦布尔密度图

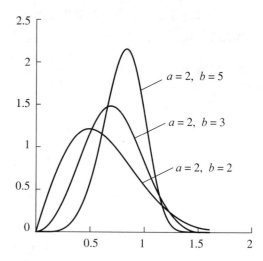

图 2.9　$a = 2$，$b = 2$、3、5 的韦布尔密度图

例 2.29　对数正态分布：设 $X \sim N\,(\mu,\ \sigma^2)$，计算 $Y = \mathrm{e}^X$ 的概率密度。

解：易见 $P\,(Y > 0) = 1$，对 $y > 0$，利用 $f_X\,(x) = \dfrac{1}{\sqrt{2\pi}\,\sigma}\exp\left[-\dfrac{(x-\mu)^2}{2\sigma^2}\right]$，

得到 Y 的概率密度

$$f_Y\,(y) = \frac{P\,(Y = y)}{\mathrm{d}y} = \frac{P\,(\mathrm{e}^x = y)}{\mathrm{d}y}$$

$$= \frac{P\,(X = \ln y)}{\mathrm{d}y}$$

$$= \frac{|\,f_X\,(\ln y)\,\mathrm{d}\,(\ln y)\,|}{\mathrm{d}y}$$

$$= \frac{1}{y}\,f_X\,(\ln y)$$

$$= \frac{1}{\sqrt{2\pi}\,\sigma y}\exp\left[-\frac{(\ln y - \mu)^2}{2\sigma^2}\right],\ y > 0$$

这时称 Y 服从参数为 $(\mu,\ \sigma^2)$ 的对数正态分布。

图 2.10 和图 2.11 是对数正态密度的图形，横轴是 y，纵轴是 $f_Y(y)$。

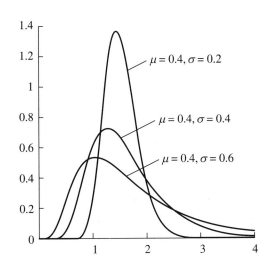

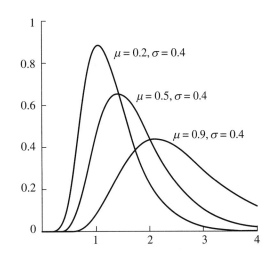

图 2.10　$\mu = 0.4$，$\sigma = 0.2$、0.4、0.6 对数正态密度图　　图 2.11　$\mu = 0.2$、0.5、0.9，$\sigma = 0.4$ 对数正态密度图

例 2.30　设 $X \sim N(0,\ 1)$，计算 $Y = X^2$ 的概率密度。

解：X 有概率密度 $\varphi(x) = \dfrac{1}{\sqrt{2\pi}} \exp\left(-\dfrac{x^2}{2}\right)$，

因为 $P(Y > 0) = 1$，且对 $y > 0$，有

$$
\begin{aligned}
P(Y = y) &= P(X = \pm\sqrt{y}) \\
&= P(X = \sqrt{y}) + P(X = -\sqrt{y}) \\
&= \left|\varphi(\sqrt{y})\,\mathrm{d}\sqrt{y}\right| + \left|\varphi(-\sqrt{y})\,\mathrm{d}\sqrt{y}\right| \\
&= \frac{1}{\sqrt{y}}\varphi(\sqrt{y})\,\mathrm{d}y
\end{aligned}
$$

所以 Y 有概率密度 $f_Y(y) = \dfrac{1}{\sqrt{y}}\varphi(\sqrt{y}) = \dfrac{1}{\sqrt{2\pi y}}\mathrm{e}^{-y/2}$，　$y > 0$。

这是自由度为 1 的卡方分布（chi-square distribution），记为 $\chi^2(1)$。

第五节　随机向量

一、随机向量及其联合分布

在全班的 n 个人中任选一人，用 X，Y 分别表示被选人的身高和体重，则 X，Y 都是随机变量。这时称 $(X,\ Y)$ 是二维随机向量（random variable）。一般来讲，如果 X，Y 是定义在同一个概率空间上的随机变量，则称 $(X,\ Y)$ 是二维随机向量。

对于随机向量 (X, Y)，称 $F(x, y) = P(X \leqslant x, Y \leqslant y)$ 为 $(X,\ Y)$ 的联合分布函数（joint distribution function）。

因为对于 $x_1 < x_2$，有 $\{X \leqslant x_1, Y \leqslant y\} \subset \{X \leqslant x_2, Y \leqslant y\}$，

所以有 $F(x_1, y) = P(X \leqslant x_1, Y \leqslant y) \leqslant P(X \leqslant x_2, Y \leqslant y) = F(x_2, y)$。说明联合分布函

数 $F(x, y)$ 是 x 的单调不减函数。同理，$F(x, y)$ 也是 y 的单调不减函数。

设 $F(x, y)$ 是 (X, Y) 的联合分布函数，由于 $\{Y \leq \infty\}$ 和 $\{X \leq \infty\}$ 是必然事件。所以 X，Y 分别有概率分布

$$F_X(x) = P(X \leq x, Y \leq \infty) = F(x, \infty),$$

$$F_Y(y) = P(X \leq \infty, Y \leq y) = F(\infty, y),$$

这时称 X 的分布函数 $F_X(x)$，Y 的分布函数 $F_Y(y)$ 为 (X, Y) 的边缘分布函数（marginal distribution function）。

定义 2.11 如果对任何实数 x，y，事件 $\{X \leq x\}$ 和 $\{Y \leq y\}$ 独立，则称随机变量 X，Y 独立。

按照定义 2.11，X，Y 独立的充分必要条件是对任何 x，y，
$P(X \leq x, Y \leq y) = P(X \leq x) P(Y \leq y)$，或等价地有 $F(x, y) = F_X(x) F_Y(y)$。

下面把随机变量的独立性定义推广到多个随机变量的情况。

定义 2.12 设 X_1，X_2，$\cdots$ 是随机变量。

（1）如果对任何实数 x_1，x_2，$\cdots$，x_n，

$$P(X_1 \leq x_1, X_2 \leq x_2, \cdots, X_n \leq x_n) = P(X_1 \leq x_1) P(X_2 \leq x_2) \cdots P(X_n \leq x_n),$$

则称随机变量 X_1，X_2，$\cdots$，X_n 相互独立。

（2）如果对任何 n，X_1，X_2，$\cdots$，X_n 相互独立，则称随机变量序列 $\{X_j\} = \{X_j | j = 1, 2, \cdots\}$ 相互独立。

定理 2.8 设 X_1，X_2，$\cdots$，X_n 相互独立，则有如下的结果：

（1）对于数集 A_1，A_2，$\cdots$，A_n，事件 $\{X_1 \in A_1\}$，$\{X_2 \in A_2\}$，$\cdots$，$\{X_n \in A_n\}$ 相互独立。

（2）对于一元函数 $g_1(x)$，$g_2(x)$，$\cdots$，$g_n(x)$，随机变量 $Y_1 = g_1(X_1)$，$Y_2 = g_2(X_2)$，$\cdots$，$Y_n = g_n(X_n)$ 相互独立。

（3）对于 k 元函数 $g(x_1, x_2, \cdots, x_k)$，定义 $Z_k = g(X_1, X_2, \cdots, X_k)$，则 Z_k，X_{k+1}，$\cdots$，X_n 相互独立。

如果 X_1，X_2，$\cdots$，X_n 都是随机变量，则称 $X = (X_1, X_2, \cdots, X_n)$ 是 n 维随机向量。

定义 2.13 设 $X = (X_1, X_2, \cdots, X_n)$ 是随机向量，称 $\mathbb{R}^n$ 上的 n 元函数
$F(x_1, x_2, \cdots, x_n) = P(X_1 \leq x_1, X_2 \leq x_2, \cdots, X_n \leq x_n)$ 为 $X = (X_1, X_2, \cdots, X_n)$ 的联合分布函数。如果随机向量 X 和随机向量 $Y = (Y_1, Y_2, \cdots, Y_n)$ 有相同的联合分布函数，则称 X，Y 同分布（identically distributed）。

设随机向量 $(X_1, X_2, \cdots, X_n)$ 有联合分布函数 $F(x_1, x_2, \cdots, x_n)$，X_i 有分布函数 $F_i(x_i)$。根据独立性的定义知道，X_1，X_2，$\cdots$，X_n 相互独立的充分必要条件是对任何 $(x_1, x_2, \cdots, x_n)$，有 $F(x_1, x_2, \cdots, x_n) = F_1(x_1) F_2(x_2) \cdots F_n(x_n)$。

容易理解，如果 S_1，S_2，$\cdots$，S_n 是 n 个独立进行的试验，X_i 是试验 S_i 下的随机变量，则 X_1，X_2，$\cdots$，X_n 相互独立。如果 S_1，S_2，$\cdots$ 是独立进行的试验，X_i 是试验 S_i 下的事件，则 X_1，X_2，$\cdots$ 相互独立。

二、离散型随机向量

如果 X，Y 都是离散型随机变量，则称 (X, Y) 是离散型随机向量（discrete random vector）。设离散型随机向量 (X, Y) 有联合概率分布

$$p_{ij} = P(X = x_i, Y = y_j), \quad i, j \geq 1 \qquad \text{公式 2.5.1}$$

则 X 和 Y 分别有概率分布

$$p_i = P(X = x_i) = \sum_{j=1}^{\infty} P(X = x_i, Y = y_j) = \sum_{j=1}^{\infty} p_{ij}, \quad i \geqslant 1;$$

$$q_j = P(X = y_j) = \sum_{i=1}^{\infty} P(X = x_i, Y = y_j) = \sum_{i=1}^{\infty} p_{ij}, \quad j \geqslant 1;$$

这时称 X 的分布 $\{p_i\}$，Y 的分布 $\{q_j\}$ 为 (X, Y) 的边缘分布。

当 (X, Y) 的联合分布的规律性不强，或不能用公式 2.5.1 明确表达时，还可以用表格的形式表达如下：

p_{ij}	y_1 y_2 y_3 $\cdots\cdots$ y_n $\cdots$	$\{p_i\}$
x_1	p_{11} p_{12} p_{13} $\cdots$ p_{1n} $\cdots$	p_1
x_2	p_{21} p_{22} p_{23} $\cdots$ p_{2n} $\cdots$	p_2
x_3	p_{31} p_{32} p_{33} $\cdots$ p_{3n} $\cdots$	p_3
$\vdots$	$\vdots$ $\vdots$ $\vdots$ $\vdots$ $\vdots$ $\vdots$	$\vdots$
$\{q_j\}$	q_1 q_2 q_3 $\cdots$ q_n $\cdots$	1

其中 $p_i = P(X = x_i)$ 是其所在行中的所有 p_{ij} 之和，$q_j = P(Y = y_j)$ 是其所在列的所有 p_{ij} 之和。

回忆定义 2.11：如果对任何实数 x，y，有 $P(X \leqslant x, Y \leqslant y) = P(X \leqslant x) P(Y \leqslant y)$，则称随机变量 X、Y 独立。

关于离散型的 (X, Y)，我们有如下的定理。

定理 2.9　设离散型随机向量 (X, Y) 的所有不同取值是 (x_i, y_j)，$i, j \geqslant 1$，则 X，Y 独立的充分必要条件是对于任何 (x_i, y_j)，

$$P(X = x_i, Y = y_j) = P(X = x_i) P(Y = y_j) \qquad \text{公式 2.5.2}$$

证明：当公式 2.5.2 成立，对任何 x，y，在公式 2.5.2 的两边对 $\{i \mid x_i \leqslant x\}$ 中的 i 求和，得到 $P(X \leqslant x, Y = y_j) = P(X \leqslant x) P(Y = y_j)$，再对 $\{j \mid y_j \leqslant y\}$ 中的 j 求和，得到 $P(X \leqslant x, Y \leqslant y) = P(X \leqslant x) P(Y \leqslant y)$，于是 X，Y 独立。

反之，设 X，Y 独立。对于单点集合 $A = \{x_i\}$ 和 $B = \{y_j\}$，由定理 2.8 可知 $\{X = x_i\} = \{X \in A\}$ 与 $\{Y = y_j\} = \{Y \in B\}$ 独立，所以公式 2.5.2 成立。

例 2.31　三项分布：设 A，B，C 是试验 S 的完备事件组，$P(A) = p_1$，$P(B) = p_2$，$P(C) = p_3$。对试验 S 进行 n 次独立重复试验时，用 X_1，X_2，X_3 分别表示 A，B，C 发生的次数，则 (X_1, X_2, X_3) 的联合分布是

$$P(X_1 = i, X_2 = j, X_3 = k) = \frac{n!}{i!\,j!\,k!} p_1^i p_2^j p_3^k \qquad \text{公式 2.5.3}$$

其中 $i, j, k \geqslant 0$，$i + j + k = n$。

证明：将 $1, 2, \cdots, n$ 分成有次序的 3 组，不考虑每组中元素的次序，第 1，2，3 组分别有 i，j，k 个元素的不同结果共有 $N = \dfrac{n!}{i!\,j!\,k!}$ 个。用 $\{a_1, a_2, \cdots, a_i\} \equiv A_l$，$\{b_1, b_2, \cdots, b_j\} \equiv B_l$，$\{c_1, c_2, \cdots, c_k\} \equiv C_l$ 表示第 l 个分组结果中，第 $a_1, a_2, \cdots, a_i$ 次试验 A 发生，第 $b_1, b_2, \cdots, b_j$ 次试验 B 发生，第 $c_1, c_2, \cdots, c_k$ 次试验 C 发生，则 $P(A_l B_l C_l) = p_1^i p_2^j p_3^k$，$1 \leqslant l \leqslant N$。因为对于不同的 l，事件 $A_l B_l C_l$ 互不相容，所以得到

$$P(X_1 = i, X_2 = j, X_3 = k) = P(\bigcup_{l=1}^{N} A_l B_l C_l) = \sum_{l=1}^{N} P(A_l B_l C_l) = \frac{n!}{i!\,j!\,k!} p_1^i p_2^j p_3^k,$$

类似地，可以定义多项分布（multinomial distribution）。

三、连续型随机向量

（一）联合密度（joint density）

在向平面坐标系的原点射击时，用 (X, Y) 表示弹落点，(X, Y) 是随机向量。对于任何指定的常数向量 (x, y) 都有 $P(X=x, Y=y) \leqslant P(X=x) = 0$。但是对于任何包含原点且面积为正数的长方形 $D = \{(x, y) \mid a < x \leqslant b, c < y \leqslant d\}$，有 $P((X, Y) \in D) > 0$。为了刻画上述概率，可以设想有一个 (x, y) 平面上的曲面 $z = f(x, y)$，使得概率 $P((X, Y) \in D)$ 等于以 D 为底，$f(x, y)$ 为顶的柱体体积。于是有下面的定义。

定义 2.14 设 (X, Y) 是随机向量，如果有 $\mathbb{R}^2$ 上的非负函数 $f(x, y)$ 使得对 $\mathbb{R}^2$ 的任何长方形子集 $D = \{(x, y) \mid a < x \leqslant b, c < y \leqslant d\}$，有

$$P((X,Y)\in D) = \iint_D f(x,y)\,\mathrm{d}x\mathrm{d}y,$$

公式 2.5.4

则称 (X, Y) 是连续型随机向量（continuous random vector），并称 $f(x, y)$ 是 (X, Y) 的联合概率密度或联合密度（joint density）。

按照上述定义，连续型随机向量有联合密度，没有联合密度的随机向量不是连续型随机向量。另外，如果两个随机向量有相同的联合密度，则称它们同分布。

设 $f(x, y)$ 是 (X, Y) 的联合密度。可以证明，对 $\mathbb{R}^2$ 的任何子区域 B 有

$$P((X,Y)\in B) = \iint_{\mathbb{R}^2} \mathrm{I}((x,y)\in B) f(x,y)\,\mathrm{d}x\mathrm{d}y$$
$$P((X,Y)\in B) = \iint_B f(x,y)\,\mathrm{d}x\mathrm{d}y$$

公式 2.5.5

其中

$$\mathrm{I}((x,y)\in B) = \begin{cases} 1, & (x,y)\in B \\ 0, & \text{否则} \end{cases}$$

是集合 B 的示性函数，也常简写成 $\mathrm{I}(B)$。于是 $\mathrm{I}(B) = \mathrm{I}((x, y) \in B)$。

公式 2.5.5 是常用公式，值得牢记。在公式 2.5.5 中取 $B = \mathbb{R}^2$ 时，得到

$$\iint_{\mathbb{R}^2} f(x,y)\mathrm{d}x\mathrm{d}y = P((X,Y)\in\mathbb{R}^2) = 1$$

为了便于计算重积分，列出下面的定理。

定理 2.10 *Fubini* 定理：设 D 是 $\mathbb{R}^2$ 的子区域，函数 $h(x, y)$ 在 D 中非负，或 $|h(x, y)|$ 在 D 上的积分有限。用 $\mathrm{I}(D)$ 表示 D 的示性函数，则

$$\iint_D h(x,y)\mathrm{d}x\mathrm{d}y = \int_{-\infty}^{\infty}\left(\int_{-\infty}^{\infty} h(x,y)\mathrm{I}(D)\mathrm{d}y\right)\mathrm{d}x$$
$$= \int_{-\infty}^{\infty}\left(\int_{-\infty}^{\infty} h(x,y)\mathrm{I}(D)\mathrm{d}x\right)\mathrm{d}y$$

定理 2.10 给出了化二重积分为一元积分的方法。注意，计算 $\int_{-\infty}^{\infty}\left(\int_{-\infty}^{\infty} h(x,y)\mathrm{I}(D)\mathrm{d}y\right)\mathrm{d}x$ 时，将 x 视为常数先对 y 积出 $\int_{-\infty}^{\infty} h(x,y)\mathrm{I}(D)\mathrm{d}y$，然后再对 x 进行积分。同理，计算 $\int_{-\infty}^{\infty}\left(\int_{-\infty}^{\infty} h(x,y)\mathrm{I}(D)\mathrm{d}x\right)\mathrm{d}y$ 时，将 y 视为常数先对 x 积出 $\int_{-\infty}^{\infty} h(x,y)\mathrm{I}(D)\mathrm{d}y$，然后再对 y 进行积分。

（二）边缘密度

如果 $f(x, y)$ 是随机向量 (X, Y) 的联合密度，则称 X，Y 各自的概率密度为 $f(x, y)$

或 (X, Y) 的边缘密度（marginal density），下面计算 (X, Y) 的边缘密度。

对任何 x，从概率密度的定义和

$$P(X \leqslant x) = P(X \leqslant x, Y < \infty)$$
$$= \int_{-\infty}^{x} \left(\int_{-\infty}^{\infty} f(x, y) \mathrm{d}y \right) \mathrm{d}x$$

知道 X 有边缘密度

$$f_X(x) = \int_{-\infty}^{x} f(x, y) \mathrm{d}y \qquad\qquad 公式 2.5.6$$

完全对称地得到 Y 的边缘函数 $f_Y(y) = \int_{-\infty}^{\infty} f(x, y) \mathrm{d}x$。

从联合密度计算边缘密度的公式较容易掌握：求 $f_X(x)$ 时，对 $f(x, y)$ 的 y 积分，留下 x；求 $f_Y(y)$ 时，对 $f(x, y)$ 的 x 积分，留下 y。

设 D 是 $\mathbb{R}^2$ 的子区域，D 的面积 $m(D)$ 是正数。如果 (X, Y) 有联合密度

$$f(x, y) = \begin{cases} \dfrac{1}{m(D)}, & (x, y) \in D \\ 0, & (x, y) \notin D \end{cases}$$

则称 (X, Y) 在 D 上均匀分布，记作 $(X, Y) \sim U(D)$。

例 2.32 设 (X, Y) 在单位圆 $D = \{ (x, y) \mid x^2 + y^2 \leqslant 1 \}$ 内均匀分布，求 X 和 Y 的概率密度。

解：用 $\mathrm{I}(D)$ 表示 D 的示性函数，即

$$\mathrm{I}(D) = \mathrm{I}(x^2 + y^2 \leqslant 1) = \begin{cases} 1, & x^2 + y^2 \leqslant 1 \\ 0, & 否则 \end{cases}$$

则 (X, Y) 有联合密度 $f(x, y) = (1/\pi) \mathrm{I}(D)$，$X$ 只在 $[-1, 1]$ 中取值。由公式 2.5.6 知道

$$f_X(x) = \int_{-\infty}^{\infty} f(x, y) \mathrm{d}y$$
$$= \frac{1}{\pi} \int_{-\infty}^{\infty} \mathrm{I}(x^2 + y^2 \leqslant 1) \mathrm{d}y$$
$$= \frac{1}{\pi} \int_{-\infty}^{\infty} \mathrm{I}(|y| \leqslant \sqrt{1 - x^2}) \mathrm{d}y$$
$$= \frac{2}{\pi} \sqrt{1 - x^2}, \ |x| \leqslant 1$$

对称地得到 Y 的概率密度 $f_Y(y) = (2/\pi) \sqrt{1 - y^2}, \ |y| \leqslant 1$。

（三）独立性

关于连续型随机变量的独立性，我们介绍下面的定理。

定理 2.11 设 X, Y 分别有概率密度 $f_X(x), f_Y(y)$。则 X, Y 独立的充分必要条件是随机向量 (X, Y) 有联合密度

$$f(x, y) = f_X(x) f_Y(y) \qquad\qquad 公式 2.5.7$$

证明：如果公式 2.5.7 是 (X, Y) 的联合密度，则有

$$P(X \leqslant x, Y \leqslant y) = \int_{-\infty}^{x} \left(\int_{-\infty}^{y} f_X(s) f_Y(t) \mathrm{d}t \right) \mathrm{d}s$$
$$= \int_{-\infty}^{x} f_X(s) \, \mathrm{d}s \int_{-\infty}^{y} f_Y(t) \mathrm{d}t$$
$$= P(x \leqslant x) P(Y \leqslant y)$$

由定义 2.11 知道 X, Y 独立。

如果 X, Y 独立，对 $a \leqslant b$, $c \leqslant d$，利用定理 2.10 得到

$$P(a < X \leqslant b, c < Y \leqslant d)$$
$$= P(a < X \leqslant b) P(c < Y \leqslant d)$$
$$= \int_a^b f_X(x) \, \mathrm{d}x \int_c^d f_Y(y) \, \mathrm{d}y$$
$$= \int_a^b \int_c^d f_X(x) f_Y(y) \, \mathrm{d}x \mathrm{d}y$$

从联合密度的定义知道 $f_X(x) f_Y(y)$ 是 (X, Y) 的联合密度。

例 2.33 设 (X, Y) 在矩形 $D = \{ (x, y) \mid a < x \leqslant b, c < y \leqslant d \}$ 上均匀分布。计算 X, Y 的边缘分布，并证明 X, Y 独立。

解： 用 $\mathrm{I}(D)$ 表示 D 的示性函数，则 $\mathrm{I}(D) = \mathrm{I}(a < x \leqslant b) \cdot \mathrm{I}(c < y \leqslant d)$，$(X, Y)$ 的联合密度 $\dfrac{1}{m(D)} \mathrm{I}(D) = \dfrac{1}{b-a} \mathrm{I}(a < x \leqslant b) \cdot \dfrac{1}{d-c} \mathrm{I}(c < y \leqslant d)$。

容易计算出 X 和 Y 的概率密度如下：

$$f_X(x) = \frac{1}{b-a} \mathrm{I}(a < x \leqslant b), \quad f_Y(y) = \frac{1}{d-c} \mathrm{I}(c < y \leqslant d)$$

于是 $X \sim U(a, b]$，$Y \sim U(c, d]$。由于 $f_X(x) f_Y(y) = f(x, y)$，所以 X, Y 相互独立。

现在将例 2.33 中的矩形 D 转动，使得矩形的边不与坐标轴平行。这时 X 的取值会影响 Y 的取值范围，因此 X, Y 不再独立。同理，如果 (X, Y) 的联合密度仅在圆、椭圆或三角形内大于 0，则 X, Y 不独立。

例 2.34 两人某天在 1 点至 2 点间独立地随机到达某地会面，先到者等候 20 min 后离去。求这两人能相遇的概率。

解： 认为每个人在 $0 \sim 60$ min 内等可能到达，用 X, Y 分别表示他们的到达时间。则 $X \sim U(0, 60)$，$Y \sim U(0, 60)$，X, Y 独立。利用

$$f_X(x) = \begin{cases} \dfrac{1}{60}, & x \in (0, 60) \\ 0, & x \notin (0, 60) \end{cases} \qquad f_Y(y) = \begin{cases} \dfrac{1}{60}, & y \in (0, 60) \\ 0, & y \notin (0, 60) \end{cases}$$

得到 (X, Y) 的联合密度

$$f(x, y) = f_X(x) f_Y(y) = \begin{cases} 1/60^2, & (x, y) \in D \\ 0, & (x, y) \notin D \end{cases}$$

其中 $D = \{ (x, y) \mid 0 \leqslant x, y \leqslant 60 \}$。定义见图 2.12。
$$A = \{ (x, y) \mid |x - y| \leqslant 20, (x, y) \in D \}.$$

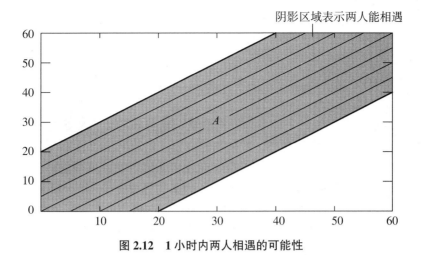

阴影区域表示两人能相遇

图 2.12 1 小时内两人相遇的可能性

要计算的概率是

$$P(|X-Y| \leqslant 20) = \iint_A f(x,y)\mathrm{d}x\mathrm{d}y$$

$$= \frac{m(A)}{m(D)}$$

$$= \frac{60^2 - 40^2}{60^2} = \frac{5}{9}$$

四、随机向量函数的分布

(一) 离散型随机向量的函数

下面通过例子学习计算离散型随机向量函数的概率分布。

例 2.35 泊松分布的可加性：设一个公交车站有 1 路，2 路，$\cdots$，n 路汽车停靠。早 7 点至 8 点之间乘 i 路车的乘客的到达数 X_i 服从参数是 λ_i 的泊松分布。设 $X_1, X_2, \cdots, X_n$ 相互独立，计算 7 点至 8 点之间

(1) 乘 1 路和 2 路汽车的到达人数 $Z_2 = X_1 + X_2$ 的概率分布。

(2) 到达总人数 $Z_n = X_1 + X_2 + \cdots + X_n$ 的概率分布。

解：(1) Z_2 是取非负整数值的随机变量。用 $B|A$ 表示已知 A 发生后的事件 B，则对 $k = 0$, $1, \cdots$，有 $\{Z_2 = k \mid X_1 = i\} = \{i + X_2 = k \mid X_1 = i\}$。

用全概率公式得到

$$P(Z_2 = k) = \sum_{i=0}^{\infty} P(Z_2 = k \mid X_1 = i) P(X_1 = i)$$

$$= \sum_{i=0}^{k} P(X_2 = k - i) P(X_1 = i)$$

$$= \sum_{i=0}^{k} \frac{\lambda_2^{k-i}}{(k-i)!} \frac{\lambda_1^i}{i!} \mathrm{e}^{-\lambda_1 - \lambda_2}$$

$$= \frac{1}{k!} \sum_{i=0}^{k} C_k^i \lambda_1^i \lambda_2^{k-i} \mathrm{e}^{-\lambda_1 - \lambda_2}$$

$$= \frac{(\lambda_1 + \lambda_2)^k}{k!} \mathrm{e}^{-(\lambda_1 + \lambda_2)}$$

说明到达人数 $Z_2 = X_1 + X_2 \sim P(\lambda_1 + \lambda_2)$。

（2）用归纳法。假设 $Z_{n-1} \sim P(\lambda_1 + \lambda_2 + \cdots + \lambda_{n-1})$。利用 Z_{n-1} 和 X_n 独立，$Z_n = Z_{n-1} + X_n$ 和（1）中的结果得到 $Z_n \sim P(\lambda_1 + \lambda_2 + \cdots + \lambda_n)$。

从例 2.35 可以得到如下的结果：如果 X_1，X_2，$\cdots$，X_n 相互独立，$X_i \sim P(\lambda_i)$，则 $Z_n = X_1 + X_2 + \cdots + X_n \sim P(\lambda_1 + \lambda_2 + \cdots + \lambda_n)$。

从问题的背景也可以理解两个相互独立的服从泊松分布的随机变量之和仍然服从泊松分布。在放射物放射 α 粒子的例 2.20 中，放射物在 0.75 s 内放射出的 α 粒子数服从 $\lambda = 3.87$ 的泊松分布。λ 是 7.5 s 内平均放射出的粒子数。设想将此放射物分成两块，则各块放射的粒子数相互独立，都服从泊松分布。若第 1 块在 7.5 s 内平均释放出 λ_1 个 α 粒子，第 2 块在 7.5 s 内平均释放出 λ_2 个 α 粒子，则两块之和在 7.5 s 内平均释放出 $\lambda = \lambda_1 + \lambda_2$ 个 α 粒子。

例 2.36 实验室有 n 个学生，在相同的条件下每人独立重复同一试验。如果第 i 个人做了 m_i 次试验，其中试验成功的次数是 X_i。计算这 n 个学生试验的成功总次数 $Z_n = X_1 + X_2 + \cdots + X_n$ 的概率分布。

解：设每次试验成功的概率是 p。因为这 n 个同学一共进行了 $m = m_1 + m_2 + \cdots + m_n$ 次独立重复试验，所以试验成功的总次数 Z_n 服从二项分布 $B(m, p)$。

例 2.36 说明如果 X_i 服从二项分布 $B(m_i, p)$，X_1，X_2，$\cdots$，X_n 相互独立，则它们的和 $Z_n = X_1 + X_2 + \cdots + X_n$ 服从二项分布 $B(m_1 + m_2 + \cdots + m_n, p)$。

当然也可以按照例 2.35 的方法推导出上述结果，但是从问题的背景出发得到的结果更加直观。

（二）连续型随机向量函数的分布

设随机向量 (X, Y) 有联合密度 $f(x, y)$，$U = u(x, y)$ 是二元函数，则 $U = u(X, Y)$ 是随机变量。于是可以研究 U 的概率密度的计算问题。

如果 X，Y 独立，分别服从正态分布 $N(0, \sigma_1^2)$，$N(0, \sigma_2^2)$，则称 $R = \sqrt{X^2 + Y^2}$ 为脱靶量。这是因为若将 (X, Y) 视为弹落点，则 R 是弹落点到目标 $(0, 0)$ 的距离。

例 2.37 设 X，Y 独立，都服从标准正态分布 $N(0, 1)$，求脱靶量 $R = \sqrt{X^2 + Y^2}$ 的概率密度。

解：(X, Y) 有联合密度 $f(x, y) = \dfrac{1}{2\pi} \exp\left(-\dfrac{x^2 + y^2}{2}\right)$，

R 在 $(0, \infty)$ 中取值。定义 $D = \{(x, y) \mid x^2 + y^2 \leqslant r\}$。对 $r > 0$，利用公式 2.5.4 得到 R 的分布函数

$$
\begin{aligned}
F_R(r) &= P\left(\sqrt{X^2 + Y^2} \leqslant r\right) \\
&= \iint_D \frac{1}{2\pi} \exp\left(-\frac{x^2 + y^2}{2}\right) \mathrm{d}x\mathrm{d}y \\
&= \frac{1}{2\pi} \int_0^{2\pi} \mathrm{d}\theta \int_0^r e^{-z^2/2} z\mathrm{d}z \qquad （取 x = z\cos\theta，y = z\sin\theta） \\
&= \int_0^r e^{-z^2/2} z\mathrm{d}z.
\end{aligned}
$$

$F_R(r)$ 连续，求导得到 R 的概率密度

$$f_R(r) = re^{-r^2/2}, \ r > 0 \qquad\qquad 公式 2.5.8$$

公式 2.5.8 称为瑞利概率密度（Rayleigh density）函数。图 2.13 是公式 2.5.8 的图形。横轴是 r，纵轴是 $f_R(r)$。

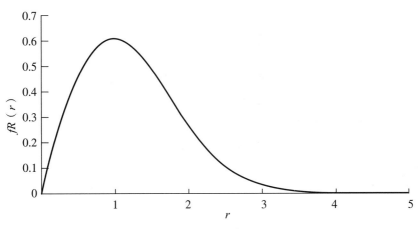

图 2.13　瑞利概率密度

值得指出，瑞利概率密度 $f_R(r)$ 在 $r=1$ 取最大值。如果以原点为心画出若干宽度为 2ε 的圆环，则子弹落在圆环 $\left\{(x,y)\,\middle|\,1-\varepsilon<\sqrt{x^2+y^2}<1+\varepsilon\right\}$ 的概率较大。这就解释了为什么优秀射击运动员在比赛时打出 9 或 8 环的机会较多，打出 10 环或 7、6 环的机会较少。

例 2.38　设 (X,Y) 有联合密度 $f(x,y)$，则 $U=X+Y$ 有概率密度

$$f_U(u)=\int_{-\infty}^{\infty}f(x,u-x)\mathrm{d}x \qquad \text{公式 2.5.9}$$

当 X，Y 独立时，$U=X+Y$ 有概率密度

$$f_U(u)=\int_{-\infty}^{\infty}f_X(x)f_Y(u-x)\mathrm{d}x \qquad \text{公式 2.5.10}$$

解：对 $x>0$，利用 $\mathrm{I}(x+y\leqslant u)=\mathrm{I}(y\leqslant u-x)$ 得到

$$
\begin{aligned}
F_U(u)=P(U\leqslant u)&=P(X+Y\leqslant u)\\
&=\int_{-\infty}^{\infty}\left(\int_{-\infty}^{\infty}f(x,y)\mathrm{I}(x+y\leqslant u)\,\mathrm{d}y\right)\mathrm{d}x\\
&=\int_{-\infty}^{\infty}\left(\int_{-\infty}^{u-x}f(x,y)\,\mathrm{d}y\right)\mathrm{d}x
\end{aligned}
$$

分布函数 $F_U(u)$ 是 u 的连续函数。对 u 求导数，并让求导数穿过第一个积分号，得到 U 的概率密度（公式 2.5.8）。当 X，Y 独立时，由 $f(x,y)=f_X(x)f_Y(y)$ 得到公式 2.5.9。

例 2.39　设 X，Y 独立，$X\sim\varepsilon(\lambda)$，$Y\sim\varepsilon(\mu)$。求 $U=X+Y$ 的概率密度。

解：X，Y 分别有概率密度 $f_X(x)=\lambda\mathrm{e}^{-\lambda x}\mathrm{I}(x>0)$，$f_Y(y)=\mu\mathrm{e}^{-\mu y}\mathrm{I}(y>0)$。

对于 $u>0$，按公式 2.5.10 得到 U 的概率密度

$$
\begin{aligned}
f_U(u)&=\int_{-\infty}^{\infty}f_X(x)f_Y(u-x)\mathrm{d}x\\
&=\int_0^{\infty}\lambda\mu\mathrm{e}^{-\lambda x}\mathrm{e}^{-\mu(u-x)}\mathrm{I}(x>0)\mathrm{I}(u-x>0)\mathrm{d}x\\
&=\lambda\mu\mathrm{e}^{-\mu u}\int_0^u\mathrm{e}^{-(\lambda-\mu)x}\mathrm{d}x\\
&=\begin{cases}\lambda\mu u\mathrm{e}^{-\mu u}, & \text{当 }\lambda=\mu\\[2mm]\dfrac{\lambda\mu}{\lambda-\mu}(\mathrm{e}^{-\mu u}-\mathrm{e}^{-\lambda u}), & \text{当 }\lambda\neq\mu\end{cases}
\end{aligned}
$$

第六节　数学期望和方差

随机变量的分布函数或概率密度完整地刻画了随机变量的概率性质，从中可以计算随机变量落入任何区间的概率，但是还不能给人留下更直接的总体印象。随机变量的数字特征是由随机变量的分布所决定的某些常数，它们刻画了随机变量在某一方面的性质。数学期望（expeeted value）和方差正是刻画随机变量的平均取值和离散程度的两类最重要的数字特征。

一、数学期望

例 2.40　一个班有 $m = 180$ 个学生，期中考试后用 x_i 表示第 i 个学生的成绩。在统计学中，全班学生分数构成的集合 $\{x_j \mid 1 \leq j \leq m\}$ 称为总体。经过统计，有 m_j 个人的成绩是 j 分，j 是 $0 \leq j \leq 100$ 的整数。成绩是 j 分的学生所占的比例是 $p_j = m_j / m$。用向量 $(p_0, p_1, p_2, \cdots, p_{100})$ 表示这个班期中成绩的分布，称为总体分布。则期中考试的全班平均分是

$$\mu \equiv \frac{1}{m}\sum_{i=1}^{m} x_i = \frac{1}{m}\sum_{j=0}^{100} j \cdot m_j = \sum_{j=0}^{100} j p_j，\text{称总体的平均数 } \mu \text{ 为总体平均。}$$

现在从班中任选一人，用 X 表示他的期中成绩，则 X 有概率分布

$$p_j = P(X = j) = \frac{m_j}{m}, \quad 0 \leq j \leq 100 \qquad\qquad \text{公式 2.6.1}$$

因为 X 是从总体 $\{x_j \mid 1 \leq j \leq m\}$ 中随机抽样得到的，所以把 X 的数学期望定义成总体平均 μ，记为 $E(X) = \mu$.

设想在班里有放回地独立重复随机选取 N 次。当 N 充分大，因为得 j 分的学生被选到的概率是 p_j，所以被选到的次数大约是 Np_j。这 N 次随机选择得到的平均分大约是

$$\frac{1}{N}\sum_{j=0}^{100} j \cdot Np_j = \sum_{j=0}^{100} j p_j = E(X)。$$

为此，我们也称 $E(X)$ 是在班里任选一人时，期望得到的分数。

（一）数学期望的定义

下面引入随机变量的数学期望的定义。

定义 2.15　设 X 有概率分布 $p_j = P(X = x_j)$，$j = 0, 1, \cdots$，如果 $\sum_{j=0}^{\infty} |x_j| p_j < \infty$，则称 X 的数学期望存在，并且称

$$E(X) = \sum_{j=0}^{\infty} x_j p_j \qquad\qquad \text{公式 2.6.2}$$

为 X 或分布 $\{p_j\}$ 的数学期望。

在定义 2.15 中，要求 $\sum_{j=0}^{\infty} |x_j| p_j < \infty$ 的原因是要使公式 2.6.2 中的级数有确切的意义。当所有的 x_j 非负时，如果公式 2.6.2 中的级数是无穷，则由公式 2.6.2 定义的 $E(X)$ 也有明确的意义，它表明 X 的平均取值是无穷。这时称 X 的数学期望是无穷。

定义 2.16　设 X 是有概率密度 $f(x)$ 的随机变量，如果 $\int_{-\infty}^{\infty} |x| f(x) < \infty$ 成立，则称 X 的数学期望存在，并且称

$$E(X) = \int_{-\infty}^{\infty} x f(x)\mathrm{d}x \qquad\qquad \text{公式 2.6.3}$$

为 X 或 $f(x)$ 的数学期望。

和离散时的情况一样，在定义 2.16 中要求条件 $\int_{-\infty}^{\infty}|x|f(x)<\infty$ 的原因是要使公式 2.6.3 中的积分有确切的意义。当 X 非负时，如果公式 2.6.3 等于无穷，则由公式 2.6.3 定义的 $E(X)$ 也有明确的意义，它表明 X 的平均取值是无穷。这时称 X 的数学期望是无穷。

由于随机变量的数学期望由随机变量的概率分布唯一决定，所以也可以对概率分布定义数学期望。概率分布的数学期望就是以它为概率分布的随机变量的数学期望。有相同分布的随机变量必有相同的数学期望。

（二）常用的数学期望

数学期望的符号 E 在概率论和统计学中是最常用的符号。为了简化，在不引起混淆的情况下，经常将 E 后面的括号省略。例如将 $E(X)$ 写成 EX，将 $E(X^2)$ 写成 EX^2 等。

下面是实际中常用分布的数学期望及其计算。

（1）伯努利分布 $B(1,p)$：设 $X \sim B(1,p)$，则 $EX=1 \cdot p+0 \cdot (1-p)=p$。

又设 A 是事件，$\mathrm{I}(A)$ 是 A 的示性函数，即

$$\mathrm{I}(A)=\begin{cases} 1, & \text{当 } A \text{ 发生} \\ 0, & \text{当 } A \text{ 不发生} \end{cases}$$

则 $\mathrm{I}(A)$ 服从伯努利分布，且 $P(\mathrm{I}(A)=1)=P(A)$。于是 $E\mathrm{I}(A)=P(\mathrm{I}(A)=1)=P(A)$。

（2）二项分布 $B(n,p)$：设 $X \sim B(n,p)$，则 $EX=np$。

证明：设 $q=1-p$，由 $p_j=P(X=j)=C_n^j p^j q^{n-j}$，$0 \leqslant j \leqslant n$，得到

$$\begin{aligned}
EX &= \sum_{j=0}^{n} j C_n^j p^j q^{n-j} \\
&= np \sum_{j=1}^{n} C_{n-1}^{j-1} p^{j-1} q^{n-j} \qquad (\text{用 } j C_n^j=nC_{n-1}^{j-1}) \\
&= np \sum_{k=0}^{n-1} C_{n-1}^{k} p^{k} q^{n-1-k} \qquad (\text{取 } k=j-1) \\
&= np(p+q)^{n-1}=np
\end{aligned}$$

$EX=np$ 说明单次试验成功的概率 p 越大，则在 n 次独立重复试验中，平均成功的次数越多。

（3）泊松分布 $P(\lambda)$：设 $X \sim P(\lambda)$，则 $EX=\lambda$。

证明：由 $P(X=k)=\dfrac{\lambda^k}{k!}\mathrm{e}^{-\lambda}$，$k=0,1,\cdots$ 得到 $EX=\sum_{k=0}^{\infty} k \dfrac{\lambda^k}{k!}\mathrm{e}^{-\lambda}=\lambda \sum_{k=1}^{\infty} \dfrac{\lambda^{k-1}}{(k-1)!}\mathrm{e}^{-\lambda}=\lambda$，

说明参数 λ 是泊松分布 $P(\lambda)$ 的数学期望。回忆在本章第四节的例 2.20 中，因为 7.5 s 内放射性钋平均释放出 3.87 个 α 粒子，所以当时认为 7.5 s 内释放出的粒子数 $X \sim P(3.87)$。

（4）几何分布：设 X 服从参数为 p 的几何分布，则 $EX=1/p$。

证明：由 $P(X=j)=pq^{j-1}$，$j=1,2,\cdots$ 得到

$$EX=\sum_{j=1}^{\infty} jpq^{j-1}=p\left(\sum_{j=0}^{\infty} q^{j}\right)'=p\left(\frac{1}{1-q}\right)'=p\frac{1}{(1-q)^2}=\frac{1}{p}。$$

结论说明单次试验中的成功概率 p 越小，首次成功所需要的平均试验次数就越多。

（5）指数分布 $\varepsilon(\lambda)$：设 $X \sim \varepsilon(\lambda)$，则 $EX=1/\lambda$。

证明：因为 X 有概率密度 $f(x)=\lambda \mathrm{e}^{-\lambda x}$，$x \geqslant 0$，所以 $EX=\int_{-\infty}^{\infty} xf(x)\,\mathrm{d}x=\int_{0}^{\infty} x\lambda \mathrm{e}^{-\lambda x}\,\mathrm{d}x=\dfrac{1}{\lambda}$。

定理 2.12　设 X 的数学期望有限，概率密度 $f(x)$ 关于 c 对称：$f(c+x)=f(c-x)$，则 $EX=c$。

证明：这时 $g(t)=tf(t+c)$ 是奇函数，$g(-t)=-g(t)$。因为 $g(t)$ 在 $(-\infty, \infty)$ 中的积

分等于 0，所以有

$$EX = \int_{-\infty}^{\infty} xf(x)\,dx$$
$$= \int_{-\infty}^{\infty} cf(x)\,dx + \int_{-\infty}^{\infty} (x-c)f(x-c+c)\,dx$$
$$= c + \int_{-\infty}^{\infty} tf(t+c)\,dt$$
$$= c + \int_{-\infty}^{\infty} g(t)\,dt$$
$$= c$$

定理 2.12 的结论是自然的，因为只要 $f(x)$ 关于 c 对称，则 c 就是曲线 $f(x)$ 和 x 轴所夹面积的几何重心的横坐标。

根据概率密度的对称性和定理 2.12 得到如下推论。

定理 2.13 正态分布 $N(\mu, \sigma^2)$ 的数学期望是 μ，均匀分布 $U(a, b)$ 的数学期望是 $(a + b)/2$。

（三）随机变量函数的数学期望

如果 $P(X \geq 0) = 1$，则 X 是非负随机变量。对于非负的随机变量 X，无论其数学期望 EX 是否无穷，都可以直接计算 EX。

为了方便计算随机变量函数的数学期望，要介绍下面的定理。

定理 2.14 设 X, Y 是随机变量，$Eg(X)$，$Eh(X, Y)$ 存在。

（1）若 X 有概率密度 $f(x)$，则

$$Eg(X) = \int_{-\infty}^{\infty} g(x)f(x)\,dx \qquad \text{公式 2.6.4}$$

（2）若 (X, Y) 有联合密度 $f(x, y)$，则

$$Eh(X,Y) = \iint_{R^2} h(x,y)f(x,y)\,dx\,dy \qquad \text{公式 2.6.5}$$

（3）若 X 是非负随机变量，则

$$EX = \int_0^{\infty} P(X > x)\,dx \qquad \text{公式 2.6.6}$$

使用定理 2.14 计算随机向量函数的数学期望有很多便利，最主要的是不再需要推导随机变量 $g(X)$ 或 $g(X, Y)$ 的概率分布。

例 2.41 设 X 在 $(0, \pi/2)$ 上均匀分布，计算 $E(\cos X)$。

解：X 有概率密度 $f(x) = 2/\pi$，$x \in (0, \pi/2)$。由公式 2.6.4 得到

$$E\cos X = \int_{-\infty}^{\infty} f(x)\cos x\,dx = \frac{2}{\pi}\int_0^{\pi/2} \cos x\,dx = \frac{2}{\pi}。$$

例 2.42 设 X, Y 独立，都服从标准正态分布，计算 $E(X^2 + Y^2)$。

解：(X, Y) 有联合密度 $f(x,y) = \dfrac{1}{2\pi}\exp\left(-\dfrac{x^2+y^2}{2}\right)$。

由公式 2.6.5，且在积分中采用变换 $x = r\cos\theta$，$y = r\sin\theta$，得到

$$E(X^2 + Y^2) = \iint_{R^2} (x^2 + y^2) f(x, y) \, \mathrm{d}x\mathrm{d}y$$

$$= \frac{1}{2\pi} \int_0^{2\pi} \mathrm{d}\theta \int_0^{\infty} r^3 \exp(-r^2/2) \, \mathrm{d}r$$

$$= \int_0^{\infty} r^3 \exp(-r^2/2) \, \mathrm{d}r \qquad (\text{取 } t = r^2/2)$$

$$= 2\int_0^{\infty} t \exp(-t) \, \mathrm{d}t$$

$$= 2\Gamma(2) = 2 \cdot (2-1)! = 2$$

对于离散型随机变量和随机向量也有类似定理 2.14 的结论，这就是下面的定理 2.15。

定理 2.15 设 X, Y 是离散型随机变量，$Eg(X)$，$Eh(X, Y)$ 存在。

（1）若 X 有离散分布 $p_j = P(X = x_j)$，$j \geq 1$，则 $Eg(X) = \sum_{j=1}^{\infty} g(x_j)p_j$。

（2）若 (X, Y) 有离散分布 $p_{ij} = P(X = x_i, Y = y_j)$，$i, j \geq 1$，则 $Eh(X,Y) = \sum_{i=1}^{\infty}\sum_{j=1}^{\infty} h(x_i, y_j)p_{ij}$。

例 2.43 设 X 服从二项分布 $B(n, p)$，计算 $E[X(X-1)]$。

解： 从 $P(X = j) = C_n^j p^j q^{n-j}$ 知道

$$E[X(X-1)] = \sum_{j=0}^{n} j(j-1)C_n^j p^j q^{n-j}$$

$$= p^2 \left(\frac{\mathrm{d}^2}{\mathrm{d}x^2} \sum_{j=0}^{n} C_n^j x^j q^{n-j} \right)\Big|_{x=p}$$

$$= p^2 \frac{\mathrm{d}^2}{\mathrm{d}x^2} (x+q)^n \Big|_{x=p}$$

$$= n(n-1)p^2$$

（四）数学期望的性质

根据定理 2.14 和定理 2.15，

$$E|X| = \begin{cases} \sum_{j=1}^{\infty} |x_j| P(X = x_j), & \text{当 } \sum_{j=1}^{\infty} P(X = x_j) = 1 \\ \int_{-\infty}^{\infty} |x| f(x) \, \mathrm{d}x, & \text{当 } X \text{ 有概率密度 } f(x) \end{cases}$$

于是，EX 存在的充分必要条件是 $E|X| < \infty$。

定理 2.16 设 $E|X_j| < \infty$（$1 \leq j \leq n$），c_0, c_1, $\cdots$, c_n 是常数，则有以下结果：

（1）线性组合 $Y = c_0 + c_1X_1 + c_2X_2 + \cdots + c_nX_n$ 的数学期望存在，而且

$$E(c_0 + c_1X_1 + c_2X_2 + \cdots + c_nX_n) = c_0 + c_1EX_1 + c_2EX_2 + \cdots + c_nEX_n。$$

（2）如果 X_1, X_2, $\cdots$, X_n 相互独立，则乘积 $Z = X_1X_2 \cdots X_n$ 的数学期望存在，并且

$$E(X_1X_2 \cdots X_n) = EX_1EX_2 \cdots EX_n。$$

（3）如果 $P(X_1 \leq X_2) = 1$，则 $EX_1 \leq EX_2$。

性质（1）说明对随机变量求数学期望的运算是线性运算，性质（2）说明相互独立的随机变量积的数学期望等于数学期望的积，性质（3）说明如果 $X_1 \leq X_2$，则对 X_1 的期望值应小于等于对 X_2 的期望值。

例 2.44 设 $X \sim N(0, 1)$，则 $EX^2 = 1$。

证明： 取随机变量 Y 和 X 独立同分布，则 $EY^2 = EX^2$。从例 2.42 的结论知道 $E(X^2 + Y^2) = 2$，于是有 $EX^2 = (EX^2 + EY^2)/2 = E(X^2 + Y^2)/2 = 2/2 = 1$。

X 的数学期望是指对 X 的期望值，它也是 X 的平均取值。看下面的例子。

例 2.45 二项分布 $B(n, p)$：设单次试验成功的概率是 p，问 n 次独立重复试验中，期望有几次成功？

解：引入

$$X_i = \begin{cases} 1, & \text{第 } i \text{ 次试验成功} \\ 0, & \text{第 } i \text{ 次试验不成功} \end{cases}$$

则 $EX_i = p$. $X = X_1 + X_2 + \cdots + X_n$ 是 n 次试验中的成功次数，服从二项分布 $B(n, p)$。期望的成功次数是 $EX = EX_1 + EX_2 + \cdots + EX_n = np$。

例 2.46 超几何分布 $H(N, M, n)$：N 件产品中有 M 件正品，从中任取 n 件，期望有几件正品？

解：定义随机变量

$$X_i = \begin{cases} 1, & \text{第 } i \text{ 次取得正品} \\ 0, & \text{第 } i \text{ 次取得次品} \end{cases}$$

则无论是否有放回地抽取，总有 $EX_i = M/N$（参考抽签问题）。无放回抽取时，抽到的正品数 $Y = (X_1 + X_2 + \cdots + X_n)$ 服从超几何分布 $H(N, M, n)$。期望的正品数是

$$EY = EX_1 + EX_2 + \cdots + EX_n = nM/N。$$

本例中，如果有放回地抽取，则 $Y \sim B(n, M/N)$。如果无放回地抽取，则 $Y \sim H(N, M, n)$。无论是否有放回地抽取，期望得到的正品数都是 n 倍的正品率。

例 2.47 设商店每销售一袋大米获利 a 元，每库存一袋大米损失 b 元，假设大米的销量 Y 服从指数分布 $\varepsilon(\lambda)$。问库存多少袋大米才能获得最大的平均利润？

解：库存量是 x 时，利润是

$$Q(x, Y) = \begin{cases} aY - b(x - Y), & Y < x \\ ax, & Y \geq x \end{cases}$$

用 $\mathrm{I}(Y < x)$ 表示事件 $\{Y < x\}$ 的示性函数，用 $\mathrm{I}(Y \geq x)$ 表示 $\{Y \geq x\}$ 的示性函数，则可以将 $Q(x, Y)$ 写成 $Q(x, Y) = [aY - b(x - Y)]\,\mathrm{I}(Y < x) + ax\mathrm{I}(Y \geq x)$。$Y$ 有概率密度 $f_Y(y) = \lambda e^{-\lambda y}$，$y > 0$。所以平均利润是

$$\begin{aligned} q(x) &= EQ(x, Y) \\ &= \int_{-\infty}^{\infty} Q(x, y) f_Y(y)\mathrm{d}y \\ &= \int_0^x [ay - b(x - y)] f_Y(y)\mathrm{d}y + ax \int_x^{\infty} f_Y(y)\mathrm{d}y \\ &= (a + b)(1 - e^{-\lambda x})/\lambda - bx \end{aligned}$$

$q(x)$ 的最大值点是所要的库存数。由 $q'(x) = (a + b)e^{-\lambda x} - b = 0$，
得到 $q(x)$ 的唯一极值点 $x = \lambda^{-1} \ln[(a + b)/b]$。由 $q''(x) = -(a + b)\lambda e^{-\lambda x} < 0$，
知道 $q(x)$ 是上凸函数。所以，$x = \lambda^{-1} \ln[(a + b)/b]$ 是 $q(x)$ 的唯一最大值点。于是，库存 $\lambda^{-1} \ln[(a + b)/b]$ 袋大米可以获得最大平均利润。

定理 2.17 $E|X| = 0$ 的充分必要条件是 $P(X = 0) = 1$。

如果 $P(X = 0) = 1$，则称 $X = 0$ 以概率 1 发生，记做 $X = 0$ a.s.. 完全类似地，我们把 $P(X \leq Y) = 1$ 记做 $X \leq Y$ a.s.. 当 $P(A) = 1$，我们称 A 以概率 1 发生。以概率 1 发生又被称作几乎处处或几乎必然（almost surely）发生。

二、随机变量的方差

(一) 方差的定义

例 2.48　在例 2.40 中，全班同学期中考试的平均分是 $\mu = \dfrac{1}{m}\sum_{i=1}^{m} x_i$，$m = 180$。可以用 $\sigma^2 = \dfrac{1}{m}\sum_{i=1}^{m}(x_i - \mu)^2$ 描述全班期中考试成绩的分散程度。因为考试成绩是总体，所以称 σ^2 是总体方差。总体方差用来描述总体的分散程度。

从例 2.40 知道，若用 X 表示任选一个同学的期中成绩，则 X 的概率分布公式 2.6.1 是总体分布，$\mu = EX$ 是总体均值。因为 X 的取值的分散程度由总体的分散程度 σ^2 决定，所以把 X 的方差定义成总体方差 σ^2。因为得 j 分的同学共有 m_j 个，$p_j = P(X = j) = m_j / m$，所以有

$$
\begin{aligned}
\sigma^2 &= \frac{1}{m}\sum_{i=1}^{m}(x_i - \mu)^2 \\
&= \sum_{j=0}^{100}(j - \mu)^2 \frac{m_j}{m} \\
&= \sum_{j=0}^{100}(j - \mu)^2 p_j \\
&= E(X - \mu)^2
\end{aligned}
$$

说明应当用 $E(X - EX)^2$ 描述随机变量 X 的分散程度。

定义 2.17　设 $\mu = EX$，如果 $E(X - \mu)^2 < \infty$，则称 $\sigma^2 = E(X - \mu)^2$ 为 X 的方差 (variance)，记做 $\mathrm{Var}(X)$ 或 σ_{XX}。称 $\sigma_x = \sqrt{\mathrm{Var}(X)}$ 为 X 的标准差 (standard deviation)。

当 X 有离散分布 $p_j = P(X = x_j)$，$j = 1,2,\cdots$ 时，利用定理 2.15 (1) 得到

$$\mathrm{Var}(X) = E(x - \mu)^2 = \sum_{j=1}^{\infty}(x_j - \mu)^2 p_j。$$

当 X 有概率密度 $f(x)$ 时，利用定理 2.14 (1) 得到

$$\mathrm{Var}(X) = E(X - \mu)^2 = \int_{-\infty}^{\infty}(x - \mu)^2 f(x)\,\mathrm{d}x。$$

上面两式都说明随机变量 X 的方差 $\mathrm{Var}(X)$ 由 X 的概率分布唯一决定。

X 的方差描述了 X 的分散程度，$\mathrm{Var}(X)$ 越小，说明 X 在数学期望 μ 附近越集中。特别当 $\mathrm{Var}(X) = 0$ 时，由定理 2.17 知道 $X = \mu$ a.s..

利用方差的定义得到 $\mathrm{Var}(X) = E(X - \mu)^2 = E(X^2 - 2X\mu + \mu^2) = EX^2 - \mu^2$。

这就得到计算方差的常用公式

$$\mathrm{Var}(X) = EX^2 - (EX)^2 \qquad\qquad\qquad 公式\ 2.6.7$$

(二) 常用的方差

下面计算几个常见分布的方差。

(1) 伯努利分布 $B(1, p)$：设 $P(X = 1) = p$，$P(X = 0) = 1 - p = q$，则 $\mathrm{Var}(X) = pq$。

证明：由 $X^2 = X$ 和 $EX = p$，得到 $\mathrm{Var}(X) = EX^2 - (EX)^2 = p - p^2 = pq$。

(2) 二项分布 $B(n, p)$：设 $q = 1 - p$，$P(X = j) = \mathrm{C}_n^j p^j q^{n-j}$，$0 \leqslant j \leqslant n$，则 $\mathrm{Var}(X) = npq$。

证明：由 $EX = np$ 和 $E[X(X-1)] = n(n-1)p^2$ (见例 2.43) 得到

$$EX^2 = E[X(X-1)] + EX = n(n-1)p^2 + np。$$

最后用公式 2.6.7 得到 Var $(X) = n(n-1)p^2 + np - (np)^2 = npq$。

(3) 泊松分布 $P(\lambda)$：设 $P(X=k) = \dfrac{\lambda^k}{k!}e^{-\lambda}$, $k = 0, 1, \cdots$, 则 Var $(X) = \lambda$。

证明：由 $EX = \lambda$ 得到

$$EX^2 = E[X(X-1)] + EX$$

$$= \sum_{k=0}^{\infty} k(k-1)\frac{\lambda^k}{k!}e^{-\lambda} + \lambda$$

$$= \lambda^2 \sum_{k=2}^{\infty} \frac{\lambda^{k-2}}{(k-2)!}e^{-\lambda} + \lambda = \lambda^2 + \lambda$$

由公式 2.6.7 得到 Var $(X) = \lambda^2 + \lambda - \lambda^2 = \lambda$。

(4) 几何分布：设 X 有概率分布 $P(X=j) = pq^{j-1}$, $j = 1, 2, \cdots$, $q = 1-p$, 则 Var $(X) = q/p^2$。

证明：用 $EX = 1/p$ 得到

$$EX^2 = E[X(X-1)] + EX$$

$$= \sum_{j=1}^{\infty} j(j-1)pq^{j-1} + \frac{1}{p}$$

$$= pq\left(\sum_{j=0}^{\infty} q^i\right)'' + \frac{1}{p}$$

$$= pq\left(\frac{1}{1-q}\right)'' + \frac{1}{p}$$

$$= \frac{2pq}{(1-q)^3} + \frac{1}{p} = \frac{2q}{p^2} + \frac{1}{p}$$

最后由公式 2.6.7 得到 $\text{Var}(X) = \dfrac{2q}{p^2} + \dfrac{1}{p} - \dfrac{1}{p^2} = \dfrac{q}{p^2}$。

(5) 均匀分布（uniform distribution）$U(a, b)$：设 X 有概率密度 $f(x) = 1/(b-a)$, $x \in (a, b)$, 则 $\text{Var}(X) = \dfrac{(b-a)^2}{12}$。

证明：因为 X 有数学期望 $EX = (a+b)/2$, 且 $EX^2 = \displaystyle\int_a^b \frac{x^2}{b-a}\mathrm{d}x = \frac{b^3 - a^3}{3(b-a)}$。

所以 $\text{Var}(X) = \dfrac{b^3 - a^3}{3(b-a)} - \left(\dfrac{a+b}{2}\right)^2 = \dfrac{(b-a)^2}{12}$。

(6) 指数分布（exponential distribution）$\varepsilon(\lambda)$：设 X 有概率密度 $f(x) = \lambda e^{-\lambda x}$, $x > 0$, 则 Var $(X) = 1/\lambda^2$。

证明：X 有数学期望 $EX = 1/\lambda$, 由

$$EX^2 = \int_0^{\infty} x^2 \lambda e^{-\lambda x}\mathrm{d}x$$

$$= \frac{1}{\lambda^2}\int_0^{\infty} t^2 e^{-t}\mathrm{d}t \quad (\text{取 } x = t/\lambda)$$

$$= \frac{1}{\lambda^2}\Gamma(3) = \frac{2!}{\lambda^2}$$

得到 $\text{Var}(X) = \dfrac{2}{\lambda^2} - \dfrac{1}{\lambda^2} = \dfrac{1}{\lambda^2}$。

(7) 正态分布 $N(\mu, \sigma^2)$：设 $X \sim N(\mu, \sigma^2)$, 则 Var $(X) = \sigma^2$。

证明：X 有数学期望 $EX = \mu$, 并且由例 2.26 知道 $Y = \dfrac{X - \mu}{\sigma} \sim N(0, 1)$。

从例 2.44 知道 $EY^2 = 1$，于是用 $(X - \mu)^2 = Y^2 \sigma^2$ 得到 $\mathrm{Var}(X) = E(X - \mu)^2 = EY^2 \sigma^2 = \sigma^2$。

现在我们知道了正态分布 $N(\mu, \sigma^2)$ 中的 μ 和 σ^2 就是该正态分布的数学期望和方差。如果已知 X 服从正态分布，那么只要再计算它的数学期望 μ 和方差 σ^2，则可以得到 X 的概率密度了。

（三）方差的性质

定理 2.18 设 a, b, c 是常数，$EX = \mu$，$\mathrm{Var}(X) < \infty$，$\mu_j = EX_j$，$\mathrm{Var}(X_j) < \infty$ $(1 \le j \le n)$，则

（1）$\mathrm{Var}(a + bX) = b^2 \mathrm{Var}(X)$。

（2）$\mathrm{Var}(X) = E(X - \mu)^2 < E(X - c)^2$，只要常数 $c \neq \mu$。

（3）$\mathrm{Var}(X) = 0$ 的充分必要条件是 $P(X = \mu) = 1$。

（4）当 $X_1, X_2, \cdots, X_n$ 相互独立时，$\mathrm{Var}\left(\sum_{j=1}^{n} X_j\right) = \sum_{j=1}^{n} \mathrm{Var}(X_j)$。

证明：（1）由方差的定义得到

$$\begin{aligned}
\mathrm{Var}(a + bX) &= E[a + bX - (a + bEX)]^2 \\
&= E[b^2(X - \mu)^2] \\
&= b^2 \mathrm{Var}(X)
\end{aligned}$$

（2）对 $c \neq \mu$，由 $E(X - \mu) = 0$ 得到

$$\begin{aligned}
E(X - c)^2 &= E(X - \mu + \mu - c)^2 \\
&= E(X - \mu)^2 + 2E(X - \mu)(\mu - c) + E(\mu - c)^2 \\
&= \mathrm{Var}(X) + (\mu - c)^2 > \mathrm{Var}(X)
\end{aligned}$$

于是结论（2）成立。

（3）如果 $E(X - \mu)^2 = \mathrm{Var}(X) = 0$，则由定理 2.17 的结论得到 $(X - \mu)^2 = 0$ a.s.，即 $X = \mu$ a.s.. 如果 $P(X = \mu) = 1$，则按定义 $E(X - \mu)^2 = 1 \cdot (\mu - \mu)^2 = 0$。

（4）的证明留给读者。

在性质（1）中取 $b = 1$ 得到 $\mathrm{Var}(a + X) = \mathrm{Var}(X)$，说明对随机变量进行常数平移后，随机变量的分散程度不变；取 $a = 0$ 得到 $\mathrm{Var}(bX) = b^2 \mathrm{Var}(X)$，说明将 X 扩大 b 倍后，标准差扩大 $|b|$ 倍。（2）说明随机变量 X 在均方误差的意义下距离数学期望 μ 最近。（3）说明除了以概率 1 等于常数的随机变量外，任何随机变量的方差都大于零。

以后无特殊说明时，都认为所述随机变量的方差大于零。

设 $\sigma^2 = \mathrm{Var}(X) < \infty$，$Y = (X - EX)/\sigma$，则 $EY = 0$，$\mathrm{Var}(Y) = \dfrac{1}{\sigma^2} \mathrm{Var}(X - EX) = 1$。这时称 Y 是 X 的标准化。特别地，当 $X \sim N(\mu, \sigma^2)$，$Y \sim N(0, 1)$。

例 2.49 设 $X_1, X_2, \cdots, X_n$ 相互独立，有共同的方差 $\sigma^2 < \infty$，则 $\mathrm{Var}\left(\dfrac{1}{n}\sum_{j=1}^{n} X_j\right) = \dfrac{1}{n}\sigma^2$。

证明：用定理 2.18 的（1）和（4）得到

$$\begin{aligned}
\mathrm{Var}\left(\frac{1}{n}\sum_{j=1}^{n} X_j\right) &= \frac{1}{n^2} \mathrm{Var}\left(\sum_{j=1}^{n} X_j\right) \\
&= \frac{1}{n^2} \sum_{j=1}^{n} \mathrm{Var}(X_j) \\
&= \frac{1}{n^2} \sum_{j=1}^{n} \sigma^2 = \frac{1}{n}\sigma^2
\end{aligned}$$

在例 2.49 中，如果 X_i 是第 i 次测量重量为 μ 的物体时的测量值，测量的均方误差是 $\mathrm{Var}(X_i) = \sigma^2$。当用 n 次测量的平均 $\overline{X}_n = \dfrac{1}{n}\sum_{j=1}^{n} X_j$ 作为 μ 的测量值时，方差降低到原来的 $1/n$。

说明只要测量仪器没有系统偏差（指 $EX = \mu$，这时有 $EX_n = \mu$），测量精度总可以通过多次测量的平均来改进。

三、协方差和相关系数

（一）内积不等式

定理 2.19 （内积不等式）设 $EX^2 < \infty$，$EY^2 < \infty$，则有

$$|E(XY)| \leqslant \sqrt{EX^2 EY^2}$$
公式 2.6.8

并且等号成立的充分必要条件是有不全为零的常数 a，b，使得 $P(aX + bY = 0) = 1$。

证明：对于不全为零的常数 a，b，二次型

$$E(aX + bY)^2 = a^2 EX^2 + 2abE(XY) + b^2 EY^2$$
$$= (a, b) \Sigma (a, b)^{\mathrm{T}} \geqslant 0$$

其中

$$\Sigma = \begin{pmatrix} EX^2 & E(XY) \\ E(XY) & EY^2 \end{pmatrix}$$

由 Σ 的半正定性得到公式 2.6.8。从 $\det(\Sigma) = EX^2 EY^2 - [E(XY)]^2$，知道公式 2.6.8 中的等号成立，当且仅当 Σ 退化，当且仅当有不全为零的常数 a，b，使 $E(aX + bY)^2 = 0$，当且仅当（见定理 2.17）有不全为零的常数 a，b 使 $P(aX + bY = 0) = 1$。

例 2.50 若 $EX^2 < \infty$，则 $E|X| < \infty$。

证明：由内积不等式得到 $E|X| = E|X| \cdot 1 \leqslant \sqrt{EX^2 E1^2} = \sqrt{EX^2} < \infty$。

（二）协方差和相关系数

为了研究随机变量 X，Y 的关系，引入协方差和相关系数的定义。设 $\sigma_x = \sqrt{\sigma_{xx}}$，$\sigma_y = \sqrt{\sigma_{yy}}$ 分别是 X，Y 的标准差。

定义 2.18 设 $\mu_X = EX$，$\mu_Y = EY$。

（1）当 σ_X, σ_Y 存在时，称 $E[(X - \mu_X)(Y - \mu_Y)]$ 为随机变量 X, Y 的协方差 （covariance），记做 $Cov(X, Y)$ 或 σ_{XY}。当 $Cov(X, Y) = 0$ 时，称 X，Y 不相关。

（2）当 $0 < \sigma_X, \sigma_Y < \infty$，称

$$\rho_{XY} = \frac{\sigma_{XY}}{\sigma_X \sigma_Y}$$
公式 2.6.9

为 X，Y 的相关系数 （correlation coefficient）。相关系数 ρ_{XY} 也常用 $\rho(X, Y)$ 表示。

下面是计算协方差的常用公式：

$$\sigma_{XY} = E(XY) - (EX)(EY)$$
公式 2.6.10

公式 2.6.10 的证明如下：

$$\sigma_{XY} = E[(X - \mu_X)(Y - \mu_Y)]$$
$$= E(XY - \mu_X Y - X\mu_Y + \mu_X \mu_Y)$$
$$= E(XY) - \mu_X \mu_Y - \mu_X \mu_Y + \mu_X \mu_Y$$
$$= E(XY) - (EX)(EY)$$

从公式 2.6.8 和公式 2.6.9 得到相关系数的性质如下

定理 2.20　设 $\rho_X Y$ 是 X，Y 的相关系数，则有

（1）$|\rho_{XY}| \leqslant 1$。

（2）$|\rho_{XY}| = 1$ 的充分必要条件是有常数 a，b 使得 $P(Y = a + bX) = 1$。

（3）如果 X，Y 独立，则 X，Y 不相关。

从定理 2.20（2）看出，当 $|\rho_{XY}| = 1$ 成立时，X，Y 有线性关系。这时称 X，Y 线性相关。

例 2.51　设 (X, Y) 在单位圆 $D = \{(x, y) \mid x^2 + y^2 \leqslant 1\}$ 内均匀分布，则 X，Y 不相关，也不独立。

证明：(X, Y) 有联合密度 $f(x, y) = \mathrm{I}(D)/\pi$，其中示性函数

$$\mathrm{I}(D) = \mathrm{I}(|x| \leqslant \sqrt{1-y^2}) \cdot \mathrm{I}(|y| \leqslant 1)。$$

注意 x 在 $[-\sqrt{1-y^2}, \sqrt{1-y^2}]$ 中的积分是 0，用公式 2.6.5 得到

$$
\begin{aligned}
EX &= \iint_{\mathbb{R}^2} xf(x, y)\,\mathrm{d}x\mathrm{d}y \\
&= \frac{1}{\pi} \int_{-\infty}^{\infty} \left(\int_{-\infty}^{\infty} \mathrm{I}(D) x\,\mathrm{d}x \right) \mathrm{d}y \\
&= \frac{1}{\pi} \int_{-\infty}^{\infty} \left(\int_{-\sqrt{1-y^2}}^{\sqrt{1-y^2}} x\,\mathrm{d}x \right) \mathrm{I}(|y| \leqslant 1)\,\mathrm{d}y \\
&= \frac{1}{\pi} \int_{-\infty}^{\infty} 0\,\mathrm{I}(|y| \leqslant 1)\,\mathrm{d}y = 0
\end{aligned}
$$

对称地得到 $EY = 0$。于是

$$
\begin{aligned}
Cov(X, Y) &= E(XY) \\
&= \iint_{\mathbb{R}^2} xyf(x, y)\,\mathrm{d}x\mathrm{d}y \\
&= \frac{1}{\pi} \int_{-\infty}^{\infty} y \left(\int_{-\sqrt{1-y^2}}^{\sqrt{1-y^2}} x\,\mathrm{d}x \right) \mathrm{I}(|y| \leqslant 1)\,\mathrm{d}y \\
&= 0
\end{aligned}
$$

所以 X，Y 不相关。因为知道 X 取值 x 后，Y 在 $[-\sqrt{1-x^2}, \sqrt{1-x^2}]$ 中取值，所以 X，Y 不独立。

相关系数 ρ_{XY} 只表示了 X，Y 间的线性关系。当 $\rho_{XY} = 0$，尽管称 X，Y 不相关，它们之间还可以有其他的非线性关系。例如当 $Y = X^2$，$X \sim N(0, 1)$ 时，(X, Y) 的取值总在抛物线 $y = x^2$ 上，但是 X，Y 不相关。这是因为 X 的概率密度 $\varphi(x)$ 是偶函数，$x^3 \varphi(x)$ 是奇函数，所以

$$EX^3 = \int_{-\infty}^{\infty} x^3 \varphi(x)\,\mathrm{d}x = 0。$$

于是得到 $Cov(X, Y) = E[X(Y-1)] = EX^3 - EX = 0$。

习　题

1．若 A，B，C，D 是 4 个事件，利用这四个事件表示下列各事件：①这四个事件至少发生一个；②A，B 都发生而 C，D 都不发生；③这四个事件恰好发生两个；④这四个事件都不发生；⑤这四个事件中至多发生一个。

2．一部五卷的文集，按照任意次序放到书架上去，试求下列概率：①第一卷出现在旁边；②第一卷及第五卷出现在旁边；③第一卷或第五卷出现在旁边；④第一卷及第五卷都不出现在旁边；⑤第三卷正好在正中间。

3．给定 $p = P(A)$，$q = P(B)$，$r = P(A \cup B)$，求 $P(A\bar{B})$ 及 $P(\bar{A}\,\bar{B})$。

4. 假若每个人血清中含有肝炎病毒的概率为 0.4%,混合 100 个人的血清,求此血清中含有肝炎病毒的概率(假设不同人的血清中是否含有肝炎病毒是相互独立的)。

5. 雨伞掉了。落在图书馆中的概率为 50%,这种情况下找回的概率为 0.80;落在教室里的概率为 30%,这种情况下找回的概率为 0.60;落在商场的概率为 20%,这种情况下找回的概率为 0.05,求找回雨伞的概率。

6. 假定用血清甲胎蛋白法诊断肝癌,$P(A|C) = 0.95$,$P(\overline{A}|\overline{C}) = 0.90$,这里 C 表示被检验者患有肝癌这一事件,A 表示判断被检验者患有肝癌这一事件。又设在自然人群中 $P(C) = 0.0004$。现在若有一人被此检验法诊断为患有肝癌,求此人真正患有肝癌的概率 $P(C|A)$。

7. 若 θ 服从 $\left[-\dfrac{\pi}{2}, \dfrac{\pi}{2}\right]$ 的均匀分布,$\psi = \tan\theta$,试求 ψ 的概率密度函数。

8. 若 (X, Y) 的密度函数为

$$p(x, y) = \begin{cases} A\mathrm{e}^{-(2x+y)}, & x > 0, \ y > 0 \\ 0, & \text{否则} \end{cases}$$

试求:①常数 A;②$P(X < 2, Y < 1)$;③X 的边缘分布函数;④$P(X+Y < 2)$。

9. 设 (X, Y) 具有联合密度函数 $p(x, y) = \begin{cases} \dfrac{1+xy}{4}, & |x| < 1, |y| < 1 \\ 0, & \text{否则} \end{cases}$

试证 X 与 Y 不独立。

10. 若 X, Y 为相互独立的都服从 $[0, 1]$ 上均匀分布的随机变量,试求 $Z = X + Y$ 的概率密度函数。

11. 市场上对某种商品的需求量是随机变量 X(单位:吨),它服从 $[2000,4000]$ 上均匀分布,设每售出这种商品 1 吨,可挣得 3 万元,但假如销售不出而囤积于仓库,则每吨需浪费保养费 1 万元,问题是要确定应组织多少货源,才能使收益最大?

12. 设随机变量 X 只取非负整数值,其概率为 $P(X = k) = \dfrac{a^k}{(1+a)^{k+1}}$,$a > 0$ 是常数,试求 EX 及 $\mathrm{Var}(X)$。

13. 若随机变量 X 服从拉普拉斯分布,其密度函数为 $p(x) = \dfrac{1}{2\lambda}\mathrm{e}^{-|x-\mu|/\lambda}$,$-\infty < x < \infty$, $\lambda > 0$,试求 EX 及 $\mathrm{Var}(X)$。

14. 在题 9 的假设下,试求 X, Y 的数学期望、方差及它们的协方差、相关系数。

15. 设 (X, Y) 有概率密度

$$f(x, y) = \begin{cases} x + y, & x \in (0,1), \ y \in (0,1) \\ 0, & \text{其他} \end{cases}$$

试求 $\mathrm{Cov}(X, Y)$。

第三章 | 描述统计学

第一节 引 言

描述统计学（descriptive statistics）是借助数据的可视化与指标化，以发现和量化事物特征及事物间关系的统计学方法。借助统计学方法的研究一般通过样本发现潜在规律，继而根据推断统计学的技术推论到总体。统计学研究对象的特征因有个体差异而称为变量。其中某些具有量的属性，如身高、体重、血压等，称为数值变量；另外一些具有质的属性，如性别、职业、婚姻状况、疾病状态、药物疗效等，称为分类变量。相应的数据资料称为数值变量资料和分类变量资料。不同类型变量所蕴藏信息的方式不同，需用不同的指标体系和方法进行研究。因此，描述统计学又分为数值变量资料的描述统计学及分类变量资料的描述统计学。

描述统计学涉及统计图表的应用和统计指标构建。统计图表既是探索数据的工具，也是统计分析与结果表达的工具，是科研报告和论文的重要组成部分。统计图表与统计指标需根据研究目的、资料类型以及统计方法的适用条件选用。本章的学习目标是掌握描述统计学的基本理论、方法及应用。

第二节 单个连续型数值变量资料的统计学描述

一、连续型数值变量的定义与蕴含的信息

连续型数值变量（continuous numerical variable）是指可在实数区间连续取值的变量，其由小到大取值的频数或频率称为变量的频数分布，所蕴含的信息包括分布的形态、范围、分布中任一位置的取值以及变量在任一区间内取值的概率。绘制频数表和频数图展示变量频数分布的形态特征是统计学常用的方法。对于任一数值变量资料，在最小值（minimum）与最大值（maximum）界定的取值范围内，可计算变量在任一位置的取值，统计学上常用的指标为百分位数（percentile）。百分位数是指从小到大排列的所有变量值分成 100 等份后每个位置上的变量值。第 x 百分位数的大小记为 P_x。在全部变量值中，小于和大于 P_x 的变量值各占 $x\%$ 和（$100 - x$）%，或者 P_x 到最小值的概率为 $x\%$，到最大值的概率为（$100 - x$）%。其中第 50 百分位数 P_{50} 称为中位数（median），是变量分布位次上中心位置的数值，P_{25} 和 P_{75} 分别称为上四分位数和下四分位数。最大值与最小值之差称为全距或极差（range，R），上下四分位数之差称为四分位数间距（interquartile range，IQR）。上述指标可反映分布的形态与位置，中位数称为中心位置指标，全距和四分位数间距称为分散程度指标。其他的描述中心位置的常用指标还有算术均值（arithmetic mean，简称 mean）与几何均值（geometric mean），其他描述分散程

度的常用指标还有方差（variance）、标准差（standard deviation，SD）和变异系数（coefficient of variation，CV）。本章将陆续介绍这些指标的意义和计算公式。

二、描述单个连续型数值变量资料分布特征的统计表

统计学中描述单个数值变量分布特征的统计表称为频数表，频数表由变量值的分组、各组频数、频率、累计频数及累计频率组成，详见表 3.1。频数表编制的第一个步骤是确定变量值的分组即组段。组段确定后，便可以清点各组段的频数，继而计算相应的频率、累计频数和累计频率。下面以例 3.1 的资料进行介绍。

例 3.1 试根据 2018 年某地 102 名 7 岁男童随机样本的身高（cm）资料绘制频数表（frequency table）。

（一）频数表编制原则

频数表的每一个组段均为由起始值（下限）和最大值（上限）组成的一个连续区间，下一组段的下限等于相邻上一组段的上限。组段确定的原则是第一个组段应包括数据的最小值，最后一个组段应包括数据的最大值。如例 3.1，数据的最小值和最大值分别为 113.0（cm）和 145.2（cm），因此第一个组段的下限可确定为 113.0（cm），最后一个组段的上限应为 145.2（cm）。为满足计算组中值（组段的上限和下限之和除以 2）的需要，第一个组段需要写出下限，最后一个组段需同时写出下限和上限。频数表的组段数和组段的上下限的取值，可结合研究目的、惯例和样本量的大小确定，习惯上以 8 ~ 15 个组段为宜。

116.4	129.4	122.0	125.0	123.2	121.5	127.8	115.6	122.4	122.1
128.4	119.4	134.4	125.2	127.5	126.1	128.3	126.0	132.1	124.5
120.4	129.6	123.6	123.4	136.8	129.0	130.2	134.4	138.2	125.4
123.8	123.7	128.3	125.5	145.2	133.5	137.4	124.9	126.4	122.2
120.6	133.2	125.5	127.4	131.8	121.9	134.0	142.3	135.6	127.4
131.9	125.5	132.0	120.4	144.7	126.8	123.1	123.7	132.0	113.0
120.7	126.0	126.5	139.3	128.9	120.8	135.3	134.7	138.8	132.0
126.5	123.7	115.0	137.0	119.5	124.0	131.0	139.7	138.5	130.3
120.2	122.5	118.5	122.7	127.7	125.5	133.7	126.2	129.2	137.0
131.3	120.5	125.4	125.8	121.0	125.0	128.6	116.1	123.4	127.2
119.1	125.6								

（二）频数表编制步骤

1. 组段的确定

（1）组距的确定：频数表中每个组段的上限与下限之差称为组距。频数表一般采用等组距的编制方法，组距可采用数据的全距或极差除以组段数获得。如例 3.1，全距 $R = 145.2 - 113.0 = 32.2$ cm。若取 10 个组段，则组距 $i = 32.2/10 \approx 3$ cm。

（2）下限和上限的确定：第一个组段的下限等于或略小于数据的最小值，确定了组距及第一个组段的下限后，便可陆续确定出全部的组段。如例 3.1，第一个组段的下限取 113 cm，则上限 = 该组段的下限 + 组距，等于 113 + 3 = 116 cm；第二个组段的下限等于 116 cm，上限为 116 + 3 = 119 cm，依此类推，可得到全部组段的下限和上限。

2. 各组段频数、频率、累计频数和累计频率的计算

频数表各组段频数的计数方法为：对于最后一个组段，所有大于等于该组段下限的变量值均计为该组段的频数；其他组段，大于等于本组段下限且小于本组段上限的变量值的个数均计为相应组段的频数。全部组段的频数之和称为总频数。各组段的频率等于各组段的频数除以总频数，累计频数等于小于该组段上限的频数之和，累计频率等于各组段的累计频数除以总频数。根据例 3.1 资料完成的频数表见表 3.1。

表 3.1　2018 年某地 102 名 7 岁健康男童的身高随机样本（cm）

身高（cm） （1）	频数 （2）	频率（%） （3）	累计频数 （4）	累计频率（%） （5）
113 ~	3	2.94	3	2.94
116 ~	3	2.94	6	5.88
119 ~	13	12.75	19	18.63
122 ~	18	17.65	37	36.27
125 ~	25	24.51	62	60.78
128 ~	11	10.78	73	71.57
131 ~	11	10.78	84	76.25
134 ~	7	6.86	91	82.35
137 ~	8	7.84	99	89.22
140 ~ 145	3	2.94	102	97.06
合计	102	100.00	—	—

三、统计表的用途、制作原则、结构格式及制作规范

统计表（statistical table）用于展示事物的特征，如频数分布（表 3.1）。任一内容，如小规模的研究数据、公式、数据分析过程或统计分析结果等，只要可排列为至少两行和两列的结构，则建议考虑用统计表展示。统计表比文字叙述更简洁，更利于信息的提取，是描述统计学的重要工具。如例 3.1，频数表 3.1 清楚地展示了身高的分布特征（身高单位均为厘米）：最小值和最大值分别为 113.0 和 142.5。频数最多的组段为 125 ~，频率为 24.51%，中位数亦位于该组段，由此向上方和下方各组段的频数呈逐渐降低的趋势，整个分布呈右偏态分布。

（一）统计表的制作原则、结构格式及制作规范

1. 制作原则　统计表的制作原则是重点突出，内容正确、完整，结构简洁、清晰，便于阅读和提取信息。

2. 结构格式及制作规范　除了需要展示的内容外，统计表由必备线条、纵横标目、表号和标题几个部分组成，必要时包括合计线、子标目线及注释。

（1）统计表的线条：统计表因有 3 条必备线条而称为三线表，这些线条自上而下分别称为顶线、标目线和底线。当有纵向合计项时，需要在底线及合计数字上方增加一条始于第二个纵标目的合计线（表 3.1）。

统计表中线条的作用是对统计表进行分区。顶线上方为表号与标题的位置，顶线和标目线之间为纵标目的位置，标目线与底线或合计线之间为横标目及所展示内容的位置。合计线与底线之间为合计数字的位置，底线之下为注释的位置。统计表不使用无必要功能的竖线、斜线和其他横线。

（2）统计表的标目：统计表的标目分为纵标目和横标目，用以说明统计表所展示内容的含义。统计表中的纵标目用以说明所对应列的内容和单位，统计表中的横标目用以说明所对应行的内容和单位。标目的单位应写于相应标目的右侧或下方的括号中，如表3.1中第一列纵标目"身高"的单位为"cm"。标目的度量衡（如%、‰、1/万）应写于每一个数字的右侧。

习惯上统计表中的横标目用以表示研究的事物，称为统计表的主语，纵标目用于表示事物的特征，称为统计表的谓语。为节省篇幅，有时亦做相反的设定。纵横标目的联合应用可完整地表达数据的信息。例如，表3.1显示身高（cm）为113～组段的人数为3，依此类推。

（3）统计表的表号：统计表的表号一般用"表"字与其后的阿拉伯数字组成，如表3.1所示。表号是统计表的简称，是对统计表最简捷的表示，供对统计表引用时使用。

（4）统计表的标题：统计表的标题紧邻表号之后，应能完整地概括统计表展示的内容。表号与标题位于表格顶线的上方，居中或居左。以表3.1为例，标题包括了研究对象的特征（如时间、地区、年龄、性别）、样本量（如102名）、测量指标（如身高）这些内容。当用统计表展示统计分析的结果时，宜将所用统计方法的名称纳入标题。

（5）统计表的注释：统计表的注释是对统计表中内容的进一步说明，它的作用是保证统计表的简洁性与完整性。

（6）统计表的内容：统计表的内容应与标题一致，表中的数字、文字及公式等内容应准确无误，且符合研究目的所要求的统计学规范。当统计表的内容为数值时，均应以阿拉伯数字表示，同一列指标小数点后的保留位数应相同，且应按小数点或个位数对齐。不存在相应数值或内容时，用短横线"—"表示。对多组数值变量资料进行统计学描述的统计表应包括组样本量、分布形态、算术均值和标准差（近似正态分布时）或中位数和四分位数间距（单峰偏态分布时）。

（二）统计表的类型

根据标目的分层，统计表可分为简单表和组合表，应用时，根据需要绘制。

1. 简单表　简单表是指只有一层横标目和一层纵标目的统计表，如表3.1所示。

2. 组合表　横标目或纵标目多于一层的统计表称为组合表，第一层标目称为总标目，总标目之下的称为子标目。例如，表3.2中的"男性"和"女性"为总标目，之下的"人数"和"构成"为第一级子标目，"未加权"和"加权"为第二级子标目。组合表如表3.2所示，由多个简单表构成，具有更简洁的特点。

表3.2　某地2022年部分农村研究对象的年龄和性别构成

年龄（岁）	男性			女性		
	人数	构成（%）		人数	构成（%）	
		未加权	加权		未加权	加权
45～	16	0.5	0.6	102	2.7	2.8
50～	454	12.8	12.1	630	16.6	16.3
55～	627	17.7	17.2	729	19.2	18.6
60～	849	24.0	22.9	818	21.6	20.5
65～	725	20.5	20.3	708	18.7	18.5
70～	873	24.6	26.9	806	21.2	23.3
合计	3544	100.0	100.0	3793	100.0	100.0

四、描述单个连续型数值变量资料分布特征的统计图

统计图（statistical graph）是以点、线、面等几何图形客观展示数据的分布、水平、构成及关系等特征的重要工具。描述单个连续型数值变量资料分布特征的统计图统称为频数图，主要包括直方图（histogram）、茎叶图（stem-and-leaf plot）和点图（dot plot）3 种图形。与频数表相比，频数图可更直观、形象地展示分布的特征。

直方图　以表 3.1 的资料绘制的直方图见图 3.1。

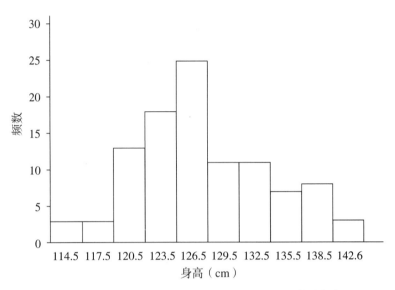

图 3.1　2018 年某地 102 名 7 岁健康男童随机样本的身高

直方图的横轴为身高的组段，纵轴为各组段的频数。如图 3.1 所示，直方图是以连续等宽矩形的面积表示单个连续型数值变量资料频数或频率分布形态的统计图，一个矩形的面积代表一个组段的频数或频率。直方图的纵轴始于 0 点，相邻矩形之间无空隙。可对个体资料绘图，亦可对统计量（如均值）绘图。直方图主要用于展示大样本连续型数值变量资料的分布形态，亦可从中发现数据中的异常值。直方图不显示个体的测量值。小样本的数值变量资料宜选用茎叶图和点图展示分布形态。利用频数图可初步判断单峰分布的形态。分布的可能形态包括高峰位于中心的对称分布、高峰偏左的右偏态分布或高峰偏右的左偏态分布。绘制直方图和茎叶图的 R 命令分别为 hist（x）和 stem（x），x 是相应变量的名称。

五、描述单个连续型数值变量资料分布特征的统计指标

统计学上该类指标包括分布的中心位置指标和分散程度指标。

（一）中心位置指标

该类指标用以表示分布中心位次上的变量值，常用的指标包括中位数、算术均值和几何均值，可以利用原始数据直接计算，也可以根据频数表资料用加权法算得。

1. 直接法

（1）中位数：中位数（median）用 M 表示，是指所有变量值由小到大排列或由大到小排列后位置居中的变量值，又称第 50 百分位数，直接法计算公式因样本量的奇偶性而不同。

1）样本量 n 为奇数：此时分布的中心位次为第 （$n + 1$）/2 位，中位数为该位次上的变量值，公式为：

$$M = X_{\left(\frac{n+1}{2}\right)} \qquad \text{公式 3.2.1}$$

2）样本量 n 为偶数：此时分布的中心位次为第 $n/2$ 和第 $n/2 + 1$ 位，中位数为该两个位次上的变量值之和除以 2：

$$M = \frac{1}{2}\left(X_{\left(\frac{n}{2}\right)} + X_{\left(\frac{n}{2}+1\right)}\right) \qquad \text{公式 3.2.2}$$

公式 3.2.1 和公式 3.2.2 中的下角标均代表数据排序后的位次。

例 3.2 例 3.1 中前 5 名男童的身高（cm）分别为 116.4，129.4，122.0，125.0，123.2，求中位身高。

本例中 $n = 5$ 为奇数，中心位次 $(n+1)/2 = 3$。将数据由小到大排列如下（cm）：116.4、122.0、123.2、125.0、129.4，据公式 3.2.1 得：$M = X_{\left(\frac{n+1}{2}\right)} = X_{(3)} = 123.2$（cm）。

例 3.3 例 3.1 中前 6 位男童的身高（cm）分别为 116.4、129.4、122.0、125.0、123.2、121.5，求中位身高。

本例 $n = 6$ 为偶数，中心位次 $n/2$ 和 $n/2 + 1$ 分别为 3 和 4。将数据由小到大排列如下（cm）：116.4、121.5、122.0、123.2、125.0、129.4。据公式 3.2.2 算得：

$$M = \frac{1}{2}\left(X_{\left(\frac{n}{2}\right)} + X_{\left(\frac{n}{2}+1\right)}\right) = \frac{1}{2}\left(X_{(3)} + X_{(4)}\right) = \frac{1}{2}(122.0 + 123.2) = 122.6\,(\text{cm})。$$

（2）算术均值（arithmetic mean）简称均值（mean），等于全部变量值之和与变量值个数或样本含量之比，总体均值用希腊字母 μ 表示。对称分布时，算术均值与中位数相等，均表示分布中心位次上的变量值。样本均值 $\overline{X}$ 的计算公式如下：

$$\overline{X} = \frac{X_1 + X_2 + \cdots + X_n}{n} = \frac{1}{n}\sum_{i=1}^{n} X_i \qquad \text{公式 3.2.3}$$

公式 3.2.3 中 X_1，X_2，$\cdots$，X_n 为全部变量值，n 为变量样本含量，$\sum$ 为求和符号。

例 3.4 利用例 3.1 中的资料，用直接法计算 102 名 7 岁健康男童随机样本的身高的均值。

$$\overline{X} = \frac{116.4 + 129.4 + \cdots + 125.6}{120} = \frac{12992.0}{120} = 127.38\,(\text{cm})$$

（3）几何均值：用 G 表示，代表原始数据取以 10 为底的常用对数后的算术均值。计算公式见公式 3.2.4 和公式 3.2.5。

$$G = \sqrt[n]{X_1 \times X_2 \times X_3 \times \cdots \times X_n} \qquad \text{公式 3.2.4}$$

$$G = \lg^{-1}\left(\frac{\lg X_1 + \lg X_2 + \cdots \lg X_n}{n}\right) = \lg^{-1}\left(\frac{\sum_{i=1}^{n} \lg X_i}{n}\right) \qquad \text{公式 3.2.5}$$

由公式 3.2.5 可见，几何均值等于原始变量值常用对数均值的反对数。当原始变量值的常用对数值呈对称分布时，几何均值位于其常用对数值分布的中心位次。

例 3.5 5 例患者血清肺炎支原体抗体滴度分别为 1∶160、1∶320、1∶640、1∶1280、1∶2560，求平均滴度。

取各变量值的稀释倍数后，资料转换为 160、320、640、1280、2560。此时利用公式 3.2.4 和公式 3.2.5 进行计算得：

$$G = \sqrt[5]{160 \times 320 \times 640 \times 1280 \times 2560} = 640$$

$$G = \lg^{-1}\left(\frac{\lg 160 + \lg 320 + 640 + \lg 1280 + \lg 2560}{5}\right) = 640$$

相应平均滴度为 1 : 640。

2．频数表法　频数表法是对利用频数表资料进行指标计算方法的统称。计算均值和几何均值的频数表法又称为加权法，是以相同变量值或组中值的个数为权数计算指标的方法。

（1）中位数：

$$M = L_{50} + \frac{i}{f_{50}}\left(n \times 50\% - \sum f_L\right) \qquad 公式\ 3.2.6$$

式中 L_{50}、i、f_{50} 分别为中位数所在组段的下限、组距和频数，n 为样本量，$\sum f_L$ 为组段下限小于 L_{50} 所有组段的累计频数，50% 代表计算的是中位数。

例 3.6　利用表 3.1 的资料，计算 102 名 7 岁健康男童随机样本身高的均值。

根据表 3.1 中的累计频率资料可知，中位数位于 125 ～ 这个组段。

$$M = L_{50} + \frac{i}{f_{50}}\left(n \times 50\% - \sum f_L\right) = 125 + \frac{3}{25}(102 \times 50\% - 37) = 126.68\ (\text{cm})$$

本例中，根据频数表法计算得到的身高的中位数为 126.68 cm。

（2）算术均值：加权均值是变量值乘以相应频数后的均值。由于频数较大的变量值在计算中占的比重较大，故频数又称为权数。算术均值频数表法的计算公式为

$$\overline{X} = \frac{f_1 X_1 + f_2 X_2 + \cdots f_k X_k}{f_1 + f_2 + \cdots f_k} = \frac{\sum f_k X_k}{\sum f_k} \qquad 公式\ 3.2.7$$

公式 3.2.7 中的 X_1，X_2，$\cdots$，X_k 为各组段的组中值，f_1，f_2，$\cdots$，f_k 为相应组段的频数。

例 3.7　利用表 3.1 的资料，计算 102 名 7 岁健康男童随机样本身高的均值。

表 3.3　102 名 7 岁健康男童身高的均值和标准差频数表法计算表

身高（cm） （1）	频数 f （2）	组中值 X （3）	fX （4）=（2）×（3）	fX^2 （5）=（2）×（3）^{2}
113 ～	3	114.5	343.5	39330.75
116 ～	3	117.5	352.5	41418.75
119 ～	13	120.5	1566.5	188763.25
122 ～	18	123.5	2223.0	274540.5
125 ～	25	126.5	3162.5	400056.25
128 ～	11	129.5	1424.5	184472.75
131 ～	11	132.5	1457.5	193118.75
134 ～	7	135.5	948.5	128521.75
137 ～	8	138.5	1108.0	153458.00
140 ～ 145	3	142.5	427.5	60918.75
合计	102	—	13014.0	1664599.5

根据表 3.3 的数据，各组段的组中值见表 3.3 的第（3）列，组中值与频数的乘积见表 3.3 的第（4）列。均值计算如下：

$$\overline{X} = \frac{\sum fX}{\sum f} = \frac{3 \times 114.5 + 3 \times 117.5 + \cdots + 3 \times 142.5}{3 + 3 + \cdots + 3} = \frac{13014.0}{102} = 127.59(\text{cm})。$$

根据组中值计算均值为近似计算，与直接法算得的均值因计算误差而略有不同。

（3）几何均值：

$$G = \lg^{-1}\left(\frac{\sum f \lg X}{\sum f}\right)$$ 公式 3.2.8

（二）分散程度指标

1. 直接法

（1）最大值、最小值和全距：如前所述，极差又称为全距，是所有变量值中最大值和最小值之差。极差界定了数据分布的范围，但极差由于只受最大值和最小值的影响，需结合其他指标才能全面反映资料的分散程度，或分布形态。当最大值和最小值没有确切数值时，无法计算极差。

（2）百分位数和四分位数间距：百分位数和四分位数间距一般采用频数表法计算。公式和例题详见"频数表计算法"部分。

（3）方差：对于正态分布和近似正态分布的资料，统计学中用方差和标准差表示数据的分散程度。同一组数据中每个变量值与均值的差值称为离均差，离均差代表个体与均值之间的差异。由于综合所有个体差异的离均差之和 $\sum (x - \mu)$ 等于 0，无法表示一组数据的分散程度，统计学中用方差（variance）表示数据间的分散程度。方差越大，说明数据的分散程度越大。

1）总体方差：总体方差记为 σ^2，计算公式为

$$\sigma^2 = \frac{\sum (X - \mu)^2}{N}$$ 公式 3.2.9

其中 N 为总体中变量值的个数，方差的量纲是变量值量纲单位的平方。

2）样本方差：实际应用时，总体均值 μ 往往未知，常用样本方差估计总体方差。样本方差记为 S^2，其计算公式如下：

$$S^2 = \frac{\sum (X - \overline{X})^2}{n-1} = \frac{\sum X^2 - (\sum X)^2 / n}{n-1}$$ 公式 3.2.10

其中 n 为样本中变量值的个数，即样本量。

（4）标准差：方差的平方根称为标准差（standard deviation），量纲与变量值相同。在统计学上结合均值用于描述正态和近似正态分布的特征。

总体标准差记为 σ，样本标准差记为 S，计算公式分别为：

1）总体标准差

$$\sigma = \sqrt{\frac{\sum (X - \mu)^2}{N}}$$ 公式 3.2.11

2）样本标准差

$$S = \sqrt{\frac{\sum (X - \overline{X})^2}{n-1}} = \sqrt{\frac{\sum X^2 - (\sum X)^2 / n}{n-1}}$$ 公式 3.2.12

例 3.8 利用例 3.1 中的原始数据，计算 102 名 7 岁健康男童随机样本身高的标准差。

在本例中，已求得均值为 127.38 cm，代入公式 3.2.12 得

$$S = \sqrt{\frac{\sum (X - \overline{X})^2}{n-1}}$$

$$= \sqrt{\frac{(116.4 - 127.38)^2 + (129.4 - 127.38)^2 + \cdots + (125.6 - 127.38)^2}{102 - 1}}$$

$$= 6.55(\text{cm})$$

（5）变异系数：变异系数（coefficient of variation，CV）是同一组数据的标准差与均值的比值，变异系数没有量纲，适用于量纲不同的资料之间分散程度的比较，或量纲相同但均值差别较大的资料之间数据分散程度的比较。变异系数越大，表示资料的分散程度越大。变异系数的计算公式如下：

$$CV = \frac{S}{\overline{X}} \times 100\%$$ 公式 3.2.13

例 3.9 例 3.1 中 102 名 7 岁健康男童随机样本的平均身高为 127.38 (cm)，标准差为 6.55 (cm)，试计算身高的变异系数。

身高的变异系数：$CV_{身高} = (6.55/127.38) \times 100\% = 5.14\%$

2．频数表计算法

（1）百分位数与四分位数间距：百分位数是指从小到大排列的所有变量值分成 100 等份后，每个位置上的变量值。第 x 百分位数的大小记为 P_x，表示在全部变量值中，小于和大于 P_x 的变量值各占 $x\%$ 和 $(1-x)\%$。频数表法的计算公式如下：

$$P_x = L_x + \frac{i}{f_x}(n \times x\% - \sum f_L)$$ 公式 3.2.14

式中 x 为百分位数的位次，L_x、i、f_x 分别为第 x 百分位数所在组段的下限、组距、频数，$\sum f_L$ 为组段下限小于 L_x 的所有组段的累计频数。利用公式 3.2.14 可计算出所有的百分位数，其中第 50 百分位数 P_{50} 为中位数。

四分位数间距等于 P_{75} 与 P_{25} 之差，是中间 50% 变量值的极差。IQR 比极差稳定，但仍未考虑全部变量值的分散程度。统计学中用四分位数间距表示单峰偏态分布资料的分散程度。

例 3.10 计算例 3.1 中 102 名 7 岁男童随机样本身高的四分位数间距。

根据公式 3.2.14 分别计算 P_{25} 和 P_{75}，得

$$P_{25} = L_{25} + \frac{i}{f_{25}}\left(n \times 25\% - \sum f_L\right) = 122.0 + \frac{3}{18}(102 \times 25\% - 19) = 123.08(\text{cm})$$

$$P_{75} = L_{75} + \frac{i}{f_{75}}\left(n \times 75\% - \sum f_L\right) = 131.0 + \frac{3}{11}(102 \times 75\% - 73) = 131.95(\text{cm})$$

$$IQR = P_{75} - P_{25} = 131.95 - 123.08 = 8.87(\text{cm})$$

（2）方差：频数表法计算样本方差的公式为：

$$S^2 = \frac{\sum f(X - \overline{X})^2}{\sum f - 1} = \frac{\sum fX^2 - (\sum fX)^2 / \sum f}{\sum f - 1}$$ 公式 3.2.15

公式 3.2.10 中的 $n-1$ 和公式 3.2.15 中的 $\sum f - 1$ 为自由度。可以证明，S^2 是 σ^2 的无偏估计。

（3）标准差：样本标准差频数表法计算公式为

$$S = \sqrt{\frac{\sum f(X-\overline{X})^2}{\sum f - 1}} = \sqrt{\frac{\sum fX^2 - (\sum fX)^2 / \sum f}{\sum f - 1}} \qquad \text{公式 3.2.16}$$

例 3.11 利用表 3.1 中的频数表资料，计算 102 名 7 岁健康男童随机样本身高（cm）的标准差。

本例中，$\sum fX = 13\,014$，$\sum fX^2 = 1\,664\,599.5$，$X$ 为组中值，代入公式 3.2.16 得

$$S = \sqrt{\frac{\sum fX^2 - \left(\sum fX\right)^2 / \sum f}{\sum f - 1}} = \sqrt{\frac{1\,664\,599.5 - 13\,014.0^2 / 102}{102 - 1}} = 6.42(\text{cm})$$

组中值加权法是直接法的近似算法，两者在数值上的差别为计算误差所致。

（三）箱式图

箱式图（boxplot）是用矩形、线段、圆圈和星号展示数值变量资料分布的统计图。图中显示的为统计指标以及异常值与离群值（最大非异常值、最小非异常值、离群值和极值）。展示的统计指标包括中位数、第 25 百分位数（下四分位数）和第 75 百分位数（上四分位数）。

箱式图中，矩形的上、下两边分别代表上、下四分位数，矩形中间的横线或中间线代表中位数。最大非异常值和最小非异常值用短横线表示，由线段连接到矩形边缘。圆圈和星号分别代表离群值和极值。位于 1.5 ~ 3 倍四分位数之间的数值为离群值，位于 3 倍四分位数之外的数值为极值。箱线图不显示原始变量值。与直方图和茎叶图相比，箱式图可显示多个统计指标，有利于发现异常值。在同一个坐标系中可展示多个箱线图，节省篇幅，且利于相互之间的比较。

需要注意的是，箱式图的形态取决于 5 个指标的水平。箱式图相似时，原始数据的分布不一定相似。箱式图应结合直方图或茎叶图展示分布的形态。根据例 3.1 中某地区 102 名 7 岁健康男童身高数据绘制的箱式图，见图 3.2。

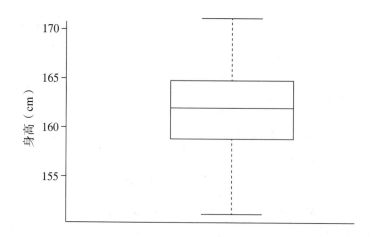

图 3.2　某地区 102 名 7 岁健康男童身高数据的箱式图

绘制箱式图的 R 软件命令为 boxplot（x）。

六、连续型数值变量资料频数分布的量化指标及医学中的应用

（一）连续型数值变量资料频数分布的形态

医学中常见的连续型数值变量资料的分布形态有单峰偏态分布与对称分布两大类别。其中，单峰偏态分布又可分为单峰正偏态分布和单峰负偏态分布，对称分布又可分为正态分布、近似正态分布和非正态性对称分布。需要依据分布确定适宜的描述指标体系。

（二）连续型数值变量资料频数分布的量化指标

统计学上常使用中心位置指标和分散程度指标共同描述数值变量资料的频数分布特征。

1．正态分布与近似正态分布 对于总体呈正态或近似正态分布的资料，统计学上用正态分布的参数均值和标准差描述分布的特征，其中均值表示分布的中心位置，标准差表示分布的分散程度。最大值和最小值用于界定分布的范围。

2．单峰偏态分布和非正态对称性分布 对于研究总体呈单峰偏态分布及非正态性对称分布的资料，统计学上用中位数表示分布的中心位置，用四分位数间距表示分布的分散程度，用最大值和最小值界定分布的范围。

（三）总体是否为正态分布的判断方法

1．图形判断法 对于数值变量资料，如直方图、茎叶图或点图为单峰对称分布，可进一步绘制正态概率图（normal probability plot，Q-Q 图）初步判断资料是否呈正态分布。正态概率图的一个坐标为实测值的百分位数，另一个坐标为正态假定下标准正态值（又称为期望正态值）的百分位数。如果实测值和标准正态值的百分位数组成的散点大致位于坐标的角平分线上，可认为数据近似正态分布（图 3.3）。

2．正态性检验判断法 除了图形判断法以外，还可进一步通过假设检验的方法利用样本数据判断总体分布是否为正态分布。

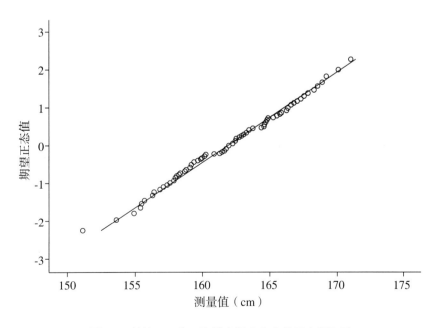

图 3.3 某地 102 名 7 岁健康男童身高的正态概率图

（四）医学相关连续型数值变量资料的应用

任意范围内的概率是连续型数值变量资料的分布特征，也是医学研究关心的问题，如体重在一个范围内的概率，由样本计算相应的频率进行估计。另外，医学上还关心医学参考值范围或正常值范围，即某变量值 95% 的正常人所在的取值范围或百分位数。

1．频率计算　对于总体为正态或近似正态分布的资料，可根据正态曲线下面积的分布规律对频率进行估计。对于总体呈偏态或非正态的对称分布资料，可根据百分位数的方法进行计算。

例 3.12　已知 7 岁健康男童的身高均值为 127.2 cm，标准差为 6.5 cm，试估计：

（1）身高在 130 cm 及以上者所占的比例。

（2）身高在 121 ～ 130 cm 者所占的比例。

假定健康男童的身高近似正态分布，身高在 130 cm 及以上者所占的比例等于正态曲线在身高大于等于 130 cm 的曲线段所对应的区域的面积，身高为 121 ～ 130 cm 之间者所占的比例等于正态曲线在身高为 121 ～ 130 cm 之间的曲线段所对应的区域的面积。上述面积可通过对正态分布的概率密度函数积分获得。为简化计算，大部分统计学教材中提供了 Z 取负值时，标准正态曲线所对应的 Z 值到曲线左端的面积 $(-\infty, Z)$，记为 $\Phi(Z)$。

因为正态分布以均值为中心两侧对称，当 Z 取正值时，Z 值到曲线右端的面积与 $\Phi(-Z)$ 相等，Z 值到曲线左端的面积等于 $1 - \Phi(-Z)$。

身高在 130 cm 及以上者所占的比例：身高为 130 cm 时的 Z 值为 $Z_1 = \dfrac{130 - 127.2}{6.5} = 0.43$。

身高为 121 cm 时的 Z 值为 $Z_2 = \dfrac{121 - 127.2}{6.5} = -0.95$。

查相应的统计用表得：身高在 130 cm 及以上者所占的比例等于 $\Phi(-0.43) = 0.3336$，身高在 130 cm 及以下者所占的比例等于 $1 - \Phi(-0.43) = 1 - 0.3336 = 0.6664$，身高在 121 cm 及以下者所占的比例等于 $\Phi(-0.95) = 0.1711$，7 岁健康男童的身高为 121 ～ 130 cm 之间者所占的比例为 $(0.6664 - 0.1711) \times 100\% = 49.53\%$。

2．医学参考值范围估计　医学参考值范围（medical reference value range）又称为医学正常值范围，是指相关健康人群的形态、功能和代谢产物等指标所在的范围。根据医药健康领域的专业知识确定，以健康个体的某项指标分布中间、左侧或右侧的 95% 作为相应的医学参考值范围。

（1）正态分布法：实际应用时，若样本来自正态分布或近似正态分布的总体，可用正态分布法确定正常值范围。由于总体均值和总体标准差往往未知，因此常用样本均值和样本标准差进行估计。

（2）百分位数法：用百分位数法估计时，$(P_{2.5}, P_{97.5})$ 表示双侧、P_{95} 及以下或 P_5 及以上表示单侧 95% 医学参考值范围。百分位数法可用于任意单峰分布类型的资料。

除了应用于概率和医学参考值范围的估计外，正态分布作为一个重要的抽样分布，在统计推断领域具有广泛的应用。

第三节　单一分类变量资料的统计学描述

一、分类变量的定义与蕴含的信息

根据变量取值不同把事物区分为至少两个类别的变量称为分类变量，如性别、职业、受教育程度等。描述分类变量特征的指标有绝对数和相对数，绝对数是指清点个体数据得到的每个类别及研究对象全体的个体数，绝对数又称为原始汇总数据。相对数由两个有联系的指标之比所构成。常用的相对数指标包括率、构成比和相对比，指标的联合应用可全面反映分类变量的特征。

二、分类变量的量化指标

（一）率

1. 定义公式 率（rate）是用以说明某现象的发生频率或强度的统计指标，率又称为频率指标。计算公式如下：

$$率 = \frac{发生某现象的观察单位数}{可能发生某现象的观察单位总数} \times K \qquad 公式 3.3.1$$

式 3.3.1 中的 K 称为比例基数，可以取 100%、1000‰、10 万 /10 万等。K 的取值可采用学界的习惯用法，或者扩大 K 倍后，可以使率在数值上保留 1 ~ 2 位整数。

2. 意义 率的取值范围为 0 ~ 100%，表示随机事件发生的可能性。根据实际的研究问题，计算的指标可具体为发病率、患病率、病死率、残疾率等。按变量类别分层计算的率称为因素别率，如年龄别率、城乡别率、病情别率、死因别率等；一个变量所有类别的合计率称为总率或粗率。

分类变量（categorical variable）资料可用频数表表示，一般包括变量的分类即组段、各组段的全部个体数或频数、各组段某种特征的频数及频率。

例 3.13 党的二十大报告指出要提高基层防病治病和健康管理能力，而防治和管理的先决条件是知道我国城乡基层疾病如耳聋的发病率。已知我国城市 45 岁及以上样本的 3936 人中，耳聋者 154 人，农村 45 岁及以上样本的 4438 人中，耳聋者 384 人，代入公式 3.3.1 计算得到的城市和农村的耳聋率分别为 3.91% 和 8.65%。

（二）构成比

1. 定义公式 构成比（constituent ratio）是表示事物内部组成比例的统计指标。构成比又称为构成指标，计算公式如下：

$$构成比 = \frac{某一组成部分的观察单位数}{同一事物各组成部分观察单位总数} \times 100\% \qquad 公式 3.3.2$$

例 3.14 若已知我国城市 45 岁及以上样本的 3 936 人中，耳聋者 154 人，农村 45 岁及以上样本的 4 438 人中，耳聋者 384 人，代入公式 3.3.2 计算得到的城市耳聋者的比例为 28.6%。

2. 意义 构成比指标表示同一事物内部各组成部分所占的比重，该指标的特点是同一事物内部各组成部分的构成比之和等于 100% 或 1，某一组分所占的比例增大，则其他部分所占的比例相应减小。

（三）相对比

1. 定义公式 率和构成比之外的所有比例或倍数指标统称为相对比（relative ratio）。公式表示如下：

$$相对比 = \frac{A}{B}（或 \times 100\%） \qquad 公式 3.3.3$$

根据上述城市和农村样本耳聋的资料，可计算得城乡的耳聋率比为 0.45。

2．意义　不同相对比指标在实际应用中的意义取决于指标的具体定义，如体重指数说明体格是否健康、相对危险度说明因素致病的严重程度等。

（四）动态数列指标体系

动态数列（dynamic series）是一系列按时间或其他顺序排列的相对比指标，两个以上时期的资料即可用动态数列指标表示变化和发展的趋势。常用的动态数列分析指标包括绝对增长量、发展速度与增长速度、平均发展速度与平均增长速度。

1．绝对增长量

（1）累计增长量：以最初时期的水平为基础，由随后各年的数值与其相减获得累计增长量，它说明事物在一定时期内的绝对增长量。

例 3.15　若已知我国城市 45 岁及以上人群 2000 年、2001 年、2002 年、2003 年、2004 年的耳聋患病率分别为 5.01%、4.85%、4.54%、4.03%、3.23%，2001 年与 2000 年相比的累计增长量 = 4.85% − 5.01% = −0.16%

（2）逐年增长量：逐年增长量是后一年的数量与前一年数量的差值，说明相邻两年的绝对增长量。例 3.16 根据例 3.15 的资料，2002 年的逐年增长量 = 4.54% − 4.85% = −0.31%

2．发展速度

（1）定基发展速度是指统一用某个时间（年）的数据作为基数（一般以初始年的数据作为基数），以其余各时间的数据与之相比（或再 ×100%）获得，表示与基数年相比的倍数或百分比。

例 3.16　根据例 3.15 的资料，2003 年与初年相比的定基发展速度 = 4.03% / 5.01% = 0.804（80.4%）

（2）环比发展速度：后一时期与相邻前一时期的指标之比，表示年度之间的波动或发展速度。

例 3.17　根据例 3.15 的资料，2003 年的环比发展速度 = 4.03% / 4.54% = 0.888（88.8%）

3．增长速度　增长速度定义为发展速度与 1 或 100% 的差值。

（1）定基增长速度：定基增长速度表示与初始年相比，一定时期内的增长速度。

$$定基增长速度 = 定基发展速度 − 1（或 100\%） \qquad 公式\ 3.3.4$$

例 3.18　根据例 3.15 的资料，2003 年的定基增长速度 = 0.804 − 1 = −0.196（−19.6%）

（2）环比增长速度

$$环比增长速度 = 环比发展速度 − 1（或 100\%） \qquad 公式\ 3.3.5$$

它表示与前一个时间相比的增长速度，即年度之间的增长速度。

例 3.19　根据例 3.15 的资料，2003 年的环比增长速度 = 0.888 − 1 = −0.112（−11.2%）

4．平均发展速度与平均增长速度

（1）平均发展速度：计算公式为

$$平均发展速度 = \sqrt[n]{\frac{第\ n\ 年指标}{基期指标}} \qquad 公式\ 3.3.6$$

例 3.20　根据例 3.15 的资料

$$4\ 年平均发展速度 = \sqrt[4]{\frac{3.23\%}{5.01\%}} = 0.8961 = 89.61\%$$

（2）平均增长速度：计算公式为

$$平均增长速度 = 平均发展速度 - 1 \qquad 公式 3.3.7$$

例 3.21　根据例 3.15 的资料，4 年平均增长速度 = 0.8961 − 1 = −0.1039（−10.39%）

（五）展示单个分类变量资料特征的统计图

1．直条图　直条图（barplot）又称为条形图，是用等宽直条的高度表示几个相互独立特征的水平的统计图，如几种疾病的患病率。一个特征下有一个直条的称为单式直条图，一个特征下有多于一个直条的称为复式直条图。图 3.4 为复式直条图。

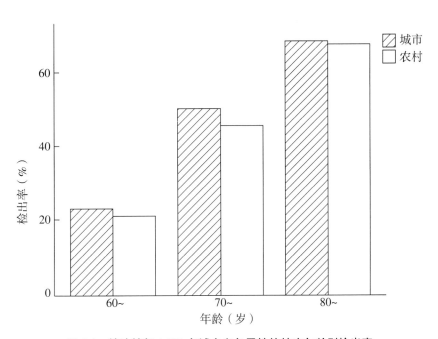

图 3.4　某地某年 1 500 名城乡老年男性的某病年龄别检出率

直条图的纵轴始于 0 点，各直条的宽度相等，直条的中间不可折断，以正确反映所比较指标或特征之间的真实比例。各直条之间的间距相等，一般以直条宽度的一半为佳。复式直条图同一类别之内的直条宜由不同颜色或图案表示，且之间无间隔。直条所代表的特征需配图例说明。根据研究目的，亦可在直条的顶端增加用线段表示的置信区间。绘制直条图的 R 软件命令为 barplot（data，beside=TRUE）。

2．百分条图（percentage barplot）　百分条图是由多个连续矩形代表各组成部分所占比例的统计图形，整个直条的面积代表事物的全部，即 100%。

当只有一个百分条图时，只需绘制横轴。横轴的刻度始于 0，止于 100%。代表事物构成的直条位于横轴上方，且与横轴平行。各组成部分之间由竖线隔开。当同一坐标内有多个直条时，所有直条的横坐标的起点和终点位置应相同，各直条相互平行，此时需绘制纵轴表示各个横条的组别。可将比例写于直条相应的矩形框内，图例写于横轴下方或图形的最上方或右上方（图 3.5）。绘制百分条图的 R 软件命令为 barplot（data，beside = FALSE，horiz = TRUE）。

3．饼图（pie chart）　饼图又称为圆图，是以圆的面积代表事物的全部、以圆内各扇形面积代表各组成部分所占比例的统计图形，见图 3.6。绘制饼图的 R 软件命令为 pie（x），x 为相应的变量名。

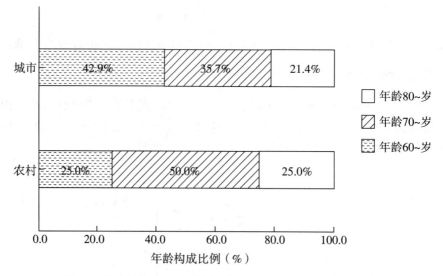

图 3.5　某地某年 1500 名城乡老年男性的年龄构成（百分条图）

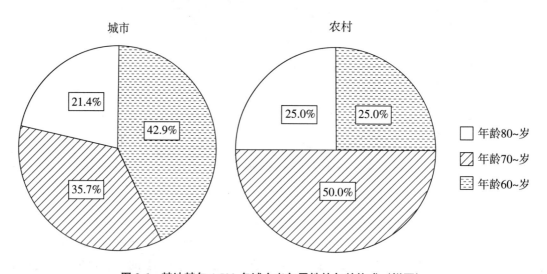

图 3.6　某地某年 1 500 名城乡老年男性的年龄构成（饼图）

三、率的可比性与率的标准化法

（一）率的可比性

　　任何的比较均需要首先考虑可比性。严格的可比性要求除研究因素外，对比组间的其他因素尽可能相同或相近。例如目的为比较城乡耳聋患病率的研究，假定耳聋患病率随年龄增长而增高，则需要首先考虑城乡研究人群的年龄构成是否相同，也就是城乡的研究人群在年龄构成方面是否可比。可通过严格的研究设计、实施和恰当的统计分析满足可比性的要求。常见的需要考虑的对比组间相关因素的内部构成包括年龄、工龄、性别、病情的构成等。如构成不同，则需要消除内部构成不同造成的影响以后，再进行率的比较。

　　例 3.22　某研究者对我国城市和农村的 45 岁及以上人群的耳聋患病率进行了比较研究，结果如表 3.4 所示，试比较城乡的耳聋患病率。

表3.4 城市和农村的 45 岁及以上人群的耳聋患病率

年龄（岁）	城市				农村			
	调查人数	构成（%）	耳聋人数	耳聋率（%）	调查人数	构成（%）	耳聋人数	耳聋率（%）
45 ～	2 000	11.11	64	3.2	6 000	15.0	336	5.6
55 ～	6 000	33.33	378	6.3	4 800	37.8.0	470	9.8
65 ～ 80	10 000	55.56	1 820	18.2	1 900	47.2	477	25.1
合计	18 000	100.00	2 262	12.6	12 700	100.0	1283	10.1

在例 3.22 中，年龄的内部构成表明，患病率较低的低龄组人群在城市中的占比低于农村组，患病率较高的高龄组人群在城市中的占比高于农村，城乡样本的年龄构成不同。同时，城市和农村两组的资料均表明耳聋患病率随年龄增长而增高，各年龄组均为患病水平城市低于农村，耳聋的合计患病率城市高于农村，年龄别患病率与总率的城乡规律不一致。显然，这种矛盾是因两组年龄的内部构成不同所致，合计患病率的比较受到了年龄内部构成不同的干扰。因此，应在消除年龄的内部构成的干扰后再比较总率，即城乡耳聋患病率。

（二）率的标准化法

率的标准化法是采用共同的标准将原始资料转化为标准化率，进行率的比较的方法。率的标准化消除了内部构成的影响，提高了率的可比性。

1. 直接法 以标准人口或标准人口构成作为共同标准的方法称为直接法。

用直接法计算标准化率的步骤如下：

（1）确定标准人口：标准人口的确定与研究目的和研究条件有关，全国性的研究一般选择代表性好、较稳定、数量较大的人群作为标准人口，如世界、全国的人口普查资料或累计资料等；规模较小的研究可选用比较组的合并数据或者其中任一比较组的数据作为标准。对例 3.23 中的资料进行标准化时，可选用城市或农村或城乡合计的年龄别样本数作为标准人口。

（2）计算以标准人口为基数的预期例数

$$以标准人口为基数的预期例数 = N_iP_i \qquad 公式 3.3.8$$

式中 N_i 为相关因素第 i 层的标准人口数，P_i 为相关因素第 i 层的率的实际水平。

在例 3.22 中，选用城市年龄别人口数为标准人口时，城市各组的预期患病人数与实际患病人数相同，不需要重新计算。农村 45 ～岁组的预期患病人数代入公式 3.3.8 得到

$$农村 45 ～岁组的预期患病人数 = N_iP_i = 2000 \times 5.6\% = 112（人）$$

依此类推，可得农村 55 ～岁及 65 ～ 80 岁年龄组的耳聋预期患病人数分别为 588 人和 2510，农村合计的预期患病人数为 112 + 588 + 2510 = 3210 人

（3）计算标准化率（standardized rate）

$$标准化率 P' = \sum (N_iP_i) / N \qquad 公式 3.3.9$$

式中 N 为标准人口的总人数，$\sum (N_iP_i)$ 为合计预期例数。

在例 3.22 中，城市耳聋的标准化患病率与实际患病率相同，农村的标准化患病率 = （3210/18000）× 100% = 17.8%

由标准化患病率可见，排除年龄的内部构成不同的干扰后，耳聋患病率为农村高于城市，与年龄别患病率的规律一致。由于是样本资料，上述标准化率的差别是否由抽样误差所致，尚

需要通过假设检验做出统计推断。

2．间接法　以标准人口的因素别率作为共同标准的方法称为间接法。具体计算请参考其他书籍。

习　题

1．资料的类型有哪些，各有哪些特征和量化指标？
2．举例说明动态数列的指标和计算方法。
3．简述率的标准化法的意义。

第四章 | 抽样分布

第一节　总体和样本

日常生活中我们总是自觉或不自觉地与总体和样本打交道。买桔子时，先要尝尝这批桔子甜不甜。这时称这批桔子是一个总体，单个的桔子是个体。

在仅关心桔子的甜度时，我们可以称单个桔子的甜度是个体，称所有桔子的甜度为总体。这样就可以把桔子的甜不甜数量化。

要了解一批桔子的甜度情况，你只需品尝一两个，然后通过这一两个桔子的甜度判断这批桔子的甜度。这就是用个体（样本）推断总体。

为把上面的实际情况总结出来，需要引入一些术语。

一、总体

在统计学中，我们把所要调查对象的全体叫做总体（population），把总体中的每个成员叫做个体（individual）。

总体中的个体总可以用数量表示。为了叙述的简单和明确，我们把个体看成数量，把总体看成数量的集体。我们要调查的是总体的性质。

总体中个体的数目有时是确定的，有时较难确定，但是往往并不影响总体的确定，也不影响问题的解决。在判断一批桔子甜不甜时，你没有必要知道一共有多少个桔子。

设总体为 X，其均值 $E(X)$。在统计学中，常用 $\mu = E(X)$ 表示总体均值。当总体含有 N 个个体，第 i 个个体是 y_i 时，总体均值 $\mu = \dfrac{y_1 + y_2 + \cdots + y_N}{N}$。

当 y_1，y_2，$\cdots$，y_N 是总体的全部个体，μ 是总体均值时，称

$\sigma^2 = \dfrac{(y_1 - \mu)^2 + (y_2 - \mu)^2 + \cdots + (y_N - \mu)^2}{N}$ 为总体方差或方差（variance）。

每个个体是服从总体分布的随机变量。总体方差描述了总体中的个体向总体均值 μ 的集中程度。方差越小，个体向 μ 集中得越好。

总体标准差是总体方差的算术平方根 $\sigma = \sqrt{\sigma^2}$，简称为标准差。总体参数是描述总体特性的指标，简称为参数。

参数表示总体的特征，是要调查的指标。总体均值、总体方差、总体标准差都是参数。在讲到参数的时候，要明确它是哪个总体的参数。

二、样本

某大学一年级 2000 个同学的平均身高为 μ。要得到这 2000 个同学的平均身高不是一件困难的事情，只要了解了每个同学的身高，就可以利用公式 $\mu = \dfrac{2000 \text{ 个同学身高之和}}{2000}$ 计算得到。

但是在同一时刻要了解每个同学的准确身高也不是很容易的事情。如果让各班长在班上依次点名登记全班同学的身高，然后汇总，可能有些同学一时不能给出准确的回答；也可能有些同学受到其他同学的影响，偏向于把自己的身高报高或报低。用这样的数据进行计算后得到的结果可能会产生偏差。同一天对每个同学进行一次身高测量可以得到均值 μ 的准确值，但是要花费同学们较多的时间和精力。

统计上解决这类问题的最好方法是进行抽样调查，例如在 2000 个同学中只具体测量 50 个同学的身高，用这 50 个同学的平均身高作为总体平均身高 μ 的近似值。这时我们称这 50 个同学的身高为总体的样本，称 50 为样本量。

从总体中抽取一部分个体，称这些个体为样本，样本也叫做观测数据（observation data）。称构成样本的个体数目为样本容量，简称为样本量。称从总体抽取样本的工作为抽样。

在考虑身高问题时，对于前述被选中的 50 个同学，用 x_1, x_2, $\cdots$, x_{50} 分别表示第 1, 2, $\cdots$, 50 个同学在调查日的身高，则这 50 个同学的身高 x_1, x_2, $\cdots$, x_{50} 是样本。用 n 表示样本量，则 $n = 50$。

样本均值是样本的平均值，用 $\bar{x}$ 表示。

给定 n 个观测数据 x_1, x_2, $\cdots$, x_n，称 $s^2 = \dfrac{1}{n-1}[(x_1 - \bar{x})^2 + (x_2 - \bar{x})^2 + \cdots + (x_n - \bar{x})^2]$ 为这 n 个数据的样本方差。

样本方差 s^2 是描述观测数据关于样本均值 $\bar{x}$ 分散程度的指标，也是描述数据的分散程度或波动幅度的指标。

样本标准差是样本方差的算术平方根 $s = \sqrt{s^2}$。

和总体均值 μ 相比较后知道，只要抽样合理，对于较大的样本量 n，样本均值 $\bar{x}$ 会接近 μ。于是，$\bar{x}$ 是总体均值 μ 的近似值，称为 μ 的估计量（estimator）。

统计量（statistic）是不依赖于未知参数的样本函数。样本均值和样本方差就是两个常用的统计量。统计量可以看作是将样本中每个个体的信息集中起来的一种方式。因此，针对不同的问题，我们需要用不同的统计量。

对相同的观测数据，不同的统计量可以给出不同的估计结果，所以估计不是唯一的。这种不唯一性恰恰为统计学家们寻找更好的估计留下了余地。

实际问题中，总体的容量往往是非常大的，这时从数据本身无法看清总体的情况。样本均值和样本方差可以提供必要的信息。

例 4.1　比赛中甲、乙两位射击运动员分别进行了 10 次射击，成绩分别如下：

| 甲 | 9.5 | 9.9 | 9.9 | 9.9 | 9.8 | 9.7 | 9.5 | 9.3 | 9.6 | 9.6 |
| 乙 | 9.4 | 9.3 | 9.5 | 9.0 | 9.1 | 9.8 | 9.7 | 9.5 | 9.3 | 9.4 |

问哪个运动员平均水平高，哪个运动员水平更稳定？

解：用 $\bar{x}$，s_x 和 $\bar{y}$，s_y 分别表示甲和乙成绩的样本均值和样本标准差，经过计算得到 $\bar{x} = 9.67$，$s_x = 0.205\,8$，$\bar{y} = 9.4$，$s_y = 0.244\,9$。甲的平均水平和稳定性都比乙好。这表明，知道样本标准差后，可以做出更好的比较结果。

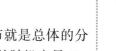

第二节　几种常用的抽样分布

如果 X_1 是从总体中随机抽样得到的个体，则 X_1 是随机变量，X_1 的分布就是总体的分布。如果对总体 X 进行有放回的随机抽样，则得到独立同分布且和 X 同分布的随机变量 X_1，X_2，$\cdots$，X_n。这时称 X_1，X_2，$\cdots$，X_n 是总体 X 的简单随机样本，简称为总体 X 的样本。

在观测放射性物质钍放射 α 粒子的试验中，用 X 表示 7.5 s 内观测到的粒子数。独立重复观测时，用 X_i 表示第 i 个 7.5 s 的观测结果，则 X_1，X_2，$\cdots$，X_n 独立同分布且和 X 同分布，X_1，X_2，$\cdots$，X_n 是总体 X 的样本。

定义 4.1　如果 X_1，X_2，$\cdots$，X_n 独立同分布且和 X 同分布，则称 X 是总体，称 X_1，X_2，$\cdots$，X_n 是总体 X 的样本，称观测数据的个数 n 为样本量。

在实际问题中得到的总是样本 X_1，X_2，$\cdots$，X_n 的观测值 x_1，x_2，$\cdots$，x_n，这时也称 x_1，x_2，$\cdots$，x_n 是总体 X 的样本观测值。在统计学中，常常不把 X_1，X_2，$\cdots$，X_n 与它们的观测值 x_1，x_2，$\cdots$，x_n 严格区分，这是为了符号使用的方便。当对数据进行统计分析时，用大写的 X_1，X_2，$\cdots$，X_n，实际计算时更多地用小写的 x_1，x_2，$\cdots$，x_n。

一、正态总体样本的线性函数的分布

定理 4.1　设 X_1，X_2，$\cdots$，X_n 是正态总体 $N(\mu, \sigma^2)$ 的样本，则对于已知的常数 a_1，a_2，$\cdots$，a_n，样本的线性函数 $Y = a_1X_1 + a_2X_2 + \cdots + a_nX_n$ 仍服从正态分布，其数学期望和方差分别为 $\mu\sum_{i=1}^{n} a_i$ 和 $\sigma^2\sum_{i=1}^{n} a_i^2$。

在定理 4.1 中，特别地取 $a_i = \dfrac{1}{n}$，$i = 1, 2, \cdots, n$，可知样本均值 $\overline{X} = \dfrac{1}{n}\sum_{i=1}^{n} X_i$ 服从正态分布 $N(\mu, \sigma^2/n)$。

设 $Z \sim N(0, 1)$，对正数 $\alpha \in (0, 1)$，有唯一的 z_α 使得 $P(Z \geq z_\alpha) = \alpha$

这时称 z_α 为标准正态分布 $N(0, 1)$ 的上 α 分位数。

对于 $\alpha = 0.05$ 和 0.025，查标准正态分布的上 α 分位数表得出 $z_{0.05} = 1.645$，$z_{0.025} = 1.96$（图 4.1）。于是有

$$P(Z \geq 1.645) = 0.05, P(Z \leq 1.645) = 0.95$$
$$P(Z \geq 1.96) = 0.025, P(Z \leq 1.96) = 0.975$$

对于 $\alpha \in (0, 1)$，利用标准正态概率密度的对称性得到（图 4.2）

$$P(|Z| \geq z_{\alpha/2}) = P(Z \geq z_{\alpha/2}) + P(Z \leq -z_{\alpha/2})$$
$$= \alpha/2 + \alpha/2 = \alpha$$

于是得到

$$P(|Z| \geq z_{\alpha/2}) = \alpha, \quad P(|Z| \leq z_{\alpha/2}) = 1 - \alpha \qquad \text{公式 4.2.1}$$

取 $\alpha = 0.05$ 和 0.025 时，分别得到

$$P(|Z| \leq 1.96) = 0.95, \quad P(|Z| \leq 1.645) = 0.90。$$

除了正态分布之外，χ^2 分布（χ^2 distribution）、t 分布（t distribution）和 F 分布（F-distribution）也是统计学中最常用的抽样分布，被称为统计学的三大分布。对这三个分布概率密度的推导需要利用下述概率论的结论。

引理 4.1　（1）如果随机变量 X，Y 相互独立且分别有概率密度 $f_X(x)$，$f_Y(y)$，则 $U = X + Y$ 有概率密度

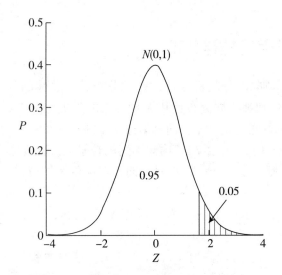

图 4.1 $\alpha = 0.05$，$z_\alpha = 1.645$ 的上分位数图

来源：何书元. 概率论与数理统计（M）.

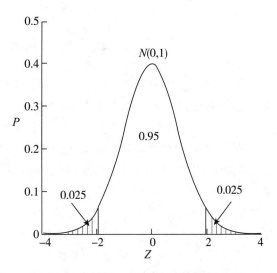

图 4.2 $\alpha = 0.05$，$z_{\alpha/2} = 1.96$ 的上分位数图

来源：何书元. 概率论与数理统计（M）.

$$f_U(u) = \int_{-\infty}^{\infty} f_X(x) f_Y(u-x)\mathrm{d}x \qquad 公式\ 4.2.2$$

（2）如果随机向量 (X_1, Y_1) 和 (X_2, Y_2) 同分布，则 $g(X_1, Y_1)$ 和 $g(X_2, Y_2)$ 同分布。

（3）如果 $g(x)$ 在 D 中连续，$P(X = x) = g(x)\,\mathrm{d}x$，$x \in D$，且 $P(X \in D) = 1$，则 X 有概率密度 $f(x) = g(x)$，$x \in D$。

（4）如果 Y 有概率密度 $f_Y(y)$，则对任何事件 A，有 $P(A) = \int_{-\infty}^{\infty} P(A \mid Y = y) f_Y(y)\,\mathrm{d}y$。

二、χ^2 分布

定理 4.2 如果 X_1，X_2，$\cdots$，X_n 是正态总体 $N(0, 1)$ 的简单随机样本，则其平方和 $\chi^2_n = X_1^2 + X_2^2 + \cdots + X_n^2$ 有概率密度

$$p_n(z) = b_n z^{n/2-1}\mathrm{e}^{-z/2},\ z \geqslant 0, \qquad 公式\ 4.2.3$$

其中 $b_n = 2^{-n/2}/\Gamma(n/2)$ 是使得 $p_n(z)$ 的积分等于 1 的常数，Γ 为伽马函数。这时称 χ^2_n 服从自由度为 n 的 χ^2 分布，记做 $\chi^2_n \sim \chi^2(n)$。

证明：对 n 用归纳法推导上述 χ^2 的概率密度。设 X 有概率密度 $\varphi(x) = \dfrac{1}{\sqrt{2\pi}}\exp\left(-\dfrac{x^2}{2}\right)$。

当 $n = 1$ 时，对 $z > 0$，有

$$P(\chi_1^2 = z) = P\left(X_1 = \pm\sqrt{z}\right)$$
$$= P\left(X_1 = \sqrt{z}\right) + P\left(X_1 = -\sqrt{z}\right)$$
$$= \varphi\left(\sqrt{z}\right)\mathrm{d}\sqrt{z} + \varphi\left(-\sqrt{z}\right)\mathrm{d}\sqrt{z}$$
$$= \frac{1}{\sqrt{z}}\varphi\left(\sqrt{z}\right)\mathrm{d}z$$
$$= \frac{1}{\sqrt{2\pi z}}\mathrm{e}^{-z/2}\mathrm{d}z$$

利用 $\Gamma(1/2) = \sqrt{\pi}$，$b_1 = \dfrac{1}{\sqrt{2}\Gamma(1/2)} = \dfrac{1}{\sqrt{2\pi}}$，得到 χ_1^2 的概率密度

$$p_1(z) = \frac{1}{\sqrt{2\pi z}}\mathrm{e}^{-z/2} = b_1 z^{-1/2}\mathrm{e}^{-z/2},\ z > 0。于是\ n = 1\ 时结论成立。设\ n-1\ 时结论成立，$$

用 c_1，c_2……等表示正常数。利用 χ_{n-1}^2，X_n^2 独立，得到 $\chi_n^2 = \chi_{n-1}^2 + X_n^2$ 的概率密度

$$
\begin{aligned}
p_n(z) &= \int_0^\infty p_{n-1}(x) p_1(z-x)\,\mathrm{d}x \\
&= c_1 \int_0^z x^{(n-1)/2-1} e^{-x/2} (z-x)^{1/2-1} e^{-(z-x)/2}\,\mathrm{d}x \\
&= c_1 \left[\int_0^1 t^{(n-1)/2-1}(1-t)^{1/2-1}\,\mathrm{d}t \right](z^{n/2-1}e^{-z/2}) \qquad (\text{取变换 } x = tz) \\
&= b_n z^{n/2-1} e^{-z/2} \qquad\qquad (\text{前式的积分项归入常数 } b_n)
\end{aligned}
$$

再用 $\int_0^\infty p_n(z)\,\mathrm{d}z = 1$，得到

$$
\begin{aligned}
\frac{1}{b_n} &= \int_0^\infty z^{n/2-1} e^{-z/2}\,\mathrm{d}z \\
&= 2^{n/2} \int_0^\infty t^{n/2-1} e^{-t}\,\mathrm{d}t \qquad (\text{取变换 } z = 2t) \\
&= 2^{n/2}\Gamma(n/2)
\end{aligned}
$$

$\chi^2(n)$ 分布概率密度 $p_n(u)$ 的形状见图 4.3。

关于 χ^2 分布，还需要掌握如下的性质。

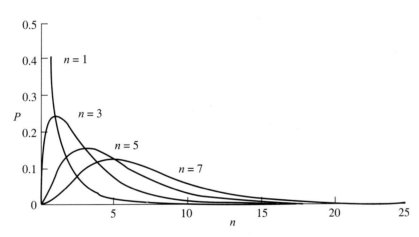

图 4.3　$\chi^2(n)$ 的概率密度，$n = 1$，**3**，**5**，**7**

来源：何书元. 概率论与数理统计（M）.

定理 4.3　（1）如果 $Y \sim \chi^2(n)$，则 $EY = n$，$\mathrm{Var}(Y) = 2n$。

（2）如果 $Y_1 \sim \chi^2(n)$，$Y_2 \sim \chi^2(m)$，且 Y_1，Y_2 独立，则 $Y_1 + Y_2 \sim \chi^2(n+m)$。

设 $\chi_m^2 \sim \chi^2(m)$，对正数 $\alpha \in (0, 1)$，有唯一的 $\chi_\alpha^2(m)$ 使得 $P(\chi_m^2 \geq \chi_\alpha^2(m)) = \alpha$，见图 4.4。这时称 $\chi_\alpha^2(m)$ 为 $\chi^2(m)$ 分布的上 α 分位数。于是有 $P(\chi_m^2 \leq \chi_\alpha^2(m)) = 1 - \alpha$，见图 4.4、图 4.5。

三、t 分布

下面的推导用到 $\mathrm{B}(a, b)$ 函数的定义：$B(a,b) \equiv \int_0^1 t^{a-1}(1-t)^{b-1}\,\mathrm{d}t$，$a,b > 0$。

定理 4.4　设 $X \sim N(0, 1)$，$Y \sim \chi^2(n)$，且 X，Y 独立，则 $T = \dfrac{X}{\sqrt{Y/n}}$ 有概率密度

$$
f_T(t) = a_n \left(1 + \frac{t^2}{n} \right)^{-(n+1)/2}，\quad \text{其中} \quad a_n = \frac{1}{\sqrt{n}B(n/2, 1/2)}.
$$

公式 4.2.4

常数 a_n 是使得 $f_T(t)$ 的积分等于 1 的常数，B 为贝塔函数。这时称 T 服从自由度为 n 的 t 分布，记作 $T \sim t(n)$。

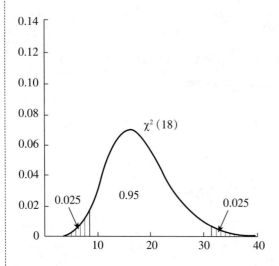

图 4.4　$\chi^2_{0.975}(18) = 8.231$，$\chi^2_{0.025}(18) = 31.53$ 的概率密度

来源：何书元. 概率论与数理统计（M）.

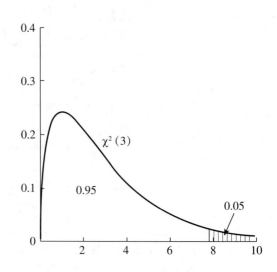

图 4.5　$\chi^2_{0.05}(3) = 7.815$ 的概率密度

来源：何书元. 概率论与数理统计（M）.

证明：仍用 c_1，c_2，$\cdots$ 等表示正常数，注意用 Y 的概率密度（公式 4.2.3）和引理 4.1（4），得到

$$P(T = t)$$

$$= \int_0^\infty P(X = t\sqrt{y/n} \mid Y = y) F_Y(y)\,\mathrm{d}y$$

$$= c_1 \int_0^\infty \left[\exp\left(-\frac{t^2 y}{2n}\right) \sqrt{\frac{y}{n}}\,\mathrm{d}t \right] y^{n/2-1} \mathrm{e}^{-y/2}\,\mathrm{d}y$$

$$= c_2 \left[\int_0^\infty \exp\left(-\frac{t^2 y}{2n} - \frac{y}{2}\right) y^{(n-1)/2}\,\mathrm{d}y \right] \mathrm{d}t \quad （前式的积分项归入常数 a_n，不积出）$$

$$= c_3 \left[\int_0^\infty \mathrm{e}^{-s} s^{(n-1)/2}\,\mathrm{d}s \right] \left(1 + \frac{t^2}{n}\right)^{-(n+1)/2} \mathrm{d}t \quad \left[取变换 \frac{1}{2}\left(1 + \frac{t^2}{n}\right) y = s \right]$$

$$= a_n \left(1 + \frac{t^2}{n}\right)^{-(n+1)/2} \mathrm{d}t$$

$$= f_T(t)\,\mathrm{d}t$$

于是知道 T 有概率密度（公式 4.2.4）。其中的 a_n 由 $\int_{-\infty}^{\infty} f_T(t)\,\mathrm{d}t = 1$ 决定。即有

$$\frac{1}{a_n} = 2 \int_0^\infty \left(1 + \frac{t^2}{n}\right)^{-(n+1)/2} \mathrm{d}t$$

$$= \sqrt{n} \int_0^1 s^{n/2-1} (1-s)^{1/2-1}\,\mathrm{d}s \quad \left(取变换 1 + \frac{t^2}{n} = \frac{1}{s}\right)$$

$$= \sqrt{n} B(n/2, 1/2)$$

t 分布的概率密度 $p_m(t)$ 是偶函数，其形状和标准正态概率密度的形状相似，见图 4.6。

特别当 $m \geq 35$ 时，$p_m(t)$ 可以用标准正态分布密度 $\varphi(t)$ 近似。

设 $T_m \sim t(m)$，对正数 $\alpha \in (0, 1)$，有唯一的 $t_\alpha(m)$ 使得 $P(T_m \geq t_\alpha(m)) = \alpha$，这时称 $t_\alpha(m)$ 为 t 分布的上 α 分位数。

对于 $\alpha \in (0, 1)$，利用 t 分布的对称性（参考图 4.7）得到 $P(T_m \geq t) = P(T_m \leq -t)$。于是有

$$P(|T_m| \geq t_{\alpha/2}(m)) = P(T_m \geq t_{\alpha/2}(m)) + P(T_m \leq -t_{\alpha/2}(m))$$
$$= \alpha/2 + \alpha/2 = \alpha$$

这就得到 $P(|T_m| \geq t_{\alpha/2}(m)) = \alpha$，$P(|T_m| \leq t_{\alpha/2}(m)) = 1 - \alpha$。

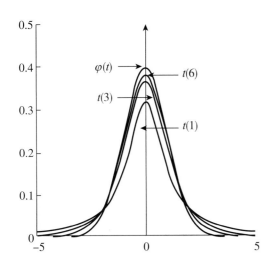

图 4.6 $p_m(t)$ 的图形

来源：何书元. 概率论与数理统计（M）.

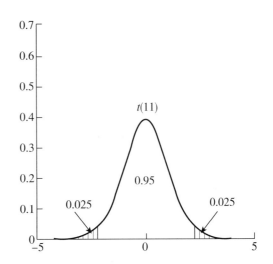

图 4.7 $t(11)$ 的概率密度：$\alpha = 0.025$，$t_{0.025}(11) = 2.201$

来源：何书元. 概率论与数理统计（M）.

四、F 分布

定理 4.5 设 $X \sim \chi^2(n)$，$Y \sim \chi^2(m)$，且 X，Y 独立，则 $F = \dfrac{X/n}{Y/m}$ 有概率密度

$$f_F(u) = cu^{n/2-1}\left(1 + \frac{nu}{m}\right)^{-(n+m)/2}, \quad u > 0 \qquad \text{公式 4.2.5}$$

其中常数 $c = (n/m)^{n/2}[B(n/2, m/2)]^{-1}$ 是使得 $f_F(u)$ 的积分等于 1 的常数。这时称 F 服从自由度为 n 和 m 的 F 分布，记作 $F \sim F(n, m)$。

证明： 易见 $P(\xi > 0) = 1$。先计算 $U = X/Y$ 的密度。仍用 c_1，c_2，$\cdots$ 等表示正常数。注意用 χ^2 分布的概率密度公式 4.2.3，对 $u > 0$，用引理 4.1（4）得到

$$P(U = u)$$
$$= \int_0^\infty P(X/Y = u | Y = y)f_Y(y)\,\mathrm{d}y$$
$$= \int_0^\infty P(X = uy | Y = y)f_Y(y)\,\mathrm{d}y$$
$$= \int_0^\infty P(X = uy)f_Y(y)\,\mathrm{d}y \qquad (\text{用 } X，Y \text{ 独立})$$
$$= c_1 \int_0^\infty \left[(uy)^{n/2-1}\mathrm{e}^{-uy/2}y\,\mathrm{d}u\right]\mathrm{e}^{-y/2}y^{m/2-1}\mathrm{d}y$$

$$= c_2 u^{n/2-1} \left[\int_0^\infty y^{(n+m)/2-1} e^{-(u+1)y/2} dy \right] du \quad \left(\text{取变换 } y = \frac{s}{u+1} \right)$$

$$= c_3 u^{n/2-1} \left[\int_0^\infty s^{(n+m)/2-1} e^{-s/2} ds \right] (u+1)^{-(n+m)/2} du$$

$$= c_4 u^{n/2-1} (u+1)^{-(n+m)/2} du \quad （\text{前式的积分项归入常数 } c_4）$$

于是知道 $F = X/Y$ 有概率密度 $h(u) = c_4 u^{n/2-1} (u+1)^{-(n+m)/2}$，$u > 0$。

再用 $F = \dfrac{X/n}{Y/m} = (m/n)U$，得到

$$P(F = u) = P\left(U = \frac{nu}{m} \right) = h\left(\frac{nu}{m} \right) \frac{n}{m} du$$

$$= c_5 \left(\frac{nu}{m} \right)^{n/2-1} \left(\frac{nu}{m} + 1 \right)^{-(n+m)/2} du$$

和

$$\frac{1}{c_5} = \int_0^\infty \left(\frac{nu}{m} \right)^{n/2-1} \left(\frac{nu}{m} + 1 \right)^{-(n+m)/2} du$$

$$= \int_0^1 \left(\frac{1}{s} - 1 \right)^{n/2-1} s^{(n+m)/2} \frac{m}{ns^2} ds \quad \left[\text{取变换 } \frac{nu}{m} + 1 = \frac{1}{s} \right]$$

$$= \frac{m}{n} \int_0^1 (1-s)^{n/2-1} s^{m/2-1} ds$$

$$= \frac{m}{n} B(n/2, m/2)$$

得到 F 的概率密度（公式 4.2.5）。

$F(n, m)$ 分布的概率密度 $p(u)$ 的形状见图 4.8。

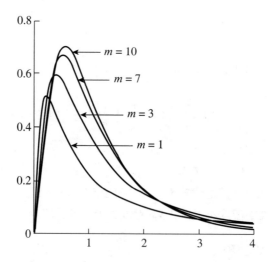

图 4.8 $F(6, m)$ 的概率密度，$m = 1, 3, 7, 10$

来源：何书元. 概率论与数理统计（M）.

由定理 4.5，很容易验证 F 有如下的性质。

定理 4.6 如果 $F \sim F(n, m)$，则 $F^{-1} \sim F(m, n)$。

设 $F \sim F(n, m)$，对正数 $\alpha \in (0, 1)$，有唯一的 $F_\alpha(n, m)$ 使得 $P(F > F_\alpha(n, m)) = \alpha$，此时称 $F_\alpha(n, m)$ 为 $F(n, m)$ 分布的上 α 分位数（图 4.9）。查表时，对于 $\alpha > 0.5$，需要用

公式

$$F_\alpha(n, m) = \frac{1}{F_{1-\alpha}(m, n)}, \quad n, m \geqslant 1$$

公式 4.2.6

进行换算。

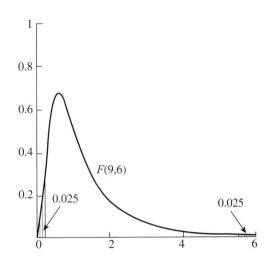

图 4.9 $F(9, 6)$ 的概率密度：$F_{0.975}(9, 6) = 0.23$，$F_{0.025}(9, 6) = 5.52$

来源：何书元. 概率论与数理统计（M）.

第三节 正态总体的抽样分布

一、单个正态总体的抽样分布

设 X_1，X_2，$\cdots$，X_n 是来自总体 X 的样本，记 $\overline{X} = \frac{1}{n}\sum_{j=1}^{n}X_j$，$S^2 = \frac{1}{n-1}\sum_{j=1}^{n}\left(X_j - \overline{X}\right)^2$ 分别是该样本的样本均值和样本方差。

定理 4.7 设 X_1，X_2，$\cdots$，X_n 是总体 $N(0, 1)$ 的简单随机样本，则其样本均值和样本方差有如下的结论：

（1）$\sqrt{n}\,\overline{X} \sim N(0, 1)$ 。

（2）$(n-1)S^2 \sim \chi^2(n-1)$ 。

（3）$\overline{X}$ 和 S^2 独立。

证明： 引入正交矩阵

$$T = \frac{1}{\sqrt{n}}\begin{pmatrix} 1 & 1 & \cdots & 1 \\ * & * & \cdots & * \\ \vdots & \vdots & & \vdots \\ * & * & \cdots & * \end{pmatrix}$$

由 $X = (X_1, X_2, \cdots, X_n)^T \sim N(0, I)$ 知道 $Y = TX \sim N(0, I)$，于是 Y_1，Y_2，$\cdots$，Y_n 独立同分布且都服从标准正态分布。

利用 $\overline{X} = Y_1/\sqrt{n}$ 和 $\sum_{j=1}^{n}X_j^2 = \boldsymbol{X}^T\boldsymbol{X} = \boldsymbol{Y}^T\boldsymbol{Y} = \sum_{j=1}^{n}Y_j^2$ 得到

$$(n-1)S^2 = \sum_{j=1}^{n}\left(X_j - \overline{X}_n\right)^2 = \sum_{j=1}^{n}X_j^2 - n\overline{X}^2$$

$$= \sum_{j=1}^{n}Y_j^2 - Y_1^2 = \sum_{j=2}^{n}Y_j^2 \sim \chi^2(n-1)$$

并且和 $\overline{X} = Y_1/\sqrt{n}$ 独立。

定理 4.8 如果 X_1，X_2，$\cdots$，X_n 是总体 $N(\mu, \sigma^2)$ 的简单随机样本，则

(1) $\dfrac{\overline{X}-\mu}{\sigma/\sqrt{n}} \sim N(0,1)$。

(2) $\dfrac{(n-1)S^2}{\sigma^2} = \dfrac{1}{\sigma^2}\sum_{j=1}^{n}(X_j - \overline{X})^2 \sim \chi^2(n-1)$。

(3) $\dfrac{\overline{X}-\mu}{S/\sqrt{n}} \sim t(n-1)$。

证明：设 $Y_j = \dfrac{X_j - \mu}{\sigma}$，则 Y_1，Y_2，$\cdots$，Y_n 是总体 $N(0,1)$ 的简单随机样本，且

$$\overline{Y} = \frac{1}{\sigma}(\overline{X} - \mu),$$

$$(n-1)S_Y^2 = \sum_{i=1}^{n}(Y_i - \overline{Y})^2$$

$$= \frac{1}{\sigma^2}\sum_{j=1}^{n}(X_j - \overline{X})^2$$

$$= \frac{(n-1)}{\sigma^2}S^2$$

由定理 4.7 知，结论（1）和（2）成立，并且 $\overline{X}_n$ 和 S^2 独立。再结合定理 4.4，容易得到结论（3）。

二、两个正态总体的抽样分布

设 $X \sim N(\mu_1, \sigma_1^2)$，$Y \sim N(\mu_2, \sigma_2^2)$。$X_1$，$X_2$，$\cdots$，$X_n$ 是总体 X 的简单随机样本，Y_1，Y_2，$\cdots$，Y_m 是总体 Y 的简单随机样本，总体 X 和总体 Y 独立。用 $\overline{X}_n$，$\overline{Y}_m$ 分别表示 $\{X_i\}$ 和 $\{Y_j\}$ 的样本均值，用 S_1^2，S_2^2 分别表示 $\{X_i\}$ 和 $\{Y_j\}$ 的样本方差。定义联合样本方差

$$S_w^2 = \frac{(n-1)S_1^2 + (m-1)S_2^2}{n+m-2}。$$

结合定理 4.4 和 4.5，以及定理 4.8，我们很容易验证两个独立总体下的样本有如下的结论。

定理 4.9 设 $X_1, X_2, \cdots, X_n$ 是总体 $N(\mu_1, \sigma_1^2)$ 的简单随机样本，$Y_1, Y_2, \cdots, Y_m$ 是总体 $N(\mu_2, \sigma_2^2)$ 的简单随机样本，且两个总体独立。我们可以得到如下的结论：

(1) $Z \equiv \dfrac{(\overline{X}_n - \overline{Y}_m) - (\mu_1 - \mu_2)}{\sqrt{\sigma_1^2/n + \sigma_2^2/m}} \sim N(0,1)$。

(2) 如果 $\sigma_1^2 = \sigma_2^2 = \sigma^2$，则 $T \equiv \dfrac{(\overline{X}_n - \overline{Y}_m) - (\mu_1 - \mu_2)}{S_w\sqrt{1/n + 1/m}} \sim t(n+m-2)$。

(3) $\dfrac{S_X^2/S_Y^2}{\sigma_1^2/\sigma_2^2} \sim F(n-1, m-1)$。

第四节　样本均值的大样本性质

一、强大数律

在讨论数学期望的性质时，我们已经预料到对于独立同分布的随机变量 X_1，X_2，$\cdots$，其样本均值 $\overline{X}_n = \dfrac{X_1 + X_2 + \cdots + X_n}{n}$ 收敛到数学期望 $EX_1 = \mu$，即 $\lim\limits_{n \to \infty} \overline{X}_n = \mu$。这就是将要介绍的强大数律（strong law of large number theorem）。

在第三章引入了符号"a.s.". 用 A a.s. 表示事件 A 发生的概率是 1，也就是说 $P(A) = 1$ 和 A a.s. 是等价的。按照这一记号，$\lim\limits_{n \to \infty} \overline{X}_n = \mu$ a.s.，和 $P\left(\lim\limits_{n \to \infty} \overline{X}_n = \mu\right) = 1$ 是等价的，都说明事件 "$\overline{X}_n$ 收敛到 μ" 的概率是 1，也简记为 $\overline{X}_n \xrightarrow{\text{a.s.}} \mu$。

定理 4.10　（强大数律）如果 X_1，X_2，$\cdots X_n$ 是独立同分布的随机变量，$E|X_1| < \infty$，$\mu = EX_1$，则 $\lim\limits_{n \to \infty} \overline{X}_n = \mu$ a.s.。

二、弱大数律

有强大数律，自然就有弱大数律（weak law of large number theorem）。为了介绍弱大数律，先介绍随机变量的依概率收敛和切比雪夫不等式（Chebyshev inequality）。

定义 4.2　设 U，U_1，U_2，$\cdots U_n$ 是随机变量序列。如果对任何 $\varepsilon > 0$，有

$\lim\limits_{n \to \infty} P(|U_n - U| \geqslant \varepsilon) = 0$，则称 U_n 依概率收敛到 U，记做 $U_n \xrightarrow{p} U$。

引理 4.2　（切比雪夫不等式）设随机变量 X 有数学期望 μ 和方差 $\mathrm{Var}(X)$，则对常数 $\varepsilon > 0$，有

$$P(|X - \mu| \geqslant \varepsilon) \leqslant \frac{1}{\varepsilon^2} \mathrm{Var}(X) \qquad \text{公式 4.4.1}$$

证明：用 $\mathrm{I}(A)$ 表示事件 A 的示性函数。定义 $Y = |X - \mu|$，则无论 $\{Y \geqslant \varepsilon\}$ 是否发生，总有 $\mathrm{I}(Y \geqslant \varepsilon) \leqslant \dfrac{1}{\varepsilon^2} Y^2$。因为示性函数 $\mathrm{I}(Y \geqslant \varepsilon)$ 服从伯努利分布，所以

$$P(|X - \mu| \geqslant \varepsilon) = P(Y \geqslant \varepsilon) = EI(Y \geqslant \varepsilon)$$
$$\leqslant \frac{1}{\varepsilon^2} EY^2 = \frac{1}{\varepsilon^2} \mathrm{Var}(X)$$

切比雪夫不等式是概率论中最重要和最基本的不等式。

定理 4.11　（弱大数律）设随机变量 X_1，X_2，$\cdots$ 独立同分布，$E|X_1| < \infty$，$\mu = EX_1$，则对任何 $\varepsilon > 0$，有

$$\lim\limits_{n \to \infty} P(|\overline{X}_n - \mu| \geqslant \varepsilon) = 0 \qquad \text{公式 4.4.2}$$

从理论上讲，由强大数律可以推出弱大数律。但是 $\sigma^2 = \mathrm{Var}(X_1) < \infty$ 时，可以用切比雪夫不等式给出简单的证明如下：由 $\mathrm{Var}(\overline{X}_n) = \mathrm{Var}\left(\dfrac{1}{n} \sum\limits_{j=1}^{n} X_j\right) = \dfrac{1}{n^2} \sum\limits_{j=1}^{n} \mathrm{Var}(X_j) = \dfrac{\sigma^2}{n}$ 和切比雪夫不等式得到 $P(|\overline{X}_n - \mu| \geqslant \varepsilon) \leqslant \dfrac{1}{\varepsilon^2} Var(\overline{X}_n) = \dfrac{1}{n\varepsilon^2} \sigma^2 \to 0$，当 $n \to \infty$。

三、中心极限定理（central limit theorem）

强大数律和弱大数律分别讨论了随机变量的样本均值的几乎处处收敛和依概率收敛。中心

极限定理研究当 n 较大时，随机变量的部分和 $S_n = \sum_{j=1}^{n} X_j$ 的概率分布问题。先看几个随机变量和的分布的例子。

例 4.2 设 $\{X_j\}$ 独立同分布都服从 $B(1, p)$ 分布，则部分和 $S_n = \sum_{j=1}^{n} X_j \sim B(n, p)$。取 $p = 0.6$ 时，$B(n, 0.6)$ 的概率分布折线图见图 2.1。可以看出随着 n 的增加，$B(n, p)$ 的概率分布的折线图越来越接近正态概率密度的形状。

例 4.3 设 $\{X_j\}$ 独立同分布且都服从泊松分布 $P(\lambda)$，则由例 2.35 知道部分和 $S_n = \sum_{j=1}^{n} X_j \sim P(n\lambda)$。取 $n = 1$ 时，$P(n\lambda)$ 的概率分布折线图见图 2.3。随着 λ 的增加，概率分布的折线图越来越接近正态概率密度的形状。

例 4.4 设 $\{X_j\}$ 独立同分布且都服从几何分布 $P(X = k) = pq^{k-1}$，$k = 1$，2，$\cdots$，$p + q = 1$，则部分和 $S_n = \sum_{j=1}^{n} X_j$ 服从帕斯卡分布（Pascal distribution），也叫负二项分布（negative binomial distribution）。$P(S_n = k) = C_{k-1}^{n-1} p^n q^{k-n}$，$k = n$，$n + 1$，$\cdots$，这是因为可以将 S_n 视为第 n 次击中目标时的射击次数（参考例 2.22）。

取 $p = 0.6$ 时，S_n 的概率分布折线图见图 4.10。随着 n 的增加，概率分布折线图也越来越接近正态概率密度的形状。

例 4.5 设 $\{X_j\}$ 独立同分布都服从指数分布 $\varepsilon(\lambda)$，则部分和 $S_n = \sum_{j=1}^{n} X_j$ 服从 $\Gamma(n, \lambda)$ 分布（略去推导），概率密度是 $f_n(x) = \dfrac{\lambda^n}{\Gamma(n)} x^{n-1} e^{-\lambda x}$，$x \geqslant 0$。取 $\lambda = \pi$，$n = 3m$，$m = 1$，2，$\cdots$，7 时，S_n 的概率密度见图 4.11，横坐标是 x，纵坐标是 $f_n(x)$。随着 n 的增加，概率密度的图形也越来越接近正态概率密度曲线。

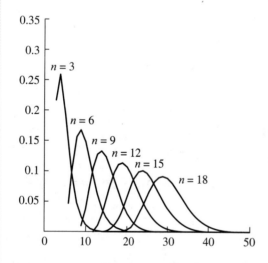

图 4.10 帕斯卡分布的折线图，
$p = 0.6$，$n = 3$，6，$\cdots$，18

来源：何书元. 概率论与数理统计（M）.

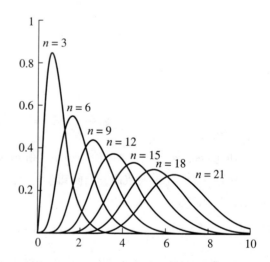

图 4.11 $\Gamma(n, \lambda)$ 分布的概率密度，
$\lambda = \pi$，$n = 3$，6，$\cdots$，21

来源：何书元. 概率论与数理统计（M）.

例 4.6 设 X_1，X_2，X_3 相互独立且都服从 $(0, 1)$ 上均匀分布，$S_3 = X_1 + X_2 + X_3$，则 $ES_3 = 3/2$，$\text{Var}(X_1) = 1/12$，$\text{Var}(S_3) = 3\text{Var}(X_1) = 1/4$。用 $g(x)$ 表示 S_3 的标准化 $\dfrac{S_3 - 3/2}{\sqrt{1/4}} = 2S_3 - 3$ 的概率密度。图 4.12 是 $g(x)$ 和标准正态概率密度 $\varphi(x)$ 的比较，二者已经大体相同。

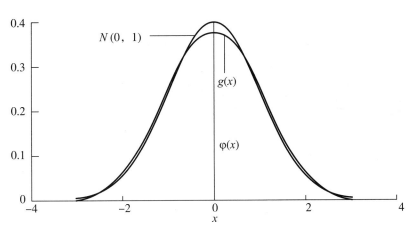

图 4.12 $g(x)$ 和 $\varphi(x)$ 的图形

来源：何书元. 概率论与数理统计（M）.

以上的例子都显示，大量独立同分布随机变量和的分布近似于正态分布。这就是下面将要介绍的中心极限定理（central limit theorem）。

设随机变量 X_1，X_2，$\cdots$ 独立同分布，$EX_1 = \mu$，$\mathrm{Var}(X_1) = \sigma^2 > 0$。用 $S_n = \sum_{j=1}^{n} X_j$ 表示部分和，用

$$Z_n = \frac{S_n - n\mu}{\sqrt{n\sigma^2}} \qquad \text{公式 4.4.3}$$

表示 S_n 的标准化，用 $\Phi(x)$ 表示服从 $N(0,1)$ 的分布函数。

定理 4.12 中心极限定理：在上述条件下，当 $n \to \infty$ 时，有

$$P(Z_n \leqslant x) \to \Phi(x)，x \in (-\infty，\infty) \qquad \text{公式 4.4.4}$$

当公式 4.4.4 成立时，称 Z_n 依分布收敛到 $N(0,1)$，记作 $Z_n \xrightarrow{d} N(0,1)$

因为样本均值 $\overline{X}_n$ 的标准化等于 S_n 的标准化：$\dfrac{\overline{X}_n - \mu}{\sigma / \sqrt{n}} = \dfrac{S_n - n\mu}{\sqrt{n\sigma^2}} = Z_n$，所以有如下的结论。

定理 4.13 在定理 4.12 的条件下，对较大的 n，有 $P\left(\dfrac{\overline{X}_n - \mu}{\sigma / \sqrt{n}} \leqslant x\right) \approx \Phi(x)$。

中心极限定理是概率论中最重要的基本定理，在本书的统计部分将多次使用中心极限定理。在一些实际问题中，随机变量的方差 σ^2 是未知的，这时可利用

$$\hat{\sigma}^2 = \frac{1}{n-1} \sum_{j=1}^{n} \left(X_j - \overline{X}_n \right)^2 \text{ 或 } \hat{\sigma}^2 = \frac{1}{n} \sum_{j=1}^{n} \left(X_j - \overline{X}_n \right)^2 \text{ 得到下面的定理 4.14 。}$$

定理 4.14 中心极限定理：在定理 4.12 的条件下，当 n 较大时近似地有

$$Z_n = \frac{\overline{X}_n - \mu}{\hat{\sigma} / \sqrt{n}} \sim N(0,1)$$

定理 4.15（*Slutsky* 定理）X，X_1，$\cdots$，X_n，$\cdots$ 和 Y_1，Y_2，$\cdots$ 是随机变量序列，设 $X_n \xrightarrow{d} X$，则 $Y_n \xrightarrow{p} c$

（1）$X_n + Y_n \xrightarrow{d} X + c$。

（2）$X_n Y_n \xrightarrow{d} cX$。

（3）$X_n / Y_n \xrightarrow{d} X/c$（$c \neq 0$）。

第五章 | 参数估计

本章介绍利用样本数据估计总体的未知参数的统计推断方法。我们感兴趣的对象是一个总体，它由很多个体组成。例如，研究某国家人的寿命，那么该国家的所有人口作为一个总体，每个人为一个个体；研究某地区家庭人口的数量，那么该地区的所有家庭作为一个总体，每个家庭为一个个体；研究某批产品的质量，那么该批产品作为一个总体，每个产品为一个个体；研究某地区粮食亩产，那么该地区的所有种植粮食的土地作为一个总体，每亩地为一个个体。有些总体中个体的数量是有限个数的，如某个学校学生的数量；有些是无限个数的，如某制药公司已经生产出来和将要生产出来的药品。

为了了解总体的未知参数（例如某国家人的平均寿命），有两种调查方法。第一种调查方法是普查，调查总体中的每一个个体。其优点是了解到每个个体的情况，但其缺点是费时费力；另外，普查了所有个体后得到的参数也许已经过时了。我国定期进行的普查有人口普查和经济普查。有些调查不能采用普查的方法。例如，不可能点亮生产出来的所有灯泡来估计灯泡的平均使用寿命。第二种调查方法是抽样调查，最简单的抽样调查方法是简单随机抽样，从总体中随机地抽取若干个体，组成一个样本。其优点是不必调查总体的所有个体，节省时间和调查经费，其缺点是抽样可能有偏差，不能精确得到总体的参数。

统计推断（statistical inference）的目的是利用调查得到的样本数据对总体未知参数进行推断，估计未知参数的数值和区间，检验对未知参数的假设。可以根据对未知参数估计和检验所要求的精度，确定调查样本的大小，称为样本量。例如，从一个国家抽出一个由 2000 人组成的样本，测量该样本中 2000 人的身高，推断该国家所有人的平均身高，估计全国平均身高的数值和区间，检验全国平均身高是否超过某个常数。

统计推断的精度主要取决于抽样方法，即抽到的样本是否能很好地反映总体的特征；另外，统计推断的精度还依赖于采用的统计推断方法。有很多抽样的方法，大致分为两大类方法：概率抽样方法和非概率抽样方法。概率抽样方法（probability sampling method）是利用概率论进行抽样设计的方法，使得总体中所有的个体能够按照设计的概率被抽到。概率抽样方法有简单随机抽样、分层抽样、整群抽样、等距抽样等。最简单的概率抽样方法是简单随机抽样方法，该方法使得总体中每个个体被抽到的概率都相等。例如，把总体中所有人的身份证都放到一个口袋里搅匀，随机抽出 2000 张身份证，得到一个由 2000 个个体组成的样本。用简单随机抽样得到的样本中每个个体都具有等同的总体代表性，因此，样本中所有个体的平均值能很好地反映总体的所有个体的平均值。如果对一个国家的所有人口进行简单随机抽样，得到的个体将会非常分散地分布在各个地方，不便于实地进行调查访问。根据总体的实际情况，可以采用等距抽样、分层抽样、整群抽样等抽样方法。非概率抽样方法有志愿者抽样、判断抽样、就近抽样等。非概率抽样方法（non-probability sampling method）得到的样本不一定能很好地反映总体的特征。本书讲述的统计推断方法假定了样本是采用简单随机抽样得到的，称其为简单随机样本。

第一节 样本均值与样本方差

用大写字母表示随机变量。令 X_1，$\cdots$，X_n 表示利用简单随机抽样得到的一个由 n 个个体组成的样本，称 n 为样本量。不同的样本由不同的个体组成，因此，这里用大写字母表示一个样本中的 n 个个体是随机变量。用小写字母 x_1，$\cdots$，x_n 表示某一个样本的样本值。利用一个样本的数据对总体分布的未知参数进行估计。对一个未知参数给出一个数值的估计，称为点估计；对一个未知参数给出一个区间估计，称为区间估计（interval estimation）。样本均值定义为 $\overline{X} = \dfrac{1}{n} \sum\limits_{i=1}^{n} X_i$，作为总体均值 μ 的点估计。样本方差定义为 $S^2 = \dfrac{1}{n-1} \sum\limits_{i=1}^{n} (X_i - \overline{X})^2$，作为总体方差 σ^2 的点估计。评价一种参数估计优良性的标准之一是无偏性，即该参数估计量的期望恰恰等于该参数。下面说明采用样本均值 $\overline{X}$ 和样本方差 S^2 作为总体均值 μ 和总体方差 σ^2 的点估计具有无偏性。

如果我们重复多次简单随机抽样，每次抽到的样本 X_1，$\cdots$，X_n 是随机变化的。简单随机抽样得到的 n 个随机变量是相互独立的，并且它们具有相同分布，称为独立同分布的。样本中所有的个体 i，有相同的总体均值和总体方差，分别记为 $\mu = E(X_i)$ 和 $\sigma^2 = D(X_i)$。因为 X_1，$\cdots$，X_n 是同分布的，可以得到样本均值的期望为 $E(\overline{X}) = E\left(\dfrac{1}{n} \sum\limits_{i=1}^{n} X_i \right) = \dfrac{1}{n} \sum\limits_{i=1}^{n} E(X_i) = E(X_i) = \mu$。它说明，尽管根据每次抽样的样本值 X_1，$\cdots$，X_n 计算得到的样本均值 $\overline{X}$ 是随机变化的，有时比总体均值 μ 大，有时比总体均值 μ 小，但是样本均值的期望是总体均值 μ。称样本均值 $\overline{X}$ 是总体均值 μ 的无偏估计（unbiased estimation）。

类似地，样本方差的随机变量表示为 $S^2 = \dfrac{1}{n-1} \sum\limits_{i=1}^{n} (X_i - \overline{X})^2$。
因为

$$\sum_{i=1}^{n} (X_i - \overline{X})^2 = \sum_{i=1}^{n} (X_i^2 - 2X_i \overline{X} + \overline{X}^2)$$
$$= \sum_{i=1}^{n} X_i^2 - 2\overline{X} \sum_{i=1}^{n} X_i + n\overline{X}^2$$
$$= \sum_{i=1}^{n} X_i^2 - n\overline{X}^2$$

所以

$$E(S^2) = E\left[\frac{1}{n-1} \sum_{i=1}^{n} (X_i - \overline{X})^2 \right]$$
$$= \frac{1}{n-1} \left[\sum_{i=1}^{n} E(X_i^2) - nE(\overline{X}^2) \right]$$
$$= \frac{n}{n-1} \left[E(X^2) - E(\overline{X}^2) \right]$$

因为任一随机变量 Y 平方的期望有等式 $E(Y^2) = D(Y) + [E(Y)]^2$，所以上式可以写为

$$E(S^2) = \frac{n}{n-1} \left\{ [D(X) + E(X)^2] - [D(\overline{X}) + E(\overline{X})^2] \right\}$$
$$= \frac{n}{n-1} \left\{ D(X) + E(X)^2 - \frac{D(X)}{n} - E(X)^2 \right\}$$
$$= D(X) = \sigma^2$$

这个等式说明样本方差 S^2 是总体方差 σ^2 的无偏估计。

第二节　参数的点估计

前一小节介绍了总体均值和总体方差的点估计（point estimator），不需要知道总体的分布。这一小节将介绍已知分布函数类型的情况下，估计分布参数的最大似然估计方法。设随机变量 X 服从密度函数 $f(x; \theta_1, \cdots, \theta_m)$，其中 $\theta_1, \cdots, \theta_m$ 是未知参数。利用简单随机抽样得到 X 的样本值 $x_1\cdots, x_n$，估计参数为 $\theta_1, \cdots, \theta_m$。对于给定的样本值，似然函数定义为 $L_n(\theta_1, \cdots, \theta_m) = \prod_{i=1}^{n} f(x_i; \theta_1, \cdots, \theta_m)$。似然函数（likelihood function）是未知参数的函数，似然函数中的样本值是已知常数。这个似然函数是样本值 $x_1, \cdots, x_n$ 的联合密度，描述了得到这个样本值的可能性的大小。似然函数的值越大表示抽样得到这个样本值的可能性越大。我们从总体仅仅进行了一次抽样，得到了一个样本，那么这个样本应该是从这个总体非常容易被抽到的。基于这个考虑，未知参数的估计 $\hat\theta_1, \cdots, \hat\theta_m$ 应该使得似然函数 $L_n(\theta_1, \cdots, \theta_m)$ 在 $\hat\theta_1, \cdots, \hat\theta_m$ 处最大，这样的估计方法称为最大似然估计方法。

因为似然函数 $L_n(\theta_1, \cdots, \theta_m)$ 与其对数 $\ln L_n(\theta_1, \cdots, \theta_m)$ 在同一个 $\hat\theta_1, \cdots, \hat\theta_m$ 处达到最大值，所以，求最大似然估计时，常利用对数似然函数 $\ln L_n$ 求解 $\hat\theta_1, \cdots, \hat\theta_m$。令对数似然函数为

$$l_n = \ln L_n = \ln \prod_i f(x_i) = \sum_i \ln f(x_i).$$

常可以利用求导数得到参数的最大似然估计。对每个参数 θ_i 求偏导，令其等于 0，得到方程组

$$\partial l_n/\partial \theta_1 = 0, \cdots, \partial l_n/\partial \theta_m = 0$$

通过解方程得到参数的最大似然估计 $\hat\theta_1, \cdots, \hat\theta_m$。当样本量 n 足够大时，最大似然估计接近真参数，而且在一定意义上没有比最大似然估计更好的估计。下面介绍几个常见分布的最大似然估计。

1. 两点分布　随机变量 X 取值为 0 或 1，其概率分布如下

X	1	0
$P(X=x)$	p	$1-p$

观测样本值 $x_1, \cdots, x_n$ 独立同分布。对所有的个体 i，其取值为 $X_i = 0$ 或 1 的概率可以表示为 $P(X_i = x_i) = p^{x_i}(1-p)^{1-x_i}$。

似然函数为样本中个体概率的乘积 $L(p; x_1, \cdots, x_n) = \prod_{i=1}^{n} p^{x_i}(1-p)^{1-x_i}$。

对数似然函数为 $\log L = \sum_{i=1}^{n}[x_i \log p + (1-x_i)\log(1-p)]$。

对未知参数 p 求导数，并令其等于 0，得到似然方程 $\dfrac{\partial \log L}{\partial p} = \sum_{i=1}^{n} x_i \dfrac{1}{p} - \sum_{i=1}^{n}(1-x_i)\dfrac{1}{1-p} = 0$。上式可写为

$$\sum_{i=1}^{n} x_i\left(\frac{1}{p} + \frac{1}{1-p}\right) - \frac{n}{1-p}$$

$$= \sum_{i=1}^{n} x_i \frac{1}{p(1-p)} - \frac{n}{1-p} = 0$$

由该等式可以得到概率 p 的最大似然估计 $\hat p = \dfrac{\sum_{i=1}^{n} x_i}{n} = \dfrac{k}{n}$，其中，$k$ 为 $x_1, \cdots, x_n$ 中取值

1 的个数。

2．指数分布（exponential distribution）　连续型随机变量 X 的分布密度为 $p(x;\lambda) = \lambda e^{-\lambda x}$，$x \geq 0$，$\lambda > 0$。

由样本值 $x_1, \cdots, x_n$ 得到似然函数为 $L_n(\lambda; x_1, \cdots, x_n) = \lambda^n \prod_{i=1}^{n} e^{-\lambda x_i} = \lambda^n e^{-\lambda \sum_{i=1}^{n} x_i}$。其对数似然函数为 $l_n = \ln L_n = n \ln \lambda - \lambda \sum_{i=1}^{n} x_i$。对未知参数 λ 求导，得到似然方程 $\dfrac{\partial l_n}{\partial \lambda} = \dfrac{n}{\lambda} - \sum_{i=1}^{n} x_i = 0$。因此，参数 λ 的最大似然估计是 $\hat{\lambda} = \dfrac{n}{\sum_{i=1}^{n} x_i} = \dfrac{1}{\bar{x}}$。$n = 1$ 时等式成立。

例 5.1　假设某种产品的使用寿命 X 服从指数分布 $p(x;\lambda) = \lambda e^{-\lambda x}$。随机从该种产品中抽取 10 个进行试验，得到它们的使用寿命（小时）为

| 20 | 40 | 70 | 90 | 100 |
| 150 | 250 | 400 | 600 | 800 |

求未知参数 λ 的最大似然估计。

解：

$$\hat{\lambda} = \frac{n}{\sum_{i=1}^{n} x_i} = \frac{10}{2520}。$$

3．正态分布　随机变量 X 服从均值为 μ 和方差为 σ^2 的正态分布，记为 $X \sim N(\mu, \sigma^2)$，其分布密度为 $p(x;\mu,\sigma^2) = \dfrac{1}{\sqrt{2\pi\sigma^2}} e^{-(x-\mu)^2/(2\sigma^2)}$，令 $\delta = \sigma^2$。对数似然函数为

$$l_n = \ln L_n = \ln \left[\left(\frac{1}{\sqrt{2\pi\delta}} \right)^n \prod_{i=1}^{n} e^{-(x_i-\mu)^2/(2\delta)} \right]$$

$$= -\frac{n}{2} \ln(2\pi) - \frac{n}{2} \ln \delta - \frac{1}{2\delta} \sum_{i=1}^{n} (x_i - \mu)^2$$

求导得：

$$\frac{\partial l_n}{\partial \mu} = \frac{1}{\delta} \sum_{i=1}^{n} (x_i - \mu) = 0 \qquad\qquad \text{公式 5.2.1}$$

$$\frac{\partial l_n}{\partial \delta} = -\frac{n}{2\delta} + \frac{1}{2\delta^2} \sum_{i=1}^{n} (x_i - \mu)^2 = 0 \qquad\qquad \text{公式 5.2.2}$$

由公式 5.2.1 得：$\hat{\mu} = \dfrac{1}{n} \sum_{i=1}^{n} x_i = \bar{x}$。

再由公式 5.2.2 得：$\hat{\delta} = \dfrac{1}{n} \sum_{i=1}^{n} (x_i - \bar{x})^2$。

注意正态分布的方差 σ^2 的最大似然估计量 $\hat{\delta}$ 不同于样本方差 S^2。样本方差 S^2 的分母是 $n-1$；而最大似然估计量 $\hat{\delta}$ 中的分母是 n，它是有偏估计 $E(\hat{\delta}) = \dfrac{n-1}{n} E(S^2) = \dfrac{n-1}{n} \sigma^2$。但是，随样本量 n 增大，偏差减小。

4．均匀分布　$X \sim U[a, b]$ 的分布密度为 $p(x;a,b) = \begin{cases} \dfrac{1}{b-a}, & a \leq x \leq b \\ 0, & \text{其他} \end{cases}$。其中 a 和 b 为未知参数。

由样本 x_1, $\cdots$, x_n 得到的似然函数 $L(a,b)=\prod_{i=1}^{n}p(x;a,b)$。令 $x_{(1)}=\min(x_1,\ldots,x_n)$ 和 $x_{(n)}=\max(x_1,\ldots,x_n)$。得到

$$L(a,b)=\begin{cases}\dfrac{1}{(b-a)^n}, & a\leqslant x_{(1)}\ \&\ x_{(n)}\leqslant b\\[2mm]0, & \text{其他}\end{cases}$$

当 $(b-a)$ 最小时，似然函数 $L(a,b)$ 最大，因此 $\hat{a}=x_{(1)}$，$\hat{b}=x_{(n)}$。

5. 多项分布（multinomial distribution）　离散型随机变量 X 取值 $1,\cdots,I$，记 $p_i=P(X=i)>0$，有 $\Sigma_i p_i=1$。

$X=i$ 的观测频数记为 x_i，$i=1$，$\cdots$，I，总观测频数 $n=\Sigma_i x_i$。多项分布为 $p(x_1,\cdots,x_I)=\dfrac{n!}{\prod_{i=1}^{I}x_i!}\prod_{i=1}^{I}p_i^{x_i}$。求 p_1, $\ldots$, p_i 的最大似然估计。加约束条件 $\Sigma_i p_i=1$ 的对数似然函数为

$$l=\ln L=\ln\left[\frac{n!}{\prod_{i=1}^{I}x_i!}\prod_{i=1}^{I}p_i^{x_i}\right]+\lambda\left(\sum_{i=1}^{I}p_i-1\right)$$
$$=\ln n!-\sum_{i=1}^{I}\ln x_i!+\sum_{i=1}^{I}x_i\ln p_i+\lambda\left(\sum_{i=1}^{I}p_i-1\right)$$

求导得：$\dfrac{\partial l}{\partial p_i}=\dfrac{x_i}{p_i}+\lambda=0$，$i=1,\cdots,I$；$\dfrac{\partial l}{\partial \lambda}=\sum_{i=1}^{I}p_i-1$。

解方程得：$x_i+\lambda p_i=0$。

整理为：$\sum_i x_i+\lambda\sum_i p_i=0$。

因为 $\Sigma_i p_i=1$，得到 $\lambda=-\sum_i x_i=-n$。

因此，得到 p_i 的最大似然估计为 $\hat{p}_i=\dfrac{x_i}{n}$。

第三节　区间估计

前一小节介绍了参数的点估计。从一个大的总体中抽出 10 人，其中有 6 人赞同，得到赞同率的点估计为 60%。假若调查样本扩大到 10 000 人，其中有 6000 人赞同，得到赞同率的点估计也是 60%。尽管点估计值是一样的，但是，因为后者样本量比前者大很多，所以后者得到的点估计应该更精确一些。因为前者仅调查了 10 个人，赞同率在 30% ～ 90% 的区间；而后前者调查了 10 000 个人，赞同率在 59% ～ 61% 的区间。根据赞同率的点估计值不能显示出这两个调查得到估计的精度差异。下面介绍参数的区间估计方法。

区间估计又称置信区间，是估计参数的取值范围。总体参数的置信区间的计算方法为：首先，计算参数的点估计值，如均值或者比率；然后，计算抽样误差，即点估计量的标准差；最后，用点估计值加、减（$C\times$ 抽样误差）就得到了区间估计的两个端点，其中 C 是一个与置信水平大小和点估计分布相关的量，即区间估计为

（点估计值 $-C\times$ 抽样误差，点估计值 $+C\times$ 抽样误差）

这个区间能够根据所要求的置信水平盖住未知参数的真值。

一、比率的区间估计

设利用抽样调查估计一个大的总体对某项决议的赞同率 p。从该总体中抽出 n 个人作为一个样本，其中有 m 个人赞同，用样本百分比估计赞同率为 $\hat{p} = m/n$。当样本量比较大时，$\hat{p}$ 近似正态分布，其均值为总体的真正赞同率 p，其标准差为 $\sqrt{\dfrac{p(1-p)}{n}}$。总体的真正赞同率 p 的 95% 置信区间为 $\left[\hat{p} - 1.96\sqrt{\dfrac{\hat{p}(1-\hat{p})}{n}},\ \hat{p} + 1.96\sqrt{\dfrac{\hat{p}(1-\hat{p})}{n}}\right]$。其中 1.96 是根据置信水平为 95% 和标准正态分布得到的，有 95% 的标准正态分布的 Z 值落在 -1.96 到 $+1.96$ 之间，即 $P\left(-1.96 \leqslant Z \leqslant +1.96\right) = 0.95$。对于其他的置信水平 $1 - \alpha$ 的置信区间，相应的 $z_{\alpha/2}$ 值为 $P\left(-z_{\alpha/2} \leqslant Z \leqslant z_{\alpha/2}\right)$，可以从正态分布表中查到。

当 $p = 0.5$ 时，标准差 $\sqrt{p(1-p)/n} = 0.5/\sqrt{n}$ 达到最大值。这时置信区间近似地扩大为 $\left[\hat{p} - \dfrac{1}{\sqrt{n}},\ \hat{p} + \dfrac{1}{\sqrt{n}}\right]$，这区间稍长一些，是一个有些保守的置信区间。它清楚地表示了估计精度与样本量 n 之间的关系，说明了在抽样调查前确定样本量的方法。由这个区间公式可知，为了达到 $\pm 1/\sqrt{n} = \pm 3\%$ 误差，则要求样本量 $n \geqslant 1111$。一般都要求把误差控制在 3% 左右，这就是为什么大多数抽样调查的样本量为 $n = 1200$ 的原因。

下面解释一下区间估计的置信水平。如果重复地抽多个样本，即使这些样本有相同的样本量 n，用它们计算会得到不完全相同的样本比率和不完全相同的置信区间。总体比率是不变的，而每次抽样得到的置信区间是随机变化的。置信水平 95% 意味着这些区间有 95% 的区间能盖住总体比率的真值，而有 5% 的区间没有盖住这个真值。

可以利用计算机产生 0 和 1 的随机数来模拟一下置信区间。令计算机以 60% 的概率产生 "1"，40% 的概率产生 "0"，产生 $n = 500$ 个取值 "0" 或 "1" 的随机数。用 "1" 表示成功的话，则已知成功的真正比率是 60%，在图 5.1 中用一条在横轴 60% 的竖线标在图中。用一个样本可以得到一个置信水平 95% 区间估计，用一条水平线画在图中。如果重复抽样得到 100 个样本，每个样本的样本量为 $n = 500$。在图 5.1 画出了其中 10 个样本得到的置信区间。在这 100 个置信区间中，将会期望大约有 95 个区间包含 60%，而大约 5 个区间不包含 60%。

百分点

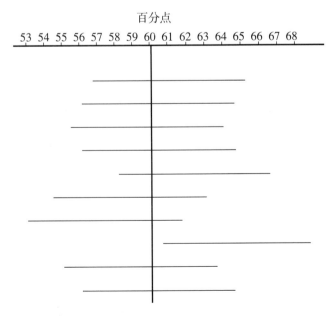

图 5.1　由 10 个不同样本得到的 10 个置信区间，有 9 个区间包含 60% 这个真值

在实际进行抽样调查时，只抽取一个样本。尽管不能判断根据这个样本得到的区间是否盖住比率的真值，但我们可以期望这个区间是大量包含真值的区间中的一个，它也有可能成为少数不包含真值的区间之一。

二、两个总体的比率之差的置信区间

记两个总体的比率为 p_x 和 p_y。利用抽样调查比较两个总体的比率的差异 $p_x - p_y$。设从一个总体抽取一个样本有 n_x 个观测，得到样本比率为 $\hat{p}_x$。从另一个总体抽取一个样本有 n_y 个观测，得到样本比率为 $\hat{p}_y$。样本量 n_x 和 n_y 都比较大时，样本比率 $\hat{p}_x$ 和 $\hat{p}_y$ 都近似正态分布，其方差分别为 $p_x(1-p_x)/n_x$ 和 $p_y(1-p_y)/n_y$。$(\hat{p}_x - \hat{p}_y)$ 的方差是 $\hat{p}_x$ 的方差与 $\hat{p}_y$ 的方差之和，因此，其标准差为 $\sqrt{\dfrac{\hat{p}_x(1-\hat{p}_x)}{n_x} + \dfrac{\hat{p}_y(1-\hat{p}_y)}{n_y}}$。

两总体百分比之差 $p_x - p_y$ 的 95% 置信区间是

$$\left[(\hat{p}_x - \hat{p}_y) - 1.96 \sqrt{\frac{\hat{p}_x(1-\hat{p}_x)}{n_x} + \frac{\hat{p}_y(1-\hat{p}_y)}{n_y}}, \right.$$
$$\left. (\hat{p}_x - \hat{p}_y) + 1.96 \sqrt{\frac{\hat{p}_x(1-\hat{p}_x)}{n_x} + \frac{\hat{p}_y(1-\hat{p}_y)}{n_y}} \right]$$

例 5.2 为了比较大学本科毕业生中男生与女生读研究生的百分比是否有差异，抽取了 100 名男生毕业生和 110 名女生毕业生，其中读研究生的人数分别为 40 人和 55 人。得到男生读研究生的百分比是 40%，女生读研究生的百分比是 50%。两个百分比之差的 95% 置信区间为

$$-0.1 \pm 1.96 \sqrt{\frac{0.4(1-0.4)}{100} + \frac{0.5(1-0.5)}{110}} = -0.1 \pm 0.13 = [-0.23, 0.03]。$$

女生读研究生的样本百分比为 50% 比男生的样本百分比 40% 高了 10%，但是，两个百分比之差的置信区间包含 0，说明这两个百分比可能相等，没有统计意义上的显著差异。在第六章讨论假设检验时，还将讨论这个问题。

三、单一总体均值的区间估计

设从一个正态总体 $N(\mu, \sigma^2)$ 中抽取一个简单随机样本 $x_1, \cdots, x_n$，样本容量为 n，样本均值记为 $\bar{x}$，样本标准差记为 s。当方差 σ^2 已知时，总体均值 μ 的置信水平为 $1-\alpha$ 的区间估计为 $\left[\bar{x} - z_{\alpha/2} \dfrac{\sigma}{\sqrt{n}}, \bar{x} + z_{\alpha/2} \dfrac{\sigma}{\sqrt{n}} \right]$。这里 $z_{\alpha/2}$ 是标准正态分布的临界值，即 $P(Z \geqslant z_{\alpha/2}) = \alpha/2$，可以从标准正态分布表查到 $z_{\alpha/2}$。当置信水平 $1-\alpha = 95\%$ 时，临界值 $z_{0.025} = 1.96$。

当正态总体方差 σ^2 未知时，总体均值 μ 的置信水平为 $1-\alpha$ 的区间估计为 $\left[\bar{x} - t_{\alpha/2}(n-1) \dfrac{s}{\sqrt{n}}, \bar{x} + t_{\alpha/2}(n-1) \dfrac{s}{\sqrt{n}} \right]$ 这里 $t_{\alpha/2}(n-1)$ 是自由度为 $n-1$ 的 t 分布的临界值，即 $P(T \geqslant t_{\alpha/2}(n-1)) = \alpha/2$，可以从 t 分布表查到 $t_{\alpha/2}(n-1)$。

例 5.3 设测量了 25 名男性的血压，收缩压（mmHg）的样本均值 $\bar{x} = 110$，样本标准差 $s = 5$。假定血压值服从正态分布。设置信水平为 $1-\alpha = 95\%$。

解： 自由度为 $n-1 = 24$ 的 t 分布的临界值 $t_{0.05/2} = 2.064$。因此，得到男性总体的收缩压均值 μ 的置信水平为 95% 的区间估计为：

$$\left[110 - 2.064\frac{5}{\sqrt{25}},\ 110 + 2.064\frac{5}{\sqrt{25}} \right] = [107.937,\ 112.064]。$$

四、两个总体均值之差的区间估计

设有两个具有相等方差的正态总体 $N(\mu_x,\ \sigma^2)$ 和 $N(\mu_y,\ \sigma^2)$。目的是估计两个总体均值之差 $\mu_x - \mu_y$ 的置信区间。从这两个总体分别抽取一个简单随机样本 $x_1,\ \cdots,\ x_{n_x}$ 和 $y_1,\ \cdots,\ y_{n_y}$。样本均值分别为 $\bar{x}$ 和 $\bar{y}$。当两个总体的共同方差 σ^2 未知时，σ^2 的点估计为 $s^2 = \dfrac{(n_x-1)s_x^2 + (n_y-1)s_y^2}{n_x + n_y - 2}$。置信水平为 $1-\alpha$ 的总体均值之差 $\mu_x - \mu_y$ 的区间估计为

$$\left[(\bar{x}-\bar{y}) - t_{\alpha/2}s\sqrt{\frac{1}{n_x} + \frac{1}{n_y}},\ (\bar{x}-\bar{y}) + t_{\alpha/2}s\sqrt{\frac{1}{n_x} + \frac{1}{n_y}} \right],$$

这里 $t_{\alpha/2}$ 是自由度为 $n_x + n_y - 2$ 的 t 分布的临界值。

例 5.4 设测量了 25 名男性（$n_x = 25$）的血压，收缩压（mmHg）的样本均值 $\bar{x} = 110$，样本标准差 $s_x = 5$；同时测量了 16 名女性（$n_y = 16$）的血压，收缩压的样本均值 $\bar{y} = 108$，样本标准差 $s_y = 4$。假定男女的血压值都服从相同方差 σ^2 的正态分布。求男性和女性收缩压之差的区间估计。

解：方差 σ^2 的点估计为 $s^2 = \dfrac{(25-1)\times 5^2 + (16-1)\times 4^4}{25+16-2} = 21.54$。设置信水平为 $1-\alpha = 95\%$。

自由度为 $n_x + n_y - 2 = 39$ 的 t 分布的临界值 $t_{0.05/2} = 2.02$。因此，得到置信水平为 95% 的总体收缩压均值之差 $\mu_x - \mu_y$ 的区间估计为

$$(110 - 108) \pm 2.02 \times 4.64\sqrt{\frac{1}{25} + \frac{1}{16}} = 2 \pm 3.00 = [-1.00,\ 5.00]。$$

因为该置信区间包含 0，可以看到男性与女性的收缩压没有达到显著水平 5% 的差异。

五、单一总体方差的区间估计

设 X 服从正态分布 $N(\mu,\ \sigma^2)$，其中均值 μ 未知。下面考虑方差 σ^2 的置信区间。由正态分布性质可知 $\eta = \dfrac{(n-1)S^2}{\sigma^2} \sim \chi^2_{n-1}$。可选 $\lambda_1,\ \lambda_2$ 满足：$P(\lambda_1 \leq \eta \leq \lambda_2) = 1-\alpha$，即 $\int_{\lambda_1}^{\lambda_2} \chi^2_{(n-1)}(u)\,\mathrm{d}u = 1-\alpha$。通常采用 $\int_0^{\lambda_1} \chi^2_{(n-1)}(u)\,\mathrm{d}u = \alpha/2,\quad \int_{\lambda_2}^{\infty} \chi^2_{(n-1)}(u)\,\mathrm{d}u = \alpha/2$。根据 $\lambda_1 \leq \eta \leq \lambda_2$，解不等式可以得到总体方差 σ^2 的置信水平为 $1-\alpha$ 的区间估计为 $\dfrac{(n-1)S^2}{\lambda_2} \leq \sigma^2 \leq \dfrac{(n-1)S^2}{\lambda_1}$。

例 5.5 在例 5.3 中得到 25 位男性收缩压的样本方差为 $s^2 = 5^2$。设置信水平为 $1-\alpha = 95\%$。查 χ^2_{24} 表，得 $\lambda_1 = 12.40$，$\lambda_2 = 39.36$。所以，σ^2 的置信区间为：

$$\left[\frac{24 \times 5^2}{39.36},\ \frac{24 \times 5^2}{12.40} \right] = [15.24,\ 48.39] = [3.90^2,\ 6.96^2]。$$

第四节 样本量的确定

在抽样调查和试验设计时，为了达到希望的统计精度（precision），需要确定样本量 n。样本量的确定与参数的区间估计有密切的联系。前面介绍区间估计时，我们知道样本量越大，置

信区间越窄。因此，可以根据希望达到的置信区间宽度来确定样本量。

一、比率估计的样本量确定

首先考虑估计总体的比率 p 的样本量。总体的比率 p 的置信度 $1-\alpha$ 的置信区间为 $\hat{p}-z_{\alpha/2}\sqrt{\dfrac{\hat{p}(1-\hat{p})}{n}} \leqslant p \leqslant \hat{p}+z_{\alpha/2}\sqrt{\dfrac{\hat{p}(1-\hat{p})}{n}}$，其中 $z_{\alpha/2}$ 为标准正态分布分位数，$P(-z_{\alpha/2} \leq Z \leq z_{\alpha/2})=1-\alpha$，可以从正态分布表中查到。比率估计的误差为 $\pm z_{\alpha/2}\sqrt{\hat{p}(1-\hat{p})/n}$，希望容许误差的绝对值小于或等于某个给定的常数 W，即 $z_{\alpha/2}\sqrt{\dfrac{\hat{p}(1-\hat{p})}{n}} \leqslant W$，解这个不等式可以得到 $n \geqslant \hat{p}(1-\hat{p})\left(\dfrac{z_{\alpha/2}}{W}\right)^2$。希望的容许误差越小，要求样本量 n 越大。但是，这个不等式中 $\hat{p}$ 在调查得到样本之前是未知的。因为 $\hat{p}=0.5$ 时，有 $\hat{p}(1-\hat{p})=0.5^2$ 达到最大值，所以，可以得到一个偏大的样本量 $n \geqslant 0.5^2\left(\dfrac{z_{\alpha/2}}{W}\right)^2$。例如，置信水平为 $1-\alpha=0.95$ 时，$z_{\alpha/2}=1.96$。由这个不等式可知，为了使得容许误差 $W=3\%$，则要求样本量 $n \geqslant 1068$。如果要求容许误差减小到 $1/3$，即 1%，那么，要求样本量 n 扩大约 9 倍，$n \geqslant 9604$。

二、正态均值估计的样本量确定

下面考虑为了估计正态分布均值 μ 的样本量。当方差 σ^2 已知时，均值 μ 的置信度 $1-\alpha$ 的置信区间为 $\bar{x}-z_{\alpha/2}\dfrac{\sigma}{\sqrt{n}} \leqslant \mu \leqslant \bar{x}+z_{\alpha/2}\dfrac{\sigma}{\sqrt{n}}$，均值 μ 估计的误差为 $\pm z_{\alpha/2}\dfrac{\sigma}{\sqrt{n}}$。希望容许误差的绝对值小于某个给定的常数 W，即 $z_{\alpha/2}\dfrac{\sigma}{\sqrt{n}} \leqslant W$，解这个不等式可以得到 $n \geqslant \left(\dfrac{z_{\alpha/2}\sigma}{W}\right)^2$。

当方差 σ^2 未知时，均值 μ 的置信度 $1-\alpha$ 的置信区间为 $\bar{x}-t_{\alpha/2}\dfrac{s}{\sqrt{n}} \leqslant \mu \leqslant \bar{x}+t_{\alpha/2}\dfrac{s}{\sqrt{n}}$，其中 $t_{\alpha/2}$ 为自由度 $n-1$ 的 t 分布的分位数，$P(-t_{\alpha/2} \leq T \leq t_{\alpha/2})=1-\alpha$，可以从 t 分布表中查到。希望这个容许误差的绝对值小于 W，可以得到样本量 $n \geqslant \left(\dfrac{t_{\alpha/2}s}{W}\right)^2$。这个不等式右边包含有未知量 s 等，在应用时需要根据以前的样本或先验知识替代。

习 题

1. 设 X 服从区间 $[a, b]$ 上的均匀分布，其中 $a < b$ 是未知参数。利用简单随机抽样得到样本值 $x_1, x_2, \cdots, x_n$。试求 a 和 b 的最大似然估计量。

2. 设 $x_1, \cdots, x_n$ 是来自区间 $[\theta-\rho, \theta+\rho]$ 上均匀分布的简单随机样本，其中 $\rho > 0$。试求未知参数 θ 和 ρ 的最大似然估计量。

3. 设 X 服从正态分布 $N(\mu, 1)$，其中 μ 是未知参数。利用简单随机抽样得到样本值 $x_1, x_2, \cdots, x_n$。试求 μ 的最大似然估计量。

4. 设 X 服从正态分布 $N(0, \sigma^2)$，其中 σ^2 是未知参数。利用简单随机抽样得到样本值 $x_1, x_2, \cdots, x_n$。试求 σ^2 的最大似然估计量。

5. 设 $x_1, \cdots, x_{50}$ 是来自泊松分布 $P(X=k)=\dfrac{\lambda^k}{k!}e^{-\lambda}$，$k=0,1,2,\cdots$ 的简单随机样本。试求

参数 λ 的最大似然估计量。

6．在一个安眠药的临床试验中，得到一份样本是 20 位患者服用安眠药，得到睡眠时间的样本值为：6.3，6.2，6.5，7.1，6.4，6.3，5.8，5.6，6.0，6.6，6.8，6.1，6.7，6.6，5.9，6.9，6.2，6.5，6.3，6.4，设睡眠时间 X 服从正态分布 $N(\mu, \sigma^2)$，其中 μ 和 σ^2 是未知参数。试计算：

（1）平均睡眠时间 μ 和方差 σ^2 的最大似然估计。

（2）方差 σ^2 未知时，平均睡眠时间 μ 的置信水平为 95% 的置信区间。

（3）方差 σ^2 的置信水平为 95% 的置信区间。

7．离散型随机变量 X 可能取值为 0，1，2。已知 $E(X) = 2(1 - \theta)$，$D(X) = 2\theta(1 - \theta)$。

（1）试求 X 的概率分布。

（2）样本容量为 $n = 10$ 的简单随机样本 $x_1, \cdots, x_{10}$ 中，有 2 个 0，5 个 1，3 个 2。试求 θ 的最大似然估计。

8．设 $x_1, \cdots, x_{50}$ 是来自 $N(\mu_x, 1)$ 的简单随机样本，其样本均值 $\bar{x} = 10$。设 $y_1, \cdots, y_{100}$ 是来自 $N(\mu_y, 2)$ 的简单随机样本，其样本均值 $\bar{y} = 5$。试求 $\mu_x - \mu_y$ 的置信度为 95% 的置信区间。

9．某外语学院随机抽取 60 人，其中女生的比例是 50%。某数学学院随机抽取 50 人，其中女生的比例是 40%。

（1）试计算两个学院女生百分比差异的 95% 置信区间。

（2）根据这个置信区间讨论这两个学院的百分比是否相同。

（3）请解释这个置信区间的意思。是应该解释为真实的百分比差异落入这个置信区间的概率为 95%，还是应该解释为这个置信区间覆盖真实的百分比差异的概率为 95%？两种解释有什么不同。

10．从精神衰弱病的人群中随机抽取 20 位患者，得到他们的睡眠时间的样本均值为 3.39 小时，样本标准差为 2.24 小时。假定睡眠时间服从正态分布。试计算该患者人群的平均睡眠时间的 95% 置信区间。

11．利用抽样调查了解某一城市市民是否利用过网络购物的百分比，要求得到百分比的 95% 置信区间长度不超过 6%。问需要调查多少人？如果置信区间缩短一半，即长度不超过 3%，调查人数需要增加到多少倍？

12．党的二十大报告强调，要强化就业优先政策，健全就业促进机制，促进高质量充分就业。利用抽样调查了解高校毕业生薪酬的平均值。设置信水平为 95%，允许误差不超过 $E = \pm 1000$ 元。在下列情况下，各需要调查多少人？

（1）事先了解高校毕业生薪酬的标准差为 $\sigma = 5000$ 元。

（2）通过预调查 10 位高校毕业生，得到薪酬的样本标准差为 $s = 5000$ 元。

估计方法利用样本数据估计总体的未知参数，分为点估计和区间估计两种方法。本章介绍对总体未知参数进行假设检验的方法。假设检验方法有两个假设，一个是零假设（null hypothesis），记为 H_0；另一个是备择假设（alternative hypothesis），记为 H_1。统计假设检验采用的是反证法。例如，利用抽样调查的方法了解某种药品的治愈率是否大于 80%。设零假设 H_0 为治愈率 ≤ 80%，备择假设 H_1 为治愈率大于 80%。如果抽得一个样本量 $n = 1000$ 的样本有治愈率 90%，这么高的治愈率在零假设下发生的概率很小，说明了与零假定 H_0 有矛盾，因此拒绝零假设 H_0，从而论证了备择假设 H_1 成立。

第一节　两类错误

进行假设检验时，可能会错误地拒绝零假设。第一类错误（type Ⅰ error）定义为：零假设 H_0 成立时，错误地拒绝 H_0。出现第一类错误的概率记为 $\alpha = P$（拒绝 $H_0 \mid H_0$ 为真）。例如，该药品真实治愈率为 80% 的情况下，仍然可能出现一个样本，其治愈率为 90%。这时拒绝零假设 H_0 就犯了第一类错误。使用假设检验时，犯第一类错误是不可避免的，除非永远不拒绝零假设。进行假设检验时，可以将第一类错误的概率 α 控制在一个很小的水平，称为检验水平、检验标准或检验水准。通常选择 $\alpha = 0.01$，0.05 或 0.10。如果选择一个非常小的 α，会导致难以拒绝零假设。

另外，假设检验可能会错误地接受零假设。第二类错误（type Ⅱ error）定义为：零假设 H_0 不成立时，接受 H_0。出现第二类错误的概率记为 $\beta = P$（接受 $H_0 \mid H_0$ 为假）。

图 6.1 给出了零假设 H_0 为标准正态分布 $N(0, 1)$ 密度和备择假设 H_1 为 $N(3, 1)$ 密度的图形。设统计量 Z 大于等于临界值 2 时拒绝零假设 H_0；统计量 Z 小于 2 时，接受零假设 H_0；第一类错误的概率 α 和第二类错误的概率 β 用阴影的面积表示。

通常的假设检验方法能够人为选择第一类错误 α 的大小，但不控制第二类错误的概率 β 的大小。因此，进行假设检验的目标是拒绝零假设，因此得到备择假设的结论，其犯错误的概率小于 α。如果假设检验不能拒绝零假设，那么也不能说明零假设成立，而应该说没有充分的证据拒绝零假设，因为这时接受零假设的话，犯第二类错误的概率 β 可能会很大，也就是说，错误地接受零假设的概率会很大。

尽管我们希望 α 和 β 都很小。当样本量 n 给定时，如果选择小的 α，那么 β 就会变大；如果期望 β 小时，那么应该选择大一点的 α。当选定了 α 后，可以增大样本量 n 来减小 β。

本课程介绍的假设检验方法是统计学频率派的假设检验方法。统计推断的另一种方法是贝叶斯统计方法。贝叶斯方法需要计算在样本数据 D 给定后，零假设成立的后验概率（pesterior probability）（或称条件概率）$P(H_0 \mid D)$ 和备择假设成立的后验概率 $P(H_1 \mid D)$。如果 $P(H_0 \mid D)$

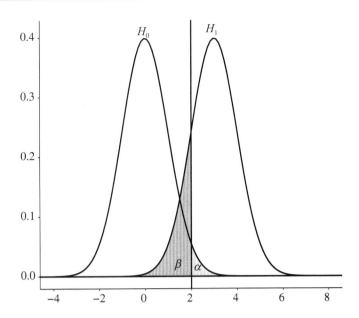

图 6.1 假设检验的两类错误：第一类错误 α、第二类错误 β

$> P\left(H_1 \mid D\right)$，则选择零假设 H_0，否则选择备择假设 H_1。后验概率 $P\left(H_k \mid D\right)$ 的计算如下

$$P(H_k \mid D) = \frac{P(H_k)P(D \mid H_k)}{P(H_0)P(D \mid H_0) + P(H_1)P(D \mid H_1)}，k = 0，1。$$ 其中需要先验概率 $P\left(H_0\right)$ 和 $P\left(H_1\right)$。

如何确定先验概率的大小是使用贝叶斯统计方法的关键问题之一。有很多讨论如何选择先验概率的理论。频率统计方法只需要计算零假设下检验统计量的条件概率，而贝叶斯方法还需要计算备择假设下检验统计量的条件概率。

在实际应用中，假设检验还需要考虑错误拒绝零假设和错误接受零假设的代价问题。例如，利用临床试验数据，将一个能有效治疗感冒的新药错判为没有显著疗效的损失不是那么大，而将一个能有效治疗癌症的新药错判为没有显著疗效的损失就非常大了。因此，对治疗感冒药的假设检验可以选择一个比较小的 α，而对治疗癌症药的假设检验可以选择一个比较大的 α。

第二节　正态总体参数的假设检验

在本节中，我们介绍正态总体参数的假设检验。分为单个正态总体参数的假设检验和比较两个正态总体参数的假设检验。

一、单个正态总体参数的假设检验

设总体的随机变量 X 服从正态分布 $N\left(\mu, \sigma^2\right)$。讨论下列均值 μ 和方差 σ^2 的假设检验问题：记 μ_0 和 σ_0^2 为已知常数

1．已知 σ^2，零假设 H_0 为 $\mu = \mu_0$，备择假设 H_1 为 $\mu \neq \mu_0$。

2．未知 σ^2，零假设 H_0 为 $\mu = \mu_0$，备择假设 H_1 为 $\mu \neq \mu_0$。

3．已知 σ^2，零检验 H_0 为 $\mu \leq \mu_0$，备择假设 H_1 为 $\mu > \mu_0$。

4．未知 σ^2，零检验 H_0 为 $\mu \leq \mu_0$，备择假设 H_1 为 $\mu > \mu_0$。

5．未知 μ，检验假设 H_0 为 $\sigma^2 = \sigma_0^2$，备择假设 H_1 为 $\sigma^2 \neq \sigma_0^2$。

6．未知 μ，检验假设 H_0 为 $\sigma^2 \leq \sigma_0^2$，备择假设 H_1 为 $\sigma^2 > \sigma_0^2$。

下面介绍这些假设的检验方法。

1. 已知 σ^2，零假设 H_0 为 $\mu = \mu_0$，备择假设 H_1 为 $\mu \neq \mu_0$。

设随机样本为 $X_1, \cdots, X_n$，样本均值为 $\bar{X} = \sum_{i=1}^{n} X_i / n$。

由正态分布的性质可知，随机样本均值 $\bar{X}$ 服从正态分布 $N(\mu, \sigma^2/n)$。因为样本均值是由随机抽样得到的，不同的样本得到的样本均值会随机变化。即使零假设的总体均值 μ_0 是真的，样本均值 $\bar{X}$ 也会偏离总体均值 μ_0。当样本均值 $\bar{X}$ 偏离 μ_0 很大时，可以判断零假设 H_0 为真的概率会很小。如何确定这个偏离大到什么程度就可以有把握地拒绝零假设呢？这个偏离 $(\bar{X} - \mu_0)$ 服从正态分布 $N(0, \sigma^2/n)$。将这个偏离与其标准差进行比较，得到检验统计量 $Z = \dfrac{\bar{X} - \mu}{\sigma / \sqrt{n}}$。可知检验统计量 Z 服从标准正态分布 $N(0, 1)$。根据检验水平 α，查标准正态分布表得到临界值 $z_{\alpha/2}$，使得 $P(-z_{\alpha/2} \leq Z \leq z_{\alpha/2}) = 1 - \alpha$。因此，当 $|Z| > z_{\alpha/2}$ 时，拒绝零假设 $\mu = \mu_0$，犯第一类错误的概率小于 α。这里的 $z_{\alpha/2}$ 称为拒绝零假设的临界值。如果 $|Z| \leq z_{\alpha/2}$，则称零假设是相容的。因为检验过程没有控制犯第二类错误的概率 β，即使不拒绝零假设，也不意味着可以接受零假设。

例 6.1 我国正在积极建立健全生育支持政策体系。某地区自然分娩的新生婴儿的平均出生体重是 3.2 千克。该地区 $n = 9$ 名剖宫产新生儿组成的样本的样本平均体重是 3.4 千克。假定由以往新生儿的数据已知剖宫产新生儿体重（千克）的标准差 $\sigma = 0.4$ 千克。问剖宫产新生儿的平均体重是否不同于自然分娩新生儿的平均出生体重。

解：令零假设 H_0 为 $\mu = 3.2$，备择假设 H_1 为 $\mu \neq 3.2$。检验统计量为 $Z = \dfrac{3.4 - 3.2}{0.4 / \sqrt{9}} = 1.5$。检验水平 $\alpha = 0.05$ 的临界值 $z_{0.025} = 1.96$。因为 $|Z| < 1.96$，所以在检验水平 $\alpha = 0.05$ 意义上不能拒绝零假设。尽管剖宫产新生儿样本的平均体重大于自然分娩婴儿的平均体重，但是，在检验水平 $\alpha = 0.05$ 上这个平均体重的差异不显著。这里没有拒绝零假设并不意味着接受零假设。如果接受零假设的话，可能会犯第二类错误；而在假设检验中，没有控制犯第二类错误的概率 β 的大小。

2. 未知 σ^2，零假设 H_0 为 $\mu = \mu_0$，备择假设 H_1 为 $\mu \neq \mu_0$。

在实际中总体方差 σ^2 常常是未知的。当样本量比较小时，用样本标准差 S 替代总体标准差 σ 得到 T 统计量 $T = \dfrac{\bar{X} - \mu_0}{S / \sqrt{n}}$。当零假设成立时，$T$ 服从自由度 $n-1$ 的 t 分布。由检验水平 α 查 t 分布表，得临界值 $t_{\alpha/2}(n-1)$。如果 $|T| > t_{\alpha/2}(n-1)$，拒绝零假设 H_0，否则称零假设 H_0 是相容的。比较 T 检验与 Z 检验，统计量 T 的分母是样本标准差 S，不同的样本会有不同的 S 值，统计量 Z 的分母是样本标准差 σ，不随样本发生变化。因此统计量 T 的方差比统计量 Z 的方差大一些，随着样本量 n 增大，统计量 T 趋向于标准正态分布，自由度大的 t 分布近似标准正态分布。

例 6.2 （例 6.1 续）设样本量仍然是 $n = 9$，剖宫产新生儿的样本均值是 3.4 千克，总体标准差 σ 未知，样本标准差是 $S = 0.4$ 千克。仍然设零假设 H_0 为 $\mu = 3.2$，备择假设 H_1 为 $\mu \neq 3.2$。检验统计量 T 为 $T = \dfrac{3.4 - 3.2}{0.4 / \sqrt{9}} = 1.5$，服从自由度为 8 的 t 分布。根据 $P(|T| \geq t_{0.05/2}) = 0.05$，用 t 分布表查到拒绝零假设的临界值 $t_{0.025} = 2.306$。因为 $|T| < 2.306$，所以在检验水平 $\alpha = 0.05$ 上不能拒绝零假设。这里 t 分布得到的临界值 2.306 比标准正态分布的临界值 1.96 略大一些，这是因为统计量 Z 的未知标准差 σ 用一个样本标准差 S 替代得到统计量 T。当样本量 n 较小时，两个临界值有比较大的差异，随着样本量 n 增大，这个差异逐渐趋于 0。

当样本量较大时，即使随机变量 X 不服从正态分布，由中心极限定理可知样本均值 $\bar{X}$ 近似正态分布，前面的检验统计量 Z 近似服从标准正态分布。进一步，σ^2 未知时，用样本标准差 S 代替总体标准差 σ，得到统计量 $Z' = \dfrac{\bar{X} - \mu}{S / \sqrt{n}}$。它近似服从标准正态分布 $N(0, 1)$。

例 6.3 （例 6.1 续）设样本量增大为 $n = 100$，样本平均体重仍然是 3.4 千克，样本标准差 $S = 0.4$ 千克。检验统计量为 $Z' = \dfrac{3.4 - 3.2}{0.4 / \sqrt{100}} = 5$。根据检验水平 $\alpha = 0.05$，采用近似标准正态分布得到临界值 $z_{\alpha/2} = 1.96$，而采用自由度（degree of freedom）$100 - 1$ 的 t 分布得到临界值 $t_{\alpha/2} = 1.98$。因为 $|z'| = 5$ 大于两个临界值，所以拒绝零假设。由该统计量的数值得到 P 值，$P(|Z'| \geqslant 5) < 10^{-6}$，远小于检验水平 $\alpha = 0.05$。尽管剖宫产新生儿样本的平均体重仍是 3.4 千克，但是样本量从 9 增大到 100 之后，这个平均体重的差异 3.4 − 3.2 能够非常有把握地拒绝零假设。

3. 已知 σ^2，零假设 H_0 为 $\mu \leqslant \mu_0$，备择假设 H_1 为 $\mu > \mu_0$。

在很多实际问题中，也许希望论证样本均值是否小于或大于一个常数。例如，更关心新生儿的平均体重是否大于某个给定的重量，而不是是否等于某个重量。

这里的零假设 H_0 为 $\mu \leqslant \mu_0$ 和备择假设 H_1 为 $\mu > \mu_0$。这种关于参数是否大于一个给定常数或小于一个给定常数的备择假设的检验称为单边假设检验（one-sided test），与此对比，上面关于参数是否不等于一个给定常数的备择假设的检验称为双边假设检验（two-sided test）。不管是单边检验还是双边检验，在零假设中通常都有等号出现，如 "="" $\leqslant$ "" $\geqslant$ "。在单边假设检验时，选择零假设的不等号是 "$\mu \leqslant \mu_0$" 还是 "$\mu \geqslant \mu_0$"，需要根据检验的目的来确定。

假设检验只能控制拒绝零假设犯第一类错误的概率 α 的大小，也就是说，拒绝零假设的错误不会大于 α，能很有把握地说明备择假设成立。所以，应该选择研究期望得到的结论作为备择假设。例如，买方发现并为了论证一批袋装大米的平均重量不足 5 千克，则设备择假设 H_1 为 $\mu < 5$ 千克，而卖方为了证明这批袋装大米的平均重量大于 5 千克，则设备择假设 H_1 为 $\mu > 5$ 千克。他们都试图以拒绝零假设 H_0 和接受备择假设 H_1 为目的。

这里的零假设 H_0 为 $\mu \leqslant \mu_0$，当样本均值 $\bar{X}$ 显著大于假设的均值 μ_0 时，拒绝零假设。为了确定是否显著大，需要将样本均值 $\bar{X}$ 和假设的总体均值的差值与其标准差 $\sigma / \sqrt{n}$ 进行比较：

由正态分布性质可知，它服从标准正态分布 $N(0, 1)$。但是，在零假设下只知道未知的均值 $\mu \leqslant \mu_0$，用样本不能计算这个量的数值。因此，替代地采用 $Z = \dfrac{\bar{X} - \mu_0}{\sigma / \sqrt{n}}$。

虽然可以计算这个统计量 z 的数值，但是，在零假设 H_0 下它的分布不一定是 $N(0, 1)$，统计量 Z 的均值为 $\mu - \mu_0 \leqslant 0$。由零假设可知 $Z = \dfrac{\bar{X} - \mu_0}{\sigma / \sqrt{n}} \leqslant \dfrac{\bar{X} - \mu}{\sigma / \sqrt{n}}$，

因此，在零假设下

$$P\left(\frac{\bar{X} - \mu_0}{\sigma / \sqrt{n}} \geqslant z_\alpha \right) \leqslant P\left(\frac{\bar{X} - \mu}{\sigma / \sqrt{n}} \geqslant z_\alpha \right) = \alpha \quad 。$$

即零假设下 $z \geqslant z_\alpha$ 的概率小于等于 α。所以，如果 $z \geqslant z_\alpha$ 的话，拒绝零假设 $H_0 : \mu \leqslant \mu_0$，其犯第一类错误的概率 $\leqslant \alpha$。

例 6.4 （例 6.1 续）将样本量增大到 $n = 12$，样本平均体重仍是 3.4 千克，假定已知标准差 $\sigma = 0.4$ 千克。希望论证剖宫产新生儿的平均出生体重大于自然分娩新生儿的平均出生体重（3.2 千克）。这时，令零假设 $H_0' : \mu \leqslant 3.2$，备择假设 $H_0' : \mu > 3.2$。检验统计量为

$$z = \frac{3.4 - 3.2}{0.4 / \sqrt{12}} = 1.73$$

根据检验水平 $\alpha = 0.05$，得到临界值 $z_{0.05} = 1.65$。因为 $z > 1.65$，所以拒绝零假设 H_0'。根据检验水平 $\alpha = 0.05$ 的标准，论证了剖宫产新生儿的平均出生体重显著大于自然分娩新生婴儿的平均出生体重。

如果采用双边检验的假设 H_0 （$\mu = 3.2$）和 H_1 （$\mu \neq 3.2$），根据相同检验水平 $\alpha = 0.05$，双边检验的临界值 $z_{\alpha/2} = 1.96$。因为统计量 $|Z| < 1.96$，不能拒绝零假设 H_0。采用双边检验时，如果 $z < -1.96$ 的话，仍需要拒绝零假设 H_0，这时可能会犯第一类错误。而采用单边检验时，如果 $z < -1.96$ 的话，不拒绝零假设 H_0'，因此不会错误犯第一类错误；单边检验将犯第一类错误的概率 $\alpha/2$ 放在 $1.65 < Z < 1.96$ 区间，当统计量 Z 落在这个区间仍有把握拒绝零假设 H_0'。

4．未知 σ^2，零假设 H_0 为 $\mu \leq \mu_0$，备择假设 H_1 为 $\mu > \mu_0$。

类似于前面的假设检验，但是需要将统计量 Z 中未知的总体标准差用样本标准差 S 替代，得到统计量 $T = \dfrac{\bar{X} - \mu_0}{S / \sqrt{n}}$，令 t_α 为自由度 $n - 1$ 的 t 分布的临界值。如果 $T \geq t_\alpha$ 的话，拒绝零假设 $H_0 : \mu \leq \mu_0$，其犯第一类错误的概率小于等于 α。

例 6.5 （例 6.1 续）设样本量增大为 $n = 12$，样本平均体重仍是 3.4 千克，总体标准差未知，样本标准差 $S = 0.4$ 千克。设零假设 H_0 为 $\mu \leq 3.2$，备择假设 H_1 为 $\mu > 3.2$。检验统计量为 $T = \dfrac{3.4 - 3.2}{0.4 / \sqrt{12}} = 1.73$。

根据检验水平 $\alpha = 0.05$，得到自由度 11 的 t 分布的临界值 $t_{0.05} = 1.80$。因为 $T < 1.80$，所以不能拒绝零假设。尽管剖宫产新生儿出生体重的样本平均比自然分娩新生儿出生体重的样本平均高，但是，没有达到检验水平 $\alpha = 0.05$ 要求的那么显著。这个结论与已知总体标准差 $\sigma = 0.4$ 时得到的假设检验结论有些不同。但是，两个结论没有本质的差别，而是显著水平数值上的差别。计算和比较两种情况的 P 值：总体标准差 σ 已知时 Z 统计量的 P 值是 0.0418，总体标准差 σ 未知时 T 统计量的 P 值是 0.0558，它们没有太大的差别。

5．未知 μ，检验 H_0 为 $\sigma^2 = \sigma_0^2$，备择假设 H_1 为 $\sigma^2 \neq \sigma_0^2$。

由正态分布的性质可以得到检验统计量 $W = \dfrac{\sum_{i=1}^{n} (x_i - \bar{x})^2}{\sigma_0^2} = \dfrac{(n-1)S^2}{\sigma_0^2}$，服从自由度 $n - 1$ 的卡方分布 χ^2_{n-1}。查 χ^2 分布表，找到统计量 W 的临界值 λ_1 和 λ_2 满足 $P(W < \lambda_1) = \alpha/2$，$P(W > \lambda_2) = \alpha/2$。

如果 $W < \lambda_1$ 或者 $W > \lambda_2$ 的话，拒绝零假设 $H_0 : \sigma^2 = \sigma_0^2$，其犯第一类错误的概率 $\leq \alpha$；否则，零假设是相容的。

例 6.6 （例 6.1 续）设 $n = 9$ 名剖宫产新生儿组成的样本的样本方差 $S^2 = 0.58^2$。问剖宫产新生儿体重的方差是否为 $\sigma^2 = 0.40^2$。

令零假设 H_0 为 $\sigma^2 = 0.40^2$，备择假设 H_1 为 $\sigma^2 \neq 0.40^2$。由样本方差 $S^2 = 0.58^2$ 计算得到

$$W = \frac{(9-1) \times 0.58^2}{0.40^2} = 16.825。$$

设检验水平 $\alpha = 0.05$。查自由度为 8 的 χ^2 分布表，得 $\lambda_1 = 2.18$，$\lambda_2 = 17.5$。因为 $\lambda_1 < W < \lambda_2$，所以 H_0 是相容的。

6．未知 μ，检验 H_0 为 $\sigma^2 \leq \sigma_0^2$，备择假设 H_1 为 $\sigma^2 > \sigma_0^2$。

由正态分布的性质可以得到统计量 $W = \dfrac{(n-1)S^2}{\sigma^2}$ 服从自由度 $n-1$ 的卡方分布 χ^2_{n-1}。但是，因为 σ^2 是未知的，不能计算 W 的具体数值。在 $H_0 : \sigma^2 \leqslant \sigma_0^2$ 下，可得到 $\dfrac{(n-1)S^2}{\sigma_0^2} \leqslant \dfrac{(n-1)S^2}{\sigma^2}$。定义检验统计量 $W_0 = \dfrac{(n-1)S^2}{\sigma_0^2}$。则可知 $W_0 \leqslant W$。因此，有 $P(W_0 > \lambda \mid H_0) \leqslant P(W > \lambda \mid H_0) = \alpha$。如果 $W_0 > \lambda$，那么有 $W > \lambda$，因此，可以拒绝 H_0。

检验程序：

(1) 提出假设 $H_0 : \sigma^2 \leqslant \sigma_0^2$。

(2) 计算 W_0。

(3) 查 χ^2 表，自由度 $= n - 1$，得 λ，使得 $P(\chi^2 > \lambda) = \alpha$。

(4) 比较 W_0 与 λ。如果 $W_0 > \lambda$，则拒绝 H_0。

例 6.7 （例 6.1 续）设 $n = 9$ 名剖宫产新生儿组成的样本的样本方差 $S^2 = 0.58^2$。问剖宫产新生儿体重的方差是否为 $\sigma^2 > 0.40^2$。

解：令零假设 $H_0 : \sigma^2 \leqslant 0.40^2$，备择假设 $H_1 : \sigma^2 > 0.40^2$。由样本方差 $S^2 = 0.58^2$ 计算得到

$$W = \frac{(9-1) \times 0.58^2}{0.40^2} = 16.82 。$$

设检验水平 $\alpha = 0.05$。查自由度为 8 的 χ^2 分布表，得 $\lambda = 15.5$。因为 $W > 15.5$，所以拒绝 H_0，说明在单边检验的水平 $\alpha = 0.05$ 意义上，方差 σ^2 显著大于 0.40^2。

二、两个正态总体参数的假设检验

前面介绍的是一个正态总体参数的假设检验。在实际研究中常需要对两个总体进行比较。例如，比较男性的平均体重和女性的平均体重，比较治疗组的平均血压与对照组的平均血压。

设第一总体的随机变量 X 服从正态分布 $N(\mu_x, \sigma_x^2)$，第二总体的随机变量 Y 服从正态分布 $N(\mu_y, \sigma_y^2)$。从两个总体抽出相互独立的两个简单随机样本：$X_1, \cdots, X_{nx}$ 和 $Y_1, \cdots, Y_{ny}$。

考虑下面的两个正态总体比较的假设检验：

1．已知 σ_x^2 和 σ_y^2，检验零假设 $H_0 : \mu_x = \mu_y$。

2．未知 σ_x^2 和 σ_y^2，但已知 $\sigma_x^2 = \sigma_y^2$，检验零假设 $H_0 : \mu_x = \mu_y$。

3．未知 μ_x 和 μ_y，检验零假设 $H_0 : \sigma_x^2 = \sigma_y^2$。

4．未知 μ_x 和 μ_y，检验零假设 $H_0 : \sigma_x^2 \leqslant \sigma_y^2$。

5．未知 σ_x^2 和 σ_y^2，但已知 $\sigma_x^2 \neq \sigma_y^2$，检验零假设 $H_0 : \mu_x = \mu_y$。

下面分别介绍这些零假设的检验方法。

1．已知 σ_x^2 和 σ_y^2，检验零假设 H_0 为 $\mu_x = \mu_y$，备择假设 H_1 为 $\mu_x \neq \mu_y$。

为了检验两个总体均值是否相等，比较两个样本均值的差值 $\bar{X} - \bar{Y}$ 是否有显著差别。因此，用这个差值与其标准差 $\sqrt{D(\bar{X} - \bar{Y})}$ 之比度量这个差别的显著程度。由两个相互独立的随机样本，可以得到这个差的方差为 $D(\bar{X} - \bar{Y}) = D(\bar{X}) + D(\bar{Y}) = \dfrac{\sigma_x^2}{n_x} + \dfrac{\sigma_y^2}{n_y}$。两个样本均值的差 $\bar{X} - \bar{Y}$ 服从正态分布 $N(\mu_x - \mu_y, \sigma_x^2/n_x + \sigma_y^2/n_y)$，将两个样本均值的差与其标准差比较，得到统计量

$$Z = \frac{(\bar{X} - \bar{Y})}{\sqrt{\dfrac{\sigma_x^2}{n_x} + \dfrac{\sigma_y^2}{n_y}}} 。$$

由正态分布的性质，可以证明在零假设 $H_0 : \mu_x = \mu_y$ 下，统计量 Z 服从标准正态分布 $N(0, 1)$。由样本计算统计量 Z 的值，如果 $|Z| > Z_{\alpha/2}$，则拒绝零假设，否则零假设是相容的。

2. 未知 σ_x^2 和 σ_y^2，但已知 $\sigma_x^2 = \sigma_y^2$，检验 $H_0 : \mu_x = \mu_y$。

因为两个总体的方差相等 $\sigma_x^2 = \sigma_y^2 = \sigma^2$，采用下式估计公共方差 $S^2 = \dfrac{\sum_{i=1}^{n_x}(X_i - \bar{X})^2 + \sum_{i=1}^{n_y}(Y_i - \bar{Y})^2}{n_x + n_y - 2}$。

将样本方差 S^2 替代上面统计量 Z 中的总体方差 σ_x^2 和 σ_y^2，得到 $T = \dfrac{(\bar{X} - \bar{Y})}{\sqrt{\dfrac{s^2}{n_x} + \dfrac{s^2}{n_y}}}$。可以证明：

在零假设下统计量 T 服从自由度 $n_x + n_y - 2$ 的 t 分布。查 t 分布表，得到临界值 $t_{\alpha/2}$。如果 $|T| > t_{\alpha/2}$，则拒绝零假设 H_0，否则 H_0 是相容的。

例 6.8 某医院关于口服避孕药对妇女血压的影响进行了临床试验。服用口服避孕药组 9 人，其样本平均血压（mmHg）为 $\bar{X} = 132.86$，样本标准差为 $S_x = 15.35$；未服用避孕药组 21 人，其样本平均血压为 $\bar{Y} = 127.44$，样本标准差为 $S_y = 18.23$。问避孕药对血压是否有显著影响？

解：假定服用避孕药组和未服用避孕药组的血压服从正态分布 $N(\mu_x, \sigma_x^2)$ 和 $N(\mu_y, \sigma_y^2)$。两个组的方差未知，但假定它们有相同方差 $\sigma_x^2 = \sigma_y^2$。零假设 $H_0 : \mu_x = \mu_y$。计算得到统计量 $T = 0.74$。检验水平 $\alpha = 0.05$ 时，自由度为 $9 + 21 - 2 = 28$，查 t 分布表得临界值 $t_{0.025} = 2.052$。因为 $|T| < 2.052$，不能拒绝零假设。

在检验两总体的结果均值差时，如果两个总体的某些背景变量的分布不可比，那么，两总体均值的差异也许不能归因于暴露。例如，如果服用避孕药人群的年龄分布比不服用避孕药人群的年龄分布明显小一些，那么，即使两组血压均值有显著差异，也许不是因为服用避孕药导致的，而可能是年龄不同导致的差异。这说明服药与血压有相关关系，但是没有因果关系。通常称这种背景变量（年龄）为混杂因素（confounding factors），它在暴露组和对照组有不同分布，并且它会影响结果变量。众所周知，由于混杂因素的存在，两个有相关关系的变量不一定有因果关系。

另一方面，假若两组血压均值没有差异，也不能说明服用避孕药对血压没有影响，而可能是因为避孕药有显著增加血压的作用，并且年龄增长血压也会增加。年轻人原本应该有较低的血压均值，但是由于年轻人服药者多，使得年轻的服药组与年长的对照组的平均血压接近了。这个例子说明了服药对血压有因果关系，却可能没有相关关系。很多人会认为，有因果关系，就应该有相关关系，这可能是不正确的。

3. 未知 μ_x 和 μ_y，检验两正态总体方差相等的零假设 $H_0 : \sigma_x^2 = \sigma_y^2$。

在某些实际应用问题中，希望比较两个总体的方差。例如，即使治疗组与对照组患者有相同的平均血压，但是还希望比较两个组的血压是否有相同的稳定性，比较两个血压计测量血压的精度，比较两个地区气温的变化程度。另外，在使用前面介绍的两总体均值的假设检验方法前，需要检验一下两总体方差相等的假定是否合理。下面介绍两个正态总体方差相等的假设检验方法。

设从两个总体分别得到样本 $X_1, \cdots, X_{n_x}$ 服从正态分布 $N(\mu_x, \sigma_x^2)$；$Y_1, \cdots, Y_{n_y}$ 服从正态分布 $N(\mu_y, \sigma_y^2)$。设零假设 H_0 为 $\sigma_x^2 = \sigma_y^2$ 和备择假设 H_1 为 $\sigma_x^2 \neq \sigma_y^2$。由样本数据计算得到两个总体的样本方差 $S_x^2 = \dfrac{1}{n_x - 1}\sum_{i=1}^{n_x}(X_i - \bar{X})^2$，$S_y^2 = \dfrac{1}{n_y - 1}\sum_{i=1}^{n_y}(Y_i - \bar{Y})^2$。

比较两个样本方差的统计量：$F = \dfrac{S_x^2}{S_y^2}$。

直观上，如果 F 远远小于 1 或 F 远远大于 1，（记为 $F \ll 1$，或 $F \gg 1$），则拒绝零假设 H_0。

下面介绍如何确定统计量 F 偏离 1 的上下两个临界值 $\lambda_1 < 1$ 和 $\lambda_2 > 1$。由正态分布的性质可以证明在零假设 H_0 下统计量 F 服从自由度 $(n_x - 1, n_y - 1)$ 的 F 分布，记为 $F_{(n_x - 1, n_y - 1)}$。对给定的检验水平 α，查 $F_{(n_x - 1, n_y - 1)}$ 表，可以确定两个临界值 λ_1 和 λ_2 使得：$P(F < \lambda_1) = \alpha/2$，$P(F > \lambda_2) = \alpha/2$。

如果 $F < \lambda_1$ 或 $F > \lambda_2$，则拒绝零假设 H_0；否则，称 H_0 是相容的。

从 F 分布表可以查到 λ_2，但是，为了得到 λ_1，需要进行如下计算。因为 F 服从分布 $F_{(n_x - 1, n_y - 1)}$，所以 $1/F$ 服从分布 $F_{(n_y - 1, n_x - 1)}$。又因为 $P(F < \lambda_1) = P(1/F > 1/\lambda_1)$，于是，查 $F_{(n_y - 1, n_x - 1)}$ 表，根据 $P(1/F > \lambda_0) = \alpha/2$ 得到 λ_0，最后得到 $\lambda_1 = 1/\lambda_0$。

例 6.9 （例 6.8 续）在例 6.8 关于服用避孕药组与对照组是否有相同平均血压的研究中，假定了 $\sigma_x^2 = \sigma_y^2$。现在利用样本方差来检验零假设 $H_0 : \sigma_x^2 = \sigma_y^2$。检验统计量 $F = S_x^2/S_y^2 = 0.702$。查表 $F_{0.05/2}(8, 20)$ 得到 $\lambda_2 = 3.01$，查表 $F_{0.05/2}(20, 8)$ 得到 $\lambda_0 = 4.42$，计算 $\lambda_1 = 1/4.42 = 0.226$。零假设的拒绝域为 $F < \lambda_1$ 或 $F > \lambda_2$。因为统计量 $F = 0.709$ 落在 λ_1 和 λ_2 之间，所以不能拒绝 H_0。

4．未知 μ_1 和 μ_2，检验零假设 $H_0 : \sigma_x^2 \leq \sigma_y^2$，备择假设 $H_1 : \sigma_x^2 > \sigma_y^2$。

在某些研究中，希望推断某个总体具有较小的方差，而不仅仅是相等的方差。例如，希望说明某个地区气温的变化比另一个地区的变化明显小，治疗组比对照组患者的血压有更小的方差，某个血压计比另一个血压计有更高的测量精度。

设零假设为 $H_0 : \sigma_x^2 \leq \sigma_y^2$ 和备择假设为 $H_1 : \sigma_x^2 > \sigma_y^2$。比较两个总体的样本方差得到统计量 $F = \dfrac{S_x^2}{S_y^2}$。当 $F >> 1$ 时，拒绝零假设 H_0。因为零假设不是 $\sigma_x^2 = \sigma_y^2$，所以在零假设下 F 的分布不一定是 $F_{(n_x - 1, n_y - 1)}$ 分布。但是，可以证明 $\tilde{F} = \dfrac{S_x^2/\sigma_x^2}{S_y^2/\sigma_y^2}$ 服从 F 分布 $F_{(n_x - 1, n_y - 1)}$。因为 σ_x^2 和 σ_y^2 未知，并且零假设下可能 $\sigma_x^2 < \sigma_y^2$，所以不能计算统计量 $\tilde{F}$ 的值。如果 $H_0 : \sigma_x^2 \leq \sigma_y^2$ 成立，则可以保证 $F \leq \tilde{F}$。那么，查 F 分布表，可得到 λ 满足：$P(F > \lambda) \leq P(\tilde{F} > \lambda) = \alpha$，即零假设下 $F > \lambda$ 的概率小于等于 α。因此，用样本计算统计量 F 的值，当 $F > \lambda$ 时，拒绝零假设 H_0。

5．未知 σ_1^2 和 σ_2^2，但已知 $\sigma_1^2 \neq \sigma_2^2$，检验零假设 $H_0 : \mu_1 = \mu_2$。

设从两个正态总体抽得简单随机样本：$X_1, \cdots, X_{nx}$ 来自分布 $N(\mu_x, \sigma_x^2)$，$Y_1, \cdots, Y_{ny}$ 来自分布 $N(\mu_y, \sigma_y^2)$，两个样本相互独立。由正态分布性质可知：在零假设 $H_0 : \mu_x = \mu_y$ 下 $\dfrac{\bar{X} - \bar{Y}}{\sqrt{\dfrac{\sigma_x^2}{n_x} + \dfrac{\sigma_y^2}{n_y}}}$ 服从标准正态分布 $N(0, 1)$。但是，因为 σ_x^2 和 σ_y^2 未知，用 S_x^2 和 S_y^2 分别替代它们后得到 $T = \dfrac{\bar{X} - \bar{Y}}{\sqrt{\dfrac{s_x^2}{n_x} + \dfrac{s_y^2}{n_y}}}$。

可以证明，在 H_0 下统计量 T 服从自由度为 $m = \dfrac{\left(\dfrac{s_x^2}{n_x} + \dfrac{s_y^2}{n_y}\right)^2}{\dfrac{1}{n_x - 1}\left(\dfrac{s_x^2}{n_x}\right)^2 + \dfrac{1}{n_y - 1}\left(\dfrac{s_y^2}{n_y}\right)^2}$ 的 t 分布。当 m 不是整数时，可以对其四舍五入取整。在检验水平 α 下，当 $|T| > t_{\alpha/2}$ 时，拒绝零假设 H_0。

例 6.10 研究父亲患心脏病是否影响子女的胆固醇水平。研究者抽样调查了 100 位 2 ～ 14 岁的孩子，他们的父亲死于心脏病，样本平均胆固醇水平（mg/dl）为 207.3，标准差为 35.6；另外，抽样调查了 74 位 2 ～ 14 岁的孩子，他们的父亲无心脏病，样本平均胆固醇水平为 193.4，标准差为 17.3。问：父亲患心脏病与未患心脏病两个总体中孩子的平均胆固醇水平是否有显著差异?

解：设零假设为 $H_0 : \mu_x = \mu_y$。首先，检验两个总体方差是否相等的零假设 $H_0' : \sigma_x^2 = \sigma_y^2$。得到统计量 $F = S_x^2 / S_y^2 = 4.23$。不在检验水平 $\alpha = 0.05$ 的临界值 $\lambda_1 = 0.6548$ 和 $\lambda_2 = 1.5491$ 之间，因此，拒绝零假设 H_0'，认为 $\sigma_x^2 \neq \sigma_y^2$。然后，在方差不等的假定下，检验零假设 $H_0 : \mu_x = \mu_y$。计算统计量 $T = \dfrac{\bar{X} - \bar{Y}}{\sqrt{\dfrac{s_x^2}{n_x} + \dfrac{s_y^2}{n_y}}} = 3.40$。计算 $m = 151.4$，对其四舍五入取整为 $m = 151$。查检验水平 $\alpha = 0.05$ 的临界值 $t_{0.025}$ 近似为 1.980。因为 $|T| = 3.40 > 1.980$，因此拒绝零假设 H_0，认为父亲心脏病对子女胆固醇有显著影响。

6. 利用配对数据检验两总体均值的差异。

在临床试验中，随机化试验是评价疗效的黄金标准。这是因为随机化可以排除混杂因素的存在，将个体随机分配到暴露组和对照组，能够保证所有已知的和未知的背景变量和治疗前状态在暴露组和对照组都有相同的分布。但是，由于各种原因，随机化试验在很多实际研究中不能使用。因此，为了排除已知的混杂因素的影响，先从暴露组随机抽出一个个体，再从对照组中具有相似背景的人群中随机抽出一个个体，进行一对一的配对。在一个配对中，一个个体暴露，一个个体未暴露，他们结果变量的差异不再是由于该背景影响的。例如，将患者根据年龄配对，其中一人服用新药，另一人服用安慰剂，比较新药与安慰剂的差异，尽管年龄是血压的主要危险因素，但是，同一配对中两人的血压差异不再是由于年龄导致的，因为他们有相同的年龄。

在配对时，可以同时对多个背景变量进行匹配。例如，用年龄、性别、体重、基因等同时进行匹配。这样结局变量的差异不再是因为这些匹配背景变量引起的。有时为了增大样本量、提高统计推断的精度，在较容易得到对照个体时，可以采用一个暴露个体匹配多个对照个体的一对多的匹配方法。

设暴露组的结局变量 X 服从正态分布 $N(\mu_x, \sigma_x^2)$，对照组的结局变量 Y 服从正态分布 $N(\mu_y, \sigma_y^2)$，方差都是未知的。记配对抽样得到的样本为 $(X_1, Y_1) \cdots, (X_n, Y_n)$。配对数据之间是相互独立的，但是 X_i 与 Y_i 可能不相互独立。关心的零假设 H_0 为 $\mu_x = \mu_y$，备择假设 H_1 为 $\mu_x \neq \mu_y$。记每对结局变量的差值为 $Z_i = X_i - Y_i$。那么，$Z_i \sim N(\mu_x - \mu_y, \sigma_z^2)$。因此，$\dfrac{\bar{Z} - (\mu_x - \mu_y)}{\sqrt{\sigma_z^2 / n}}$ 服从标准正态分布 $N(0, 1)$。当 σ_z^2 未知时，可以用 Z 的样本方差 S_z^2 代替 σ_z^2，得到统计量 $T = \dfrac{\bar{Z} - (\mu_x - \mu_y)}{\sqrt{S_z^2 / n}}$ 服从自由度 $n - 1$ 的 t 分布。当样本量 n 很大时，T 近似服从标准正态分布 $N(0, 1)$。针对配对数据，尽管也可以使用非配对检验方法进行两个总体均值是否相等的检验，但是，配对检验方法会比非配对检验方法具有更好的检验功效。

例 6.11（例 6.1 续）对自然分娩新生儿和剖宫产新生儿的平均出生体重进行比较研究，如果采用了配对抽样方法。对自然分娩新生儿和剖宫产新生儿进行了配对，每个配对中两位新生儿的母亲有类似年龄、体重和身高等，得到 9 对新生儿体重数据（自然分娩新生儿体重 X，剖宫产新生儿体重 Y，单位为千克）：$(2.9, 3.1)$，$(3.6, 3.7)$，$(2.8, 3.0)$，$(2.9, 3.2)$，$(3.7, 3.8)$，$(2.9, 3.0)$，$(3.6, 3.8)$，$(3.6, 3.9)$，$(2.8, 3.1)$。得到 9 个配对的新生儿体重的差 $Z = X - Y$ 的样本值为：-0.2，-0.1，-0.2，-0.3，-0.1，-0.1，-0.2，-0.3，-0.3。

上面体重差 Z 的样本平均值 $\bar{Z} = -0.2$，样本标准差 $S_z = 0.09$。得到统计量 $T = \dfrac{-0.2}{\sqrt{0.09^2 / 9}} = -6.67$。查自由度 $n - 1 = 8$ 的 t 分布表得到检验水平 $\alpha = 0.05$ 的双边检验的临界值 $t_{0.025} = 2.31$。因为 $|T| > 2.31$，所以拒绝零假设。另外，$T = -6.67$ 的 P 值 $<< 0.001$，

非常小。说明自然分娩新生儿的平均体重与剖宫产新生儿的平均体重有显著差别；而且根据体重差的样本均值 $\bar{Z} = -0.2$ 为负值，可以判断剖宫产的新生儿平均体重显著重于自然分娩新生儿的平均体重。

如果采用非配对检验方法分析相同的数据，可以得到自然分娩新生儿的样本平均体重（千克）是 $\bar{X} = 3.2$，剖宫产新生儿的样本平均体重（千克）是 $\bar{Y} = 3.4$，新生儿和剖宫产新生儿体重的共同样本标准差 $S = 0.4$。计算非配对检验方法的统计量

$$T = \frac{\bar{X} - \bar{Y}}{\sqrt{\dfrac{s^2}{n_x} + \dfrac{s^2}{n_y}}} = \frac{3.2 - 3.4}{\sqrt{\dfrac{0.4^2}{9} + \dfrac{0.4^2}{9}}} = -1.06 \,。$$

自由度 16 的 t 分布的检验水平 $\alpha = 0.05$ 的临界值 $t_{0.025} = 2.12$。因为 $|T| < 2.12$，零假设 H_0 是相容的。另外，$T = -1.06$ 的 P 值为 0.30，非常大。不能说明自然分娩新生儿的平均体重与剖宫产新生儿的平均体重有显著差别。

上面配对检验方法和非配对检验方法得到统计推断结果有很大差异。从数据可以直接能看到新生儿体重 X 和 Y 变化都很大，尽管两组新生儿的样本均值的差值 $\bar{X} - \bar{Y} = -0.2$，但是与平均体重的标准差 $\sqrt{2S^2/9} = 0.189$ 比较，这个差值不显著。而 9 个配对的体重差值 $Z = X - Y$ 都小于 0，且变化很小。尽管配对新生儿体重差值的均值还是相同的数值 $\bar{Z} = \bar{X} - \bar{Y} = -0.2$，但是与平均体重差值的标准差 $\sqrt{S_z^2/9} = 0.03$ 比较，这个差值非常显著。

第三节　比率的假设检验

前面介绍了关于正态分布的均值 μ 和方差 σ^2 的假设检验。本节介绍一个非正态分布参数的假设检验，关于二项分布的比率参数 p 的假设检验。

一、单个总体的比率的假设检验

设二值随机变量 X 取值 0 或 1，服从两点分布，$P(X = 1) = p$，称 p 为比率。介绍下面关于比率 p 的几种零假设的检验方法：

1．H_0 为 $p \leq p_0$，H_1 为 $p > p_0$。

2．H_0 为 $p \geq p_0$，H_1 为 $p < p_0$。

3．H_0 为 $p = p_0$，H_1 为 $p \neq p_0$。

这里 p_0 是一个已知的常数。

记 X 的简单随机样本为 $X_1, \cdots, X_n$。令 M 表示 $X_1, \cdots, X_n$ 中取值 1 的频数，其观测值为 m。比率 p 的样本估计值为 $\hat{p} = \sum_{i=1}^{n} X_i/n = m/n$，$M$ 服从二项分布，其有两个参数 p 和 n，记为 $\text{Bin}(p, n)$，$m = 0, 1, \cdots, n$，$P_p(M = m) = C_n^m p^m (1-p)^{n-m}$。

1．零假设 H_0 为 $p \leq p_0$，备择假设 H_1 为 $p > p_0$。

当观测频数 m 或等价的频率 m/n 足够大时，说明零假设不成立，因此拒绝 H_0。下面讨论如何根据观测频数 m 确定 P 值，或者根据显著水平 α 确定比率 p 的临界值 p_α。

方法一：精确检验方法，计算二项分布的 P 值。记 $P_p(M \geq m) = \sum_{i=m}^{n} C_n^i p^i (1-p)^{n-i}$。

下面利用求导数来证明 $P_p(M \geq m)$ $(m = 1, \cdots, n)$ 是 p 的增函数。求下面的导数

$$[p^i (1-p)^{n-i}]' = i p^{i-1} (1-p)^{n-i} - p^i (n-i)(1-p)^{n-i-1}$$
$$= (i - np) p^{i-1} (1-p)^{n-i-1}$$

当 $i > np$ 时，该导数为正，$C_n^i p^i (1-p)^{n-i}$ 是 p 的增函数；当 $i < np$ 时，该导数为负，

$C_n^i p^i (1-p)^{n-i}$ 是 p 的减函数。因此，当 $m \geq np$ 时，可知 $P_p(M \geq m)$ 是 p 的增函数。另外，当 $m < np$ 时，由于 $P_p(M \geq m) = 1 - P_p(M < m)$，其中 $P_p(M < m)$ 是 p 的减函数，可知 $P_p(M \geq m)$ 仍是 p 的增函数。

根据 $P_p(M \geq m)$ 是 p 的增函数，可知在零假设 $H_0: p \leq p_0$ 下，$P_p(M \geq m) \leq P_{p_0}(M \geq m)$。

P 值为在零假设下频数 M 比观测 m 更趋向于备择假设的概率之和，由上面不等式可得

$$P \text{ 值} = P_p(M \geq m) \leq P_{p0}(M \geq m) = \sum_{i=m}^{n} C_n^i p_0^i (1-p_0)^{n-i}$$

P 值是未知参数 p 的函数，不能由样本数据计算得到，但是，其上界 $P_{p_0}(M \geq m)$ 是已知比率 p_0 的函数，因此可以用样本数据计算得到。当 P 值的上界 $P_{p_0}(M \geq m) \leq \alpha$ 时，可以保证 P 值小于 α，因此，在显著水平为 α 的情形下拒绝 H_0。

上面计算 P 值的方法得到的数值系统地偏大，使得拒绝零假设比较保守，以致于犯第一类错误的真实概率小于检验水平 α。在保证检验水平 α 的前提下，为了增加检验功效，可以采用下面的数值小一些的修正 P 值计算方法：修正 P 值 $= \frac{1}{2} P_p(M = m) + \sum_{i=m+1}^{n} P_p(M = i)$。

从上式可以看到，修正 P 值减小了 $P_p(M = m)/2$，因此有更大机会拒绝零假设。如果修正 P 值小于等于检验水平 α，则拒绝零假设 H_0。

例 6.12 设治疗气管炎的标准药的治愈率为 0.80。研制出一种新药，给 30 人服用后，治好了其中 27 人，另外 3 人无疗效。问：该新药是否比标准药有显著疗效？

解：临床试验的目的是期待论证新药的治愈率 $p > 0.80$。因此，设零假设 H_0 为 $p \leq 0.80$ 和备择假设 H_1 为 $p > 0.80$。令 $X = 1$ 表示治好一位患者的气管炎，$X = 0$ 表示无疗效。设假设检验的显著水平 $\alpha = 0.05$。由样本得到 $n = 30$，$m = 27$，新药的治愈率估计为 $\hat{p} = 27/30 = 0.9$。这是否能判断新药的治愈率 p 大于标准药的治愈率 0.8？计算 P 值的上界为 $\sum_{i=27}^{30} C_{30}^i 0.8^i (1-0.8)^{30-i} = 0.1227$。

因为该值大于 $\alpha = 0.05$，不能拒绝零假设。即在 $\alpha = 0.05$ 显著水平下，没有足够证据认为新药的治愈率大于标准药的治愈率 80%。计算修正 P 值

$$\frac{1}{2} C_{30}^{27} 0.8^{27} (1-0.8)^{30-27} + \sum_{i=28}^{30} C_{30}^i 0.8^i (1-0.8)^{30-i} = 0.0834 \text{。}$$

该值大于 $\alpha = 0.05$，也不能拒绝零假设，即没有足够证据认为新药的治愈率大于 80%。假若观测频数改为 $m = 28$ 的话，则计算 P 值的上界为 $\sum_{i=28}^{30} C_{30}^i 0.8^i (1-0.8)^{30-i} = 0.0442$。

计算修正 P 值为 $\frac{1}{2} C_{30}^{28} 0.8^{28} (1-0.8)^{30-28} + \sum_{i=29}^{30} C_{30}^i 0.8^i (1-0.8)^{30-i} = 0.0274$。

它们都小于 0.05，因此，在显著水平 $\alpha = 0.05$ 下，可以拒绝零假设，认为新药的治愈率显著大于标准药的治愈率 80%。

方法二：计算比率 p 的临界值方法。

另一种检验该零假设的方法是根据显著水平 α 求比率 p 的临界值 p_α，然后用 p_0 与 p_α 进行比较。如果 $p_0 < p_\alpha$，则拒绝零假设 H_0。

具体计算如下：令等式 $P_p(M \geq m) = \sum_{i=m}^{n} C_n^i p^i (1-p)^{n-i} = \alpha$ 的解为 $p = p_\alpha (m \geq 1)$；特别地，当 $m = 0$ 时，令 $p_\alpha = 0$。

由于 $P_p(M \geq m)$ 是 p 的增函数，并且零假设下 $p \leq p_0$，可以得到：如果 $p_0 < p_\alpha$，则 P 值小于 α，因此拒绝零假设 H_0。

一种计算 p_α 的方法为 $p_\alpha = \left\{ 1 + \frac{n-m+1}{S_0} F_{1-\alpha}[2(n-m+1), 2m] \right\}^{-1}$。

例 6.13 （例 6.12 续）采用上面方法可以得到

$$p_\alpha = p_{0.05}(27) = [1 + \frac{4}{27} F_{0.95}(8, 54)]^{-1}$$

$$= [1 + \frac{4}{27} \times 2.13]^{-1} = 0.76$$

因为 $p_\alpha = 0.76 < p_0 = 0.80$，所以，不能拒绝 H_0，即没有充分证据认为新药的治愈率显著大于标准药的治愈率 80%。

假若 $m = 28$ 的话，则 $p_\alpha = p_{0.05}(28) = [1 + \frac{3}{28} F_{0.95}(6, 56)]^{-1} = 0.814$。

因为 $p_\alpha = 0.814 > p_0 = 0.80$，所以可以拒绝 H_0，即认为新药的治愈率显著大于标准药的治愈率 80%。

方法三：正态近似方法。当样本量 n 很大时，方法一中需要的概率计算

$P_{p0}(M \geq m) = \sum_{i=m}^{n} C_n^i p_0^i (1-p_0)^{n-i}$ 比较复杂，可以采用正态分布近似的方法进行计算。在二项分布参数 $p = p_0$ 情形下，由中心极限定理可知 m/n 近似服从正态分布 $N(p_0, p_0(1-p_0)/n)$。令 $Z = \frac{m/n - p_0}{\sqrt{p_0(1-p_0)/n}}$，其服从标准正态分布 $N(0, 1)$。令 Z 的观测值 $z = \frac{m/n - p_0}{\sqrt{p_0(1-p_0)/n}}$。近似地由标准正态分布计算如下 $P_{p0}(M \geq m) \approx P(Z \geq z)$。

记 z_α 为标准正态分布在显著水平 α 的临界值。当 $z > z_\alpha$ 时，P 值小于 α，因此拒绝零假设 $H_0: p \leq p_0$。

例 6.14 （例 6.12 续）近似正态的检验统计量的值 $z = \frac{27/30 - 0.80}{\sqrt{0.8 \times 0.2 / 30}} = \frac{3}{\sqrt{4.8}} = 1.37$。

标准正态分布 $\alpha = 0.05$ 水平的临界值 $Z_{0.05} = 1.65$。因为 $Z < 1.65$，不能拒绝零假设 H_0。

假若观测频数改为 $m = 28$ 的话，则统计量的值 $Z = \frac{28/30 - 0.80}{\sqrt{0.8 \times 0.2 / 30}} = 1.83$。这时 $Z > 1.65$，拒绝零假设 H_0。

2. 零假设 H_0 为 $p \geq p_0$，备择假设 H_1 为 $p < p_0$。

类似前面检验零假设 $H_0: p \leq p_0$ 的方法。记 $P_p(M \leq m) = \sum_{i=0}^{m} C_n^i p^i (1-p)^{n-i}$。

首先证明 $P_p(M \leq m)$ $(m = 0, \cdots, n-1)$ 是 p 的减函数。因为 $P_p(M \leq m) = 1 - P_p(M \geq m+1)$，前面证明了 $P_p(M \geq i)$ $(i = 1, \cdots, n)$ 是 p 的增函数，所以，可得到 $P_p(M \leq m)$ 是 p 的减函数。

P 值为与观测频数 m 相比较更趋向备择假设情况的概率之和 P 值 $= P_p(M \leq m)$。

在零假设 $H_0: p \geq p_0$ 下，由于 $P_p(M \leq m)$ 仍是 p 的减函数，可得

$$P_p(M \leq m) \leq P_{p_0}(M \leq m) = \sum_{i=0}^{m} C_n^i p_0^i (1-p_0)^{n-i}。$$

P 值的上界 $P_{p0}(M \leq m)$ 可以根据观测频数 m 计算。如果该 P 值的上界 $\leq \alpha$，则拒绝零假设 H_0。

令等式 $P_p(M \leq m) = \sum_{i=0}^{m} C_n^i p^i (1-p)^{n-i} = \alpha$ 的解为 $p = \tilde{p}_\alpha$ $(m < n)$；特别地，当 $m = n$ 时，令 $\tilde{p}_\alpha = 1$。

由于 $P_p(M \leq m)$ 是 p 的减函数，并且零假设下 $p \geq p_0$，可以得到：如果 $p_0 > \tilde{p}_\alpha$，则 P 值小于 α，因此拒绝零假设 H_0。

一种计算 p_α 的方法为 $p_\alpha = \left\{1 + \frac{n-m}{m+1} \frac{1}{F_{1-\alpha}[2(m+1), 2(n-m)]}\right\}^{-1}$。

当样本量 n 比较大，且 m 和 $n-m$ 都大于 5 时，可以采用正态分布近似计算这个 P 值的上界。令 Z 检验统计量的值 $Z = \dfrac{m/n - p_0}{\sqrt{p_0(1-p_0)/n}}$，如果统计量 $Z < -Z_\alpha$ 时，拒绝零假设 H_0。

3. 零假设 H_0 为 $p = p_0$，备择假设 H_1 为 $p \neq p_0$。

当样本比率 $\hat{p}$ 与零假设的总体比率 p_0 的相差很大时，应该拒绝零假设 H_0。记 $p(i) = P_{p0}$ $(M = i)$。P 值为在零假设下与观测频数 m 发生概率 $p(m)$ 相比更小情况的概率之和。

$$P \text{ 值} = \sum_{p(i) \leq p(m)} p(i) = \sum_{p(i) \leq p(m)} C_n^i p_0^i (1-p_0)^{n-i}。 \text{ 如果 } P \text{ 值} \leq \alpha，\text{则拒绝零假设 } H_0。$$

当样本量 n 比较大，且 m 和 $n-m$ 都大于 5 时，可以采用 Z 检验统计量 $Z = \dfrac{\hat{p} - p_0}{\sqrt{p_0(1-p_0)/n}}$。如果统计量 $|Z| > Z_{\alpha/2}$ 时，拒绝零假设 H_0。

二、两个总体的比率比较的假设检验

设 X 和 Y 分别表示第一个总体和第二个总体的二值随机变量。分别从两个总体抽取相互独立的样本，记两个总体的样本量分别为 n_x 和 n_y，其数值为 1 的观测频数分别为 m_x 和 m_y，样本频率分别为 $\hat{p}_x = m_x/n_x$ 和 $\hat{p}_y = m_y/n_y$。考虑下面两个总体比率 p_x 和 p_y 比较的假设检验：

1. 零假设 $H_0: p_x \leq p_y$，备择假设 $H_1: p_x > p_y$。
2. 零假设 $H_0: p_x \geq p_y$，备择假设 $H_1: p_x < p_y$。
3. 零假设 $H_0: p_x = p_y$，备择假设 $H_1: p_x \neq p_y$。

下面分别介绍这些假设的检验方法。

1. 零假设 H_0 为 $p_x \leq p_y$，备择假设 H_1 为 $p_x > p_y$。

考虑两种方法：正态分布近似检验法、Fisher 精确检验法。

当样本量 n_x 和 n_y 都比较大，且 m_x、m_y、$n_x - m_x$ 和 $n_y - m_y$ 都大于 5 时，采用统计量 Z 的正态近似法。一般要求样本量 n 大于 30，n_x 和 n_y 都大于 5。样本频率之差的方差为

$$D(\hat{p}_x - \hat{p}_y) = \frac{1}{n_x} p_x(1-p_x) + \frac{1}{n_y} p_y(1-p_y)。$$

将两个样本频率之差与其标准差相比较，定义统计量

$$Z = \frac{\hat{p}_x - \hat{p}_y - (p_x - p_y)}{\sqrt{\dfrac{1}{n_x}\hat{p}_x(1-\hat{p}_x) + \dfrac{1}{n_y}\hat{p}_y(1-\hat{p}_y)}}。$$

统计量 Z 近似服从标准正态分布 $N(0,1)$。但是，从样本数据不能计算得到这个统计量 Z' 的值，因为它含有未知参数 p_x 和 p_y。定义统计量 Z'，$Z' = \dfrac{\hat{p}_x - \hat{p}_y}{\sqrt{\dfrac{1}{n_x}\hat{p}_x(1-\hat{p}_x) + \dfrac{1}{n_y}\hat{p}_y(1-\hat{p}_y)}}$。

统计量 Z' 的值可以从样本数据计算得到，但是不再服从标准正态分布。在零假设 $H_0: p_x \leq p_y$ 下，可以知道 $Z' \leq Z$。因此，得到 $P(Z' > Z_\alpha) \leq P(Z > Z_\alpha) = \alpha$。

如果 $Z' > Z_\alpha$，则拒绝零假设 H_0，其犯第一类错误的概率 $\leq \alpha$。如果 $Z' \leq Z_\alpha$，则零假设 H_0 相容。

例 6.15 研究避孕药是否会增加心肌梗死的比率。设有暴露样本 X 为 5000 人的妇女使用避孕药，其中 13 人心肌梗死；设对照样本 Y 为 10 000 人的妇女不使用避孕药，其中 7 人心肌梗死。问避孕药对心肌梗死是否有显著影响？

解：设零假设 $H_0: p_x \leq p_y$。样本频率分别为 $\hat{p}_x = \dfrac{13}{5000} = 0.0026$，$\hat{p}_y = \dfrac{7}{10000} = 0.0007$。得

到统计量 $Z' = 2.48$。检验水平 $\alpha = 0.01$ 的临界值 $Z_{0.01} = 2.33$。因为 $Z' > 2.33$，所以拒绝零假设 $H_0 : p_x \leq p_y$。因此，避孕药能显著提高心肌梗死的比率。

当样本量 n_x 或 n_y 比较小时，上面的近似正态检验法不够精确，可以采用 Fisher 精确检验方法。根据 2×2 的列联表6.1：

表6.1 Fisher精确检验列联表

类别2	类别1		合计
	1	**0**	
X	i	$n_x - i$	n_x
Y	$j - i$	$n_y - j + i$	n_y
合计	j	$n - j$	$n = n_x + n_y$

固定列联表的行边缘频数 n_x 和 n_y 和列边缘频数 j 和 $n - j$，该表中仅有一个频数 i 可以变化。该频数 i 的概率分布为超几何分布：$\max \{ 0, j - n_y \} \leq i \leq \min \{ n_x, j \}$，$p(i) = \dfrac{C_{n_x}^i C_{n_y}^{j-i}}{C_n^j}$。当 i 不属于 $\max \{ 0, j - n_y \}$ 和 $\min \{ n_x, j \}$ 区间内时，是不可能发生的，令概率 $p(i) = 0$。P 值为与观测频数 m_x 相比较更倾向于备择假设情况的概率之和 P 值$^{(1)} = \sum\limits_{i = m_x}^{\min\{n_x, j\}} p(i)$。如果 P 值$^{(1)}$ 小于等于 α，则拒绝 H_0。

2．零假设 $H_0 : p_x \geq p_y$，备择假设 $H_1 : p_x < p_y$。

类似地，大样本时检验统计量为 $Z' = \dfrac{\hat{p}_x - \hat{p}_y}{\sqrt{\dfrac{1}{n_x} \hat{p}_x (1 - \hat{p}_x) + \dfrac{1}{n_y} \hat{p}_y (1 - \hat{p}_y)}}$。如果 $Z' < -Z_\alpha$，则拒绝零假设 H_0，否则零假设 H_0 相容。

当样本量比较小时，采用精确假设检验。P 值为与观测频数 m_x 相比较更倾向于备择假设情况的概率之和，P 值$^{(2)} = \sum\limits_{i = 0}^{\max \{0, j - n_y\}} p(i)$。如果 P 值$^{(2)}$ 小于等于 α 时，拒绝零假设 H_0。

3．零假设 $H_0 : p_x = p_y$，备择假设 $H_1 : p_x \neq p_y$。

在零假设 $H_0 : p_x = p_y$ 下，用两个样本估计两个总体的共同比率 $\hat{p} = \dfrac{m_x + m_y}{n_x + n_y}$。将这个共同比率的估计带入标准差中，统计量改为 $Z = \dfrac{\hat{p}_x - \hat{p}_y}{\sqrt{\left(\dfrac{1}{n_x} + \dfrac{1}{n_y} \right) \hat{p} (1 - \hat{p})}}$。

当样本量 n_x 和 n_y 比较大，且 m_x，m_y，$n_x - m_x$，$n_y - m_y$ 都大于 5 时，在零假设下，统计量 Z 近似服从标准正态分布 $N(0, 1)$。如果 $|Z| > Z_{\alpha/2}$，则拒绝零假设 H_0，否则零假设 H_0 相容。

如果样本量 n_x 或 n_y 比较小，或者 m_x，m_y，$n_x - m_x$，$n_y - m_y$ 中有小于 5 的频数时，不适合采用近似正态的方法，应该采用 Fisher 精确检验方法。计算下面的 P 值$^{(3)} = \sum\limits_{p(i) \leq p(m_x)} p(i)$ 或者采用 P 值$^{(3)} = \min \{ P$ 值$^{(1)}$，P 值$^{(2)} \} \times 2$。如果 P 值$^{(3)} \leq \alpha$，拒绝零假设 H_0。

例 6.16 某临床试验，服用药品 A 的 25 位患者中有 23 人康复，服用药品 B 的 35 位患者中有 30 人康复。问两种药品的疗效是否有显著差异？

解：设零假设为 $H_0 : p_x = p_y$。观测频数的列联表如表 6.2：

表6.2　临床试验观测频数列联表

药品类别	是否康复		合计
	是	否	
药品 A	23	2	25
药品 B	30	5	35
合计	53	7	60

样本量为 $n_x = 25$ 和 $n_y = 35$，行边缘频数为 $m_x = 23$ 和 $m_y = 30$，列边缘频数为 $j = 53$ 和 $n - j = 7$。两个总体的频率估计分别为 $\hat{p}_x = 23/25 = 0.92$ 和 $\hat{p}_y = 30/35 = 0.86$。采用 Fisher 精确检验方法。规定行边缘频数和列边缘频数情况下，服用药品 A 康复的频数 i 的取值范围为 $18, \cdots, 25$。由超几何分布得到观测频数 $m_x = 23$ 的概率为 $p(m_x = 23) = 0.252$。在 i 所有可能的取值范围 $18, \cdots, 25$ 内，仅 $p(i = 22) = 0.313$ 大于 $p(m_x = 23)$。采用下面方法计算 P 值

$$
\begin{aligned}
P \text{ 值}^{(3)} &= \sum_{p(i) \leqslant p(m_x)} p(i) \\
&= [p(18) + p(19) + p(20) + p(21)] + [p(23) + p(24) + p(25)] \\
&= [0.001 + 0.016 + 0.082 + 0.214] + [0.252 + 0.105 + 0.017] \\
&= 0.687
\end{aligned}
$$

选取检验水平 $\alpha = 0.05$。因为 P 值 $^{(3)}$ 大于 0.05，不能拒绝零假设 H_0，两种药品的疗效没有显著差异。

采用另一种方法计算 P 值。P 值 $^{(1)} = \sum_{i=23}^{25} p(i) = 0.374$，$P$ 值 $^{(2)} = \sum_{i=23}^{23} p(i) = 0.878$，$P$ 值 $^{(3)} = \min\{0.374, 0.878\} \times 2 = 0.374 \times 2 = 0.748$。

因为 P 值 $^{(3)}$ 大于 0.05，不能拒绝零假设 H_0，两种药品的疗效没有显著差异。

第四节　假设检验与区间估计的关系

前面介绍的假设检验方法与区间估计方法有密切联系。在正态分布的情形下，均值 μ 的置信水平为 $1 - \alpha$ 的置信区间为 $[\bar{x} - t_{\alpha/2} \times S\sqrt{n}, \bar{x} + t_{\alpha/2} \times S\sqrt{n}]$，等价于 $\left| \dfrac{\bar{x} - \mu}{\sqrt{S^2/n}} \right| \leqslant t_{\alpha/2}$，这里 $t_{\alpha/2}$ 是自由度 $n - 1$ 的 t 分布的临界值。而关于均值 μ 的零假设 $H_0: \mu = \mu_0$ 的检验，当 $T = \left| \dfrac{\bar{x} - \mu_0}{\sqrt{S^2/n}} \right| \leqslant t_{\alpha/2}$ 时，零假设 H_0 是相容的。比较均值 μ 的置信区间与假设检验的不等式，可以知道不能拒绝的所有 μ_0 恰恰是 μ 的置信区间。因此，一方面可以采用置信区间的方法进行假设检验，当零假设的均值 μ_0 不属于置信区间时，拒绝零假设 $H_0: \mu = \mu_0$。另一方面，也可以采用假设检验的方法构造置信区间，所有不能拒绝的均值 μ_0 为置信区间。用不同的假设检验方法，可以构造不同的置信区间。

下面以二项分布为例，介绍构造未知参数的置信区间的不同方法。令 p 代表二值变量 $X = 1$ 的概率，m 表示 n 次独立的试验中 $X = 1$ 的频数，服从二项分布。随着 n 的增加，二项分布趋向于正态分布。当 n 很大时，$\hat{p} = m/n$ 近似服从均值 $\mu = p$ 和方差 $\sigma^2 = p(1-p)/n$ 的正态分布。统计量 $Z = \dfrac{\hat{p} - p}{\sqrt{\dfrac{p(1-p)}{n}}}$ 渐近服从标准正态分布 $N(0, 1)$。下面介绍 3 种构造参数 p 的置

信区间的方法：

1．大样本方法 令 $SE = \sqrt{\hat{p}(1-\hat{p})/n}$ 表示 $\hat{p}$ 的标准差的估计值。未知参数 p 的大样本 $100(1-\alpha)\%$ 置信区间为 $[\hat{p}-z_{\alpha/2}\times SE, \hat{p}+z_{\alpha/2}\times SE]$。

当 p 接近 0 或 1，或者样本量 n 比较小时，采用这个正态分布计算区间估计将会不准确。即用这个方法构造的区间覆盖真实参数 p 的概率将小于置信水平的名义值 $1-\alpha$。特别是在 p 趋近 0 或 1 时，它的覆盖率非常差。

例 6.17 设某种治疗方法成功的次数服从概率 p 的二项分布。在 $n=10$ 次试验中，治疗成功了 $m=9$ 次，成功的样本比率 $\hat{p}=0.90$。大样本方法给出概率 p 的 95% 置信水平的区间估计为

$$[0.90-1.96\times\sqrt{(0.90)(0.10)/10}, 0.90+1.96\times\sqrt{(0.90)(0.10)/10}]$$
$$=[0.714, 1.086]$$

因为参数 p 较接近 1，按照正态分布的对称性得到的上界超过了 1。因为 p 不可能大于 1，所以 p 的 95% 置信水平的区间估计修改为 $[0.714, 1]$。

2．用假设检验构造置信区间 $1-\alpha$ 置信水平的置信区间由检验水平 α 的所有不能拒绝零假设 $H_0: p=p_0$ 的 p_0 组成。95% 置信区间为检验水平 0.05 下所有双边检验没有被拒绝的 p_0 值。与第一种方法的区别在于，这种方法不需要估计标准差中的 p，而是使用零假设下的 p_0。

例 6.18 （例 6.17 续）检验零假设 $H_0: p=p_0=0.596$ 的统计量为

$$Z=(0.90-0.596)/\sqrt{(0.596)(0.404)/10}=1.96,$$

双边检验的 P 值等于 0.05。零假设 $H_0: p=p_0=0.982$ 的统计量为

$$Z=(0.90-0.982)/\sqrt{(0.982)(0.018)/10}=-1.96,$$

双边检验的 P 值也等于 0.05。所有处于 0.596 和 0.982 之间的 p_0 值都使得 $|Z|<1.96$ 和 P 值大于等于 0.05。所以参数 p 的 95% 置信区间为 $[0.596, 0.982]$。相对而言，大样本方法给出的置信区间为 $[0.714, 1.0]$，这个区间偏小，覆盖住未知参数 p 的概率小于 95%。当参数 p 靠近边界值 0 和 1 时，用样本比率 $\hat{p}$ 作为置信区间的中点不适宜。对于给定的 $\hat{p}$ 和 n，使得检验统计量值 $Z=\pm1.96$ 的 p_0 值是下面方程的解 $\dfrac{|\hat{p}-p_0|}{\sqrt{p_0(1-p_0)/n}}=1.96$。

求解上面方程可以得到置信区间的上下界。

3．另外一种和大样本方法类似。有相近的置信区间的中点，但是区间稍宽：将成功和失败频数各加 2（即样本量 n 加 4），然后按照大样本方法构造区间。

例 6.19 （例 6.17 续）对于 $n=10$ 次试验中成功 $m=9$ 次的试验，得到 $\hat{p}=(9+2)/(10+4)=0.786$，$SE=\sqrt{0.786\times0.214/14}=0.110$，置信水平为 95% 的置信区间为 $[0.57, 1.00]$。这种方法有时称作 Agresti-Coull 置信区间，即使对于小样本，它的效果也不错。

4．上面区间估计的方法基于大样本情况下观测频率 $\hat{p}=m/n$ 近似正态分布的结论。但是，当样本量 n 比较小时，这个正态分布近似就不够准确。在小样本情况下，可以采用精确检验的方法构造置信区间。比率 p 的置信水平为 $1-\alpha$ 的区间估计为下面不等式成立的所有 p 的数值组成的区间 $\sum\limits_{p(i)\leqslant p(m)}p(i)=\sum\limits_{p(i)\leqslant p(m)}C_n^i p^i(1-p)^{n-i}\geqslant\alpha$。

例 6.20 （例 6.17 续）对零假设 $H_0: p=p_0$ 进行精确检验，根据下面的不等式

$$P\text{ 值}=\sum_{p(i)\leqslant p(9)}p(i)=\sum_{p(i)\leqslant p(9)}C_{10}^i p_0^i(1-p_0)^{n-i}\geqslant0.05,$$

得到比率 p 的置信区间为 $[0.57, 1.0]$。

第五节　关于假设检验的讨论

在实际研究中，有时得到一个具有统计显著性的结论不一定具有实际意义。当样本量 n 非常大时，大多数假设检验的结果都会变得具有统计显著性。

例如，临床试验的处理组与对照组的样本量为 $n_x = n_y = 10^4$。处理组的样本治愈率为 $\hat{p}_x = 0.91$，对照组的样本治愈率为 $\hat{p}_y = 0.90$。检验零假设 $H_0 : p_x = p_y$ 的统计量 Z 为

$Z = \dfrac{0.91 - 0.90}{\sqrt{0.905\,(1 - 0.905) \times 2 / 10^4}} = 2.41$。因为 $|Z| > 1.96$，拒绝零假设。实际上，在对照组有

90% 治愈率的情况下，处理组提高 1% 治疗率的差异不是很重要的。但是，这个 1% 的差异在大样本 $n = 10^4$ 的情况下是有显著性的。

习　题

1．试讨论第一类错误、第二类错误的意思。

2．举例说明如何选择零假设 H_0 和备择假设 H_1；说明统计显著是什么意思，没有拒绝 H_0 的话，如何描述结论？

3．简单随机抽样调查 360 名健康男性成人的血红细胞数，测得均数为 4.66×10^{12}/L，标准差为 0.58×10^{12}/L。现普遍接受的标准均值为 4.84×10^{12}/L。问该地健康男性成人的红细胞均数是否低于标准值？

4．设 $X \sim N(\mu, \sigma^2)$，其中 μ 是未知参数，σ^2 为已知常数。设 $x_1, \cdots, x_n$ 是来自 X 的样本值。试写出 σ^2 的最大似然估计量的公式。

5．说明关于 $H_0 : \mu \leq \mu_0$ 的假设检验方法，其中 μ_0 是已知常数。检验标准为 $\alpha = 0.05$，试给出假设检验拒绝域的临界值 λ。

6．进一步设 $\sigma^2 = 1$，$H_0 : \mu \leq 0$。问：如果未知的均值 $\mu = 1$ 时，为了保证第二类错误 $\beta \leq 0.10$，应该采用多大样本量 n？

7．正常人的脉搏平均为 72 次 / 分，现某医生测得 10 例慢性四乙基铅中毒患者的脉搏如下：54，67，68，78，70，66，67，70，65，69。问四乙基铅中毒患者和正常人的脉搏有无显著性差异？设脉搏服从正态分布。

8．表 6.3 给出了比较不同种族的新生儿心率的数据。问白人和黑人新生儿的平均心率是否有差异？

表6.3　不同种族新生儿心率

种族	人数	心率（次/分）	标准差（次/分）
白人	218	125	11
黑人	156	133	12

9．某减肥俱乐部推出一个瘦身项目，声称参加该项目者在 3 个月内平均可以减掉 10 千克以上。某研究人员随机访问了参加过该瘦身项目的 9 人，得到他们在训练前和训练后的体重（单位：千克）如表 6.4 所示。设体重服从正态分布。试回答下面问题：

（1）该数据是否支持该俱乐部的说法？

（2）瘦身前体重与瘦身后体重的方差是否相等？

表6.4　参加过瘦身项目的人在训练前后的体重

分组	体重（千克）								
	1	**2**	**3**	**4**	**5**	**6**	**7**	**8**	**9**
瘦身前	100.5	60	67.5	100	82.5	70	72.5	65	90
瘦身后	88	56	54.5	90	70	61.5	64	56	77.5

10．关于某种安眠药是否有助于精神衰弱患者睡眠的随机化试验，服用该安眠药的处理组中 30 人的睡眠时间的样本均值为 6.39 小时，样本标准差为 3.10 小时。而服用安慰剂的对照组中 20 人的睡眠时间的样本均值为 3.39 小时，样本标准差为 2.24 小时。设睡眠时间服从正态分布，并假定处理组和对照组的睡眠时间有相同的总体标准差。问该安眠药是否能显著增加患者的平均睡眠时间？问这两种安眠药的疗效有无显著性差异？设延长的睡眠时间服从正态分布。

11．10 个失眠者，每人服用甲、乙两种安眠药，延长睡眠的时间如表 6.5 所示。比较甲、乙两种安眠药的疗效。

将 20 个失眠者分为两组，每组 10 人。得到两组服药后延长的睡眠时间如表 6.5 所示，但这里是 20 个不同失眠者的延长睡眠时间。问这两种安眠药的疗效有无显著性差异？

表6.5　失眠者服用不同安眠药后的睡眠延长时间

分组	睡眠延长时间（小时）									
	1	**2**	**3**	**4**	**5**	**6**	**7**	**8**	**9**	**10**
甲	1.9	0.8	1.1	0.1	−0.1	4.4	5.5	1.6	4.6	3.4
乙	0.7	−1.6	−0.2	−1.2	−0.1	3.4	3.7	0.8	0	2.0

12．从某英语培训机构，随机调查了 5 名学生，培训前和经 1 年培训后的英语成绩如表 6.6 所示。设成绩服从正态分布。

表6.6　学生在培训机构培训前后英语成绩对比

阶段	成绩（分）				
	A	**B**	**C**	**D**	**E**
培训前	90	81	70	61	50
培训后	90	80	71	63	53

（1）试利用假设检验说明经培训后英语成绩有显著提高，设显著性水平为 $\alpha = 10\%$，并请给出 P 值？

（2）假若 1 年后成绩有显著提高，是否能说明培训对提高成绩有因果作用？"是"的话，请说明理由是什么？"否"的话，请说明如何做才能说明是否有因果作用？

13．设随机变量 X 表示投掷一枚硬币 $n = 5$ 次中正面朝上的次数。零假设 H_0 为正面朝上的概率 $P = 0.5$。如果投掷 5 次中出现 4 次正面，请用二项分布计算下面备选假设下观测到 $X = 4$ 的 P 值：

（1）备选假设 $H_a : P \neq 0.5$。

（2）备选假设 $H_a : P > 0.5$。

14．利用临床试验检验一种新药对某种疾病是否有疗效。将患者随机分配到服用新药的处理组和服用安慰剂的对照组，每组各有 100 人。该试验采用双盲的临床试验，即患者和医生都不知道每位患者服用的是新药，还是安慰剂。问：

（1）为什么采用双盲试验？为什么使用安慰剂？

（2）经过一段时间治疗后，新药组有 60 人恢复了健康，而对照组有 50 人恢复了健康。问该新药是否比安慰剂更有效（设显著水平为 5%）？

第七章 方差分析

第一节　引　言

方差分析（ANOVA）是一种用来检验多组数据之间的均值是否存在差异的统计方法。前面第六章介绍了使用 t 检验来检验两个正态总体的均值是否存在差异的方法。一个自然的想法是，对于多组数据，是否可以使用两两比较的方法，来判断它们的均值是否存在差异呢？例如，如果发现任何一对数据之间的均值有差异，我们就说它们的均值是有差异的；但这样做是不可以的，它会大大增加犯第一类错误的概率。设想现在要比较 10 组数据，假设它们都来自同一个正态总体，即各组数据之间没有任何差异。采用两两比较的方法来判断它们的均值是否相同，需要进行 45 次检验，或者说 45 次比较。由于检验时，我们控制犯第一类错误的概率为 α，于是对于每一次比较，拒绝原假设（进而判定均值有差异）的概率都是 α，那么至少拒绝一个原假设的概率为 $1 - (1 - \alpha)^{45}$。如果取 α 为常用的 0.05，则该概率大于 90%，即比较 10 组数据，原假设是多组数据的均值相同。即使它们的均值没有任何差异，采用两两比较的方法进行假设检验，仍有 90% 的概率至少会拒绝一次原假设。因此，需要发展一套假设检验方法，使得如果各组均值相同，那么判断至少有一对数据的均值有差异的概率不大于 α，即控制犯第一类错误的概率不大于 α。这就是方差分析。方差分析在生物医学统计中占有重要的地位，临床试验设计中也常用到方差分析。

本章首先介绍单因素方差分析，然后介绍两因素及多因素的方差分析，还将简单介绍多重检验。

第二节　单因素方差分析

单因素方差分析（one-way analysis of variance）是指数据按照某一个单一指标分成不同的小组。例如，比较多个治疗方法的治疗效果时，数据可以按治疗方法的不同而分成不同的小组。在研究不同干预政策的效果时，数据可以按照不同的干预政策而分成不同的小组。

用如下的数学符号来表示用于单因素方差分析的数据。考虑有 I 个组，第 i 组有 n_i 个个体（即第 i 组的样本量为 n_i），第 i 组数据记为 x_{ij}，$i = 1, \cdots, I$；$j = 1, 2, \cdots, n_i$。令 $\bar{x}_i$ 为第 i 组数据的样本均值，$\bar{x}$ 为所有数据的样本均值。$N = \sum_{i=1}^{I} n_i$ 为样本量。

考虑 I 个均值的波动情况，使用组间均方（mean square between groups，MSG）来度量该波动：$\text{MSG} = \dfrac{1}{df_G} \sum_{i=1}^{I} n_i (\bar{x}_i - \bar{x})^2$。这里 $df_G = I - 1$ 称为 MSG 的自由度。如果各组之间的均值相同，这个波动比较小。但是只有这一个值并不能说明它是大还是小，需要和另一个值进行比较才能知道它的相对大小。这里采用 MSE（均方误差）来和 MSG 进行比较，它定义为：$\mathrm{MSE}=\dfrac{1}{df_E}\sum\limits_{i=1}^{I}\sum\limits_{j=1}^{n_i}(x_{ij}-\bar{x}_i)^2$，这里 $df_E = N - I$ 是 MSE 的自由度。

可以证明如下结论：

定理 7.1　如果每组的数据满足如下的假设：

（1）各组数据相互独立，组内的个体也相互独立。

（2）各组数据的均值相同。

（3）各组数据的方差相同。

（4）各组数据都服从正态分布。

则 $E[\mathrm{MSE}] = E[\mathrm{MSG}]$。

因此，方差分析采用二者的比值作为检验统计量 $F = \dfrac{\mathrm{MSG}}{\mathrm{MSE}}$。

定理 7.2　如果每组的数据满足如下的假设：

（1）各组数据相互独立，组内的个体也相互独立。

（2）各组数据的均值相同。

（3）各组数据的方差相同。

（4）各组数据都服从正态分布。

则 $F = \dfrac{\mathrm{MSG}}{\mathrm{MSE}} \sim F(df_G, df_E)$。

因此，当计算的 F 值很大时，意味着均值之间的波动很大，将拒绝 H_0。拒绝域具有如下形式：$\{x: F(x) > \lambda\}$，其中 x 代表数据，$F(x)$ 代表由数据得到的 F 值，λ 是一个待定的临界值。给定检验水平 α，λ 可通过查表或者使用 R 软件等计算软件获得，其满足如下方程：$P(F(df_G, df_E) > \lambda) = \alpha$，其中 $F(df_G, df_E)$ 代表自由度为 (df_G, df_E) 的 F 分布。

其实方差分析是将第六章的两样本 t 检验推广到多组样本均值检验的一种统计方法，也可以说两样本 t 检验是方差分析的一个特例。在两样本的 t 检验问题中，$I = 2$，$N = n_1 + n_2$。所以，使用前述的 F 统计量，我们将得到一个自由度为 $(df_G = 2 - 1 = 1$，$df_E = N - I = n_1 + n_2 - 2)$ 的一个 F 分布。事实上，它是一个自由度为 $n_1 + n_2 - 2$ 的 t 分布的平方。

例 7.1　在小鸡成长的过程中，小鸡的生长速度会因喂养的饲料不同而受到影响。某项研究搜集了给小鸡喂养 6 种不同的食物后，对应的小鸡体重增长率。该数据可以在 R 软件中获取（R 中的 chickwts 数据）。该数据有两列，一列度量了饲养的鸡的体重增长率，一列记录了 6 种不同的饲料。6 种食物分别是酪蛋白（casein）、蚕豆（horsebean）、亚麻籽（linseed）、肉粉（meatmeal）、大豆（soybean）以及葵花籽（sunflower）。将数据按照喂养饲料的不同划分成 6 组，每组数据的样本量、样本均值和样本方差可用表 7.1 进行描述。试问：这 6 种食物对于小鸡的成长作用是一样的吗？

如果我们得到了上述 71 个观测样本，假设每组数据都服从正态分布，将数据带入前面的公式，分别计算 MSG 和 MSE，进而可以计算出 F 值。事实上，根据表 7.1 中的统计量，也可以计算 F 值，并做出假设检验的结论。

首先，我们计算观测数据的平均值

$$\bar{x} = \frac{323.58 \times 12 + 160.20 \times 10 + 218.75 \times 12 + 276.91 \times 11 + 246.43 \times 14 + 328.92 \times 12}{12 + 10 + 12 + 11 + 14 + 12} = 261.3$$

表 7.1　不同食物对小鸡体重增长的不同影响

食物	体重增长率均值	体重增长率标准差	样本量
酪蛋白（casein）	323.58	64.43	12
蚕豆（horsebean）	160.20	38.63	10
亚麻籽（linseed）	218.75	52.24	12
肉粉（meatmeal）	276.91	64.90	11
大豆（soybean）	246.43	54.13	14
葵花籽（sunflower）	328.92	48.84	12

接着计算

$$\text{MSG} = \frac{1}{df_G} \sum_{i=1}^{I} n_i (\overline{x}_i - \overline{x})^2$$

$$= \frac{12 \times (323.58 - 261.31)^2 + 10 \times (160.20 - 261.31)^2 + \cdots + 12 \times (328.92 - 261.31)^2}{6 - 1}$$

$$= 46225.86$$

再计算

$$\text{MSE} = \frac{11 \times 64.43^2 + 9 \times 38.63^2 + 11 \times 52.24^2 + 10 \times 64.90^2 + 13 \times 54.13^2 + 11 \times 48.84^2}{71 - 6}$$

$$= 3008.66$$

最后计算　$F = \dfrac{\text{MSG}}{\text{MSE}} = \dfrac{46225.86}{3008.66} = 15.36$

在 H_0（各组均值相同）假设下，F 服从自由度为（5，65）的 F 分布。当这个 F 很大，即代表组间波动的 MSG 远大于代表组内波动的 MSE 时，将拒绝 H_0，即拒绝域具有 $\{x: F(x) > \lambda\}$ 的形式，其中 x 代表数据，λ 表示拒绝域的临界值，由检验水平 α 来决定。对于自由度为（5，65）的 F 分布，通过 R 软件等计算，可得，$P(F(5，65) > 2.35) = 0.05$。因为 15.36 > 2.35，所以我们拒绝 H_0，并承认至少有一组数据的均值跟其他组不同。也就是说，不同的食物对小鸡的成长作用是有统计学差异的。

如果进一步想知道，哪种食物对小鸡体重的增长最有利、哪种增重效果最差，就需要进行两两比较。由本章第一节的介绍知道，这种两两比较不能控制犯第一类错误的概率，因此需要一些多重比较的统计学方法。

最后，需要指出的是，在使用方差分析的时候，需要思考几个问题：①各组数据是否近似服从正态分布？因为 F 统计量要求正态分布的假设，如果数据不服从正态分布，依据 F 统计量做出的结论可能误差较大。②各组数据的方差是否近似相等？从定理 7.2 中的条件（3）看出，使用 F 统计量要求各组数据的方差相等。如果各组数据的方差有差异，依据 F 统计量做出的结论可能误差较大。

第三节　多个样本均数间的多重比较

一、多重比较的基本概念

在方差分析中，如果得出各组之间均值的差异有统计学意义，往往需要比较具体哪些组之间的差异有统计学意义。这时候需要两两比较，进行多个比较，这就是多重比较。为此进行多个假设检验，叫作多重假设检验。

进行多重假设检验时，需要调整单个检验的犯第一类错误的概率。为了理解这一问题，考虑进行 100 次独立的假设检验，每次检验犯第一类错误的概率都是 0.05。若 100 个假设检验 H_0 都为真，则这 100 个检验中，至少有一个检验显著拒绝 H_0 的概率为 $1 - (1 - 0.05)^{100} = 0.994$，即几乎必然会至少得到一个错误的结论。为避免这个问题，需要调整单个检验中犯第一类错误的概率。最简单的方法是，对每一个假设检验，控制犯第一类错误的概率不大于 $0.05/k$，这里 k 为检验的总个数。在上个例子中，k 为 100，经计算，在上述 100 个 H_0 都为真的检验中，存在某个检验 H_0 被拒绝的概率不大于 $1 - (1 - 0.05/100)^{100} = 0.0488$。

二、Bonferroni 调整

假设有 k 个假设检验，为控制犯错误的概率，将每个假设检验犯第一类错误的概率设为 α/k。这种方法称为 Bonferroni 调整（Bonferroni correction）。这种方法也等价于将每个检验的 P 值和 α/k 进行比较，只有 P 值小于 α/k 的检验才认为是有统计学意义的。这种方法的优点是非常简单，但它的缺点是，如果检验的个数非常多，需要 P 值非常小，才被认定为是有统计学意义的，结果相对比较保守。另一种常用的调整方法是，控制 FDR（false discovery rate，假发现率或者称为假阳性率）。

例 7.2 （例 7.1 续）在上述小鸡喂养的例子中，请问哪些食物对小鸡的体重增长的影响有显著差异？

我们使用两两比较，得到如下的 P 值（表 7.2）。

表 7.2　两两比较得到的 P 值

	酪蛋白	蚕豆	亚麻籽	肉粉	大豆
蚕豆（horsebean）	2.1×10^{-9}	—	—	—	—
亚麻籽（linseed）	1.5×10^{-5}	0.01522	—	—	—
肉粉（meatmeal）	0.04557	7.5×10^{-6}	0.01348	—	—
大豆（soybean）	0.00067	0.00032	0.20414	0.17255	—
葵花籽（sunflower）	0.81249	8.2×10^{-10}	6.2×10^{-6}	0.02644	0.00030

为得到哪些比较是具有统计学意义的结论，采用 Bonferoni 调整，需要将这些 P 值和 $0.05/15 = 0.0033$ 进行比较。即我们发现酪蛋白和蚕豆、酪蛋白和亚麻籽、酪蛋白和大豆、蚕豆和肉粉、蚕豆和大豆、蚕豆和葵花籽、亚麻籽和葵花籽、大豆和葵花籽之间有显著差异。

注意到这里面有一些比较得到的 P 值小于 0.05（如蚕豆和亚麻籽之间的比较），但是通过 Bonferoni 调整发现，还是不能得到它们之间有显著差异的结论。

三、假发现率

假发现率（false discovery rate，FDR）是度量在所有的发现中，虚假的发现占的比例。假设有 m 个独立的假设检验，FDR 的基本步骤是：给定控制 FDR 的水平 $0 < q < 1$，首先将所有检验的 P 值进行排序，即 $P_{(1)} \leq P_{(2)} \leq \cdots \leq P_{(m)}$；然后逐步比较 $P_{(i)} \leq q \times \frac{i}{m}$（$i = m$，$m-1$，$m-2$，…，1），取第一个满足条件的 $P_{(k)}$（$k \geq 1$）；然后拒绝 $\{ P_{(k)}, P_{(k-1)}, \ldots, p_{(1)} \}$ 对应的这 k 个检验的 H_0。理论上可以证明，如果这 m 个检验相互独立，该检验过程可以将 FDR 控制在 q（$0 < q < 1$）水平下。

第四节 双因素方差分析

在许多生物统计问题中，数据可能会根据两个指标而划分为不同的类别，这样的方差分析称为双因素方差分析（two-way analysis of variance）。比如在研究节食、运动对减肥的影响时，人群可以根据是否节食以及是否坚持运动而分为不同的小组。即人群可以分为如下 4 个小组：①节食但不坚持运动；②节食并且坚持运动；③不节食但是坚持运动；④不节食也不坚持运动。

用如下的数学符号来表示用于双因素方差分析的数据。考虑有两个分类变量 A 和 B，其中分类变量 A 有 a 个类别，分类变量 B 有 b 个类别。用 x_{ijk}，$k = 1, 2, \cdots, n_{ij}$ 表示 $A = i$，$B = j$ 这一小组（或者类别）的 n_{ij} 个观测数据。用 $\bar{x}$ 表示所有观测数据的样本均值，$\bar{x}_{i.}$ 表示 $A = i$ 这类数据的样本均值，$\bar{x}_{.j}$ 表示 $B = j$ 这类数据的样本均值，以及 $\bar{x}_{ij.}$ 表示 $A = i$，$B = j$ 这类数据的样本均值。$N = \sum_{i, j} n_{ij}$ 为观测数据的样本量，$n_{i.} = \sum_i n_{ij}$，$n_{.j} = \sum_i n_{ij}$ 分别表示 $A = i$ 以及 $B = j$ 这些类别观测数据的样本量。

双因素方差分析可以用来做如下的检验：

（1）对于由分类变量 A 划分的 a 组数据，它们的（总体）均值无差异。

（2）对于由分类变量 B 划分的 b 组数据，它们的（总体）均值无差异。

（3）B 对 x 的影响，不取决于 A 的取值（无交互作用）。

为检验上述的 3 个假设，需要构造 3 个 F 统计量。

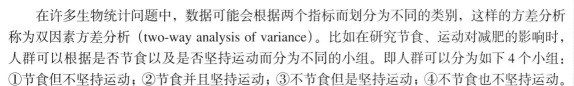

$$F_A = \frac{\text{MSA}}{\text{MSE}} = \frac{\text{SSA} / df_A}{\text{SSE} / df_E} \quad F_B = \frac{\text{MSB}}{\text{MSE}} = \frac{\text{SSB} / df_B}{\text{SSE} / df_E} \quad F_{A \times B} = \frac{\text{MSAB}}{\text{MSE}} = \frac{\text{SSAB} / df_{AB}}{\text{SSE} / df_E}。$$

上式中，MSA 代表由分类变量 A 划分的 a 组数据的均方差，它等于离差平方和 SSA 除以它的自由度 $df_A = a - 1$。

$\text{SSA} = \sum_i n_{i.} (\bar{x}_{i.} - \bar{x})^2$。类似地，MSB 代表由分类变量 B 划分的 b 组数据的均方差，它等于离差平方和 SSB 除以它的自由度 $df_B = b - 1$。$\text{SSB} = \sum_i n_{.j} (\bar{x}_{.j} - \bar{x})^2$。

MSAB 代表由分类变量 $A = i$，$B = j$ 划分的 $a \times b$ 组数据的均方差，它等于离差平方和 SSAB 除以它的自由度 $df_A = (a - 1)(b - 1)$。$\text{SSAB} = \sum_i \sum_j n_{ij} (\bar{x}_{ij.} - \bar{x})^2$。

MSE 代表均方误差，它等于离差平方和 SSE 除以它的自由度 $df_E = N - ab$。$\text{SSE} = \sum_i \sum_j \sum_k (x_{ijk} - \bar{x}_{i.} - \bar{x}_{.j} + \bar{x}_{ij.} - \bar{x})^2$。

定义总离差平方和 $\text{SST} = \sum_i \sum_j \sum_k (x_{ijk} - \bar{x})^2$，可以证明，$\text{SST} = \text{SSA} + \text{SSB} + \text{SSAB} + \text{SSE}$。下面的定理可以用来构造双因素方差分析的检验统计量。

定理 7.3 如果每组的数据满足如下的假设：

（1）各组数据相互独立，组内的个体也相互独立。

（2）各组数据的均值相同。

（3）各组数据的方差相同。

（4）各组数据都服从正态分布。

则上面定义的 F_A，F_B，$F_{A \times B}$ 都服从 F 分布，它们的自由度分别为 (df_A, df_E)，(df_B, df_E) 和 (df_{AB}, df_E)。

由这些 F 值，以及它们的分布，给定检验水平，可以计算临界值。当 F 值大于临界值时，拒绝对应的原假设。

例 7.3 唐氏综合征是由于染色体异常导致的疾病。研究发现唐氏综合征可能会导致肥胖。

为研究唐氏综合征和肥胖的关系，以及发现其机制，研究人员设计了动物模型。在实验室中，通过改变小鼠的染色体使得小鼠患上唐氏综合征，然后研究患病小鼠和正常小鼠之间的差异。数据可以从 https：//www.stat.berkeley.edu/~statlabs/labs.html#mouse 下载。数据中共有 532 个样本，每只小鼠可能带有克隆的人类第 21 条染色体的片段。实验中共使用 4 种片段（*141G6*，*152F7*，*230E8*，以及 *285E6*）制造转基因小鼠。现从数据中抽取可能带有 *141G6* 片段的小鼠，共 177 个样本，这些小鼠要么携带有人类第 21 条染色体上的片段 *141G6*，要么不含有任何人类第 21 条染色体上的片段。考虑到雌性小鼠和雄性小鼠体重有差异，将 177 只小鼠按照性别、转基因与否分组。请使用双因素方差分析对该数据进行分析，并得到合理的结论。

我们使用双因素方差分析。第一个因素代表是否转基因，用变量 tg 表示，tg = 1 代表转基因，tg = 0 代表没有转基因。另一个因素代表小鼠的性别，用变量 sex 表示，sex = 1 代表雄鼠，sex = 0 代表雌鼠。分别计算 MSA、MSB、MSAB、MSE，以及它们对应的自由度，然后计算 3 个 *F* 检验统计量，所得结果见表 7.3。

表 7.3　双因素方差分析表

	Df	Sum Sq	Mean Sq	*F* value	*Pr*（>*F*）
tg	1	120.97	120.97	22.92	3.6×10^{-6}
sex	1	1731.57	1731.57	328.04	$< 2 \times 10^{-16}$
tg ： sex	1	30.27	30.27	5.73	0.0177
Residuals	173	913.18	5.28		

表 7.3 中，tg、sex、tg：sex 分别对应两个因素以及它们的交互作用，Residuals 对应于 MSE（均方误差）。各列的意义如下：Df 代表自由度，Sum Sq 代表平方和，Mean Sq 代表均方，*F* value 代表用于检验的统计量的值，*Pr*（>*F*）代表用于检验的 *P* 值。因为这里的 *P* 值都小于 0.05，转基因和性别对体重有显著的交互作用，转基因、性别都跟体重有显著的关联关系。

随机区组设计

在实验设计中，有一种设计叫作随机区组设计（randomized block design）。该设计考虑个体之间的差异，将个体差异较小的放入同一个区组。对于区组内部的个体再随机分配。常见的使用区组设计的例子有：①在实验研究中将实验动物按窝别等特征配伍，再随机分配到各处理组中；②对同一受试对象不同时间点上的观察研究；③给同一样本不同的处理。

为比较不同处理以及不同区组对结果的影响，采用双因素方差分析。数据根据不同的处理以及不同的区组，被分为不同的小组。但是这个双因素方差分析又有别于一般的双因素方差分析，因为它在每一个区组，只有一个个体（样本）被分配到对应的处理因素，因此这里没有办法处理交互作用。所以，针对随机区组数据的分析，只能做两个假设检验：

（1）不同的处理对结局变量的影响相同。

（2）不同区组对结局变量的影响相同。

用如下数学符号来表示随机区组设计的数据。考虑处理变量 *A* 和区组变量 *B*，其中处理变量 *A* 有 *a* 个不同的处理水平，区组变量 *B* 有 *b* 个水平。用 x_{ij} 表示 *A* = *i*，*B* = *j* 这一小组（或者类别）的观测的结局变量。用 $\bar{x}$ 表示所有观测 *x* 的样本平均值。$\bar{x}_{i.}$ 表示 *A* = *i* 这类样观测数据的样本均值，$\bar{x}_{j}$ 表示 *B* = *j* 这类观测数据的样本均值。*N* = *ab* 为观测数据的样本量。

为检验上面的 2 个假设，需要构造 2 个 *F* 统计量。

$$F_A = \frac{\mathrm{MSA}}{\mathrm{MSE}} = \frac{\mathrm{SSA}/df_A}{\mathrm{SSE}/df_E}, F_B = \frac{\mathrm{MSB}}{\mathrm{MSE}} = \frac{\mathrm{SSB}/df_B}{\mathrm{SSE}/df_E}$$

上式中，MSA 代表由处理变量 A 划分的 a 组数据的均方差，它等于离差平方和 SSA 除以它的自由度 $df_A = a - 1$，$SSA = \sum_i b\,(\overline{x}_{i\cdot} - \overline{x})^2$。

类似地，MSB 代表由区组变量 B 划分的 b 组数据的均方差，它等于离差平方和 SSB 除以它的自由度 $df_B = b - 1$，$SSB = \sum_j a\,(\overline{x}_{\cdot j} - \overline{x})^2$。

MSE 代表均方误差，它等于离差平方和 SSE 除以它的自由度 $df_E = N - ab$。$SSE = \sum_i \sum_j (x_{ij} - \overline{x}_{i\cdot} - \overline{x}_{\cdot j} + \overline{x})^2$。

定义总离差平方和 $SST = \sum_i \sum_j (x_{ij} - \overline{x})^2$，可以证明，SST = SSA + SSB + SSE。

下面的定理可以用来构造随机区组设计的检验统计量。

定理 7.4　如果处理和区组同结局变量没有任何关联，且数据来自于正态总体，则上面定义的 F_A、F_B 都服从 F 分布，它们的自由度分别为 (df_A, df_E)，(df_B, df_E)。

由这些 F 值以及它们的分布，给定检验水平，可以计算临界值，当 F 值大于临界值时，拒绝对应的原假设。

例 7.4　（例 7.3 续）为尽可能地消除小鼠之间的个体差异，可以考虑随机区组设计。在研究唐氏综合征的动物模型时，考虑同一窝别的小鼠分别随机取两只，其中一只是基因改变的小鼠，另一只是基因未改变的小鼠。将例 7.3 中的 177 个样本按照处理（改变基因）以及窝别分组筛选后（只选取雄鼠），得到的数据见表 7.4。表 7.4 中，tg 代表基因是否改变，cage 代表窝别，weight 代表体重（g），sex 代表性别（这里都是雄鼠）。利用该组数据分析改变基因和肥胖是否相关。

使用随机区组方差分析，表 7.5 为方差分析表。

表 7.4　不同窝别不同基因改变状态下雄鼠的体重

	窝别1	窝别2	窝别3	窝别4	窝别5	窝别6	窝别7	窝别8	窝别9	窝别10
tg	1.00	0.00	1.00	0.00	1.00	0.00	1.00	0.00	1.00	0.00
cage	9	9	10	10	11	11	12	12	13	13
weight	32.40	28.10	31.40	29.10	31.70	30.90	31.50	30.10	31.70	32.40
sex	1.00	1.00	1.00	1.00	1.00	1.00	1.00	1.00	1.00	1.00

	窝别11	窝别12	窝别13	窝别14	窝别15	窝别16	窝别17	窝别18	窝别19	窝别20
tg	1.00	0.00	1.00	0.00	1.00	0.00	1.00	0.00	1.00	0.00
cage	14	14	15	15	16	16	17	17	19	19
weight	30.00	28.80	32.60	30.60	33.50	33.50	33.50	29.80	31.30	31.00
sex	1.00	1.00	1.00	1.00	1.00	1.00	1.00	1.00	1.00	1.00

	窝别21	窝别22	窝别23	窝别24	窝别25	窝别26
tg	1.00	0.00	1.00	0.00	1.00	0.00
cage	20	20	21	21	22	22
weight	28.90	29.00	31.80	28.90	32.70	30.50
sex	1.00	1.00	1.00	1.00	1.00	1.00

表 7.5　随机区组方差分析表

	Df	Sum Sq	Mean Sq	F value	Pr （>F）
tg	1	15.85	15.85	13.78	0.0030
cage	12	33.91	2.83	2.46	0.0664
Residuals	12	13.83	1.15		

表 7.5 中，tg 和 cage 分别代表处理因素和窝别因素，Residuals 对应 MSE。我们可以看出，窝别之间没有显著差异，但是改变基因和体重有显著关联。

习　题

1．请简述 t 检验和方差分析的关系。

2．在进行两样本正态总体 t 检验时，一般要先检验两组数据的方差是否相等。在进行多组数据的方差分析时，是否有必要检验各组方差是否相等？

3．植物的产量通常和生长的环境有关，不同的光照条件、肥料使用的不同等都会带来产量的不同。表 7.6 给出了在 3 种不同环境（ctrl、trt1、trt2）下，某植物的产量。请分析 3 种不同环境下，该植物的产量是否相同，并简要回答哪种环境下，该植物的产量最高。

表7.6　某植物在不同环境下的产量

	植物1	植物2	植物3	植物4	植物5	植物6	植物7	植物8	植物9	植物10
产量	4.17	5.58	5.18	6.11	4.50	4.61	5.17	4.53	5.33	5.14
环境	ctrl	ctrl	ctrl	ctrl	ctrl	ctrl	ctrl	ctrl	ctrl	ctrl
	植物11	植物12	植物13	植物14	植物15	植物16	植物17	植物18	植物19	植物20
产量	4.81	4.17	4.41	3.59	5.87	3.83	6.03	4.89	4.32	4.69
环境	trt1	trt1	trt1	trt1	trt1	trt1	trt1	trt1	trt1	trt1
	植物21	植物22	植物23	植物24	植物25	植物26	植物27	植物28	植物29	植物30
产量	6.31	5.12	5.54	5.50	5.37	5.29	4.92	6.15	5.80	5.26
环境	trt2	trt2	trt2	trt2	trt2	trt2	trt2	trt2	trt2	trt2

4．针对例 7.1 的多重比较，请采用控制 FDR 的方法，找出哪些食物对小鸡的体重增长的影响有显著差异。

5．针对例 7.3 中的唐氏综合征动物模型，考虑其他 3 种片段制造的转基因小鼠。研究基因改变对小鼠体重改变的影响。

第八章 线性相关与线性回归

第一节 引 言

线性相关和线性回归都可以用来描述两个或多个变量之间的相互关系。若仅考虑两个变量之间的相互关系，相应的线性相关和线性回归又称为简单相关和简单线性回归。在日常生活和科学探索中，常常需要定量描述两个或多个变量之间的关系。比如：气温是如何随着海拔高度的变化而变化的？孩子长大后的身高跟父母的身高有关系吗？胎儿的体长和受精龄有什么关系？这些变量之间的定量关系一般可采用相关或者回归方法来描述。

本章首先介绍相关系数的概念，然后介绍线性回归。为描述变量和分类变量特别是二分类变量（又称二值变量）之间的关系，本章在最后会简单介绍 logistic 回归和其他广义线性模型。

第二节 简单相关（simple correlation）

一、Pearson 相关系数

Pearson 相关系数（Pearson correlation coefficient）是在研究两个随机变量的相互关系时定义的一个量，常用 ρ 表示。它定义为 $\rho = \dfrac{\mathrm{cov}(X,Y)}{\sqrt{\mathrm{Var}(X)\mathrm{Var}(Y)}}$ 其中 $\mathrm{cov}(X,Y)$ 表示 X，Y 的协方差，$\mathrm{Var}(X)$ 和 $\mathrm{Var}(Y)$ 分别表示 X 和 Y 的方差。可以证明 $-1 \leqslant \rho \leqslant 1$。仅从这个定义很难看出相关系数有什么意义。下面的定理 8.1 详细地描述了为什么相关系数可以用来描述两个变量的密切程度。

考虑 X 和 Y 的密切程度，如果用 $aX + b$ 来近似或者预测 Y，那么最好的预测是什么呢？我们用二次损失来刻画拟合的好坏。若损失小，则预测的准确度高；反之，预测的准确度低。二次损失定义为：$loss(X, Y) := E\left[(aX + b - Y)^2\right]$。

定理 8.1 线性预测，若 X 和 Y 的方差都存在，且 $\mathrm{Var}(X) \neq 0$。用线性函数 $aX + b$ 去预测 Y，在二次损失意义下，损失值的最小值是 $\dfrac{1 - \rho^2}{\mathrm{Var}^2(X)}$。

定理 8.1 告诉我们 ρ 刻画了 X 和 Y 的线性关系的密切程度。若 $\rho = \pm 1$，则损失值为 0，称 X 和 Y 之间完全线性相关．

由 Pearson 相关系数的定义知，若能分别很好地估计分子中的协方差以及分母中的方差，则可以很好地估计出相关系数。假设我们有 (X, Y) 的简单随机抽样，记为 (x_1, y_1)，$\cdots$，(x_n, y_n)。分别用 $\bar{x}$ 和 $\bar{y}$ 表示 $x_i (i = 1, \cdots, n)$ 和 $y_i (i = 1, \cdots, n)$ 的平均值。一个直观的相关系数的估计为：

$$\hat{\rho} = \frac{\sum_{i=1}^{n} (x_i - \overline{x})(y_i - \overline{y})}{\sqrt{\sum_{i=1}^{n} (x_i - \overline{x})^2 \sum_{i=1}^{n} (y_i - \overline{y})^2}}$$

公式 8.2.1

公式 8.2.1 给出了 ρ 的点估计。若希望对 ρ 做进一步的统计推断，需要知道 $\hat{\rho}$ 或者它的函数的分布。下面的定理 8.2 给出了 ρ 的函数的分布。

定理 8.2 当 (X, Y) 服从联合正态分布时，若 $\rho = 0$，则 $T := \hat{\rho} \times \sqrt{\dfrac{n-2}{1-\hat{\rho}^2}}$ 服从自由度为 $n-2$ 的 t 分布。

根据定理 8.2，如果 (X, Y) 服从联合正态分布，可以构造按照如下的步骤构造 ρ 的假设检验：

$$H_0 : \rho = 0 \ v.s. \ H_1 : \rho \neq 0$$

在 H_0 下，统计量 $T := \hat{\rho} \times \sqrt{\dfrac{n-2}{1-\hat{\rho}^2}}$ 服从自由度为 $n-2$ 的 t 分布，所以若 $|T| > t_{\alpha/2}(n-2)$，则拒绝 H_0。其中 $t_{\alpha/2}(n-2)$ 表示自由度为 $n-2$ 的 t 分布的上 $\alpha/2$ 分位点。易知 $P_{H_0}(|T| > t_{\alpha/2}(n-2)) = \alpha$，即控制了犯第一类错误的概率为 α。

若计算 ρ 的置信区间，通常考虑 Fisher 的 z 变换，定义：$z = \dfrac{1}{2} \ln\left(\dfrac{1+\hat{\rho}}{1-\hat{\rho}}\right)$。

其中 $\ln(\cdot)$ 代表自然对数。可以证明 z 近似一个正态分布，它的均值为 $\dfrac{1}{2} \ln\left(\dfrac{1+\rho}{1-\rho}\right)$，它的方差为 $\mathrm{Var}(z) \approx \dfrac{1}{n-3}$，该方差和 ρ 的真值无关。据此，可以按如下步骤计算 ρ 的置信区间：

1. 计算样本相关系数，记为 $r = \dfrac{\sum_{i=1}^{n} (x_i - \overline{x})(y_i - \overline{y})}{\sqrt{\sum_{i=1}^{n} (x_i - \overline{x})^2 \sum_{i=1}^{n} (y_i - \overline{y})^2}}$。

2. z 变换：$z = \dfrac{1}{2} \ln\left(\dfrac{1+r}{1-r}\right)$。

3. 用正态分布，z 变换的数据，计算置信区间：$z \pm z_{\alpha/2} \sqrt{\dfrac{1}{n-3}}$。

4. 利用 z 变化的反变换 $r = f(z) := \dfrac{e^{2z}-1}{e^{2z}+1}$ 计算 ρ 的置信区间为

$$\left[f\left(z - z_{\alpha/2} \sqrt{\dfrac{1}{n-3}}\right), \ f\left(z + z_{\alpha/2} \sqrt{\dfrac{1}{n-3}}\right) \right]。$$

在实际问题中，若需要计算相关系数，做假设检验以及求置信区间时，可以借助统计软件，比如 R。在 R 中，*corr.test*() 可以计算样本相关系数，做假设检验 $H_0 : \rho = 0 \ v.s. \ H_1 : \rho \neq 0$ 以及求 ρ 的置信区间。

例 8.1 刷尾负鼠（*brushtail possum*）是一种生活在澳大利亚的有袋动物。研究人员捕获了其中的 104 只动物，并在把它们释放到野外前进行了身体测量。考虑其中的两个测量值：每只负鼠的从头到尾的总长度，以及每只负鼠头部的长度。试问：负鼠的总长度和头部的长度是线性相关的吗？线性相关系数的估计值是多少？其 95% 置信区间是多少？

该数据可以从 R 包 openintro 中获得。使用如下的 R 代码：library（openintro）；data（possum）将得到该数据。它包含了 104 行观测，以及 8 列数据。其中两列 head_l 和 total_l 分别代表头长和总长度。表 8.1 给出这两列的一些统计量：

表 8.1　104 只负鼠的总长度和头长的一些统计量

总长度均值（cm）	总长度标准差（cm）	头长均值（cm）	头长标准差（cm）	总长度和头长的协方差
87.09	4.31	92.60	3.57	10.64

根据表 8.1 我们可以计算相关系数：$\hat{\rho} = \dfrac{\widehat{cov}(x, y)}{\widehat{sd}(x)\widehat{sd}(y)} = \dfrac{10.64}{4.31 \times 3.57} = 0.69$，为检验它们之间是否线性相关，我们首先假设数据服从联合正态分布，计算 $T = \hat{\rho}\sqrt{\dfrac{n-2}{1-\hat{\rho}^2}} = 0.69 \times \sqrt{\dfrac{104-2}{1-069^2}} = 9.63$。自由度为 $104 - 2 = 102$ 的 t 分布的上 0.05/2 分位点为 1.98。所以要拒绝原假设（H_0：它们的相关系数为 0），认为头长和总长度是线性相关的。

为计算相关系数的 95% 置信区间，考虑其 z 变换。$z = \dfrac{1}{2}\ln\left(\dfrac{1+r}{1-r}\right) = \dfrac{1}{2}\ln\left(\dfrac{1+0.69}{1-0.69}\right) = 0.848$。所以，变换参数的 95% 置信区间为 $0.848 \pm 1.96 \times \sqrt{1/(104-3)} = (0.65, 1.04)$。最后，经反变换得到 ρ 的置信区间 $\left(\dfrac{e^{2 \times 0.65}-1}{e^{2 \times 0.65}+1}, \dfrac{e^{2 \times 1.04}-1}{e^{2 \times 1.04}+1}\right) = (0.57,\ 0.78)$。

二、Spearman 相关系数

Pearson 相关系数刻画了随机变量之间的线性相关关系。对 Pearson 相关系数的统计推断一般需要假设两个随机变量服从联合正态分布。Spearman 相关系数（Spearman correlation coefficient）刻画了更一般的相关关系。它不针对原始观测数据计算相关性。而是对变量取值的次序计算相关性。若变量对 (X, Y) 取值为 (x_1, y_1)，(x_2, y_2)，$\cdots$，(x_n, y_n)，则可以通过如下的步骤，计算 Spearman 相关系数：

1. 将 x_1，x_2，$\cdots$，x_n 按照取值大小编次序，最大值记为 1，最小值记为 n。这些次序分别记为 $Rx = (Rx_1,\ Rx_2,\ \cdots,\ Rx_n)$。

2. 将 y_1，y_2，$\cdots$，y_n 按照取值大小编次序，最大值记为 1，最小值记为 n。这些次序分别记为 $Ry = (Ry_1,\ Ry_2,\ \cdots,\ Ry_n)$。

3. 计算 Rx，Ry 的 Pearson 相关系数，即为 Spearman 相关系数。

从上述计算过程知，Spearman 相关系数的取值范围同 Pearson 相关系数的取值范围相同，都是 $[-1,\ 1]$。

第三节　简单线性回归

一、参数估计

回归分析研究相关关系或者相依关系。可以回答一个变量是怎样影响结局变量的。如下，列出了几个典型的例子：女儿成年后的身高和妈妈的身高有什么关系？改变班级的大小是否可以影响学生的学习成绩？高收入国家是不是比低收入国家的人口出生率低？气压和水的沸点有没有关系？以上的例子中，有些是物理关系，有些则没有明确的物理关系，需要从数据出发，挖掘变量之间的关系。

用 X 表示预测变量，用 Y 表示结果变量。简单线性回归一般假设 (X, Y) 满足如下的关系：$E(Y \mid X = x) = \beta_0 + \beta_1 x$，$\mathrm{Var}(Y \mid X = x) = \sigma^2$。即，给定预测变量的值 x，Y 在均值 $\beta_0 + \beta_1 x$ 附近波动，波动的方差为 σ^2。也可以看出当 X 的取值增加一个单位时，Y 的均值增加 β_1 个单位。需要说明的是，不是 Y 增加 β_1 个单位，而是它的均值增加 β_1 个单位。

上式又可以写成 $Y = \beta_0 + \beta_1 X + \epsilon$，$E(\epsilon) = 0$，$\mathrm{Var}(\epsilon) = \sigma^2$。

如果观测数据记为 (x_i, y_i)，$i = 1, 2, \cdots, n$，则有 $y_i = \beta_0 + \beta_1 x_i + \epsilon_i$，通常假定误差 ϵ_i 之间相互独立且具有相同的方差。

参数 β_0 和 β_1 可以使用最小二乘法估计它们的值。最小二乘法通过最小化残差平方和（RSS）来估计：$RSS = \sum_{i=1}^{n} [y_i - (\beta_0 + x_i \beta_1)]^2$，$(\hat{\beta}_0, \hat{\beta}_1) = \arg\min_{\beta_0, \beta_1} \sum_{i=1}^{n} [y_i - (\beta_0 + x_i \beta_1)]^2$。

通过对 RSS 求导，令导数为 0，可以得到：

$$\hat{\beta}' = \frac{SXY}{SXX} = r_{xy} \frac{SD_y}{SD_x} = r_{xy} \left(\frac{SYY}{SXX} \right)^{1/2}, \quad \hat{\beta}_0 = \bar{y} - \bar{x} \hat{\beta}_1 。$$

其中，$SXY = \sum_i (x_i - \bar{x})(y_i - \bar{y})$，$SXX = \sum_i (x_i - \bar{x})^2$，$SD_x$，$SD_y$ 分别为 X 和 Y 的样本标准差。可以看出估计的回归方程 $y = \hat{\beta}_0 + \hat{\beta}_1 x$ 经过点 $(\bar{x}, \bar{y})$，因为由 $\hat{\beta}_0$ 的计算公式，可以得到 $\bar{y} = \hat{\beta}_0 + \hat{\beta}_1 \bar{x}$。

例 8.2 （例 8.1 续）再看负鼠头长（X）和总长度（Y）之间的关系。数据的统计量见表 8.1。现在我们用一个线性模型刻画，即 $Y = \beta_0 + \beta_1 X + \epsilon$，其中 ϵ 代表不能通过 X 解释的误差。请估计模型中的参数 β_0 和 β_1。

根据上面的推导，我们可以计算，$\hat{\beta}_1 = r_{xy} \frac{SD_y}{SD_x} = 0.69 \times \frac{4.31}{3.57} = 0.83$，

$\beta_0 = \bar{y} - \bar{x} \hat{\beta}_1 = 87.09 - 92.6 \times 0.83 = 10.23$。所以，估计出的负鼠头长（$X$）和总长度（$Y$）之间的关系为：

$$\hat{Y} = 10.23 + 0.83 \times X 。$$

从该线性关系可以看出，头长每增加 1 cm，总长度平均增加 0.83 cm。利用估计的线性模型，如果知道一只负鼠的头长，比如是 94 cm，则可以计算出其总长度平均值是 $10.23 + 0.83 \times 94 = 88.25$ cm。

二、统计推断

知道了如何估计参数，以及如何根据预测变量的取值去预测结果变量。我们还对参数以及预测值的统计推断感兴趣。比如 β_1 的 95% 置信区间是多少？它是不是显著地不为 0？预测值的 95% 置信区间是多少？

假定 ϵ_i i.i.d. 服从正态分布，利用如下性质：

$\hat{\beta}_0$，$\hat{\beta}_1$ 都是线性估计，令 $c_i = \frac{x_i - \bar{x}}{SXX}$，则

$$\hat{\beta}_1 = \frac{\sum_i (x_i - \bar{x})(y_i - \bar{y})}{SXX} = \sum_i c_i y_i, \quad \hat{\beta}_0 = \bar{y} - \hat{\beta}_1 \bar{x} = \sum_i \left(\frac{1}{n} - c_i \bar{x} \right) y_i 。$$

容易证明，$(\hat{\beta}_0, \hat{\beta}_1)$ 服从联合正态分布，具有如下参数：

$$E(\widehat{\beta}_j \mid X) = \beta_j, \ j = 0, 1,$$

$$\mathrm{Var}(\widehat{\beta}_i \mid X) = \sigma^2 \frac{1}{\mathrm{SXX}},$$

$$\mathrm{Var}(\widehat{\beta}_0 \mid X) = \sigma^2 \left(\frac{1}{n} + \frac{(\overline{x})^2}{\mathrm{SXX}} \right).$$

$$\rho(\beta_0, \beta_1) = - \frac{\overline{x}}{\sqrt{\mathrm{SXX}/n + (\overline{x})^2}}.$$

如果 σ^2 已知，可以由上述参数计算 β_0 和 β_1 的置信区间，以及对它们进行假设检验。但是通常 σ^2 是未知的，因此需要从数据中进行估计。

方差 σ^2 可以使用如下的公式进行估计：

$$\widehat{\sigma}^2 = \frac{\mathrm{RSS}}{n-2} \qquad\qquad \text{公式 8.3.1}$$

若 ϵ_i i.i.d. $\sim N(0, \sigma^2)$，则 $\frac{\mathrm{RSS}}{\sigma^2} \sim \chi^2(n-2)$。所以，$E\left(\frac{\mathrm{RSS}}{\sigma^2}\right) = n-2$，从而易知 $E(\widehat{\sigma}^2) = \sigma^2$。

将 $\widehat{\sigma}^2$ 代替 σ^2，就可以得到 β_j 的方差的估计。

1. β_j 的置信区间

记 $\widehat{\beta}_j$ 的标准差的估计为 $\widehat{se}_j$。可以证明在 ϵ_i i.i.d. $\sim N(0, \sigma^2)$ 的条件下，$\dfrac{\widehat{\beta}_j - \beta_j}{\widehat{se}_j} \sim t(n-2)$。

由此，可以构造 β_j 的置信水平为 α 的置信区间：$[\widehat{\beta}_j - t_{\alpha/2}(n-2)\,\widehat{se}_j, \widehat{\beta}_j + t_{\alpha/2}(n-2)\,\widehat{se}_j]$。其中，$t_{\alpha/2}(n-2)$ 为自由度为 $n-2$ 的 t 分布的上 $\alpha/2$ 分位点。

例 8.3　（例 8.2 续）在负鼠头长（X）和总长度（Y）之间的关系的例子中，β_1 的估计值是 0.83，通过计算，得到残差平方和 $RSS = 999.78$。求 β_1 的 95% 置信区间。

首先计算 $\widehat{\beta}_1$ 的标准差 $\widehat{se}_1 = \sqrt{\dfrac{RSS}{n-2} \times \dfrac{1}{SXX}} = \sqrt{\dfrac{999.78}{104-2} \times \dfrac{1}{3.57^2 \times (104-1)}} = 0.0864$。注意 SXX/

$(n-1)$ 是 X 的方差的估计值（$\widehat{\sigma}_X^2$），所以 SXX $= (n-1)\widehat{\sigma}_X^2$。

带入公式，可得 β_1 的置信区间：

$$[0.83 - 1.98 \times 0.0864, \ 0.83 + 1.98 \times 0.0864] = [0.66, \ 1.00],$$

其中 1.98 是自由度为 102 的 t 分布的上 0.025 分位点。

2. β_1 的假设检验

系数 β_1 度量了 X 与 Y 之间的线性关系的强度，如果 $\beta_1 = 0$，则 X 与 Y 没有线性关系。因此，通过检验 $\beta_1 = 0$ 可以推断 X 与 Y 是否有线性关系。我们对如下的假设做检验：

$H_0: \beta_1 = 0$　$v.s.$　$H_1: \beta_1 \neq 0$。可以证明，如果 ϵ_i i.i.d. $\sim N(0, \sigma^2)$，则在 H_0 成立的时候，

$T = \dfrac{\widehat{\beta}_1}{se_1} \sim t(n-2)$。如果 $T > t_{\alpha/2}(n-2)$ 则拒绝 H_0，认为 X 与 Y 有显著的线性关系。

例 8.4　（例 8.1 续）在负鼠头长（X）和总长度（Y）之间关系的例子中，β_1 的估计值是 0.83，通过计算，得到残差平方和 RSS $= 999.78$。请判断 X 与 Y 是否有线性关系。

通过前面的计算知道 $\widehat{se}_1 = 0.0864$，所以计算出检验统计量 $T = \dfrac{\widehat{\beta}_1}{se_1} = \dfrac{0.083}{0.0864} = 9.60$。又知道，自由度为 102 的 t 分布的上 0.025 分位点是 1.98。所以，以显著性水平 5%，拒绝 H_0 并且认为 X 与 Y 有线性关系。

3．预测值的置信区间

给定一个新的观测，其 x 值已知，为 $X = x_*$。我们关心其 $y_* = ?$ 拟合值定义为：$\hat{y} = \hat{\beta}_0 + \hat{\beta}_1 x_*$，其方差可以通过此式子计算：$\mathrm{Var}(\hat{y}) = \sigma^2 \left(\dfrac{1}{n} + \dfrac{(x_* - \bar{x})^2}{\mathrm{SXX}} \right)$。

如果误差项的方差 σ^2 是已知的，则 $E(y_*)$ 的 95% 置信区间是 $\hat{y} \pm 1.96 \sigma \times \sqrt{\left(\dfrac{1}{n} + \dfrac{(x_* - \bar{x})^2}{\mathrm{SXX}} \right)}$。

通常需要从数据中估计 σ^2，其估计值是 $\hat{\sigma}^2 = \dfrac{\mathrm{RSS}}{n-2}$，这时，将使用 t 分布来获得 $E(y_*)$ 的 $1 - \alpha$ 置信区间，$\hat{y} \pm t_{\alpha/2}(n-2) \hat{\sigma} \times \sqrt{\left(\dfrac{1}{n} + \dfrac{(x_* - \bar{x})^2}{\mathrm{SXX}} \right)}$。

如果做个体预测，则需再加上误差项 ϵ。注意到 $y_* = \beta_0 + \beta_1 x_* + \epsilon_*$。因此，个体预测值为 $\tilde{y}_* = \hat{\beta}_0 + \hat{\beta}_1 x_*$，它的方差是：$\mathrm{Var}(y_*) = \sigma^2 + \sigma^2 \left(\dfrac{1}{n} + \dfrac{(x_* - \bar{x})^2}{\mathrm{SXX}} \right)$。所以，对于个体预测值 y_* 的 $1 - \alpha$ 的置信区间是 $\hat{y} \pm t_{\alpha/2}(n-2) \hat{\sigma} \times \sqrt{\left(1 + \dfrac{1}{n} + \dfrac{(x_* - \bar{x})^2}{\mathrm{SXX}} \right)}$。

例 8.5　（例 8.1 续）在负鼠头长（X）和总长度（Y）之间关系的例子中，如果知道一只负鼠的头长，如 94 cm。请问头长为 94 cm 的负鼠总长度平均值的置信区间是多少？再问一只头长为 94 cm 的负鼠，它的总长度的置信区间是多少？

解：负鼠头长（X）和总长度（Y）有关系：$\hat{Y} = 10.23 + 0.83 \times X$。利用估计的线性模型，如果知道一只负鼠的头长 94 cm，则可以计算出其总长度平均值是 $10.23 + 0.83 \times 94 = 88.25$ cm。由表 8.1 知 $\mathrm{SXX} = 4.31^2 \times 103 = 1913.338$。所以，总长度平均值的置信区间为

$$
\begin{aligned}
&\hat{y} \pm t_{\alpha/2}(n-2) \hat{\sigma} \times \sqrt{\left(\dfrac{1}{n} + \dfrac{(x_* - \bar{x})^2}{SXX} \right)} \\
&= 88.25 \pm 1.98 \times 3.13 \times \sqrt{\left(\dfrac{1}{104} + \dfrac{(94 - 87.09)^2}{1913.338} \right)} \\
&= [87.10, 89.40]
\end{aligned}
$$

单个个体的总长度的置信区间为

$$
\begin{aligned}
&\hat{y} \pm t_{\alpha/2}(n-2) \hat{\sigma} \times \sqrt{\left(1 + \dfrac{1}{n} + \dfrac{(x_* - \bar{x})^2}{\mathrm{SXX}} \right)} \\
&= 88.25 \pm 1.98 \times 3.13 \times \sqrt{\left(1 + \dfrac{1}{104} + \dfrac{(94 - 87.09)^2}{1913.338} \right)} \\
&= [81.95, 94.55]
\end{aligned}
$$

第四节　多元线性回归

一、参数估计

多元线性回归（multivariates linear regression）是指自变量有多个的线性回归，它一般有如下的假定：

$$E(Y \mid X) = \beta_0 + X_1\beta_1 + \cdots + X_p\beta_p, \ \mathrm{Var}(Y \mid X) = \sigma^2$$

多元回归一般使用简洁的矩阵表示：$Y = X\beta + \epsilon$，其中 $Y \in \mathbb{R}^{n \times 1}$ 表示 n 个结局变量的观测；$X \in \mathbb{R}^{n \times (p+1)}$，它的第一列所有元素是 1，对应截距，其余各列分别对应各预测变量（或解释变量）；$\epsilon \in \mathbb{R}^{n \times 1}$ 对应误差（或噪声）。

线性回归中的参数估计通常有极大似然估计法和最小二乘估计法。极大似然估计的优点是效率较高，但是它的假设较多。例如通常假定噪声 ϵ_i，$i = 1, 2 \ldots, n$ 独立同分布，并且服从正态分布。最小二乘法对模型的假设较少，不要求分布服从正态分布，而且计算速度较快。

首先简单介绍一下回归系数的极大似然估计法。假设误差项 i.i.d. 服从正态分布 $\epsilon_i \sim N(0, \sigma^2 I_n)$。似然函数是 $\prod_{i=1}^{n} \left\{ \dfrac{1}{\sqrt{2\pi}\sigma} e^{\frac{(y_i - x_i^T\beta)^2}{2\sigma^2}} \right\}$。

对数似然函数是 $\sum_{i=1}^{n} \left\{ -1/2 \log(\sigma^2) - \dfrac{(y_i - X_i^T\beta)^2}{2\sigma^2} \right\} + C$。其中 C 是与未知参数 β_0，β_1，β_2，$\cdots$，β_p，σ^2 无关的量。求 β 的 MLE，等价于求如下的最小二乘：

$$\hat{\beta} = \arg\min_{\beta} \| Y - X\beta \|_2^2 := \sum_{i=1}^{n} (y_i - x_i^T\beta)^2$$

其中，$\| Y - X\beta \|_2^2 = (Y - X\beta)^T (Y - X\beta)$ 又称为残差平方和（residual sum-of-squares）。

通过推导：$\dfrac{\partial \| Y - X\beta \|_2^2}{\partial \beta} = 2X^T(Y - X\beta)$ $\qquad \dfrac{\partial^2 \| Y - X\beta \|_2^2}{\partial \beta \partial \beta^T} = 2X^TX$

假设 X^TX 是正定的，令 $\dfrac{\partial \| Y - X\beta \|_2^2}{\partial \beta} = 0$，我们有 $\hat{\beta} = (X^TX)^{-1}X^TY$。

最小二乘估计有如下性质：

（1）无偏性：$E(\hat{\beta}) = E[(X^TX)^{-1}X'Y] = E[(X^TX)^{-1}X'(X\beta + \epsilon)] = \beta$

（2）（协）方差：$\mathrm{Var}(\hat{\beta}) = \sigma^2 (X^TX)^{-1}X'X(X^TX)^{-1} = \sigma^2 (X^TX)^{-1}$。

误差 ϵ_i 的方差可以使用如下的公式估计：

$$\hat{\sigma}^2 = \frac{1}{n - p - 1} \sum_{i=1}^{n} (y_i - \hat{y}_i)^2 \qquad\qquad \text{公式 8.4.1}$$

其中 $\hat{y}_i = \hat{\beta}_0 + x_{i1}\hat{\beta}_1 + \cdots x_{ip}\hat{\beta}_p$。

最小二乘估计有如下的平方和分解公式（勾股定理）：

定理 8.3

$$\sum_i (y_i - \bar{y})^2 = \sum_i (\hat{y}_i - \bar{y})^2 + \sum_i (y_i - \hat{y}_i)^2 \qquad\qquad \text{公式 8.4.2}$$

其中 $y = \dfrac{1}{n} \sum_{i=1}^{n}$，$y_i$ 是 y_i，$i = 1, \cdots, n$ 的平均值。

上面的定理说明完全平方和（total square sum）等于回归平方和（regression square sum）加残差平方和。写作 $SS_{tot} = SS_{reg} + SS_{res}$，其中 $SS_{tot} = \sum_i (y_i - \bar{y})^2$，$SS_{reg} = \sum_i (\hat{y}_i - \bar{y})^2$，$SS_{res} = \sum_i (y_i - \hat{y}_i)^2$。易知，残差平方和占完全平方和的比重越小，线性方程拟合数据的程度越好。因此可以用如下的 R^2 来度量线性关系的强度：$R^2 = \dfrac{SS_{reg}}{SS_{tot}} = 1 - \dfrac{SS_{res}}{SS_{tot}}$。易知 $0 \leqslant R^2 \leqslant 1$。当 $R^2 = 1$ 时，这时所有的残差都是 0，所有观测数据都完全符合线性关系。当 $R^2 = 0$，Y 跟 X_j，$j = 1, \cdots, p$ 没有线性关系。此时 $\hat{\beta}_1 = \hat{\beta}_2 = \cdots = \hat{\beta}_p = 0$。

注意到最小二乘估计致力于最小化残差平方和（residual square sum）SS_{res}。因此，加入的变量越多，残差平方和 SS_{res} 越小，于是 R^2 越大。也就是说即使随便加入任何无关的预测变量，都能够使得 R^2 增大，因此使用 R^2 来比较两个模型的好坏不是很合理，需要调整。一个简单的办法是加入自由度，调整变量个数的影响：$R_{adj}^2 = 1 - \dfrac{SS_{res}/df_{res}}{SS_{tot}/df_{tot}} = 1 - \dfrac{SS_{res}/(n-p-1)}{SS_{tot}/(n-1)}$。

对比 R^2，$R^2 = 1 - \dfrac{SS_{res}/n}{SS_{tot}/n}$，可以发现加入更多的预测变量，会对拟合程度（$R^2$）做一些惩罚，$R_{adj}^2 \leq R^2$ 总成立。

例 8.6 为研究前列腺特异性抗原水平与前列腺疾病的相关性，研究人员对即将接受根治性前列腺切除术治疗的男性进行了医学测量。响应变量是前列腺特异性抗原的对数（lpsa），解释变量（或预测变量）包括对数癌细胞体积（lcavol）、对数前列腺重量、年龄、良性前列腺增生量的对数（lbph）、精囊侵犯程度（svi）、包膜穿透的对数（lcp）、Gleason 得分（Gleason），Gleason 得分 4 或 5 所占百分比（pgg45）。我们需要把这些影响结合起来理清预测因素和反应之间的关系。请使用多元线性模型建立各因素和响应变量之间的关系。

我们用线性模型拟合前列腺特异性抗原的对数 lpsa。数据的链接如下 https：//web.stanford.edu/ hastie/ ElemStatLearn/datasets/prostate.data。它共有 97 行记录，即 97 个样本。其中 67 个样本被标记为训练样本，30 个样本被标记为测试样本。我们使用 67 个观测样本拟合线性模型。使用 R 的 lm（）函数，我们得到回归方程如下：

$$\hat{lpsa} = 0.43 + 0.58lcavol + 0.61lweight - 0.02age + 0.14lbph + 0.74svi - 0.03gleanson + 0.01pgg45.$$

通过 R 软件中的 summary（）函数，可以得到 $R^2 = 0.6944$，调整的 R^2 为 $R_{adj}^2 = 0.6522$。

单从系数大小来看，似乎 svi、lweight、lcavol 等变量与 lpsa 有很大的关联。但是这个结论还有待于进一步的研究。下面我们介绍线性回归中的统计推断，它可以用来诊断解释变量（或者预测变量）与响应变量是否有显著的关联（相关）关系。

二、统计推断

为对参数 β_j，$j = 1, \ldots, p$ 进行假设检验或者计算其置信区间，我们假设 $\epsilon \sim N(0, \sigma^2 I_n)$，$I_n$ 代表 n 阶单位矩阵。此时，参数的估计量具有如下性质：

定理 8.4 假设线性模型成立，$Y_i = X_i^T \beta + \epsilon$，$\epsilon \sim N(0, \sigma^2 I_n)$。

则 β 的最小二乘估计以及 σ^2 的估计 $\hat{\sigma}^2 = \dfrac{RSS}{n-p}$，具有如下性质：

1. $\hat{\beta} \sim N(\beta, (X^T X)^{-1} \sigma^2)$，

2. $(n-p-1) \dfrac{\hat{\sigma}^2}{\sigma^2} \sim \chi^2(n-p-1)$

3. $\hat{\beta}$ 与 $\hat{\sigma}^2$ 相互独立。

根据定理 8.4，可以构建算参数 β_j 的置信区间。记 υ_j 代表逆矩阵 $(X^T X)^{-1}$ 的第 j 个对角元素，即 $\upsilon_j = (X^T X)[j, j]$。当 σ^2 已知时，$\dfrac{\hat{\beta}_j - \beta_j}{\sigma \sqrt{\upsilon_j}} \sim N(0, 1)$，$P\left(\dfrac{\hat{\beta}_j - \beta_j}{\sigma \sqrt{\upsilon_j}} \in [-1.96, 1.96]\right) = 0.95$，

所以，参数 β_j 的置信区间是 $\hat{\beta}_j \pm 1.96 \sigma \sqrt{\upsilon_j}$ 一般情况下，σ^2 需从数据中去估计。当 σ^2 未知时，采用估计公式 8.4.1，

$$\frac{\hat{\beta}_j - \beta_j}{\sigma \sqrt{\upsilon_j}} / \sqrt{\frac{\hat{\sigma}^2}{\sigma^2}} \sim t(n - p - 1)$$

$$P\left(\frac{\hat{\beta}_j - \beta_j}{\hat{\sigma}\sqrt{\upsilon_j}} \in [-t_{\alpha/2},\ t_{\alpha/2}]\right) = 1 - \alpha。$$

所以，参数 β_j 的置信区间是 $\hat{\beta}_j \pm t_{\alpha/2}\hat{\sigma}\sqrt{\upsilon_j}$。

当自由度很大时，比如自由度大于 100，t 分布和正态分布之间的差距很小，可以用正态分布的分位点代替 t 分布的分位点。

也可以通过如下的分布计算多个参数的联合置信区域：$\dfrac{(\hat{\beta} - \beta)^T(X'X)^{-1}(\hat{\beta} - \beta)}{\sigma^2} \sim \chi^2(p+1)$
置信区域为 $\left\{\beta \mid \dfrac{(\hat{\beta} - \beta)^T(X'X)^{-1}(\hat{\beta} - \beta)}{\sigma^2} \leqslant \chi_{\alpha}^2(p+1)\right\}$。

例 8.7 （例 8.6 续）上面研究前列腺特异性抗原水平与前列腺增生的相关性的例子中，我们得到了线性模型中各参数的估计。请问，各因素对应的回归系数 $\beta'_j s$ 的置信区间分别是多少？

通过 R 中的 summary（）函数，可以得到各系数的估计值，以及对应的标准差，见表 8.2。

计算出自由度为 58 的 t 分布对应的上 0.025 分位点：2.001。通过下式，可计算出各系数 $\beta'_j s$ 的置信区间：$\hat{\beta}_j \pm 2.001 * se_j$，其中 $\hat{\beta}_j$ 对应表 8.2 的第一列（估计值），se_j 对应表 8.2 的第二列（标准误）。也可以使用 R 中的函数 confint（）得到各系数的置信区间，结果见表 8.3。

表 8.2　回归分析结果

	估计值（Estimate）	标准误（Std. Error）	t 值	Pr（>|t|）
截距项	0.43	1.55	0.28	0.78
lcavol	0.58	0.11	5.37	0.00
lweight	0.61	0.22	2.75	0.01
age	−0.02	0.01	−1.40	0.17
lbph	0.14	0.07	2.06	0.04
svi	0.74	0.30	2.47	0.02
lcp	−0.21	0.11	−1.87	0.07
gleason	−0.03	0.20	−0.15	0.88
pgg45	0.01	0.01	1.74	0.09

接下来讨论参数的假设检验。

1．单个参数的假设检验

$H_0 : \beta_j = 0 \ v.s. \ H_1 : \beta_j \neq 0$。根据定理 8.4，可以构建如下服从自由度为 $n - p - 1$ 的检验统计量：

$$T = \frac{\hat{\beta}_j - \beta_j}{\hat{\sigma}\sqrt{\upsilon_j}} \sim t(n - p - 1),$$

其中 $\upsilon_j = (X^T X)^{-1}[j, j]$ 代表逆矩阵 $(X^T X)^{-1}$ 的第 j 个对角元素。由此，得到原假设 H_0 的拒绝域为：

$$\{data: |T| \geqslant t_{\alpha/2}\}。$$

2．检验一组系数是否同时为 0

此类常用的检验是检验 X 和 Y 之间有没有线性关系。即 $H_0: \beta_1 = \beta_2 = \beta_3 = \cdots = \beta_p = 0$ $v.s.$ H_1：至少有一个 $\beta_j \neq 0$。更一般的问题是如下的假设检验问题，

H_0：线性模型中包含 p_0 个解释变量 $v.s.$。H_1：线性模型中包含 p_1 个解释变量，其中 H_1 的模型比 H_0 的模型更大（$p_1 > p_0$），即 H_0 中模型的变量都包含在 H_1 中，并且 H_1 中包含更多的变量。对于这类问题，可以构造检验统计量：

$$F = \frac{(RSS_0 - RSS_1)/(p_1 - p_0)}{RSS_1/(n - p_1 - 1)}。$$

表8.3　各系数的置信区间

	2.5%	**97.5%**
截距项	−2.68	3.54
lcavol	0.36	0.79
lweight	0.17	1.06
age	−0.05	0.01
lbph	0.00	0.29
svi	0.14	1.33
lcp	−0.43	0.01
gleason	−0.43	0.37
pgg45	−0.00	0.02

其中 RSS_0 是在 H_0 模型下得到的残差平方和，RSS_1 是在 H_1 模型下得到的残差平方和。注意到模型 H_1 包含更多的变量，所以 RSS_1 要比 RRS_0 更小。

可以证明在定理 8.4 的模型假设下，上述 $F \sim F(p_1 - p_0, \ n - p_1 - 1)$。由此可以构造 H_0 的拒绝域（reject field）：$\{ data: F > F_\alpha(p_1 - p_0, \ n - p_1 - 1) \}$。

作为上述检验的特例，$H_0: \beta_1 = \beta_2 = \beta_3 = \cdots = \beta_p = 0$ $v.s.$。H_1：至少有一个 $\beta_j \neq 0$ 的拒绝域是 $\{ data: F^* > F_{1-\alpha}(p, \ n - p - 1) \}$，其中 $F^* = \dfrac{(SS_{total} - SS_{res})/p}{SS_{res}/(n - p - 1)}$。

例 8.8　（例 8.6 续）上面研究前列腺特异性抗原水平与前列腺增生的相关性例子中，我们得到了线性模型中各参数的估计。请问，各因素对应的回归系数 $\beta'_j s$ 是否显著不为 0？如何检验 $\beta_1 = \beta_2 = \cdots = \beta_8 = 0$（注：这里总共有 8 个预测变量）？

求解出各系数的估计值 β_j 以及对应的标准差 se_j 后，可以计算检验统计量 t 值，这些都在 R 的 summary（）函数的输出中，见表 8.2。同时这个表，也直接输出了 P 值。P 值小于 0.05 时，通常认为对应的系数显著不为 0。在本例中，从表 8.2 中可以看出，lcavol、lweight、lbph、svi 这四个变量的系数均显著不为 0 的，其他变量的系数则不显著。

为检验所有的系数是否同时为 0（$\beta_1 = \beta_2 = \cdots = \beta_8 = 0$），需要计算 F 统计量，这个值在 R 中 summary（）函数输出结果中也可以看到。本例中，F 值是 16.47，在 $H_0: \beta_1 = \beta_2 = \cdots = \beta_8 = 0$ 下，它服从自由度为（8，58）的 F 分布，可以求得 P 值为 2.042e^{-12}。所以，在显著性水平 0.05 下，我们拒绝 $H_0: \beta_1 = \beta_2 = \cdots = \beta_8 = 0$，认为存在某些系数不为 0。

第五节 Logistic 回归

本节介绍一种常用的广义线性模型（generalized linear model，GLM）——logistic 回归。它常用于处理结果变量 Y 是二值变量的情形。该情形下，因为 Y 通常只取值 0 或者 1，所以很难用线性模型来解释 Y 和预测变量 X 之间的关系。通常可以使用线性模型对其中的参数进行建模，比如对数风险（log odds）建立线性模型：$\log\left(\dfrac{P(Y=1\,|\,X=x)}{P(Y=0\,|\,X=x)}\right)$

此时，可以计算 $P(Y=1\,|\,X=x)$：

$$P(Y=1\,|\,X=x)=\frac{e^{x^{T}\beta}}{1+e^{x^{T}\beta}}=x^{T}\beta.\qquad\text{公式 8.5.1}$$

由公式 8.5.1 描述的模型，称为 logistic 回归模型。

线性回归模型中的参数通常采用最小二乘估计，在 logistic 回归中，最小二乘不具有明显的意义。因此通常不采用最小二乘法，而常采用极大似然估计的方法。似然函数可以写成

$$\prod_{i}\left[P(Y=y\,|\,X=x_i)\right]^{y_i}\left[1-P(Y=1\,|\,X=x_i)\right]^{1-y_i},$$

它是 β 的函数。采用最优化方法可计算出 β 的值，就得到了它的极大似然估计值。

例 8.9　荷兰海牙 1972—1981 年的健康调查，发现养宠物鸟和肺癌风险增加相关。为调查养鸟是否是一个风险因素，研究人员于 1985 年在海牙的 4 家医院进行了一项病例对照研究。他们搜集确诊肺癌患者 49 例，他们年龄在 65 岁或以下并且从 1965 年起就住在该城市里。他们还挑选了 98 人作为控制人群，控制人群与上述 45 例患者具有相同的年龄结构。

数据可从 R 包 *Sleuth3* 中获取，数据存放在名为 *case2002* 的数据框中。数据包含 147 个观测，有 1 个响应变量（response variable）LC，它代表样本是否患病。有 6 个解释变量（explainable variable），分别是性别（FM）、经济水平（高或低）（SS）、是否养鸟（BK）、年龄（AG）、诊断前的烟龄（YR），以及平均每天吸多少烟（CD）。

请问养鸟是否增加患肺癌的风险？

解：我们用 logistic 回归分析养鸟对患肺癌的影响。通过 R 软件中的 glm 函数，可以得到一个 logistic 回归模型，输出结果见表 8.4：

表8.4　logistic回归模型的输出结果

	估计值 （Estimate）	标准误 （Std. Error）	Z 值	Pr（>|z|）
截距项	−1.2706	1.8253	−0.70	0.4864
FMMale	−0.5613	0.5312	−1.06	0.2907
SSLow	−0.1054	0.4688	−0.22	0.8221
BK	1.3626	0.4113	3.31	0.0009
AG	−0.0398	0.0355	−1.12	0.2625
YR	0.0729	0.0265	2.75	0.0059
CD	0.0260	0.0255	1.02	0.3081

从结果可以看出，BK（养鸟）是一个显著的（P 值小于 0.05）风险因素。同时也可以看到吸烟的长短（YR）也是一个显著的风险因素。

Logistic 回归模型是广义线性模型的一种。广义线性模型可以将线性回归模型、logistic 回归模型等很多模型统一起来。接下来简要介绍一下广义线性模型（GLM）。GLM 包含三要素：

（1）$Y \mid X$ 的分布族。

（2）线性预测 $\eta = X\beta$。

（3）连接函数 $g\left(E\left(Y\right)\right) = \eta = X\beta$。

为便于理解，这里以我们熟悉的线性模型和 logistic 模型为例，分别介绍他们的三要素。

线性模型的三要素：

① $Y \mid X = x_i$ 服从均值为 μ_i，方差为 σ^2 的正态分布；②线性预测 $\eta_i = x_i^T \beta$；③连接函数 $g\left(x\right) = x$。因此，$E\left(Y \mid X = x_i\right) = \eta_i = x_i^T \beta$。由上述三条，可以得到 Y 与 X 的关系：

$$Y = X\beta + \epsilon, \ \epsilon \sim N\left(0, \ \sigma^2 I_n\right)。$$

Logistic 回归的三要素：

① $Y \mid X = x_i$ 服从均值为 μ_i 的二项分布；②线性预测 $\eta_i = x_i^T \beta$；③连接函数 $g\left(\mu\right) = \log \left(\frac{\mu}{1-\mu}\right)$。因此，$g\left(E\left(Y \mid X = x_i\right)\right) = g\left(\mu_i\right) = \eta_i = x_i^T \beta$，由此可解出 μ_i [即 $E\left(Y \mid X = x_i\right)$]：

$$\mu_i = P(Y = 1 \mid X = x_i) = \frac{e^{x_i^T \beta}}{1 + e^{x_i^T \beta}}。$$

通过线性回归和 logistic 回归的例子看到，广义线性模型是一个框架，它可以把两种模型统一用一个框架来描述。实际应用中，还有一个很常用的 GLM - Poisson 回归，它可以用来对计数数据（count data）建模。比如：对某地区罕见疾病发病数建模。为建立 Poisson 回归，需要明确它的三要素。① $Y \mid X = x_i$ 服从均值为 μ_i 的 Poisson 分布，其中 Y 就是感兴趣的计数型的结局变量，它服从 Poisson 分布，其均值和解释变量（X）的取值有关。②线性预测 $\eta_i = x_i^T \beta$，它用来表示一个线性模型。和前面的 logistic 回归类似，这个线性模型不直接刻画 $E\left(Y\right)$，而是刻画它的某个函数，该函数由连接函数定。③连接函数 $g\left(\mu\right) = \log\left(x\right)$。在 Poisson 回归中，使用 log () 连接线性模型和结局的均值：$g\left(E\left(Y \mid X = x_i\right)\right) = \log\left(\mu_i\right) = \eta_i = x_i^T \beta$，即 $E\left(Y \mid X = x_i\right) = e^{x_i^T \beta}$。

通过上面的 3 个例子，可以看出线性模型一般对正态的 Y 建模，logistic 回归一般对二值变量 Y 建模，Poisson 回归一般对 Poisson 分布的计数变量建模。这三种分布（正态分布、二值分布、Poisson 分布）都是指数分布族中的一种分布。因此，可以将上面三个模型进一步概括总结，得到 GLM 的模型的一般表达：

（1）$Y \mid X = x_i$ 服从扩展的指数分布族，具有密度函数（连续型随机变量）或者概率函数（离散型随机变量）：$f(y; \theta, \psi) = \exp\left\{\dfrac{y\theta - b(\theta)}{a(\psi)} + c\left(y; \psi\right)\right\}$。

其中，θ 和 ψ 跟 X 有关，$a\left(\cdot\right)$，$b\left(\cdot\right)$，$c\left(\cdot\right)$ 是 3 个函数。

（2）线性预测 $\eta_i = x_i^T \beta$。

（3）连接函数 $g\left(E\left(Y \mid X = x_i\right)\right) = \eta_i = x_i^T \beta$。

连接函数的选取根据实际问题而定，一般选取典型连接函数，其定义如下：

定义 8.1 考虑扩展的指数分布族 $Y \sim f(y; \theta, \psi) = \exp\left\{\dfrac{y\theta - b(\theta)}{a(\psi)} + c\left(y; \psi\right)\right\}$，如果连接函数 $g\left(\cdot\right)$，满足 $g\left(E\left(Y\right)\right) = \theta$，遂称之为典型连接函数。

针对一般的具有典型连接函数的 GLM，它们的极大似然估计有一种统一的算法。这里简单介绍一下。GLM 的似然函数为 $\displaystyle\prod_{i=1}^{n} \exp\left\{\dfrac{y_i x_i^T \beta - b\left(x_i^T \beta\right)}{a\left(\psi\right)} + c\left(y_i; \psi\right)\right\}$。

取对数，得到对数似然函数 $\sum_{i=1}^{n}\left[\dfrac{y_i x_i^T \beta - b(x_i^T \beta)}{a(\psi)} + c(y_i; \psi)\right]$。令其最大化从而得到参数 β 的极大似然估计：$\hat{\beta} = \arg\max_{\beta} \sum_{i=1}^{n} [y_i x_i^T \beta - b(x_i^T \beta)]$。

从上式看出，针对不同的 GLM，在计算其极大似然估计时，仅仅需要考虑不同的函数 $b(\cdot)$ 即可。在线性回归中，$b(\theta) = \dfrac{\theta^2}{2}$；在 logistic 回归中，$b(\theta) = \log(1 + e^{\theta})$；在 Poisson 回归中，$b(\theta) = e^{\theta}$。

$\hat{\beta}$ 的计算通常采用循环加权最小二乘法，这里不再详述。

习 题

1. 我国正在加快发展方式绿色转型，推动经济社会发展绿色化、低碳化。这对汽车能耗的研究和控制是重要的一环。汽车的油耗和汽车的重量可能相关。一般认为汽车超重，则可能越耗油。现有从美国杂志 *1974 Moter Trend* 抽取的 32 个样本数据，包括不同的车型、车重、油耗等。油耗 mpg（汽车每加仑汽油行驶的里程）表示。该数据可以从 R 软件中直接获取，数据名为 mtcars。请计算车重（wt）和油耗（mpg）之间的相关系数，并计算其置信区间以及对它做假设检验。

2. 使用线性模型估计油耗（mpg）和车重（wt）之间的关系，写出 mpg 和 wt 之间的线性关系，求系数的置信区间，对系数做假设检验。

3. 现有一辆汽车，型号为 Merc 280。已知它的车重是 3 440 lbs，请估计其油耗，并给出油耗的 95% 置信区间。

4. 儿童健康与发展研究调查了一系列主题。一项研究特别考虑了旧金山东海湾地区凯撒基金会健康计划中所有妇女中 1960—1967 年的怀孕情况。其目标是利用变量对婴儿的体重（bwt，单位为盎司）进行建模，这些变量包括怀孕天数（gestation）、母亲年龄（age）、母亲身高（height）、孩子是否是第一胎（parity）、母亲怀孕体重（weight）以及母亲是否吸烟（smoke）。数据可以从 https://www.openintro.org/data/index.php?data=babies 下载，或者从 R 软件包 Gestation 中获得。

(1) 请写出使用所有变量对婴儿体重的回归方程。

(2) 检验婴儿体重和这些变量是否有线性关系。

(3) 计算各系数的置信区间，并解释置信区间和假设检验之间的关系。

5. 1986 年 1 月 28 日，美国"挑战者"号航天飞机起飞 73 秒后，在海拔 14 240 米的高度上突然爆炸。挑战者号的碎片，如雨点般地落进大西洋，救援者没有发现有人生还的迹象——他们已经化为了粉末。克里斯和飞机上另外的 6 位宇航员都遇难身亡。灾难发生后，美国国家航空及太空总署发动了大规模的调查，总统里根下令成立了独立的委员会。调查发现，事故的发生起因于有裂痕的推进火箭接缝，而且后来的调查认为，这种失误是可以避免的。专家认为接缝裂痕产生的原因可能跟周围的温度有关。表 8.5 汇总了 23 次飞行任务，每次任务记录了温度（Temperature）、裂痕数（Damaged，代表有多少个接缝产生了裂痕）、无裂痕数（Undamaged）。

用 Damage =1 代表某接缝有裂痕，Damage = 0 代表接缝无裂痕。根据上述描述，使用 logistic 回归，计算 $P(\text{Damge}=1 \mid \text{Temperature}=t)$。写出 logistic 回归模型，并计算 $P(\text{Damage}=1 \mid \text{Temperature} = 71)$。

表 8.5　23 次飞行任务情况统计表

	任务1	任务2	任务3	任务4	任务5	任务6	任务7	任务8	任务9	任务10
温度（Temperature）	53	57	58	63	66	67	67	67	68	69
裂痕数（Damged）	5	1	1	1	0	0	0	0	0	0
无裂痕数（Undamaged）	1	5	5	5	6	6	6	6	6	6

	任务11	任务12	任务13	任务14	任务15	任务16	任务17	任务18	任务19	任务20
温度（Temperature）	70	70	70	70	72	73	75	75	76	76
裂痕数（Damged）	1	0	1	0	0	0	0	1	0	0
无裂痕数（Undamaged）	5	6	5	6	6	6	6	5	6	6

	任务21	任务22	任务23
温度（Temperature）	78	79	81
裂痕数（Damged）	0	0	0
无裂痕数（Undamaged）	6	6	6

6. 请列出线性模型、logistic 回归、Poisson 回归分别对应的密度函数或概率函数，找出它们的典型连接函数，并验证 $E(Y|X=x_i)=b'(\theta):=\frac{d\ b(\theta)}{d(\theta)}\Big|_{\theta=x_i^T\beta}$。

第九章 │ 分类变量的检验

第一节 引 言

很多实际问题中，我们面对的变量是分类变量。比如在药物疗效评测中，我们得到的是药物在多少人身上有效，在多少人身上无效，这里有效与否就是一个两分类变量。而我们需要检验的是不同药物治疗效果的差异，实际上是对不同药物治愈率的比较，也就是第六章的比率检验问题。

例 9.1 某医生比较甲、乙两种药物疗效。甲药治疗患者 52 例，有效 46 例，无效 6 例；乙药治疗同一种病患者 26 例，有效 18 例，无效 8 例。试问两种药物疗效是否有差异？

再举一个生活中的例子。如果我们要考察北大的女生是不是比清华的女生多，我们可随机从北大和清华挑选一定数量的学生，看各自女生的数目，通过观测数据进行比较。

例 9.2 随机从北大学生中抽取 100 人，女生有 50 人；随机从清华学生中抽取 100 人，女生有 35 人，试问北大女生的比例是否比清华高？

再举一个经典的女士品茶的例子。

例 9.3 在英国的 Rothamsted 实验站，Fisher 给一位名叫 Muriel Bristol 的女士倒了一杯茶，但是 Bristol 表示，自己更喜欢先将牛奶倒入杯中，再倒入茶。这位女士号称能够分辨先倒茶和先倒牛奶的区别。作为实验设计的鼻祖，Fisher 当然想用实验检验一下这位女士的味觉是否有这么敏锐。Fisher 倒了 8 杯奶茶：其中 4 杯"先奶后茶"，其余 4 杯"先茶后奶"。随机打乱次序后，Fisher 请 Bristol 品尝，并选出 Bristol "先奶后茶"的 4 杯，看她是否能分辨奶和茶的顺序。如果 k 是 Bristol 选对的"先奶后茶"的杯数，那么 k 取什么值能说明 Bristol 有这种较为敏锐的味觉？

以上问题都可以抽象成下面的检验问题。总体 X 和 Y 都服从两点分布，$X_i \sim B(1, p_x)$，$i = 1, 2, \cdots, N_x$，X_i 只取 1 或者 0，$\sum_{i=1}^{N_x} X_i = s_x$，$\sum_{i=1}^{N_x} (1 - X_i) = f_x$；$Y_j \sim B(1, p_y)$，$j = 1, 2, \cdots, N_y$，$Y_j$ 只取 1 或者 0，$\sum_{j=1}^{N_y} Y_j = s_y$，$\sum_{j=1}^{N_y} (1 - Y_j) = f_y$，总样本数目 $N = N_x + N_y$。这些数据用表格列出来，称为列联表，如表 9.1 所示。

表 9.1 2×2 列联表示意图

	成功	失败	总数
总体 X	s_x	f_x	$N_x = s_x + f_x$
总体 Y	s_y	f_y	$N_y = s_y + f_y$
总数	$N_s = s_x + s_y$	$N_f = f_x + f_y$	$N = N_x + N_y$

对于例 9.1，检验两个总体的成功率是否相等。这是一个双边检验问题。

$$H_0 : p_x = p_y \leftrightarrow H_1 : p_x \neq p_y$$

对于例 9.2，检验甲总体的成功率是否大于乙总体的成功率。这是一个单边检验问题。

$$H_0 : p_x = p_y \leftrightarrow H_1 : p_x > p_y$$

在实际应用中，2×2 列联表还可以扩展到多行多列的列联表。例如下面的检验问题。

例 9.4　3 位教授讲授生物统计学大课。在学期期末，3 位教授给出的成绩如表 9.2。通过比较考试成绩来看他们的评分方式是否有显著差别。

表 9.2　3位教授课程成绩对应的 3×6 列联表

	90分以上	85~90分	80~84分	70~79分	60~69分	不及格分	总数
甲教授	12	18	19	45	49	2	145
乙教授	10	12	22	32	43	6	125
丙教授	15	10	26	19	32	7	109
总数	37	40	67	96	124	15	379

将上面的例子一般化：设有 r 个总体，从第 i 个总体中抽取 $N_{i.}$ 个简单随机样本，有 N_{ij} 个归入第 j 类，得到一个 $r \times s$ 列联表，如表 9.3 所示。

表 9.3　$r \times s$ 列联表示意图

	类别 1	...	类别 s	总数
总体 1	N_{11}	...	N_{1s}	$N_{1.} = \sum_j N_{1j}$
总体 2	N_{21}	...	N_{2s}	$N_{2.} = \sum_j N_{2j}$
...	...	...	...	...
总体 r	N_{r1}	...	N_{rs}	$N_{r.} = \sum_j N_{rj}$
总数	$N_{.1} = \sum_i N_{i1}$	...	$N_{.s} = \sum_i N_{is}$	$N_{..} = \sum_{i,j} N_{ij}$

检验问题：不同总体内各类的比例是否一致，即所谓的齐次性问题

$$H_0 : p_{1j} = p_{2j} = \cdots = p_{rj}, \ \forall j = 1, \ 2, \ \cdots, \ s,$$
$$H_1 : p_{1j}, \ p_{2j}, \ \cdots, \ p_{rj}, \ j = 1, \ 2, \ \cdots, \ s. \ 不全相等。$$

另一种看法是把列联表看成是两个随机变量不同取值的样本量，联合概率为 $p_{ij} = P\{A = A_i, B = B_j\}$，边缘概率 $p_{i.} = P\{A = A_i\}$，$p_{.j} = P\{B = B_j\}$。此时独立性检验归结为 $H_0 : p_{ij} = p_{i.} p_{.j}$，$1 \leq i \leq r, \ 1 \leq j \leq s \leftrightarrow H_1 : A, \ B$ 不独立。

第二节　卡方检验

卡方检验（chi-square test）是以卡方分布为基础的一种常用假设检验方法，是现代统计学创始人之一——英国的皮尔逊（Karl Pearson，1857—1936）于 1900 年提出的一种具有广泛用途的统计方法，可用于两个或者多个比率间的比较。

如果各总体没有差异，则每个类比例的估计为 $p_{.j} = N_{.j}/N_{..}$，于是对于第 ij 个格子，期望频数 $E_{ij} = N_{i.}p_{.j} = \dfrac{N_{i.}N_{.j}}{N_{..}}$ 对于独立性检验，在零假设下上式同样满足。

于是，可以构造皮尔逊卡方统计量 $K_1 = \sum\limits_{i=1}^{r}\sum\limits_{j=1}^{s} \dfrac{(N_{ij} - E_{ij})^2}{E_{ij}} = \sum\limits_{i=1}^{r}\sum\limits_{j=1}^{s} \dfrac{N_{ij}^2}{E_{ij}} - N$。

皮尔逊证明了，当样本量 $N_{..} \to +\infty$ 时，$T \sim \chi^2_{[(r-1)\times(s-1)]}$。于是我们可以利用卡方检验给出齐次性检验的拒绝域。设 α 是显著水平，查卡方分布表格可以得到其上分位点 $\chi^2_{\alpha[(r-1)\times(s-1)]}$，拒绝域为 $\{x: T > \chi^2_{\alpha[(r-1)\times(s-1)]}\}$。

需要说明的是，由于列联表取值为离散值，本质上其分布是离散分布，卡方分布只是一种近似，当样本量较小时，两者间的差异不可忽略。对于 2×2 列联表，实践表明，当样本量 $N.. \geq 40$，且所有格子上的期望值 $E_{ij} \geq 5$ 时，卡方近似得非常好；当样本量 $N.. \leq 40$，或者存在某个格子上得期望值 $E_{ij} \leq 1$ 时，需要采用下一节介绍的 Fisher 精确检验方法；而当样本量 $N.. \geq 40$，若存在某个格子上得期望值 $1 < E_{ij} < 5$ 时，则需要对卡方统计量进行所谓的 Yates 连续性校正，即定义统计量为 $K_1' = \sum\limits_{ij} \dfrac{(|O_{ij} - E_{ij}| - 0.5)^2}{E_{ij}}$。

而对于其它的 $r \times c$ 列联表，实践表明，如果每个格子上的期望值 E_{ij} 不是很小时，卡方分布近似得很好。一般来说，如果所有的 $E_{ij} > 0.5$ 且至少一半的 $E_{ij} > 1$，则卡方分布的近似效果比较令人满意。但若存在一个 $E_{ij} < 0.5$ 或者大多数 $E_{ij} < 1.0$ 时，卡方近似就未必精确了，此时我们可以适当地进行行列合并以便去除那些值很小的情况。

现在回到开篇的例子。对于例 9.1，在零假设 $p_x = p_y = p$ 下，有效率的概率 p 的估计为

$$\hat{p} = \frac{46 + 18}{52 + 26} \approx 0.8205,$$

于是检验统计量

$$\begin{aligned} K_1 &= \frac{(46 - 52 \times 0.8205)^2}{52 \times 0.8205} + \frac{(6 - 52 \times (1 - 0.8205))^2}{52 \times (1 - 0.8205)} \\ &\quad + \frac{(18 - 26 \times 0.8205)^2}{26 \times 0.8205} + \frac{(8 - 26 \times (1 - 0.8205))^2}{26 \times (1 - 0.8205)} \\ &= 4.3524 \end{aligned}$$

但此时的期望频数分别为 42.666、9.334、21.333、4.667，存在期望频数小于 5 的情况，故要采用 Yates 连续性校正，校正的统计量为

$$\begin{aligned} K_1' &= \frac{(|46 - 52 \times 0.8205| - 0.5)^2}{52 \times 0.8205} + \frac{(|6 - 52 \times (1 - 0.8205)| - 0.5)^2}{52 \times (1 - 0.8205)} \\ &\quad + \frac{(|18 - 26 \times 0.8205| - 0.5)^2}{26 \times 0.8205} + \frac{(|8 - 26 \times (1 - 0.8205)| - 0.5)^2}{26 \times (1 - 0.8205)} \\ &= 3.145 \end{aligned}$$

R 软件中默认有这种校正，在 R 中运行卡方检验 *chisq.test* ()，得到的是校正后的结果。

```
> x < -matrix (c (46, 18, 6, 8), nr=2)
> chisq.test (x)
Pearson's Chi-squared test with Yates' continuity correction
data: x
X-squared = 3.1448, df = 1, p-value = 0.07617
```

Warning message:

In chisq.test (x): Chi-squared 近似算法有可能不准

R 软件中卡方检验 chisq.test () 还提供了选项 "correct" 来决定具体是否选择 Yates 连续性校正，更多使用方法请参照帮助文档进行实践。

下面用 R 来对例 9.2 进行检验，得到如下结果

```
y < -c (50, 35, 50, 65)
> data2 < -matrix (y, nrow=2, dimnames=list (
 + c ("北大", "清华"), c ("女生", "男生") ) )
> chisq.test (data2)
Pearson's Chi-squared test with Yates' continuity correction data: data2
X-squared = 4.0102, df = 1, p-value = 0.0452
```

下面来看例 9.4，在零假设下，可以估计出各列的概率分布为

$$p_1 = \frac{37}{379} = 0.0976, \quad p_2 = \frac{40}{379} = 0.1055,$$

$$p_3 = \frac{67}{379} = 0.1768, \quad p_4 = \frac{96}{379} = 0.2533,$$

$$p_5 = \frac{124}{379} = 0.3272, \quad p_6 = \frac{15}{379} = 0.0396.$$

得到每个格子上的期望值如下

14.1520	15.2975	25.6360	36.7285	47.4440	5.7420
12.2000	13.1875	22.1000	31.6625	40.9000	4.9500
10.6384	11.4995	19.2712	27.6097	35.6648	4.3164

于是卡方统计量为

$$
\begin{aligned}
K_1 = {} & \frac{(12-14.1520)^2}{14.1520} + \frac{(18-15.2975)^2}{15.2975} + \frac{(19-25.6360)^2}{25.6360} \\
& + \frac{(45-36.7285)^2}{36.7285} + \frac{(49-47.4440)^2}{47.4440} + \frac{(2-5.7420)^2}{5.7420} \\
& + \frac{(10-12.2000)^2}{12.2000} + \frac{(12-13.1875)^2}{13.1875} + \frac{(22-22.1000)^2}{22.1000} \\
& + \frac{(32-31.6625)^2}{31.6625} + \frac{(43-40.9000)^2}{40.9000} + \frac{(6-4.9500)^2}{4.9500} \\
& + \frac{(15-10.6384)^2}{10.6384} + \frac{(10-11.4995)^2}{11.4995} + \frac{(26-19.2712)^2}{19.2712} \\
& + \frac{(19-27.6097)^2}{27.6097} + \frac{(32-35.6648)^2}{35.6648} + \frac{(7-4.3164)^2}{4.3164} \\
= {} & 16.77616
\end{aligned}
$$

自由度为 $(3-1) \times (6-1) = 10$，对于显著水平 $\alpha = 0.05$，查表得到 $\chi^2_{0.05/2}(10) = 20.48 > K_1$，于是在 0.05 水平下不能认为 3 个教授所给出的成绩有明显差别。

我们用 R 程序直接计算，结果如下。

```
> x < -c (12, 10, 15, 18, 12, 10, 19, 22, 26, 45, 32, 19, 49, 43, 32, 2, 6, 7)
> data4 < -matrix (x, nrow=3, dimnames=list (c ("甲教授", "乙教授", "丙教授"),
+ c ("90 分以上", "85-90", "80-84", "70-79", "60-69", "不及格")))
> chisq.test (data4)
  Pearson's Chi-squared test data: data4
X-squared = 16.778, df = 10, p-value = 0.0794
Warning message:
In chisq.test (data4): Chi-squared 近似算法有可能不准
```

可以看到，R 给出的计算值与我们的手工计算结果相同（存在一定的舍入误差），P 值为 0.0794 > 0.05，因此也能得到在 0.05 水平下不能认为 3 个教授所给出的成绩有明显差别。

第三节　2×2 列联表的 Z 检验方法

2×2 列联表还有一种 Z 检验方法，顾名思义是基于正态统计量的检验方法。下面我们通过简单的推导来定义相应的统计量。

设总体 1 中属于类别 1 的个数为 X_1，总体 2 中属于类别 1 的个数为 X_2，按照二项分布有 $P(X_1 = x_1) = C_{N_x}^{x_1} p_x^{x_1} (1 - p_x)^{N_x - x_1}$，$P(X_2 = x_2) = C_{N_y}^{x_2} p_y^{x_2} (1 - p_y)^{N_y - x_2}$。在零假设下，由于 X_1 和 X_2 独立，则联合分布为 $C_{N_x}^{x_1} C_{N_y}^{x_2} p^{x_1 + x_2} (1 - p)^{N - x_1 - x_2}$。又因为 $E\left(\dfrac{x_1}{N_x} - \dfrac{x_2}{N_y}\right) = p_x - p_y$，

$\mathrm{Var}\left(\dfrac{x_1}{N_x} - \dfrac{x_2}{N_y}\right) = \dfrac{p_x q_x}{N_x} + \dfrac{p_y q_y}{N_y}$，其中 $q_x = 1 - p_x$，$q_y = 1 - p_y$。在 H_0 下，$p \approx \dfrac{N_s}{N}$，$q \approx \dfrac{N_f}{N}$，从而

$$\mathrm{Var}\left(\frac{x_1}{N_x} - \frac{x_2}{N_y}\right) = \left(\frac{1}{N_x} + \frac{1}{N_y}\right) \frac{N_s N_f}{N^2}。$$

由大样本近似 $\dfrac{\dfrac{x_1}{N_x} - \dfrac{x_2}{N_y} - E\left(\dfrac{x_1}{N_x} - \dfrac{x_2}{N_y}\right)}{\sqrt{\mathrm{Var}\left(\dfrac{x_1}{N_x} - \dfrac{x_2}{N_y}\right)}} \to N(0, 1)$。

故定义统计量 $T_1 = \dfrac{\dfrac{s_x}{N_x} - \dfrac{s_y}{N_y}}{\sqrt{\dfrac{N_s N_f}{N^2}\left(\dfrac{1}{N_x} + \dfrac{1}{N_y}\right)}} = \dfrac{\sqrt{N}(s_x f_y - f_x s_y)}{\sqrt{N_x N_y N_s N_f}}$，并用正态分布进行检验。即对双

边检验问题，$\mathrm{H}_0 : p_x = p_y \leftrightarrow \mathrm{H}_1 : p_x \neq p_y$，拒绝域为 $|T_1| > Z_{\alpha/2}$，其中 $Z_{\alpha/2}$ 是正态分布的 $\alpha/2$ 上分位点。

而对单边右侧检验 $H_0 : p_x = p_y \leftrightarrow H_1 : p_x > p_y$，拒绝域为 $T_1 > Z_\alpha$。

类似地，对于单边左侧检验 $H_0 : p_x = p_y \leftrightarrow H_1 : p_x < p_y$，拒绝域为 $T_1 < -Z_\alpha$，其中 Z_α 分别是正态分布的 α 上分位点。

我们知道标准正态分布的平方服从卡方分布。基于前面的推导我们可以定义卡方统计量

$$K_2 = T_1^2 = \frac{N(s_x f_y - f_x s_y)^2}{N_x N_y N_s N_f}，即当 K_2 > \chi_\alpha^2(1) 时，在水平 \alpha 下拒绝零假设。$$

可以验证在 2×2 列联表情形下，当零假设成立时，皮尔逊卡方统计量和上面的 Z 检验统

计量平方相等，即 $K_1 = K_2 = T_1^2$

也就是说正态 Z 检验方法和卡方检验方法等价。在 R 软件中，两个总体比率检验可以采用 prop.test ( )，实际上 prop.test ( ) 汇报的是统计量 K_2 的值（当然会采用上一节中提到的 Yates 连续性校正，这里不再赘述）。需要说明的是，Z 检验方法 T_1 的符号决定了方向，但将其平方后转换成卡方统计量 K_2 后却无法体现方向了。但可以从 P 值的大小来反映其方向。设在当前数据下，T_1 的统计量取值为 T_{10}，$K_1 = T_1^2$ 统计量的取值为 K_{10}。U 为服从标准正态分布的随机变量。对于双边检验，P 值定义为 $P = 2 \min \{ P(U > T_{10}), P(U < T_{10}) \}$，而左侧检验的 P 值为 $P = P(U < T_{10})$，右侧检验的 P 值为 $P = P(U > T_{10})$，可以看出，如果 $T_{10} > 0$，右侧 P 值是双侧 P 值的一半，左侧 P 值是 $1 -$ 双侧 P 值的一半；如果 $T_{10} < 0$，那么左侧 P 值是双侧 P 值的一半，右侧 P 值是 $1 -$ 双侧 P 值的一半。

现在回到例 9.1，$T_1 = \dfrac{\sqrt{78}(46 \times 8 - 18 \times 6)}{\sqrt{64 \times 14 \times 52 \times 26}} = 2.086307 > 1.96 = Z_{0.05/2}$。在检验水平 0.05 水平

下拒绝双边零假设，认为两种药物的治疗效果不一样；同时，由于 $T_1 > 1.645 = Z_{0.05}$，故也可以拒绝单边右侧检验的零假设，认为甲药的效果比乙药好。后面我们将看到，由于上面计算的 Z 统计量没有进行校正，结果不一定可靠。

R 软件中采用 prop.test 进行比率检验，采用选项 "two-side" "greater" "less" 分别进行双边检验，单边右侧检验和单边左侧检验。得到的双边检验的 P 值为 0.0762，右侧检验的 P 值 0.0381，单边左侧检验的 P 值 0.9619。3 个 P 值的关系是：单边右侧检验的 P 值正好是双边检验 P 值的一半，而单边左侧检验的 P 值满足 $0.9619 = 1 - 0.07617/2$。从结果我们可以看到，这批数据单边右侧检验 P 值小于 0.05，但双边检验的 P 值超过了 0.05。这时候我们得到似乎矛盾的判断：在 0.05 的检验水平下，我们可以认为甲药疗效比乙药疗效显著，但没有足够证据说明两种药物疗效有明显区别。如果要解决这个矛盾，还需要更多的样本进行检验。为节省篇幅，这里只列出双侧检验的 R 软件运行结果。

```
> x <-c (46, 18, 6, 8)
> data1 <-matrix (x,nrow=2,dimnames=list (c("甲药", "乙药"),c("有效", "无效")))
> prop.test (data1, alternative="two.sided")
2-sample test for equality of proportions with continuity correction data: data1
X-squared=3.1448, df=1, p-value=0.0762 alternative hypothesis: two.sided
95 percent confidence interval:
-0.0341  0.4187
sample estimates:
 prop 1  prop 2
 0.8846  0.69231
Warning message:
In prop.test (data1, alternative = "two.sided"): Chi-squared 近似算法有可能不准
```

如果我们用卡方检验对该数据进行检验，采用缺省方式和 Yates 校正两种方式，得到的结果如下。

$$2.0863^2 = 4.3527$$

```
> chisq.test (data1)
Pearson's Chi-squared test with Yates' continuity correction data: data1
X-squared = 3.1448, df = 1, p-value = 0.07617 Warning message:
```

In chisq.test (data1)：Chi-squared 近似算法有可能不准

> chisq.test (data1, correct=F)
Pearson's Chi-squared test
data：data1
X-squared = 4.3527, df = 1, p-value = 0.03695
Warning message:
In chisq.test (data1, correct = F)：Chi-squared 近似算法有可能不准

可以看出：其一，缺省方式的卡方检验结果与缺省的比率检验的双边检验是完全一致的，统计量的值都是 3.1448，P 值都是 0.0762；其次，未采用 Yates 校正方式的卡方检验得到的统计量的值 4.3527 正好是手工计算出来的 $T_1 = 2.0863$ 统计量的平方，这也验证了我们前面讨论的关于卡方检验与比率检验的一致性。

可以发现，两种检验方法得出了同样的 P 值，进一步验证了 2×2 列联表中正态检验方法与卡方检验方法的等价性。

对于例 9.3，$T_1 = \dfrac{\sqrt{200}(50 \times 65 - 50 \times 35)^2}{\sqrt{100 \times 100 \times 85 \times 115}} = 2.1456 > 1.96 = Z_{0.05/2}$。故在检验水平 0.05 水平下

拒绝双边零假设，认为北大与清华女生的比率不一样；同时，由于 $T_1 > 1.645 = Z_{0.05}$，故也可以拒绝单边右侧假设的零假设，认为北大女生比率比清华女生比率高。同样地，在 R 程序中我们用 prop.test () 进行比率检验，采用 "two-side" "greater" "less" 选项分别进行双边检验、单边右侧检验和单边左侧检验，得到双边检验 P 值为 0.0452，单边右侧检验为 0.0226，单边左侧检验为 0.9774；而且 3 个 P 值之间是关联的：单边右侧 P 值正好是双边 P 值的一半，而单边左侧 P 值满足 $0.9774 = 1 - \dfrac{0.0452}{2}$。为节省篇幅，这里不再展示 R 程序运行结果，读者可以自行测试。

如果我们用卡方检验对该数据进行检验，采用缺省方式和 Yates 校正两种方式，得到的结果如下。

> chisq.test (data2)
 Pearson's Chi-squared test with Yates' continuity correction
data：data2
X-squared = 4.0102, df = 1, p-value = 0.04522
> chisq.test (data2, correct=F)
 Pearson's Chi-squared test
data：data2
X-squared = 4.6036, df = 1, p-value = 0.03191

可以看出：其一，缺省方式的卡方检验结果与缺省的比率检验的双边检验是完全一致的，统计量的值都是 4.0102，P 值都是 0.04522；其次，未采用 Yates 校正方式的卡方检验得到的统计量的值 4.6036 正好与手工计算出来的 T_1 统计量的平方相同，这验证了我们前面讨论的关于卡方检验与比率检验的一致性。

第四节　Fisher 精确检验法

首先考虑 2×2 列联表，当行和与列和都固定时，在列联表的 4 个常数中，一个格子的值决定了全部 2×2 表，不妨记第一行第一列的值为 x，此时的列联表变成了表 9.4 的样子。

这样的检验常常出现在疾病功能的富集性分析中。比如在白血病的基因检测中，通过基因芯片的差异分析我们得到 c 个基因，其中与 DNA 损伤功能相关的基因有 c_0 个，而在整个基因组的 N 个基因中，与 DNA 损伤这种功能相关的有 r 个基因。我们需要检验白血病是否与 DNA 损伤功能相关？用韦恩图表示如图 9.1。其实这时候会有一个等价的 2×2 列联表与之对应：两个总体包括 c 个与白血病相关的基因，和 $N-c$ 个与白血病无关的基因；两个类型指的是与 DNA 损伤相关基因（阳性，总数是 r），和与 DNA 损伤无关基因（阴性，总数是 $N-r$）；而相应的 2×2 列联表中 4 个格子上的频数分别是 c_0、$c-c_0$、$r-c_0$ 和 $N-c-r+c_0$。

表 9.4　行列和固定下的列联表示意图

	阳性	阴性	总数
总体 X	c_0	$r-c_0$	r
总体 Y	$c-c_0$	$N-c-r+c_0$	$N-r$
总数	c	$N-c$	N

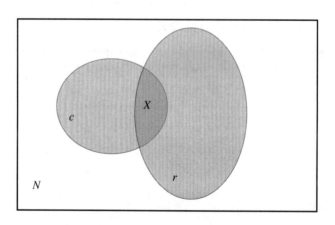

图 9.1　行列和固定时的 2×2 列联表的韦恩图表示

这时候选取的统计量就是 2×2 列联表中第一个格子中的频数 T_2，第一个格子上的取值确定了整个列联表。不难验证有如下结论：

定理 9.1　在 H_0 下，T_2 的分布由超几何分布给出，

$$P(T_2=x)=\begin{cases} \dfrac{C_r^x C_{N-r}^{c-x}}{C_N^c}, & x=0,1,\cdots,\min\{r,c\} \\ 0, & \text{其他} \end{cases}$$

其实，这个分布完全可以由二项分布的条件概率得到。在零假设下，表格出现的联合概率为 $C_r^x C_{N-r}^{c-x} p^c (1-p)^{N-c}$，列总和也服从二项分布 $C_N^c p^c (1-p)^{N-c}$，于是固定列总和下的条件概率为 $P(T_2=x)=\dfrac{C_r^x C_{N-r}^{c-x}}{C_N^c}$。

既然零假设下的概率分布已经给出，那么当观测到第一个格子上的频数为 c_0 时，针对不

同的检验，可以计算出检验的 P 值。设

$$
\begin{cases}
p_l = \sum_{x=0}^{c_0} \dfrac{C_r^x C_{N-r}^{c-x}}{C_N^c}, \\[4mm]
p_r = \sum_{x=c_0}^{\min(c,r)} \dfrac{C_r^x C_{N-r}^{c-x}}{C_N^c},
\end{cases}
$$

（1）对于双边检验问题，$H_0: P_x = P_y, \leftrightarrow H_1: P_x \neq P_y$，$P$ 值取为 $2\min\{P_l, P_r, 0.5\}$。

（2）对于单边右侧检验问题，$H_0: P_x = P_y, \leftrightarrow H_1: P_x \geq P_y$，$P$ 值取为 P_r。

（3）对于单边左侧检验问题，$H_0: P_x = P_y, \leftrightarrow H_1: P_x \leq P_y$，$P$ 值取为 P_l。

如果 P 值小于给定的显著水平 α，则拒绝零假设。

现在回到女士品茶问题 9.3，在该例子中 $N = 8$，$r = 4$，$c = 4$，不同 k 下的 P 值如下

$$k = 4, \quad P = \frac{C_4^4 C_4^0}{C_8^4} = \frac{1}{70} \approx 0.014$$

$$k = 3, \quad P = \frac{C_4^4 C_4^0}{C_8^4} + \frac{C_4^3 C_4^1}{C_8^4} = \frac{17}{70} \approx 0.243$$

$$k = 2, \quad P = \frac{C_4^4 C_4^0}{C_8^4} + \frac{C_4^3 C_4^1}{C_8^4} + \frac{C_4^2 C_4^2}{C_8^4} = \frac{53}{70} \approx 0.757$$

$$k = 1, \quad P = \frac{C_4^4 C_4^0}{C_8^4} + \frac{C_4^3 C_4^1}{C_8^4} + \frac{C_4^2 C_4^2}{C_8^4} + \frac{C_4^1 C_4^3}{C_8^4} = \frac{69}{70} \approx 0.986$$

$$k = 0, \quad P = \frac{C_4^4 C_4^0}{C_8^4} + \frac{C_4^3 C_4^1}{C_8^4} + \frac{C_4^2 C_4^2}{C_8^4} + \frac{C_4^1 C_4^3}{C_8^4} + \frac{C_4^0 C_4^4}{C_8^4} = \frac{70}{70} = 1.0$$

所以只有当 $k = 4$ 即完全答对时，我们才有足够的证据支持这位女士具有敏感的味觉，而历史上的结果也是 Bristol 完全答对了。

R 软件中采用 fisher.test（）进行 Fisher 精确检验，对例 9.3 的运行结果如下：

```
> z <-c (4, 0, 0, 4)
> data3 <-matrix (z, nrow=2, dimnames=list (
+ c ("判断先茶后奶"，"判断先奶后茶")，c ("先茶后奶"，"先奶后茶")))
> fisher.test (data3)
  Fisher's Exact Test for Count Data
data: data3
p-value = 0.0286
alternative hypothesis: true odds ratio is not equal to 1
95 percent confidence interval:
  1.3391    Inf
sample estimates:
odds ratio
   Inf
```

可以看到，程序中给出的 P 值实际上是我们计算出来的两倍，对应于双边检验的 P 值。

Fisher 精确检验方法也可以推广到一般的 $r \times s$ 列联表。对于 $r \times s$ 列联表，当边际和固定时，某一列的频数完全决定了全部列联表的频数。不妨以第 i 列频数为例。可以验证，有如下结论。

定理 9.2 在零假设下，当边际和都固定时，得到某一列频数的概率为

$$p(N_{1i}, N_{2i}, \cdots, N_{ri}) = \frac{C_{N_{1.}}^{N_{1i}} C_{N_{2.}}^{N_{2i}} \times \cdots \times C_{N_{r.}}^{N_{ri}}}{C_{N_{..}}^{N_{.i}}} \, 。$$

其中 N_{ij} 为列联表中第 ij 格子上的频数；$N_{i.}$ 为第 i 行频数和，$i = 1, \cdots, r$；$N_{.j}$ 为第 j 列频数和，$j = 1, \cdots, s$；$N_{..}$ 为全部频数和。

类似于前面 2×2 列联表的讨论，上述公式也可以由多项分布的条件概率得到，这里不再赘述。

第五节　有序变量的 Ridit 检验法

Ridit 是 Relative to andentified distribution unit 的缩写，中文翻译成"参照单位分析法"。在上面的列联表中，如果列变量 B 为有序变量（ordinal variable），比如评价药物治疗效果时用无效、基本有效、有效、效果非常好 4 个不同的等级进行区分；不失一般性，假定 $B_1 < B_2 < \cdots < B_s$，行 A_i，$i = 1, \cdots, r$ 代表不同的总体。

检验问题 $H_0: A_1 = \cdots = A_r \leftrightarrow H_1:$ 至少有一对 $A_i \neq A_j$，$i, j = 1, 2 \cdots, r$。

统计量构造应该考虑到 B 的强弱关系。比如在考虑药物效果时，显然是疗效显著的患者越多说明药物效果越好。Ridit 分析方法的基本要点是定义一种得分，根据每个 A_i 的得分来刻画各个总体 A_i 的水平差异。最简单的考虑是用等距得分（比如 1、2、3、4）来给顺序类打分。但如此打分过于主观，所得到的数据关系往往和实际不相符。Ridit 得分采用累积概率来给顺序类打分，设第 j 个类的边缘概率为 $p_{.j}$，权值定义为

$$\begin{cases} r_1 = \dfrac{1}{2} p_{.1}, \\[2mm] r_2 = p_{.1} + \dfrac{1}{2} p_{.2}, \\[2mm] \vdots \\[2mm] r_j = \displaystyle\sum_{k=1}^{j-1} p_{.k} + \dfrac{1}{2} p_{.j}, \quad j = 1, 2, \cdots, s \, 。 \end{cases}$$

若令 $F_j = \displaystyle\sum_{k=1}^{j} p_{.k}$，$j = 1, \cdots, s$，则 $r_j = \dfrac{F_{j-1} + F_j}{2}$，显然有 $r_1 < r_2 < \cdots < r_s$，说明这个权值定义方法确实能够表达类别的有序性。

定理 9.3 对于如上定义的 Ridit 得分，平均 R 值 $R_0 = \displaystyle\sum_{j=1}^{s} r_j p_{.j} = \dfrac{1}{2}$。

证明：由定义

$$\begin{aligned} R_0 &= \sum_{j=1}^{s} r_j p_{.j} \\ &= \sum_{j=1}^{s} \frac{F_{j-1} + F_j}{2} p_{.j} \\ &= \frac{1}{2}\left(\sum_{j=1}^{s} \sum_{k=1}^{j-1} p_{.j} p_{.k} + \sum_{j=1}^{s} \sum_{k=1}^{j} p_{.j} p_{.k} \right) \\ &= \frac{1}{2}\left(2 \sum_{1 \leqslant k < j \leqslant s} p_{.j} p_{.k} + \sum_{j=1}^{s} p_{.j}^2 \right) \\ &= \frac{1}{2}\left(\sum_{j=1}^{s} p_{.j} \right)^2 = \frac{1}{2} \end{aligned}$$

于是总体 A_i 的得分 $R_i = \sum\limits_{j=1}^{s} r_j \dfrac{N_{ij}}{N_{i\cdot}}$, $i = 1, 2, \cdots, r$。采用 Kruskal-Wallis 类型的统计量（下一章中会详细讨论）$W = 12 \sum\limits_{i=1}^{r} N_{i\cdot}(R_i - 0.5)^2$。

定理 9.4 当 H_0 成立时，W 近似服从自由度为 $r-1$ 的卡方分布（$N_{\cdot\cdot} \to +\infty$）。

例 9.5 比较 3 个药物 A、B、C 的疗效，疗效以治愈、显效、好转、无效 4 种有序类型进行统计，得到如表 9.5 所示的数据。问 3 种药物 A、B、C 的疗效有无显著差别？

表 9.5　3 种药物 A、B、C 疗效的数据

	无效	好转	显效	治愈	合计
药物 A	7	33	51	17	108
药物 B	24	52	11	5	92
药物 C	26	47	17	3	93
合计	57	132	79	25	293

下面我们通过这个例子来看 Ridit 分析的过程。在这个数据中，有序类别从低到高是无效、好转、显效、治愈。如果没有特别说明，通常采用全部数据作为参照。对应 4 个有序类别的频数分别为 57、132、79、25，总数为 293。于是按照表 9.6 来计算各个有序类别的 R 值。

表 9.6　有序类别的不同参数值

等级	无效	好转	显效	治愈	合计
频数 m_i	57	132	79	25	293
频率 p_i	0.1945	0.4505	0.2696	0.0853	1.0000
累积概率 F_i	0.1945	0.6450	0.9146	1.0000	
r_i	0.0973	0.4198	0.7798	0.9573	

于是计算各组的平均 Ridit 得分 $R_i = \sum_i p_{ij} r_j$ 如下

$$A \qquad R_A = \frac{7 \times 0.0973 + 33 \times 0.4198 + 51 \times 0.7798 + 17 \times 0.9573}{108} = 0.6535$$

$$B \qquad R_B = \frac{24 \times 0.0973 + 52 \times 0.4198 + 11 \times 0.7798 + 5 \times 0.9573}{92} = 0.4079$$

$$C \qquad R_C = \frac{26 \times 0.0973 + 47 \times 0.4198 + 17 \times 0.7798 + 3 \times 0.9573}{93} = 0.4128$$

可以验证平均 R 值 $R_0 = 0.5$,

$$
\begin{aligned}
R_0 &= \sum_i p_i r_i \\
&= \frac{57 \times 0.0973 + 132 \times 0.4198 + 79 \times 0.7798 + 25 \times 0.9573}{293} \\
&= 0.5000
\end{aligned}
$$

于是按照我们的定义，统计量为

$$W = 12 \sum_i N_i (R_i - 0.5)^2$$
$$= 12[108 \times (0.6535 - 0.5)^2 + 92 \times (0.4079 - 0.5)^2 + 93 \times (0.4128 - 0.5)^2]$$
$$= 48.39$$

该统计量的值显然大于自由度为 2 的卡方分布的 0.01 上分位点 9.21，故在 0.01 的水平上拒绝零假设，认为 3 种药物的疗效上有明显差异。

在 R 软件中，Ridit 分析需要载入 Ridittools 包。这是一个外部包，可以通过 R 菜单进行安装，也可以通过如下代码进行安装。

```
# 安装 ridittools 包
install.packages ("ridittools")
```

然后我们输入数据，对数据进行 Ridit 分析，得到如下结果。

```
> library (ridittools)
> x < - c (7, 24, 26, 33, 52, 47, 51, 11, 17, 17, 5, 3)
> data < -matrix (x, nrow=3, dimnames=list (c ("A", "B", "C"), c ("无效", "好转", "显效", "治愈")))
> meanridits (data, 1)
   A   B   C
0.6535 0.4079 0.4128
```

习　题

1. 某医院收治 204 个重症患者，随机分成 2 组采用不同治疗方案进行治疗，一种是常规西药治疗方法，另一种是常规西药并辅助中药的中西药结合治疗方法，一个疗程下来观测效果如表 9.7。

表9.7　两种治疗方案的观测效果

疗法	治愈	未愈	合计
西药治疗	32	46	78
中西药结合治疗	76	50	126
合计	108	96	204

请问两种治疗方法的治疗效果有无区别？

2. 某城市中随机挑选出部分人检查其肥胖程度，得到如表 9.8 的结果。

表9.8　某城市部分人的肥胖程度

性别	不肥胖	轻度肥胖	中重度肥胖	合计
男	19	9	15	43
女	49	14	43	106
合计	68	23	58	149

问肥胖与性别是否独立？

3．某医师观测 3 种针麻的效果，结果如表 9.9。

表9.9　3种针麻的不同效果

种类	I	II	III	IV	合计
手针	43	48	17	7	115
电针	99	105	29	22	255
电极针	10	6	7	3	26
合计	152	159	53	32	396

问 3 种针麻的效果有无显著区别？

第十章 基于秩的非参数检验

第一节 秩的定义及其分布

数理统计中讨论的检验问题都事先假设总体服从一个带有参数的概率分布，比如常用的统计检验都假设总体服从正态分布 $N(\mu, \sigma^2)$，而对参数的检验比如 $H_0: \mu = \mu_0 \leftrightarrow H_1: \mu \neq \mu_0$，属于参数统计的范畴。但应该注意到总体服从正态分布是一个很强的假设，除非我们对观测量 X 的物理背景有很强的了解，或者说是某种大样本平均，由中心极限定理能够近似认为其服从正态分布。那么，对于未知分布的随机变量我们能做什么样的检验呢？又怎样去做假设检验呢？

关于第一个问题。尽管现在没有参数模型的参数，但分布函数还有它自身相伴的各种参数，比如各种分位数点，各阶矩等。我们可以对它们的取值进行检验。关于第二个问题，由于分布函数的不确定性，我们可以加强对统计量的要求，使得它不依赖于分布函数的选取。这就引入所谓的"适用于任意分布"的概念。

定义 10.1 设随机变量 $X_1, X_2, \cdots, X_n$ 是来自总体分布为 $F(x)$ 的样本，一切可能的 $F(x)$ 组成分布类 $\mathcal{F}$。如果统计量 $T(X_1, \cdots, X_n)$ 对任意的 $F(x) \in \mathcal{F}$ 均有相同的分布，则称统计量 T 关于 $\mathcal{F}$ 是适应任意分布的，英文是 *Distribution-free*，简记为 *d-free*。

需要说明的是，这个函数族 $\mathcal{F}$ 可"大"可"小"，对于像正态分布这样的分布函数族，T 检验统计量也是适用于任意分布的。本章中所选取的与秩相关的统计量对分布函数 $F(x)$ 只需要满足连续性，对函数族的限制最少。对应于"大"的函数族。

例 10.1 设 $X_1, X_2, \cdots, X_n \sim N(\mu_0, \sigma^2)$，对于分布类 $\mathcal{F} = \{N(\mu_0, \sigma^2) \mid \sigma > 0\}$，$T$ 统计量 $T(X_1, \cdots, X_n) = \dfrac{\bar{X} - \mu_0}{S\sqrt{n}}$。对于分布族 F 是适应任意分布的。其中 $\bar{X}$ 为样本均值，$S = \sqrt{\dfrac{\sum_{i=1}^{n}(X_i - \bar{X})^2}{n-1}}$ 为样本标准差。因为对一切 $\sigma > 0$，T 的分布均为自由度为 $n-1$ 的 t 分布。

如何实现适应于任意分布呢，下面给出几种最常用的方式。

定义 10.2 （计数统计量）. 设 X 是随机变量，对于给定的实数 x_0，定义随机变量 $\Psi = \psi(X - x_0)$，其中

$$\psi(x) = \begin{cases} 1, & x > 0 \\ 0, & x \leq 0 \end{cases}$$

为符号函数，称随机变量 Ψ 为 X 按 x_0 分段的计数统计量。

定理 10.1 如果 $X_i \sim F_i(x)$，$i = 1, 2, \cdots, n$ 相互独立，且 θ_0 是 $F_i(x)$ 的 p_0 分位点，即 $F_i(\theta_0) = p_0$，$i = 1, \cdots, n$，则 $\Psi_i = \psi(X_i - \theta_0)$ 相互独立同分布，其共同分布是参数为

（$1 - p_0$）的两点分布。

上述定理可以看到，样本可以来自于任何连续分布（甚至不是同一个概率分布），统计量的分布都是两点分布，因此是适应于任意分布的。

定义 10.3（秩统计量） 设 $X_1, X_2, \cdots, X_n \sim F(x)$，将观测样本按照升序排列 $X_{(1)} \leqslant X_{(2)} \leqslant \cdots \leqslant X_{(n)}$，每个观测样本在序中的位置，即 $X_{(R_i)} = X_i$ 称为 X_i 的秩统计量。其中

$$R_i = \sum_{j=1}^{n} I(X_j \leqslant X_i)$$

比如我们可以用 R 随机生成 6 个均匀分布的随机数，然后取其秩（rank），结果如下：

```
> x < -runif (6, 0, 1)
> x
[1] 0.5137 0.3082 0.8298 0.1186 0.6511 0.5593
> rank (x)
[1] 3 2 6 1 5 4
```

在上面的例子中，全部观测值没有重复，样本在序列中的位置是明确的。但当数据中出现重复值时，同样大小的数据在排序中占用了多个位置，不具有唯一性，一种简单的处理是采用平均秩的方法。为此引入"结"（tie）的概念。具体来说，将样本从小到大排列

$$X_{(1)} = \cdots = X_{(\tau_1)} < X_{(\tau_1 + 1)} = \cdots = X_{(\tau_1 + \tau_2)}$$

$$< \cdots < X_{(\tau_1 + \cdots + \tau_{g-1} + 1)} = \cdots = X_{(\tau_1 + \cdots + \tau_{g-1} + \tau_g)}$$

其中 g 为结点个数，τ_i 为结点长度，$\tau = (\tau_1, \tau_2, \cdots, \tau_g)$ 称为结长统计量，自然的做法是将每个结内的秩（rank）用其占用位置的平均值来定义。若记 $\tau_0 = 0$，则有

$$r_i = \frac{1}{\tau_i} \sum_{k=1}^{\tau_i} (\tau_1 + \cdots + \tau_{i-1} + k)$$

$$= \tau_1 + \cdots + \tau_{i-1} + \frac{\tau_i + 1}{2}$$

比如我们可以用 R 随机生成 10 个正态分布 $N(5, 4^2)$ 样本，然后对其取整，就由可能取值相同的元素，然后对其取秩。R 程序运行结果如下：

```
> x < -rnorm (10, 5, 4)
> x
 [1]  1.0896  1.8771  7.3279  6.2951  0.5642  11.0862
 [7] -3.0668  7.1709  9.7685  8.9747
> y < -floor (x)
> y
 [1]  1  1  7  6  0  11  -4  7  9  8
> rank (y)
 [1]  3.5  3.5  6.5  5.0  2.0  10.0  1.0  6.5  9.0  8.0
```

上面的数据 y 中有重复观测，结点个数为 8，结长参数为 $\tau = (1, 1, 2, 1, 2, 1, 1, 1)$。

下面来看秩统计量的概率分布，有如下定理。

定理 10.2 对于简单随机样本，秩 $R = (R_1, \cdots, R_n)$ 在集合 $R = \{ \sigma(1, 2, \cdots, n) \mid \forall \sigma \in P_n \}$。其中 $\sigma(1, \cdots, n)$ 表示对有序组 $(1, 2, \cdots, n)$ 的一个置换，而 P_n 表示 n 个元素的全部置换集合。则 R 是 R 上的均匀分布，即 $P\{ (R_1, \cdots, R_n) = (r_1, \cdots, r_n) \} = \frac{1}{n!}$。

如何来理解这个均匀分布呢？这本质上是样本随机抽样的体现。既然样本是随机抽取的，孰大孰小就是完全随机的，这 n 个样本放在一起的大小关系就完全是 $(1, 2, \cdots, n)$ 的一个置换。

既然秩 R 的分布是均匀分布，它与数据 X 本身的分布 $F(x)$ 无关，于是 R 就是一个适用于任意分布的统计量，进一步任何仅依赖秩 R 的统计量关于连续函数分布构成的分布类也是适用于任意分布的。

进一步，可以得到边缘分布。

定理 10.3　秩 $R = (R_1, \cdots, R_n)$ 边缘分布也是均匀分布，即

$$\begin{cases} P(R_i = r_i) = \dfrac{1}{n}, \\[2mm] P(R_i = r_i, R_j = r_j) = \dfrac{1}{n(n-1)} \, . \end{cases}$$

定理 10.4　秩 $R = (R_1, \cdots, R_n)$ 的均值，方差和协方差如下

$$\begin{cases} E(R_i) = \dfrac{n+1}{2}, \\[2mm] \mathrm{Var}(R_i) = \dfrac{n^2-1}{12}, \\[2mm] \mathrm{cov}(R_i, R_j) = -\dfrac{n+1}{12} \, . \end{cases}$$

这个定理的证明就是纯粹的计算。需要用到一个重要的公式

$$\sum_{i=1}^{n} i^2 = \frac{n(n+1)(2n+1)}{6} \qquad \text{公式 10.1.1}$$

很多随机变量是对称的（概率密度是对称函数），其中位数就是对称中心。对称中心在坐标原点的总体所对应的概率密度函数关于原点对称，为了叙述简单，我们设总体分布 $F(x)$ 关于 0 点对称。

为检验对称分布的中位数，可以从两个方面进行考虑。一方面，中位数检验与符号检验有关；另一方面，对称性体现在中位数左右两边的样本应该具有对称性，于是考察样本点到原点的距离对对称性的描述有帮助。因此，有必要将符号样本绝对值所对应的秩统计量结合在一起考虑，这就得到符号秩统计量的定义。

定义 10.4　若随机样本 $X_1, \cdots, X_n \sim F(x)$，$F(x)$ 连续，关于 0 点对称，计数统计量 $\Psi_i = \psi(X_i)$，随机变量 $|X_1|, \cdots, |X_n|$ 对应的秩向量记为 $(R_1^+, \cdots, R_n^+)$，R_i^+ 称为 X_i 的绝对秩，则 $\Psi_i R_i^+$ 称为 X_i 的符号秩。

定理 10.5　若 X 是连续型随机变量，分布关于 0 点对称，则 $|X|$ 与其符号统计量 $\psi(X)$ 相互独立。

证明：

$$P(\psi(X) = 1, |X| \leq t)$$
$$= P(X > 0, |X| \leq t) = P(0 < X \leq t)$$
$$= \frac{1}{2}\left[P(0 < X \leq t) + P(-t < X \leq 0)\right]$$
$$= \frac{1}{2} P(|X| \leq t) = P(\psi(X) = 1) P(|X| \leq t)$$

定理 10.6 若 $X_1, \cdots, X_n \sim F(x)$, $F(x)$ 连续，关于 0 点对称，其绝对秩向量 $R^+ = (R_1^+, \cdots, R_n^+)$，计数统计量 $\Psi_i = \psi(X_i)$，则 $\Psi_1, \cdots, \Psi_n, R^+$ 相互独立；Ψ 服从参数为 1/2 的两点分布，R^+ 在 $(1, \cdots, n)$ 的排列空间上均匀分布。

定理 10.7 设 $X_1, \cdots, X_n \sim F(x)$, $F(x)$ 连续，关于 0 点对称。令计数统计量 $\Psi_i = \psi(X_i)$，样本中正数个数可以表示为 $Q = \sum_{i=1}^{n} \Psi_i$。当 $Q = q$ 时，$X_1, \cdots, X_n$ 中正样本对应的绝对秩记为 $S_1 < \cdots < S_q$，则

$$P(Q = q, S_1 = t_1 \cdots, S_q = t_q)$$
$$= \begin{cases} (\frac{1}{2})^n, & q = 0, 1, \cdots, n, \ t_1 \leqslant \cdots \leqslant t_q \\ 0, & \text{其他} \end{cases}$$

对定理 10.6 我们可以这样理解：对称性和样本随机性决定了 Ψ 服从概率为 $\frac{1}{2}$ 的两点分布；由对称性把样本镜像到正半轴后仍然是随机排列的，故 R^+ 仍然在排列空间上均匀分布。定理 10.7 进一步说明符号秩统计量对于关于 0 点对称的分布族是适应于任意分布的 (d-free)。

第二节　单样本资料的检验

一、分位数（**quantile**）点的符号检验

基于定理 10.1，可以对分布的 p_0 分位数点值进行检验，即所谓的符号检验 (sign test)。设 $X_1, X_2, \cdots, X_n \sim F(x)$, $F(x)$ 在 μ_0 点连续。考虑符号统计量 $B = \sum_{i=1}^{n} \Psi(X_i - \mu_0)$，即数一数有多少个样本比 μ_0 大。容易验证，如果 p_0 分位数等于 μ_0，则 $F(\mu_0) = p_0$, $B \sim B(n, 1 - p_0)$ 为二项分布；如果 p_0 分位数大于等于 μ_0，则 $F(\mu_0) < p_0$，从而 $B \sim B(n, 1 - p_0 + [p_0 - F(\mu_0)])$；如果 p_0 分位数小于 μ_0，则 $F(\mu_0) > p_0$，从而 $B \sim B(n, 1 - p_0 - [F(\mu_0) - p_0])$。也就是说分位数点检验与二项检验等价，而且方向相同。

若存在常数 $c_1(\frac{\alpha}{2})$, $c_2(\frac{\alpha}{2})$ 使得

$$P\{B(n, 1 - p_0) \leqslant c_1(\frac{\alpha}{2})\} \leqslant \alpha/2, \quad P\{B(n, 1 - p_0) \geqslant c_2(\frac{\alpha}{2})\} \leqslant \alpha/2,$$

则有

（1）双边检验：H_0：p_0 分位数等于 $\mu_0 \leftrightarrow H_1$：$p_0$ 分位数不等于 μ_0 的否定域为

$$\{0, 1, \cdots, c_1(\frac{\alpha}{2})\} \cup \{c_2(\frac{\alpha}{2}), c_2(\frac{\alpha}{2}) + 1, \cdots, n\}.$$

（2）单边右侧检验：H_0：p_0 分位数小于等于 $\mu_0 \leftrightarrow H_1$：$p_0$ 分位数大于 μ_0 的否定域为

$$\{c_2(\alpha), c_2(\alpha) + 1, \cdots, n\}.$$

（3）单边左侧检验：H_0：p_0 分位数大于等于 $\mu_0, \leftrightarrow H_1$：$p_0$ 分位数小于 μ_0 的否定域为

$$\{0, 1, \cdots, c_1(\alpha)\}.$$

实践表明，当 n 较小时（比如 $n < 20$），可以直接去查二项分布表格得到相应的临界值 $c_1(\alpha)$, $c_2(\alpha)$。当 $n \geqslant 20$ 时，要采用"连续性校正"的正态近似

$$c_1(\alpha) = n(1 - p_0) - z_\alpha \sqrt{np_0(1 - p_0)} - 0.5, \quad c_2(\alpha) = n(1 - p_0) + z_\alpha \sqrt{np_0(1 - p_0)} + 0.5.$$

下面来看 P 值的计算。对于双边检验，$P = 2P(B(n, 1 - p_0) \leqslant B_0)$, $B_0 \leqslant n(1 - p_0)$，$P = 2P(B(n, 1 - p_0) \geqslant B_0)$, $B_0 \geqslant n(1 - p_0)$。

当 $n < 20$ 时，上述概率可以通过二项分布表格查出，而当 $n > 20$ 时，一般采用"连续性校正"的正态近似进行计算 $P = 2P\left\{ Z \geqslant \dfrac{B_0 - n(1-p_0) - 0.5}{\sqrt{np_0(1-p_0)}} \right\}$，$B_0 \geqslant n(1-p_0)$，

$P = 2P\left\{ Z \leqslant \dfrac{B_0 - n(1-p_0) + 0.5}{\sqrt{np_0(1-p_0)}} \right\}$，$B_0 \leqslant n(1-p_0)$。其中 Z 为标准正态分布随机变量。

对于单边右侧检验，$P = P\left(B(n, 1-p_0) \geqslant B_0\right)$。当 $n < 20$ 时，上述概率可以通过二项分布表格查出，而当 $n > 20$，一般采用"连续性校正"的正态近似进行计算

$P = P\left\{ Z \geqslant \dfrac{B_0 - 0.5 - n(1-p_0)}{\sqrt{np_0(1-p_0)}} \right\}$。其中 Z 为标准正态分布随机变量。

类似地，对于单边左侧检验，$P = P\left\{ B(n, 1-p_0) \leqslant B_0 \right\}$。当 $n < 20$ 时，上述概率可以通过二项分布表格查出，而当 $n > 20$ 时，一般采用"连续性校正"的正态近似进行计算 $P = P\left\{ Z \leqslant \dfrac{B_0 - n(1-p_0) + 0.5}{\sqrt{np_0(1-p_0)}} \right\}$，其中 Z 为标准正态分布随机变量。

例 10.2 联合国人员在 66 个大城市上的生活花费指数（以纽约市 1996 年 12 月为 100）从小到大排列如下

66	75	78	80	81	81	82	83	83	83	83
84	85	85	86	86	86	86	87	87	88	88
88	88	88	89	89	89	89	90	90	91	91
91	91	92	93	93	96	96	96	97	99	100
101	102	103	103	104	104	104	105	106	109	109
110	110	110	111	113	115	116	117	118	155	192

若北京的生活消费指数是 99，问北京是否超出了全球 60% 的水平。

解：这是单边左侧检验问题，希望验证 60% 分位点小于北京的消费指数 99

$$H_0: 60\% \text{ 分位数大于等于 } \mu_0 \longleftrightarrow H_1: 60\% \text{ 位数小于 } \mu_0 \text{。}$$

统计量 $B = \sum_{i=1}^{n} \psi(X_i - \mu_0)$，于是 $B \sim B(66, 0.4)$，B 的观测值为 $B_0 = 23$。转换为二项单边检验问题。现在 $n(1-p_0) = 26.4 > B_0$。于是对应的单边左侧检验的 P 值为

$$P = P(B \leqslant B_0)$$
$$= P\left(Z \leqslant \frac{B_0 - n(1-p_0) + 0.5}{\sqrt{np_0(1-p_0)}} \right)$$
$$= P\left(Z \leqslant \frac{23 - 66 \times (1-0.6) + 0.5}{\sqrt{66 \times 0.6 \times 0.4}} \right)$$
$$= 0.2331$$

$P > 0.05$，因此并不能拒绝零假设，不能认为北京的消费指数超过了 60%。尽管现在从排序来看，排在 66 位中的 43 位，数字上达到了 65%。某种程度上也说明了符号检验的功效不是特别高，不能十分灵敏地反应真实情况。

需要说明的是，此时的连续性校正是必须的。如果不使用校正，得到的 P 值只有 0.1965，低估了 P 值。当然，与下面的精确计算相比，连续性校正后的正态近似还是有很小的误差。

```
> pnorm ( (23-66*0.4+0.5) /sqrt (66*0.4*0.6) )
[1] 0.2331
> pnorm ( (23-66*0.4) /sqrt (66*0.4*0.6) )
[1] 0.1965
```

用 R 可以精确计算这个截尾概率，得到 P 值为 0.2345，与正态近似略有差距。

```
> pbinom (23, 66, 0.4)
[1] 0.2345
```

也可以直接用 R 程序进行二项检验，结果如下：

```
> binom.test (23, 66, 0.40, alternative="less")
  Exact binomial test
data: 23 and 66
number of successes = 23, number of trials = 66, p-value = 0.2345
alternative hypothesis: true probability of success is less than 0.4
95 percent confidence interval:
  0.0000 0.4563 sample estimates:
probability of success  0.3485
```

可以看出二项精确检验得到的 P 值与精确计算的二项结尾概率相同。

下面再看一个双边检验的例子。

例 10.3 仍然采用上面的消费指数数据，能否认为北京处于中间水平？

解：这是一个双边检验问题，H_0：中位数等于 $\mu_0 \leftrightarrow H_1$：中位数不等于 μ_0。在零假设下，统计量 $B = \sum_{i=1}^{n} \Psi(X_i - \mu_0) \sim B(66, 0.5)$，$B$ 的观测值为 $B_0 = 23$，转换为二项双边检验问题。现在 $n(1-p_0) = 66 \times 0.5 = 33 > B_0$。于是对应的双边检验的 P 值为

$$
\begin{aligned}
P &= 2P(B \leqslant B_0) \\
&= 2P\left(Z \leqslant \frac{B_0 - n(1-p_0) + 0.5}{\sqrt{np_0(1-p_0)}}\right) \\
&= 2P\left(Z \leqslant \frac{23 - 66 \times (1-0.5) + 0.5}{\sqrt{66 \times 0.5 \times 0.5}}\right) \\
&= 0.0193
\end{aligned}
$$

P 值小于 0.05，因此拒绝零假设，认为北京未达到中位数水平。

需要说明的是，此时的"连续性校正"是必须的，如果不使用校正，得到的 P 值只有 0.0138，低估了 P 值。当然，与下面的精确计算相比，连续性校正后的正态近似还是有很小的误差。

```
> 2*pnorm ( (23-66* (1-0.5) +0.5) /sqrt (66*0.5*0.5) )
[1] 0.0193
> 2*pnorm ( (23-66* (1-0.5) ) /sqrt (66*0.5*0.5) )
[1] 0.0138
```

用 R 可以精确计算这个截尾概率，得到 P 值为 0.0187，与正态近似略有差距。

```
> 2*pbinom (23, 66, 0.5)
[1] 0.0187
```

也可以直接用 R 程序进行二项检验，结果如下：

```
> binom.test (23, 66, 0.50, alternative="two.sided")
    Exact binomial test
data：23 and 66
number of successes = 23, number of trials = 66, p-value = 0.0187
alternative hypothesis：true probability of success is not equal to 0.5
95 percent confidence interval：
0.2353 0.4758 sample estimates：
probability of success  0.3485
```

可以看出二项精确检验得到的 P 值与精确计算的二项截尾概率相同。

那么，用符号检验究竟能够认为北京的消费指数超过哪个分位数点呢？实际上通过 R 计算，在 0.05 的检验水平上，我们能够认为北京的消费水平超过了 54% 分位数，R 检验结果如下：

```
> binom.test (23, 66, 0.46, alternative="less")
    Exact binomial test
data：23 and 66
number of successes = 23, number of trials = 66, p-value = 0.0441
alternative hypothesis：true probability of success is less than 0.46
95 percent confidence interval：
  0.0000 0.4563
sample estimates：
probability of success 0.3485
```

但在 0.05 的检验水平上不能认为其超过了 55% 分位数，R 检验结果如下：

```
> binom.test (23, 66, 0.45, alternative="less")
  Exact binomial test
data：23 and 66
number of successes = 23, number of trials = 66, p-value = 0.0615
alternative hypothesis：true probability of success is less than 0.45
95 percent confidence interval：
  0.0000 0.4563 sample estimates：
probability of success  0.3485
```

二、对称中心的符号秩和检验（signed ranked sum test）

设 $X_1, \cdots, X_n \sim F(x)$，$F(x)$ 关于 0 点对称，将 $|X_1|, \cdots, |X_n|$ 进行排序得到绝对秩 R_i^+，于是定义 Wilcoxon 符号秩统计量 $W^+ = \sum_{i=1}^{n} \psi(X_i) R_i^+$。容易验证，Wilcoxon 符号秩统计量（Wilcoxon signed rank statistics）有如下性质：

定理 10.8 设 $X_1, \cdots, X_n \sim F(x)$ 为简单随机样本，$F(x)$ 关于零点对称，则

$$W^+ = \sum_{i<j} \psi\left(\frac{X_i + X_j}{2}\right)$$

其中 $(X_i + X_j)/2$ 又称为 Walsh 平均，即 W^+ 是 Walsh 平均中正数的个数。

定理 10.9 设 $X_1, \cdots, X_n \sim F(x)$，$F(x)$ 连续，关于 0 点对称，W^+ 是 Wilcoxon 符号秩统计量，则

$$E(W^+) = \frac{n(n+1)}{4}, \quad \text{Var}(W^+) = \frac{n(n+1)(2n+1)}{24}$$

且 W^+ 的分布关于 $n(n+1)/4$ 对称。

定理 10.10 设 $X_1, \cdots, X_n \sim F(x)$ 的简单随机样本，$F(x)$ 关于零点对称，则当 $n \to +\infty$ 时，有

$$\frac{W^+ - E(W^+)}{\sqrt{\text{Var}(W^+)}} = \frac{W^+ - \dfrac{n(n+1)}{4}}{\sqrt{\dfrac{n(n+1)(2n+1)}{24}}} \xrightarrow{d} N(0,1)$$

当数据中有结存在时，设有 g 个结，结长为 $\tau = (\tau_1, \cdots, \tau_g)$，则上式修改为

$$\frac{W^+ - E(W^+)}{\sqrt{\text{Var}(W^+)}} = \frac{W^+ - \dfrac{n(n+1)}{4}}{\sqrt{\dfrac{n(n+1)(2n+1)}{24} - \sum_{i=1}^{g} \dfrac{\tau_i^3 - \tau_i}{48}}} \xrightarrow{d} N(0,1)$$

一般地，我们面临的问题是分布函数关于自身的中位数 μ 对称，考查中位数与已知点 μ_0 的关系，于是将数据进行平移 $Y = X - \mu_0$，对 Y 定义统计量 $W^+ = \sum_i \psi(Y) R_i^+(Y)$，就可以应用前面的定理。

若存在临界值 $\omega^+\left(n, \dfrac{\alpha}{2}\right)$，使得 $P\left\{ W^+ > \omega^+\left(n, \dfrac{\alpha}{2}\right) \right\} > \dfrac{\alpha}{2}$，以其作为右侧临界点；由对称性，左侧临界点为 $\dfrac{n(n+1)}{2} - \omega^+\left(n, \dfrac{\alpha}{2}\right)$，于是双边检验 $H_0 : \mu = \mu_0 \leftrightarrow H_1 : \mu \neq \mu_0$ 的拒绝域为 $\left\{ W^+ > \omega^+\left(n, \dfrac{\alpha}{2}\right) \right\} \cup \left\{ W^+ < \dfrac{n(n+1)}{2} - \omega^+\left(n, \dfrac{\alpha}{2}\right) \right\}$。相应地，单边左侧检验 $H_0 : \mu \geqslant \mu_0, \leftrightarrow H_1 : \mu < \mu_0$。的拒绝域为 $\left\{ W^+ < \dfrac{n(n+1)}{2} - \omega^+(n, \alpha) \right\}$。单边右侧检验 $H_0 : \mu \leqslant \mu_0, \leftrightarrow H_1 : \mu > \mu_0$。的拒绝域为 $\{ W^+ > \omega^+(n, \alpha) \}$。

下面来看 P 值的计算。设观测值为 W_0^+，那么双侧检验的 P 值为 $P = 2P\{ W^+(n) \geqslant W_0^+ \}$，$W_0^+ \geqslant \dfrac{n(n+1)}{4}$，$P = 2P\{ W^+(n) \leqslant W_0^+ \}$，$W_0^+ \leqslant \dfrac{n(n+1)}{4}$；单边左侧检验的 P 值为 $P = P\{ W^+(n) \leqslant W_0^+ \}$；单边右侧检验的 P 值为 $P = P\{ W^+(n) \geqslant W_0^+ \}$。其中 $W^+(n)$ 是样本量为 n 的符号秩和随机变量。

一般地，当 $n \leqslant 50$ 时，上述截尾概率（truncated probability）都可以通过查找符号秩和随机变量的分位数表得到上述临界值，当 $n > 50$ 时，可以基于定理 10.10 进行正态近似，

$$P\{W^+(n) \geqslant W_0^+\} = P\left(Z \geqslant \frac{W_0^+ - 0.5 - \dfrac{n(n+1)}{4}}{\sqrt{\dfrac{n(n+1)(2n+1)}{24} - \dfrac{1}{48}\sum_{i=1}^{g}(\tau_i^3 - \tau_i)}} \right),$$

$$P\{W^+(n) \leqslant W_0^+\} = P\left(Z \leqslant \frac{W_0^+ + 0.5 - \dfrac{n(n+1)}{4}}{\sqrt{\dfrac{n(n+1)(2n+1)}{24} - \dfrac{1}{48}\sum_{i=1}^{g}(\tau_i^3 - \tau_i)}} \right)。$$

其中，Z 为标准正态分布随机变量，其中加减 0.5 是所谓的"连续性修正"。

下面来看一个例子。

例 10.4 学院为了解邮件系统垃圾邮件情况，收集了 20 位老师每周收到的垃圾邮件数目，得到如下数据。

| 310 | 350 | 370 | 270 | 389 | 400 | 415 | 420 | 400 | 290 |
| 295 | 325 | 340 | 298 | 365 | 375 | 250 | 385 | 263 | 440 |

从平均意义下，能否认为学院邮件系统平均每人每周收到的垃圾邮件数的中心位置为 320。

解：由经验可以认为垃圾邮件数服从中心为 μ 的对称分布，现对中心 μ 进行检验

$$H_0: \mu = 320 \leftrightarrow H_1: \mu \neq 320。$$

X_i	310	350	370	270	389	400	415	420	400	290
Y_i	-10	30	50	-50	69	80	95	100	80	-30
R_i^+	2	6.5	9.5	9.5	14	16.5	18	19	16.5	6.5

X_i	295	325	340	298	365	375	250	385	263	440
Y_i	-25	5	20	-22	45	55	-70	65	-57	120
R_i^+	5	1	3	4	8	11	15	13	12	20

根据上表计算得到 Wilcoxon 符号秩 $W^+ = 156$，查表得到 Wilcoxon 符号秩检验统计量的上分位点 $\omega^+(20, 0.025) = 157$，$\omega^+(20, 0.05) = 149$，所以能够拒绝单边右侧检验零假设，但不能拒绝双边检验零假设。

下面给出 P 值。由于 $W_0^+ > \dfrac{n(n+1)}{4} = 105$，现在直接调用 R 程序计算截尾概率，得到单边 P 值为 0.0266，而双边 P 值为单边 P 值的两倍 0.0532。

该数据存在结，结数为 17，结长为 $\tau = (1, 1, 1, 1, 1, 2, 1, 2, 1, 1, 1, 1, 1, 2, 1, 1, 1)$。如果用正态近似去逼近 P 值，近似值为

$$p = P\left(Z \geqslant \frac{W_0^+ - 0.5 - \dfrac{n(n+1)}{4}}{\sqrt{\dfrac{n(n+1)(2n+1)}{24} - \dfrac{\sum(\tau_i^3 - \tau_i)}{48}}} \right.$$

$$= P\left(Z \geqslant \frac{156 - 0.5 - \dfrac{20 \times 21}{4}}{\sqrt{\dfrac{20 \times 21 \times 41}{24} - \dfrac{3 \times (2^{3} - 2)}{48}}} \right)$$

$$= 0.0297$$

上述截尾概率的计算可以由 R 程序完成。

```
> 1-psignrank (156, 20)
[1] 0.0266
> 1-pnorm ( (155.5-20*21/4) /sqrt (20*21*41/24-3* (8-2) /48) )
[1] 0.0297
```

R 也可以直接进行 Wilcoxon 符号秩检验，程序与运行结果如下：

```
> x < -c (310, 350, 370, 270, 389, 400, 415, 420, 400, 290, 295,
+ 325, 340, 298, 365, 375, 250, 385, 263, 440)
> y=x-320
> wilcox.test (y, alternative= "two.sided")
  Wilcoxon signed rank test with continuity correction
data: y
V = 156, p-value = 0.05932
alternative hypothesis: true location is not equal to 0
Warning message:
In wilcox.test.default (y, alternative = "two.sided"): 无法精确计算带连结的 P 值。
```

第三节　两组样本比较的检验

两样本检验（two-sample test）问题普遍存在于医学随机对照实验中，一部分样本作为实验组得到某种药物处理，另一部分样本作为对照组得到不同的处理，构成了两个不同的总体，实验者希望从样本数据来检验出两个总体的差异。如果样本是有序数据组成的，则人们往往对样本感兴趣的差异是两个总体位置上的差异：比如一个总体的取值是否趋向于比另一个总体的取值要大？两个总体的中位数是否相等？两个总体的均值是否相等？

设有两个总体 X 与 Y，$X_1, \cdots, X_m \sim F(x)$，$Y_1, \cdots, Y_n \sim G(x)$。$F(x)$，$G(x)$ 连续。首先我们可以从整体角度来比较两个总体的大小：随机变量 Y 是否大于随机变量 X，反映到分布函数上就是是否有 $F(x) \geqslant G(x)$。对应的假设检验问题为双边检验 $H_0 : F(x) = G(x)$，$\forall x$，$\leftrightarrow H_1 : F(x) \neq G(x)$，$\exists x$。或者单边左侧检验 $H_0 : F(x) \geqslant G(x)$，$\forall x$，$\leftrightarrow H_1 : F(x) < G(x)$，$\exists x$。或者单边右侧检验 $H_0 : F(x) \leqslant G(x)$，$\forall x$，$\leftrightarrow H_1 : F(x) > G(x)$，$\exists x$。

其次我们也可以从总体中位数大小对比的角度来比较两个总体，而且这个角度似乎更加贴近我们的直观体验。设两个总体的中位数分别为 μ_x，μ_y，于是我们可以考虑双侧检验，$H_0 : \mu_x = \mu_y \leftrightarrow H_1 : \mu_x \neq \mu_y$。或者单边右侧检验 $H_0 : \mu_x \leqslant \mu_y \leftrightarrow H_1 : \mu_x > \mu_y$。或者单边左侧检验 $H_0 : \mu_x \geqslant \mu_y$，$\leftrightarrow H_1 : \mu_x < \mu_y$。

直观上看，总体 Y 比总体 X 随机大，理想的情况是总体 Y 的取值都比总体 X 的大，那么将 X 与 Y 的样本混合排序，Y 的样本的秩偏大，只需要比较总体 Y 的秩和与总体 X 的秩和就可以。但由于全部秩和是一个常数，故只需考虑总体 Y 的秩和即可，这就是 Wilcoxon 秩和统计量。

定义 10.5　将总体 X 的样本 X_1，$\cdots$，X_m 和总体 Y 的样本 Y_1，$\cdots$，Y_n 共 $m+n$ 个观测值一起排序，产生秩向量（rank vector）$(Q_1, \cdots, Q_m; R_1, \cdots, R_n)$。定义 Wilcoxon 秩和统计量为 $W = \sum_{i=1}^{n} R_i$。

下面给出 Wilcoxon 秩和统计量的性质

定理 10.11　在 $H_0: F(x) = G(x)$ 下，Wilcoxon 统计量 W 满足

$$\begin{cases} E(W) = \dfrac{n(m+n+1)}{2}, \\ \mathrm{Var}(W) = \dfrac{mn(m+n+1)}{12}, \end{cases}$$

且 W 的分布关于 $n(m+n+1)/2$ 对称。

还可以从另一种角度来比较两个总体的位置大小，可以从两个总体分布抽取样本 Y_i 和 X_j 来比较大小 $\psi(Y_i - X_j)$。再将所有样本对的符号相加在一起，得到的统计量就可以表征两个总体的位置大小，这就是所谓的 Mann-Whitney 统计量，即 $U = \sum_{i=1}^{m} \sum_{j=1}^{n} \psi(Y_j - X_i)$。

如果 Y 随机大于 X，则多数观测值对取正，统计量偏大。

定理 10.12　Wilcoxon 统计量（Wilcoxon statistics）W 和 Mann-Whitney 统计量（Mann-Whitney statistics）U 满足如下关系

$$W = U + \frac{n(n+1)}{2}.$$

证明：将 Y 排序 $Y_{(1)}, \cdots, Y_{(n)}$，设它们在混合样本中的序为 $R_{(1)}, \cdots, R_{(n)}$，那么我们可以数出在这些样本前面的 X 样本的个数。它们对应于 U 统计量的定义。

$$\begin{cases} \#\{X_i < Y_{(1)}, i = 1, \cdots, m\} = R_{(1)} - 1 \\ \cdots\cdots\cdots\cdots \\ \#\{X_i < Y_{(j)}, i = 1, \cdots, m\} = R_{(j)} - j \\ \cdots\cdots\cdots\cdots \\ \#\{X_i < Y_{(n)}, i = 1, \cdots, m\} = R_{(n)} - n \end{cases}$$

于是

$$U = \sum_{j=1}^{n}(R_{(j)} - j) = \sum_{j=1}^{n} R_{(j)} - \sum_{j=1}^{n} j$$
$$= W - \frac{n(n+1)}{2}$$

定理 10.13　在 $H_0: F(x) = G(x)$ 下，Wilcoxon 统计量 W 的分布为 $P(W = d) = \dfrac{t_{m,n}(d)}{C_{m+n}^{n}}$，其中 $d = n(n+1)/2, \cdots, m+n(n+1)/2$；$t_{m,n}(d)$ 表示从 $1, 2, \cdots, m+n$ 中取 n 个数，其和为 d 的所有可能取法。

对定理 10.13，我们给出两点注记：其一是 d 的取值问题，最小对应于前 n 个数，和为 $n(n+1)/2$，最大对应于最后 n 个数，和为 $m+n(n+1)/2$。其次是定理的结论实际上是一个平凡的组合计算，如何求 $t_{m,n}(d)$ 才是关键。实际上，对混合样本中最大的那个样本，其秩为 $m+n$，这个样本只有两种可能的归属，要么属于总体 X，要么属于总体 Y。如果它属于总体 X，没有被 W 记入，此时还是要在 $m+n-1$ 个数中选取，有 $t_{m-1,n}(d)$ 种取法；如果这个样本属于

总体 Y，被 W 记入，此时只要再选 $n-1$ 个数使其和为 $d-m-n$ 即可。故可以递推计算 $t_{m,n}(d)$，递推公式为

$$\begin{cases} t_{m,n}(d) = t_{m-1,n}(d) + t_{m,n-1}(d-m-n), \\ t_{i,0}(0) = 1, \ i = 1, \cdots, m, \\ t_{i,0}(d) = 0, \ d \neq 0, \ i = 1, \cdots, m, \\ t_{0,j}\left(\dfrac{j(j+1)}{2}\right) = 1, \\ t_{0,j}(d) = 0; \ d \neq \dfrac{j(j+1)}{2}, \ j = 1, \cdots, n。 \end{cases}$$

对小样本用以上公式计算，但当样本量很大时，以上的计算比较复杂。幸运的是，此时有下面的大样本正态近似定理。

定理 10.14 设样本 $X_1, \cdots, X_m \sim F(x)$，样本 $Y_1, \cdots, Y_n \sim G(x)$，在零假设 $F(x) = G(x)$ 条件下，当 $N = m + n \to +\infty$，且 $m/(m+n) \to \lambda \ (0 < \lambda < 1)$，则

$$\frac{W - E(W)}{\sqrt{\mathrm{Var}(W)}} = \frac{W - \dfrac{n(m+n+1)}{2}}{\sqrt{\dfrac{mn(m+n+1)}{12}}} \to N(0, 1)。$$

如果数据中有结存在，相应的结参数为 g，$\tau = (\tau_1, \cdots, \tau_g)$，则

$$\frac{W - E(W)}{\sqrt{\mathrm{Var}(W)}} = \frac{W - \dfrac{n(m+n+1)}{2}}{\sqrt{\dfrac{mn(m+n+1)}{12} - \dfrac{nm}{12(n+m)(n+m-1)}\sum_{i=1}^{g}(\tau_i^3 - \tau_i)}} \to N(0, 1)。$$

现在回到检验问题。设 $\omega(m, n, \alpha)$ 是参数为 n，m 的 Wilcoxon 秩和统计量的上分位点 $P\{W(m, n) > \omega(m, n, \alpha)\} \leqslant \alpha$。由于对称性，相应的下 α 分位数为 $n(n+m+1) - \omega(m, n, \alpha)$。

于是，双侧检验的拒绝域为 $\{X: W < n(n+m+1) - \omega(m, n, \frac{\alpha}{2})\} \bigcup \{X: W > \omega(m, n, \frac{\alpha}{2})\}$，单边左侧检验的拒绝域为 $\{X: W < n(n+m+1) - \omega(m, n, \alpha)\}$；单边右侧检验的拒绝域为 $\{X: W > \omega(m, n, \alpha)\}$。

下面来看 P 值的计算。设当前的 Wilcoxon 秩和统计量的观测值为 W_0，双侧检验的 P 值为 $P = 2P\{W(m, n) \geqslant W_0\}$，$W_0 > \dfrac{n(n+m+1)}{2}$，$P = 2P\{W(m, n) \leqslant W_0\}$，$W_0 < \dfrac{n(n+m+1)}{2}$；单边左侧检验的 P 值为 $P = P\{W(m, n) \leqslant W_0\}$；单边右侧检验的 P 值为 $P = P\{W(m, n) \geqslant W_0\}$；其中 $W(m, n)$ 为参数为 m，n 的 Wilcoxon 秩和随机变量。一般地，当 $0 \leqslant n$，$m \leqslant 20$ 时，可以借助于 Wilcoxon 秩和统计量的分位数表得到上述的截尾概率。当样本量 n 或者 m 超过 20 时，可以基于定理 10.14 用正态近似计算上述截尾概率，

$$P(W \geqslant W_0) = P\left(Z \geqslant \frac{W_0 - 0.5 - \dfrac{n(m+n+1)}{2}}{\sqrt{\dfrac{nm(n+m+1)}{12} - \dfrac{nm}{12(n+m)(n+m+1)}\sum_{i=1}^{g}(\tau_i^3 - \tau_i)}}\right),$$

$$P(W(m,n) \leqslant W_0) = P\left(Z \leqslant \frac{W_0 + 0.5 - \dfrac{n(m+n+1)}{2}}{\sqrt{\dfrac{nm(n+m+1)}{12} - \dfrac{nm}{12(n+m)(n+m+1)} \sum_{i=1}^{g} (\tau_i^3 - \tau_i)}} \right).$$

其中 Z 为标准正态分布随机变量，而式中加减 0.5 是所谓的"连续性修正"。

例 10.5 两个班同学进行某项体育测试，成绩如下：

甲班	2.4	6.2	9.9	6.4	6.1	10.6	9.1	15.3	14.8	6.7	6.7
	10.6	5.0	3.6	18.6	1.8	2.6	1.0	3.2	5.9	4.0	
乙班	14.8	10.6	12.7	16.9	7.6	7.3	12.5	14.2	7.9	11.3	5.6
	12.9	12.6	16.0	8.3	6.3	16.1	2.1	10.6	9.0	11.4	17.7
	5.6	4.2	7.2	11.8	5.6						

请问两个班的成绩是否相同?

解：这是一个双边检验问题 $H_0 : \mu_x = \mu_y \leftrightarrow H_1 : \mu_x \neq \mu_y$。

将两个数据混合排序，得到混合秩如下：

甲班	2.4	6.2	9.9	6.4	6.1	10.6	9.1	15.3	14.8	6.7	6.7
Q_i	4	16	28	18	15	30.5	27	43	41.5	19.5	19.5
甲班	10.6	5.0	3.6	18.6	1.8	2.6	1.0	3.2	5.9	4.0	
Q_i	30.5	10	7	48	2	5	1	6	14	8	
乙班	14.8	10.6	12.7	16.9	7.6	7.3	12.5	14.2	7.9	11.3	5.6
R_i	41.5	30.5	38	46	23	22	36	40	24	33	12
乙班	12.9	12.6	16.0	8.3	6.3	16.1	2.1	10.6	9.0	11.4	17.7
R_i	39	37	44	25	17	45	3	30.5	26	34	47
乙班	5.6	4.2	7.2	11.8	5.6						
R_i	12	9	21	35	12						

数据中有 4 个结长超过 1 的，分别为 3，2，4，2，对应的观测为 5.6，6.7，10.6，14.8。

对表格中的秩求和得到 $W_0 = 782.5$，$m = 21$，$n = 27$。考虑到 R 中实际是 Mann-Whitney 统计量 U 进行的两样本检验，故 $U_0 = W_0 - \dfrac{n(n+1)}{2} = 404.5$。于是 P 值为

$$P = 2P(U(21, 27) \geqslant U_0) = 0.0110,$$

$$P \approx 2P\left(Z \geqslant \frac{W_0 - 0.5 - \dfrac{n(m+n+1)}{2}}{\sqrt{\dfrac{nm(n+m+1)}{12} - \dfrac{nm}{12(n+m)(n+m+1)} \sum_i (\tau_i^3 - \tau_i)}} \right) = 0.0122$$

在 R 中，Wilcoxon 分布实际上是 Mann-Whitney 统计量 U 的分布，

```
> 2*(1-pwilcox(404.5, 21, 27))
[1] 0.0110
```

```
> 2* (1-pnorm ((782-27*49/2) /sqrt (21*27*49/12-21*27*96/ (12*48*49))))
[1] 0.0122
```

直接采用 R 的函数 *wilcoxon.test* ( ) 对两个总体进行 Wilcoxon 秩和检验，得到如下结果：

```
> x < -c (2.4, 6.2, 9.9, 6.4, 6.1, 10.6, 9.1, 15.3,
+ 14.8, 6.7, 6.7, 10.6, 5.0, 3.6,
+ 18.6, 1.8, 2.6, 1.0, 3.2, 5.9, 4.0)
> y < -c (14.8, 10.6, 12.7, 16.9, 7.6, 7.3, 12.5, 14.2, 7.9,
+ 11.3, 5.6, 12.9, 12.6, 16.0, 8.3, 6.3, 16.1, 2.1, 10.6,
+ 9.0, 11.4, 17.7, 5.6, 4.2, 7.2, 11.8, 5.6)
> wilcox.test (y, x, alternative="two.sided")
  Wilcoxon rank sum test with continuity correction
data: y and x
W = 404.5, p-value = 0.0122
alternative hypothesis: true location shift is not equal to 0
Warning message:
In wilcox.test.default (y, x, alternative = "two.sided")：无法精确计算带连
结的 P 值
```

比较两个计算结果，此时用正态近似计算出来的 P 值误差很小。

第四节 多组样本比较的检验

一、Kruskal-Wallis 检验

很多时候，我们要对多个总体进行检验。可以在如下的一般框架下考虑这个检验问题：已知 K 个总体 X_1, X_2, $\cdots$, X_K，每个总体随机抽取 n_i 个简单随机样本

$$X_{ij} \sim F(x - \theta_i), \ i = 1, \cdots, K, \ j = 1, 2, \cdots, n_i, \ N = \sum_{i=1}^{K} n_i$$

我们需要检验 $H_0 : \theta_1 = \cdots = \theta_K \leftrightarrow H_1 : \theta_i (i = 1, \cdots, K)$ 不全相等。

在给出非参数检验方法之前，我们来看参数检验情形，即为上述一般框架的一个特例。假设每个总体服从正态分布 $X_{ij} \sim N(\mu_i, \sigma^2)$, $j = 1, \cdots, n_i$，相应的检验问题变成了

$$H_0 : \mu_1 = \cdots = \mu_K \leftrightarrow H_1 : \mu_i, \ (i = 1, \cdots, K) \ \text{不全相等。}$$

我们常用方差分析（analysis of variance，ANOVA）进行检验。令

$$\bar{X}_i = \frac{1}{n_i} \sum_{j=1}^{n_i} X_{ij}, \ \bar{X} = \frac{1}{N} \sum_{i=1}^{K} \sum_{j=1}^{n_i} X_{ij}, \ N = \sum_{i=1}^{K} n_i$$

总偏差平方和

$$\begin{aligned}
SS_t &= \sum_{i=1}^{K} \sum_{j=1}^{n_i} (X_{ij} - \bar{X})^2 \\
&= \sum_{i=1}^{K} \sum_{j=1}^{n_i} (X_{ij} - \bar{X}_i + \bar{X}_i - \bar{X})^2 \\
&= \sum_{i=1}^{K} \sum_{j=1}^{n_i} (X_{ij} - \bar{X}_i)^2 + \sum_{i=1}^{K} \sum_{j=1}^{n_i} (\bar{X}_i - \bar{X})^2 \\
&= SS_w + SS_b
\end{aligned}$$

其中 SS_w 称为组内平方和，SS_b 称之为组间平方和。

于是在零假设 H_0 下，有 $\dfrac{SS_b}{\sigma^2} \sim \chi^2(K-1)$，$F = \dfrac{SS_b / f_b}{SS_w / f_w} = \dfrac{SS_b / (K-1)}{SS_w / (N-K)} \sim F(K-1, N-K)$。

其中 $f_b = K-1$，$f_w = N-K$ 分别是统计量 SS_b、SS_w 的自由度。

故定义统计量 $F = \dfrac{SS_b / (K-1)}{SS_w / (N-K)}$。

在非参数意义下，对数据没有正态性这样的假设下，取而代之的是考虑不依赖于分布假设的秩统计量。将全部样本混合排序，X_{ij} 对应的秩记为 R_{ij}，对秩进行 ANOVA 计算。

注意到

$$\bar{R} = \frac{1}{N} \sum_{i=1}^{K} \sum_{j=1}^{n_i} R_{ij} = \frac{1}{N}(1 + \cdots + N) = \frac{N+1}{2}$$

$$SS_T = \sum_{i=1}^{K} \sum_{j=1}^{n_i} (R_{ij} - \bar{R})^2 = \sum_{i=1}^{N} \left(i - \frac{N+1}{2}\right)^2$$

$$= (1^2 + 2^2 + \cdots + N^2) - (N+1)\sum_{i=1}^{N} i + \left(\frac{N+1}{2}\right)^2 N$$

$$= \frac{N(N^2 - 1)}{12}$$

即总的平均 R 是常数，总偏差平方和也是常数。于是对秩进行 ANOVA 分析只需 SS_b 和 SS_w 中的一个即可

$$SS_b = \sum_{i=1}^{K} \sum_{j=1}^{n_i} (\bar{R}_{i\cdot} - \bar{R})^2$$

$$= \sum_{i=1}^{K} n_i \times \left(\bar{R}_{i\cdot} - \frac{N+1}{2}\right)^2$$

实际上，人们常用 Kruskal-Wallis 统计量进行检验，$H = \dfrac{12}{N(N+1)} SS_b = \dfrac{12}{N(N+1)} \sum_{i=1}^{K} n_i \left(\bar{R}_{i\cdot} - \dfrac{N+1}{2}\right)^2$

可以验证，Kruskal-Wallis 统计量还有另一种计算方式 $H = \dfrac{12}{N(N+1)} \sum_{i=1}^{K} n_i \bar{R}_{i\cdot}^2 - 3(N+1)$，其中 $\bar{R}_{i\cdot} = \dfrac{1}{n_i} \sum_{j=1}^{n_i} R_{ij}$。

下面给出 Kruskal-Wallis 统计量的性质

定理 10.15 在零假设 H_0 下（即 K 个样本来自同一总体），记 $R_{i\cdot} = \sum_{j=1}^{n_i} R_{ij}$，有

$$\begin{cases} E(R_{i\cdot}) = n_i \dfrac{N+1}{2}, \\[2mm] \mathrm{Var}(R_{i\cdot}) = n_i(N - n_i) \dfrac{N+1}{12}, \\[2mm] \mathrm{Cov}(R_{i\cdot}, R_{j\cdot}) = -n_i n_j \dfrac{N+1}{12}, \end{cases}$$

于是

$$\begin{cases} E(\bar{R}_{i\cdot}) = \dfrac{N+1}{2}, \\[2mm] \mathrm{Var}(\bar{R}_{i\cdot}) = \dfrac{(N - n_i)}{n_i} \cdot \dfrac{N+1}{12}。 \end{cases}$$

定理 10.16 在 H_0 下（即 K 样本来自同一总体）且

$$N \to +\infty, \quad \frac{n_i}{N} \to \lambda_i \, (0 < \lambda_i < 1), \quad i = 1, \cdots, K。$$

又设 $C_{iN} \to c_i \, (i = 1, \cdots, K)$，定义统计量 $T_i = C_{iN} \dfrac{1}{\sqrt{N}} (\bar{R}_{i\cdot} - E(\bar{R}_{i\cdot}))$，则向量 $T = (T_1, \cdots, T_K)$

以高维正态分布 $N(0, B)$ 为极限分布，其中协方差阵 $B = (b_{ij})_{K \times K}$，$b_{ij} = \begin{cases} \dfrac{c_i^2(1-\lambda_i)}{12\lambda_i}, & i = j \\ -\dfrac{c_i c_j}{12}, & i \neq j \end{cases}$。

定理 10.17 设随机变量 $(Z_1, \cdots, Z_K)$ 服从高维正态分布（multi-normal distribution）$N(0, A)$，满足 $A^2 = A$，$rank(A) = r \leq K$，则统计量 $T = \sum\limits_{i=1}^{K} Z_i^2$ 服从卡方分布 $\chi^2(r)$。

定理 10.18 给定 Kruskal-Wallis 统计量 $H = \dfrac{12}{N(N+1)} \sum\limits_{i=1}^{k} n_i \left(\bar{R}_{i\cdot} - \dfrac{N+1}{2} \right)^2$。

在 H_0 下，当 $N \to +\infty$，且 $n_i/N \to \lambda_i \, (0 < \lambda_i < 1)$ 时，H 渐近服从卡方分布 $\chi^2(K-1)$。
证明： 将 Kruskal-Wallis 统计量写成

$$H = \sum_{i=1}^{K} \frac{12 n_i}{N(N+1)} \left(\bar{R}_{i\cdot} - \frac{N+1}{2} \right)^2$$

$$= \sum_{i=1}^{K} C_{iN}^2 \left(\frac{1}{\sqrt{N}} \right)^2 (\bar{R}_{i\cdot} - E(\bar{R}_{i\cdot}))^2$$

故令 $C_{iN} = \sqrt{12 n_i / (N+1)}$，则 $C_{iN} \to \sqrt{12 \lambda_i} = c_i$，由定理 10.16 的结论，取

$$T_i = C_{iN} \frac{1}{\sqrt{N}} (\bar{R}_{i\cdot} - E(\bar{R}_{i\cdot})), H = \sum_{i=1}^{k} T_i^2,$$

则 $T = (T_1, \cdots, T_K)$ 有渐近正态分布 $N(0, B)$，

其中 $B = (b_{ij})_{K \times K}$，$b_{ij} = \begin{cases} C_i^2 \dfrac{1 - \lambda_i}{12 \lambda_i} = 1 - \lambda_i, & i = j, \\ -\dfrac{C_i C_j}{12} = -\sqrt{\lambda_i \lambda_j}, & i \neq j。 \end{cases}$

由 $\sum_{i=1}^{K} \lambda_i = 1$ 容易验证：$B^2 = B$，$rank(B) = K - 1$。由定理 10.17 即得结论。

特别地，当 $K = 2$ 时，即在两样本下，Wilcoxon 秩和 $W = R_{1\cdot}$，因为 $\dfrac{n_1 \bar{R}_{1\cdot} + n_2 \bar{R}_{2\cdot}}{N} = \bar{R} = \dfrac{N+1}{2}$，即 $\bar{R}_{1\cdot}$ 和 $\bar{R}_{2\cdot}$ 只有一个是独立的。于是

$$H = \frac{12}{N(N+1)} \sum_{i=1}^{K} n_i \left(\bar{R}_{i\cdot} - \frac{N+1}{2} \right)^2$$

$$= \frac{12}{N(N+1)} \left[n_1 \left(\bar{R}_{1\cdot} - \frac{n_1 \bar{R}_{1\cdot} + n_2 \bar{R}_{2\cdot}}{N} \right)^2 + n_2 \left(\bar{R}_{2\cdot} - \frac{n_1 \bar{R}_{1\cdot} + n_2 \bar{R}_{2\cdot}}{N} \right)^2 \right]$$

$$= \frac{12 n_1 n_2}{N^2(N+1)} \left(\frac{R_{1\cdot}}{n_1} - \frac{R_{2\cdot}}{n_2} \right)^2$$

代入 $W = R_1$，得到 $H = \dfrac{12}{n_1 n_2 (N+1)}\left(W - \dfrac{n_1(N+1)}{2}\right)^2 = \left[\dfrac{W - E(W)}{\sqrt{\mathrm{Var}(W)}}\right]^2$，从而 Kruskal-Wallis 检

验在两样本时与 Wilcoxon 秩和检验等价。

例 10.6 可用 4 种方法种植玉米，在同一块田地里分割成若干块的土地上采用这四种方法种植玉米并计算每块的亩产量（相对值）如下：

方法 1	83	91	94	89	89	96	91	92	90
方法 2	91	90	81	83	84	83	88	91	89	84
方法 3	101	100	91	93	96	95	94		
方法 4	78	82	81	77	79	81	80	81	

问 4 种种植方法是否有差异。

解：将样本混合排序，得到

法 1	83	91	94	89	89	96	91	92	90
R_i	11	23	28.5	17	17	31.5	23	26	19.5
法 2	91	90	81	83	84	83	88	91	89	84
R_i	23	19.5	6.5	11	13.5	11	15	23	17	13.5
法 3	101	100	91	93	96	95	94		
R_i	34	33	23	27	31.5	30	28.5		
法 4	78	82	81	77	79	81	80	81	
R_i	2.0	9	6.5	1	3	6.5	4	6.5	

计算得到 $n_1 = 9$，$\bar{R}_1 = 21.8333$；$n_2 = 10$，$\bar{R}_2 = 15.3$；$n_3 = 7$，$\bar{R}_3 = 29.5714$；$n_4 = 8$，$\bar{R}_4 = 4.8125$；$N = n_1 + n_2 + n_3 + n_4 = 34$。于是 Kruskal-Wallis 统计量

$$H = \frac{12}{N(N+1)} \sum_{i=1}^{K} n_i \bar{R}_i^2 - 3(N+1)$$

$$= \frac{12}{34 \times 35}\left(9 \times 21.8333^2 + 10 \times 15.3^2 + 7 \times 29.5714^2 + 8 \times 4.8125^2\right) - 3 \times 35$$

$$= 25.4644 > \chi_{0.05}^2(3) = 7.815$$

因此拒绝零假设，认为 4 种种植方法有差异。

在 R 软件中可以直接调用 kruskal.test（）进行检验，演示程序和运行结果如下：

```
> x1 <-c (83, 91, 94, 89, 89, 96, 91, 92, 90)
> x2 <-c (91, 90, 81, 83, 84, 83, 88, 91, 89, 84)
> x3 <-c (101, 100, 91, 93, 96, 95, 94)
> x4 <-c (78, 82, 81, 77, 79, 81, 80, 81)
> kruskal.test (list (x1, x2, x3, x4) )

    Kruskal-Wallis rank sum test
data: list (x1, x2, x3, x4)
Kruskal-Wallis chi-squared = 25.629, df = 3, p-value = 1.141e-05
```

这里 R 给出的统计量取值和手工计算略有区别，主要是由于数据中有结存在，引起了方差变小而使得统计量变大。

二、Friedman 检验

在日常生活中，当我们在考虑处理效果的时候，观测数据还可能受到其他因素的影响，即所谓的区组效应。比如，我们在进行药物效果的动物实验时，药物效果不仅仅取决于药物本身，还受到小鼠本身差异的影响。通常假设同一个区组的处理观测有相同的分布类型，但不同区组具有不同的分布类型。但我们真正关心的是位置参数的影响。即

$$X_{ij} \sim F_i(x - \theta_j), \ i = 1, \cdots, n; \ j = 1, \cdots, K$$

检验问题仍然考虑位置参数的差别

$$H_0: \theta_1 = \theta_2 = \cdots = \theta_K \leftrightarrow H_1: \theta_i (i = 1, \cdots, K) \ \text{不全相等。}$$

不同区组的分布函数不一样，比如某个区组内的数据整体都偏大，如果还将所有的样本混在一起取秩，该区组所有样本的秩都偏大，无法体现处理的效果。解决方法是将不同区组分开排序，用来抵消区组带来的影响。对每个区组 i，当 H_0 成立时，相应的秩向量在 $(1, 2, \cdots, K)$ 的全部排列上均匀分布，因此构成的统计量是适应于任意分布的（distribution free）。

类似于 Kruskal-Wallis 统计量，仍然是对秩数据进行 ANOVA 分析。定义 Friedman 统计量

$$S = \frac{12}{K(K+1)} SS_b = \frac{12n}{K(K+1)} \sum_{j=1}^{K} (\bar{R}_{\cdot j} - \bar{R})^2 .$$

定理 10.19 对于区组设计问题，当 H_0 成立时，

$$\begin{cases} E(R_{\cdot j}) = \dfrac{n(K+1)}{2}, \\ \mathrm{Var}(R_{\cdot j}) = \dfrac{n(K^2-1)}{12}, \\ \mathrm{Cov}(R_{\cdot i}, R_{\cdot j}) = -\dfrac{n(K+1)}{12} . \end{cases}$$

定理 10.20 在 H_0 成立时，当 $n \to +\infty$ 时，Friedman 统计量 S 服从自由度为 $K-1$ 的卡方分布。

实际上，

$$\begin{aligned} E(S) &= \frac{12}{nK(K+1)} \sum_{j=1}^{K} E(R_{\cdot j} - E(R_{\cdot j}))^2 \\ &= \frac{12}{nK(K+1)} \sum_{j=1}^{K} \mathrm{Var}(R_{\cdot j}) \\ &= \frac{12}{nK(K+1)} \sum_{j=1}^{K} \frac{n(K^2-1)}{12} = K-1 \end{aligned}$$

均值即为其自由度。

如果 $K = 2$，在每个区组下进行排序，每个区组内的秩只能取 1 或者 2，这将等价于成对数据比较问题。考虑成对数据的符号统计量 $S^+ = \# \{ (X_{i1}, X_{i2}) \mid X_{i1} > X_{i2}, i = 1, \cdots, n \}$，那么处理 1 中有 S^+ 个秩为 2，$n - S^+$ 个秩为 1；处理 2 中有 $n - S^+$ 个秩为 2，S^+ 个秩为 1。因此，各处理所对应的秩和为 $R_{\cdot 1} = \sum_{j=1}^{n} R_{i1} = n - S^+ + 2S^+ = n + S^+$，$R_{\cdot 2} = \sum_{j=1}^{n} R_{i2} = 2(n - S^+) + S^+ = 2n - S^+$。得到 $\bar{R}_1 = \dfrac{S^+}{n} + 1$，$\bar{R}_2 = 2 - \dfrac{S^+}{n}$。代入 Friedman 统计量定义，计算得到，

$$Q = \frac{12n}{K(K+1)}\left[\left(\bar{R}_1 - \frac{K+1}{2}\right)^2 + \left(\bar{R}_2 - \frac{K+1}{2}\right)^2\right]$$

$$= \frac{12n}{2\times 3}\left[\left(\frac{S^+}{n} + 1 - \frac{3}{2}\right)^2 + \left(2 - \frac{S^+}{n} - \frac{3}{2}\right)^2\right]$$

$$= \left(\frac{S^+ - \frac{n}{2}}{\sqrt{n\times\frac{1}{2}\times\frac{1}{2}}}\right)^2 = \left(\frac{S^+ - E(S^+)}{\sqrt{\mathrm{Var}(S^+)}}\right)^2$$

从而 Friedman 检验（Friedman test）在两样本时与符号检验等价。

例 10.7 现有 5 只股票 A、B、C、D、E 在过去 9 个月中每月的投资回报率如表 10.1。

表10.1　5个股票9个月的投资回报比

月份	股票A	股票B	股票C	股票D	股票E	月份	股票A	股票B	股票C	股票D	股票E
1	1.022	1.018	1.031	1.009	1.019	6	1.113	1.126	1.088	1.141	1.103
2	0.996	0.998	1.021	0.981	0.992	7	0.998	0.992	1.012	1.002	0.977
3	1.001	0.993	0.998	1.010	1.008	8	0.993	1.004	1.010	0.998	0.987
4	1.064	1.073	1.020	1.051	1.061	9	1.061	1.020	0.999	1.031	1.040
5	1.013	1.009	1.026	1.042	1.000						

请问这 5 只股票的回报率是否有显著差异？

解：因为有季节的影响，所以这是一个区组设计问题。对每行单独排序，得到秩矩阵：

	A	B	C	D	E
1	4	2	5	1	3
2	3	4	5	1	2
3	3	1	2	5	4
4	4	5	1	2	3
5	3	2	4	5	1
6	3	4	1	5	2
7	3	2	5	4	1
8	2	4	5	3	1
9	5	2	1	3	4
$R_{\cdot j}$	30	28	29	29	21

于是 Friedman 统计量为

$$S = \frac{12n}{K(K+1)}\sum_{j=1}^{K}(\bar{R}_{\cdot j} - \bar{R})^2$$

$$= \frac{12\times 9}{5(5+1)}[(30/9 - 3)^2 + (28/9 - 3)^2 + 2\times(29/9 - 3)^2 + (21/9 - 3)^2]$$

$$= 2.4 < \chi_{0.05}^2(4) = 9.488,$$

故不能拒绝零假设，认为 5 只股票表现没有明显差异。

```
> stock < -c (1.022, 1.018, 1.031, 1.009, 1.019, 0.996, 0.998, 1.021,
0.981,
  + 0.992, 1.001, 0.993, 0.998, 1.010, 1.008, 1.064, 1.073, 1.020, 1.051,
  + 1.061, 1.013, 1.009, 1.026, 1.042, 1.000, 1.113, 1.126, 1.088, 1.141,
  + 1.103, 0.998, 0.992, 1.012, 1.002, 0.977, 0.993, 1.004, 1.010, 0.998,
  + 0.987, 1.061, 1.020, 0.999, 1.031, 1.040)
> data < -matrix (stock, nrow=9, byrow=TRUE)
> friedman.test (data)
   Friedman rank sum test
data:  data
Friedman chi-squared = 2.4, df = 4, p-value = 0.6626
```
程序计算和我们手工计算结果一样。

三、Hodge-Lehmann 检验

对于区组设计问题，还可以考虑以另一种方式来消除区组的影响。先对每个区组求平均值，然后每个观测值相对于相应的平均值平移。这样平移后的观测值在某种程度上已经消除了区组的影响，再将平移后的数据统一排序。似乎我们可以对排序结果进行 ANOVA 分析，构建 Kruskal-Wallis 统计量。即使在零假设下，减去了区组平均值，但不同区组的分布不同，这个秩向量不适用于任意分布（distribution-free）。

与 Kruskal-Wallis 统计量不同，我们是在同一区组内的秩给定的情况下来看观测秩向量出现的概率，即在所有可能的 $(K!)^n$ 种置换得到某个 SS_b 的概率，这一计算相当复杂。当 H_0 成立时，设第 i 个组内的秩为 $R_{i1}, \cdots, R_{iK}$，我们在全部区组秩给定的条件下计算 SS_b 的期望。

为区别起见，记给定的秩向量为 $a_{i1}, \cdots, a_{iK}$，而将 $R_{i1}, \cdots, R_{iK}$ 视为随机置换下的随机变量。在 H_0 成立时，同一区组内的观察独立同分布，有 $P(R_{i1} = a'_{11}, \cdots, R_{1K} = a'_{1K}) = \frac{1}{K!}$，其中 $(a'_{11}, \cdots, a'_{1K})$ 是 $(a_{11}, \cdots, a_{1K})$ 的任意一个置换。

可以证明：在这样的分布意义下，有 $E(SS_b) = \frac{1}{n} \sum_{i=1}^{n} \sum_{j=1}^{K} \left(R_{ij} - \frac{v_i}{K} \right)^2$。 $v_i = \sum_{k=1}^{k} R_{ik}$。

于是定义 Hodge-Lehmann 统计量

$$L = \frac{(K-1)n}{\sum_{i=1}^{n} \sum_{j=1}^{K} \left(R_{ij} - \frac{R_{i\cdot}}{K} \right)^2} SS_b$$

$$= \frac{(K-1) \left[\sum_{j=1}^{K} R_{\cdot j}^2 - \frac{n^2 K (nK+1)^2}{4} \right]}{\frac{nK(nK+1)(2nK+1)}{6} - \frac{\sum_{i=1}^{n} R_{i\cdot}^2}{K}}$$

以保证 $E(L) = K - 1$。进一步可以证明：

定理 10.21 当 $n \to +\infty$ 时，Hodge-Lehmann 统计量的极限分布仍然是自由度为 $K - 1$ 的卡方分布 $\chi^2 (K - 1)$。

需要注意的是：对于 Hodge-Lehmann 检验（Hodge-Lehmann test），第 i 个区组第 j 个处理下的观察样本不限于一个，可以有多个独立观测样本 $X_{ijl} \sim F_i (x - \theta_j)$，$l = 1, 2, \cdots, n_{ij}$，仍

可以采用同样的方式定义 SS_b。并在 H_0 下，在同一区组内观测秩向量给定的条件下，在置换意义下计算条件概率。

下面，我们在两总体下得出 Hodge-Lehmann 统计量。在区组设计下，当 $K = 2$ 时，数据呈如下格式

	处理 1	处理 2	数据差
区组 1	x_{11}	x_{11}	$d_1 = x_{11} - x_{12}$
区组 2	x_{11}	x_{22}	$d_2 = x_{21} - x_{22}$
$\vdots$	$\vdots$	$\vdots$	$\vdots$
区组 n	x_{n1}	x_{n2}	$d_n = x_{n1} - x_{n2}$

每个区组减均值后的数据变成如下情形，

	处理 1	处理 2	原始数据差
区组 1	$x'_{11} = \dfrac{d_1}{2}$	$x'_{12} = -\dfrac{d_1}{2}$	$d_1 = x_{11} - x_{12}$
区组 2	$x'_{21} = \dfrac{d_1}{2}$	$x'_{22} = -\dfrac{d_2}{2}$	$d_2 = x_{21} - x_{22}$
$\vdots$	$\vdots$	$\vdots$	$\vdots$
区组 n	$x'_{n1} = \dfrac{d_n}{2}$	$x'_{n2} = -\dfrac{d_n}{2}$	$d_n = x_{n1} - x_{n2}$

令 $u_i = \text{sign}(d_i)$，$R_i = $ 秩 $(|d_i|)$，以及 $S^+ = \sum\limits_{i=1}^{n} u_i$，$W^+ = \sum\limits_{i=1}^{n} u_i R_i$。

假设 $|d_1|, |d_2|, \cdots, |d_n|$ 从小到大排成 $z_1 < z_2 < \cdots < z_n$，即 $|d_i| = z_{Ri}$，那么减均值后的数据按大小排列为 $-\dfrac{z_n}{2} < \cdots < -\dfrac{z_1}{2} < \dfrac{z_1}{2} < \cdots < \dfrac{z_n}{2}$。

记 x'_{ij} 的秩为 R_{ij}，$i = 1, \cdots, n$，$j = 1, 2$。若 $X'_{i1} = \dfrac{d_i}{2} > 0$，则 X'_{i1} 排在 $2n$ 个数的后半部分，而 X'_{i2} 的位置与 X'_{i1} 关于中心对称，于是 $R_{i1} = R_i + n$，$R_{i2} = n + 1 - R_i$。同理，若 $X'_{i1} = \dfrac{d_i}{2} < 0$，则 $X'_{i2} = -\dfrac{d_i}{2} > 0$ 有 $R_{i2} = n + R_i$，$R_{i1} = n + 1 - R_i$。

因为 $\{X'_{i1}, i = 1, 2, \cdots, n\}$ 中有 S^+ 个正数，且这些正数的秩和为 W^+，则余下有 $n - S^+$ 个负数，且他们的绝对秩之和为 $\dfrac{n(n+1)}{2} - W^+$。

于是，处理 1 下的秩和为

$$
\begin{aligned}
R_{\cdot 1} &= \sum_{X'_{i1} > 0} R_{i1} + \sum_{X'_{i1} < 0} R_{i1} \\
&= \sum_{X'_{i1} > 0} (n + R_i) + \sum_{X'_{i1} < 0} (n + 1 - R_i) \\
&= nS^+ + W^+ + (n+1)(n - S^+) - \left[\frac{n(n+1)}{2} - W^+ \right] \\
&= \frac{n(n+1)}{2} - S^+ + 2W^+
\end{aligned}
$$

同理得到处理 2 下的秩和

$$R_2 = (1 + 2 + \cdots + 2n) - R_1$$

$$= \frac{2n(2n+1)}{2} - \left[\frac{n(n+1)}{2} - S^+ + 2W^+\right]$$

$$= \frac{n(3n+1)}{2} + S^+ - 2W^+$$

又因为 $R_{i.} = R_{i1} + R_{i2} = R_i + n + (n+1) - R_i = 2n + 1$，代入 Hodge-Lehmann 统计量可以得到

$$L = \frac{\left(2W^+ - S^+ - \dfrac{n^2}{2}\right)^2}{2(4n^2-1)/12}$$

$$= \left(\frac{W^+ - E(W^+)}{\sqrt{\mathrm{Var}(W^+)}}\alpha(n) - \frac{S^+ - E(S^+)}{\sqrt{\mathrm{Var}(S^+)}}\beta(n)\right)^2$$

$$\to \left(\frac{W^+ - E(W^+)}{\sqrt{\mathrm{Var}(W^+)}}\right)^2, n \to +\infty,$$

其中 $\alpha(n) = \sqrt{\dfrac{n(n+1)(2n+1)/24}{n(4n^2-1)/48}} \to 1$，$\beta(n) = \sqrt{\dfrac{n/4}{n(4n^2-1)/48}} \to 0$。所以 Hodge-Lehmann 检验渐近等价于 Wilcoxon 符号秩检验。

例 10.8　采用 Hodge-Lehmann 检验例 10.7 中的数据，检验 5 只股票是否有差异。

解：每行减均值，然后进行混合排序，得到如下数据

	A	B	C	D	E		A	B	C	D	E
1	0.0022	−0.0018	0.0112	−0.0108	−0.0008	2	−0.0016	0.0004	0.0234	−0.0166	−0.0056
1	28	19	37	9	23	2	20	25	42	6	13
3	−0.001	−0.009	−0.004	0.008	0.006	4	0.0102	0.0192	−0.0338	−0.0028	0.0072
3	22	11.5	17	33.5	31	4	36	41	1	18	32
5	−0.005	−0.009	0.008	0.024	−0.018	6	−0.0012	0.0118	−0.0262	0.0268	−0.0112
5	15	11.5	33.5	43	5	6	21	39	3	44	8
7	0.0018	−0.0042	0.0158	0.0058	−0.0192	8	−0.0054	0.0056	0.0116	−0.0004	−0.0114
7	27	16	40	30	4	8	14	29	38	24	7
9	0.0308	−0.0102	−0.0312	0.0008	0.0098						
9	45	10	2	26	35	$R_{.j}$	228	171.5	213.5	233.5	158

于是 Hodge-Lehmann 统计量

$$L = \frac{(K-1)n^2 \sum_{j=1}^{K}\left(\bar{R}_{.j} - \dfrac{nK+1}{2}\right)^2}{\sum_{i=1}^{n}\sum_{j=1}^{K}\left(\bar{R}_{ij} - \dfrac{R_{i.}}{K}\right)^2}$$

$$= 2.5761 < \chi^2_{0.05}(4) = 9.488$$

故不能拒绝零假设，认为 5 只股票没有明显差异。对比前面 Friedman 的结果，同一个数据下 Hodge-Lehmann 统计量的值超过 Friedman 统计量，也说明了 Hodge-

Lehman 统计量比 Friedman 统计量更加灵敏。

四、趋势检验（trend test）

有时候需要考虑多个总体是否存在一定的单调趋势的检验问题，比如考虑如下的单调上升问题。设样本 $X_{ij} \sim F(x - \theta_i)$，$i = 1, \cdots, K$；$j = 1, \cdots, n_i$。考虑假设检验问题：

$$H_0: \theta_1 = \cdots = \theta_K \leftrightarrow H_1: \theta_1 \leqslant \cdots \leqslant \theta_K, \ \theta_1 < \theta_K。$$

如何构建统计量呢？先看单调上升的最理想情形，即同一处理下所有样本取同一个值，而不同处理严格单调上升，$x_{11} = \cdots = x_{1n_1} < \cdots < x_{K1} = \cdots = x_{Kn_K}$。

按平均秩方法，此时混合样本的秩为 $r_i = (n_1 + \cdots + n_{i-1}) + \dfrac{n_i + 1}{2} = \dfrac{1}{2}\left(2\sum_{t=1}^{i} n_t - n_i\right) + \dfrac{1}{2}$。那么，是否有上升趋势的问题可以通过数据所对应的秩向量与理想情形下秩向量的皮尔逊相关系数来衡量

$$r = \dfrac{\sum_{i=1}^{K}\sum_{j=1}^{n_i}(R_{ij} - \overline{R})(r_i - \overline{r})}{\sum_{i=1}^{K}\sum_{j=1}^{n_i}(R_{ij} - \overline{R})^2 \sqrt{\sum_{i=1}^{K}\sum_{j=1}^{n_i}(r_i - \overline{r})^2}}，\text{其中 } \overline{R} = \dfrac{1}{N}\sum_{i=1}^{K}\sum_{j=1}^{n_i} R_{ij} = \dfrac{N+1}{2}，\ \overline{r} = \dfrac{1}{N}\sum_{i=1}^{K}\sum_{j=1}^{n_i} r_i = \dfrac{N+1}{2}。$$

整理得到 $r = \dfrac{\sum_{i=1}^{K}\sum_{j=1}^{n_i} R_{ij} r_i - \dfrac{N(n+1)^2}{4}}{\sqrt{\dfrac{N(N^2-1)}{12}}\sqrt{\dfrac{N(N^2-1) - \sum_{i=1}^{k}(n_i^3 - n_i)}{12}}}。$

因此可以以 $\sum_{i=1}^{K}\sum_{j=1}^{n_i} R_{ij} r_i$ 作为统计量。又因为

$$\sum_{i=1}^{K}\sum_{j=1}^{n_i} R_{ij} r_i = \dfrac{1}{2}\sum_{i=1}^{k}\left(2\sum_{t=1}^{i} n_t - n_i + 1\right)R_{i\cdot}$$
$$= \dfrac{1}{2}\sum_{i=1}^{k}\left(2\sum_{t=1}^{i} n_t - n_i\right)R_{i\cdot} + \dfrac{N(N+1)}{4}$$

故最后定义统计量 $T = \sum_{i=1}^{K} \omega_i R_{i\cdot}$，其中 $\omega_i = 2\sum_{t=1}^{i} n_t - n_i$，$i = 1, \cdots, K$。

定理 10.22 在 H_0 成立时，即 K 个总体服从同一分布时，

$$\begin{cases} E(T) = \dfrac{N^2(N+1)}{2}, \\ \mathrm{Var}(T) = \dfrac{N(N+1)\left(\sum_{i=1}^{K} n_i w_i^2 - N^3\right)}{12}, \end{cases}$$

且 T 服从对称分布，其对称中心为其均值。

例 10.9 为了考察更多的复习时间是否趋向于提高期末考试成绩。现将 48 名学生随机分成 4 组，人数分别为 10、12、12、14 人。第一组给 2 天时间复习，第二组给 4 天时间复习，第三组给 6 天时间复习，第四组给 8 天时间复习，最后的成绩是：

第一组：48，61，67，68，71，74，75，79，80，89，
第二组：42，48，62，67，70，71，73，75，77，81，89，92，
第三组：38，58，70，71，73，74，75，79，83，87，90，94，
第四组：49，58，73，74，77，79，80，82，84，84，87，93，94，97。

请问：增加复习时间是否有利于提高考试成绩？

解： 按照题意，设 $X_{ij} \sim F(x - \theta_i)$，$i = 1, \cdots, 4$，$j = 1, \cdots, n_i$，其中 $n_1 = 10$，$n_2 = 12$，$n_3 = 12$，$n_4 = 14$。则问题转换为趋势检验问题 $H_0 : \theta_1 = \cdots = \theta_4 \leftrightarrow H_1 : \theta_1 \leqslant \theta_2 \leqslant \theta_3 \leqslant \theta_4$。将全部样本混合排序，得到的秩向量为：

第一组：3.5，8，10.5，12，16，22，25，30，32.5，41.5，

第二组：2，3.5，9，10.5，3.5，16，19，25，27.5，34，41.5，44，

第三组：1，6.5，13.5，16，19，22，25，30，36，39.5，43，46.5，

第四组：5，6.5，19，22，27.5，30，32.5，35，37.5，37.5，39.5，45，46.5，48。

计算得到 $R_1. = 201$，$R_2. = 245.5$，$R_3. = 298$，$R_4. = 431.5$；又 $\omega_1 = n_1 = 10$，$\omega_2 = 2n_1 + n_2 = 32$，$\omega_3 = 2(n_1 + n_2) + n_3 = 56$，$\omega_4 = 2(n_1 + n_2 + n_3) + n_4 = 82$，于是统计量观测值

$$T_0 = \sum_{i=1}^{K} \omega_i R_i. = 61937 > E(T) = 56448。$$

如果我们采用正态近似来计算 P 值，双边检验 P 值为

$$P = 2P(T \geqslant T_0)$$

$$= 2P\left[Z \geqslant \frac{T_0 - \dfrac{N^2(N+1)}{2}}{\sqrt{\dfrac{N(N+1)\left(\sum_{i=1}^{K} n_i \omega_i^2 - N^3\right)}{12}}} \right]$$

$$= 2P(Z \geqslant 2.119) = 0.0347$$

P 值小于检验水平 $\alpha = 0.05$，故拒绝零假设，认为增加复习时间有提高考试成绩的趋势。

还有一种称为 Jonckheere-Terpstra 检验的趋势检验方法。仍然考虑趋势检验问题

$$X_{ij} \sim F(x - \theta_k), \quad i = 1, \cdots, K; \quad j = 1, \cdots, n_i,$$

$$H_0 : \theta_1 = \cdots = \theta_K \leftrightarrow H_1 : \theta_1 \leqslant \cdots \leqslant \theta_K, \quad \theta_1 < \theta_K。$$

Jonckheere-Terpstra 检验的基本想法是进行多个两两比较。即在备择假设成立时，对所有的 $1 \leqslant i < j \leqslant K$ 都有 $\theta_i \leqslant \theta_j$。于是对 X_i 和 X_j，我们可以采用两样本检验，如 Mann-Whitney 统计量比较 X_i 和 X_j。

$$U_{ij} = \{ (x_{ir}, x_{js} \mid x_{ir} < x_{js}, \ r = 1, \cdots, n_i; \ s = 1, \cdots, n_j \}$$

$$= \sum_{r=1}^{n_i} \sum_{s=1}^{n_j} \Psi(x_{js} - x_{ir})$$

将所有的 U_{ij} 合并在一起就构成了 Jonckheere-Terpstra 统计量，$J = \sum_{i < j} U_{ij}$。

统计量越大越支持备择假设。可以证明

定理 10.23 在 H_0 成立时，即 K 个总体服从同一个分布时，Jonckheere-Terpstra 统计量（Jonckheere-Terpstra statistics）满足

$$\begin{cases} E(J) = \dfrac{1}{4}\left(N^2 - \sum_i n_i^2 \right), \\[2mm] \mathrm{Var}(J) = \dfrac{N^2(2N+3) - \sum_{i=1}^{K} n_i^2(2n_i + 3)}{72}。 \end{cases}$$

例 10.10 采用 Jockheere-Tesptra 统计量对例 10.9 中的数据进行检验。

解：首先计算组与组之间的 Mann-Whitney 统计量，如下

(2, 1)	(3, 1)	(4, 1)	(3, 2)	(4, 2)	(4, 3)
60.5	72	101.5	85	120	105

于是 Jonckheere-Terpstra 统计量的观测值 $J_0 = 60.5 + 72 + 101.5 + 85 + 120 + 105 = 544$。进一步计算得到

$$\begin{cases} E(J) = \dfrac{1}{4}\left(N^2 - \sum_i n_i^2\right) = 430, \\ \mathrm{Var}(J) = \dfrac{N^2(2N+3) - \sum_{i=1}^K n_i^2(2n_i+3)}{72} = 2943.667。\end{cases}$$

采用正态分布近似计算 P 值

$$\begin{aligned} P &= 2P(J \geqslant J_0) \\ &= 2P\left(Z \geqslant \frac{J_0 - E(J)}{\sqrt{\mathrm{Var}(J)}}\right) \\ &= 2P\left(Z \geqslant \frac{544 - 430}{\sqrt{2943.667}}\right) \\ &= 2P(Z \geqslant 2.1012) = 0.0356 \end{aligned}$$

P 值小于检验水平 $\alpha = 0.05$，故拒绝零假设，认为增加复习时间有提高考试成绩的趋势。

实际上，我们可以简单地看一下每组的复习时间与每组的平均分之间的相关性。计算得到各组的平均分分别为 71.2、70.5833、74.3333、79.3971，其和各自的复习时间构成的向量之间的 Pearson 相关系数达到了 0.9084，也能说明趋势检验拒绝零假设在意料之中。

习　题

1．从未知分布 $F(x)$ 的随机变量 X 中得到 20 个观测值

142	134	98	119	130	105	154	122	93	137
85	118	160	140	158	165	81	117	125	105

请检验这批数据的下四分位数是否为 100。

2．对题 1 的数据，给出随机变量 X 的中位数的 95% 置信区间。

3．6 人通过节食减肥，得到表 10.2 结果。

表10.2　6个人的减肥前后体重

	A	B	C	D	E	F
节食前体重（kg）	174	191	188	182	201	188
节食前体重（kg）	166	186	183	178	203	181

请问节食是减肥的有效方法吗?

4. 党的二十大报告指出加强重大慢性病健康管理,高血压是我国常见慢性病。为了检测某种降压药的降压效果,随机选取 20 个人作为实验组,再随机选取 20 人作为对照组,对实验组服用该药,而让对照组服用安慰剂。服药前和服药 12 个月后测量血压(mmHg),结果如下:

实验组初始	100	99	107	96	104	96	94	105	97	91
实验组结束	77	88	100	83	108	64	74	87	104	59
实验组初始	105	114	93	96	102	98	104	102	100	93
实验组结束	91	96	99	108	98	83	83	92	110	73
对照组初始	97	105	110	103	90	94	115	111	114	99
对照组结束	82	103	116	94	87	93	124	126	131	102
对照组初始	105	113	110	103	90	106	93	93	91	113
对照组结束	115	103	92	105	105	102	92	103	96	133

请对这批数据检验:

(a) 实验组和对照组在实验之前血压是否有明显区别?

(b) 实验组药物是否有效?

(c) 实验组和对照组在实验结束时血压是否有明显区别?

(d) 对照组中安慰剂是否有效?

5. 对 3 个城市测量了 8 种不同的空气质量指标,如表 10.3。

表10.3 3个城的空气质量指标

城市	指标 1	指标 2	指标 3	指标 4	指标 5	指标 6	指标 7	指标 8
城市 A	2	5	4	1	6	7	6	1
城市 B	7	6	8	4	2	8	4	9
城市 C	5	1	7	8	5	4	2	8

请用 Friedman 检验和 Hodge-Lehmann 检验分别检验这三个城市空气质量有没有明显差别。

第十一章 | 分布密度和分布函数的估计和检验

现代统计应用中，概率密度和分布函数的估计是一个非常基本、非常重要的内容。比如在识别任务中，有了样本的概率分布密度（distribution density），我们就可以由贝叶斯公式计算出后验概率，从而进行样本类别的判断。本章将介绍分布密度函数的估计、分布函数的估计和检验方法。

第一节 分布密度的估计

给定样本 $X_1, \cdots, X_n \sim F(x)$，$F(x)$ 是分布函数，假设其密度函数是 $f(x)$。如何利用这些样本估计出密度函数 $f(x)$？

对于参数问题，我们需要事先假定总体概率密度的函数形式（比如正态分布只包含两个参数：均值和方差），从而将密度估计问题转化为参数估计问题，非参数密度估计直接从样本估计出概率密度。常用的非参数密度估计方法包括直方图、核估计和 K 近邻估计方法。

一、直方图

直方图方法先将区间等分，利用落入区间的样本数来近似密度函数在区间上的取值，即

$$f_n(x) = \begin{cases} \dfrac{\sum_{i=1}^{n} I_k(X_i)}{nh_n} & \text{如果 } x \in I_k, \ k = 1, \ 2, \ \cdots, \ K \\ 0 & \text{其他} \end{cases}$$

其中 I_k 表示区间，$k = 1, \cdots, K, x \in [a,b]$；$h_n = (b-a)/K$ 为这些区间的宽度，称为窗宽；$I_k(x)$ 为示性函数

$$I_k(x) = \begin{cases} 1, & \text{如果 } x \in I_k \\ 0, & \text{其他} \end{cases}$$

例 11.1 随机生成 100 个正态分布 $N(5, 4^2)$ 数据如下，

2.49	5.73	1.66	11.38	6.32	1.72	6.95	7.95	7.30	3.78
11.05	6.56	2.52	−3.86	9.50	4.82	4.94	8.78	8.28	7.38
8.68	8.13	5.30	−2.96	7.48	4.78	4.38	−0.88	3.09	6.67
10.43	4.59	6.55	4.78	−0.51	3.34	3.42	4.76	9.40	8.05
4.34	3.99	7.79	7.23	2.24	2.17	6.46	8.07	4.55	8.52
6.59	2.55	6.36	0.48	10.73	12.92	3.53	0.82	7.28	4.46
14.61	4.84	7.76	5.11	2.03	5.76	−2.22	10.86	5.61	13.69
6.90	2.16	7.44	1.26	−0.01	6.17	3.23	5.00	5.30	2.64
2.73	4.46	9.71	−1.09	7.38	6.33	9.25	3.78	6.48	6.07
2.83	9.83	9.64	7.80	11.35	7.23	−0.11	2.71	0.10	3.11

试画出其直方图，并比较直方图估计和密度函数的差别。

解：R 软件中函数 hist（）能够做出直方图，程序代码如下：

```
> #直方图估计和密度函数的对比
> set.seed (1)
> n=100
> x1=rnorm (n, 5, 4)
> hist (x1, freq=FALSE, breaks=12, col="green", xlab="x",
 + main="直方图密度估计和真实密度函数的对比")
> rug (x1)
> x=seq (min (x1), max (x1), 0.1)
> y=dnorm (x, 5, 4)
> lines (x, y, col='red', lwd=2)
```

执行上面的代码，得到如图 11.1 所示的图形输出。

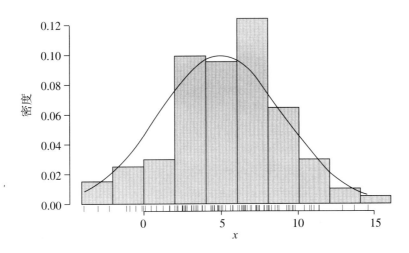

图 11.1 直方图密度估计和真实密度函数的比较

注：这里的样本由正态分布 $N(5, 4^2)$ 生成。

直观上来看，设密度函数为 $f(x)$，如果区间 I_k 足够小，那么

$$p\left(x\in I_k\right)=\int_{I_k}f(x)\,\mathrm{d}x\approx f(x)\times|I_k|,$$

$$\approx\frac{n_i}{n}$$

因此对 $f(x)$ 的估计可以取为 $f(x)\approx\dfrac{n_i}{nh}$，其中 h 为窗宽。实际上有如下定理：

定理 11.1 设 $t_i^{(n)}$ 是区间 $[a,\ b]$ 的窗宽为 h_n 的分割点，$h_n=t_{i+1}^n-t_i^n$，

$$f_n(x)=\frac{1}{nh_n}\sum_{i=1}^{n}I\left(t_k^n\cdot t_{k+1}^n\right)(x_i),\ x\in[a,\ b]。$$

若 $f(x)$ 在 x 点连续，且 $\lim_{n\to+\infty}h_n=0$，$\lim_{n\to+\infty}nh_n=+\infty$，则对 $\forall\epsilon>0$ 有

$$\lim_{n\to+\infty}P\left(|f_n(x)-f(x)|\geqslant\epsilon\right)=0。$$

进一步可以证明：

定理 11.2 若 $f(x)$ 在 $(-\infty,\ +\infty)$ 上一致连续，且 $\exists\delta>0$ 使得 $\int_{-\infty}^{+\infty}|x|^{\delta}f(x)\,\mathrm{d}x<+\infty$，又 $\lim_{n\to+\infty}h_n=0$，$h_n\geqslant\dfrac{(\ln n)^2}{n}$，则 $P\left(\lim_{n\to+\infty}sup\,|f_n(x)-f(x)|=0\right)=1$。

为了展示不同样本量对估计的影响，针对同一个分布 $N(5,\ 4^2)$，我们选取了 50、200、500、1000 4 种样本量，并做出了不同样本量下直方图密度估计和真实密度函数的对比图，程序代码如下：

```
> #直方图估计与样本数的关系
> par (mfrow=c (2, 2) )
> set.seed (1)
> n=50
> x1=rnorm (n, 5, 4)
> hist (x1,freq=FALSE,breaks=12,col= "green",xlab= "x",main= "直方图估计 (n=50) ")
> rug (x1)
> x=seq (min (x1), max (x1), 0.1)
> y1=dnorm (x, 5, 4)
> lines (x, y1, col= 'red', lwd=2)
>
> set.seed (1)
> n=200
> x2=rnorm (n, 5, 4)
> hist (x2, freq=FALSE, breaks=12, col= "green", xlab= "x", main= "直方图估计 (n=200) ")
> .rug (x2)
> x=seq (min (x2), max (x2), 0.1)
> y2=dnorm (x, 5, 4)
> lines (x, y2, col= 'red', lwd=2)
>
> set.seed (1)
> n=500
```

```
> x3=rnorm (n, 5, 4)
> hist (x3, freq=FALSE, breaks=12, col= "green", xlab= "x", main= "直方图估计
(n=500) ")
> rug (x3)
> x=seq (min (x3), max (x3), 0.1)
> y3=dnorm (x, 5, 4)
> lines (x, y3, col= 'red', lwd=2)
>
> set.seed (1)
> n=1000
> x4=rnorm (n, 5, 4)
> hist (x4, freq=FALSE, breaks=12, col= "green", xlab= "x", main= "直方图估计
(n=1000) ")
> rug (x4)
> x=seq (min (x4), max (x4), 0.1)
> y4=dnorm (x, 5, 4)
> lines (x, y4, col= 'red', lwd=2)
```

程序运行结果如图 11.2 所示。可以看到，样本量越大，直方图估计与真实密度函数的差
别越小。

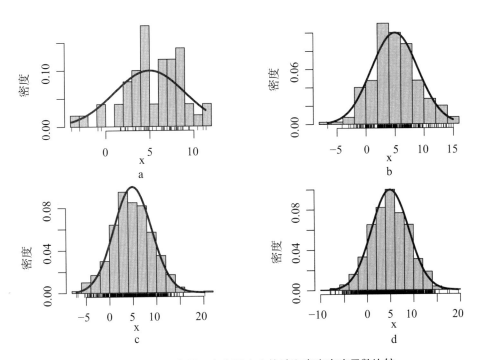

图 11.2　不同样本量下直方图密度估计和真实密度函数比较

注：这里的样本由正态分布 $N(5, 4^2)$ 生成，a、b、c、d 对应的样本量分别为 50、200、500、1 000。

二、核估计

设 $K(x)$ 是 $(-\infty, +\infty)$ 上的概率密度函数，满足 $K(x) \geqslant 0$, $\int_{-\infty}^{+\infty} K(x) \mathrm{d}x = 1$。

定义 11.1 给定 n 个样本点 $X_1, \cdots, X_n$，称估计 $f_n(x) = \dfrac{1}{nh_n} \sum\limits_{i=1}^{n} K\left(\dfrac{x - X_i}{h_n}\right)$ 为密度函数 $f(x)$ 的核估计（kernel estimation），称 $K(x)$ 为核函数，$h_n(x)$ 为窗宽（band width）。

特别地，当 $K(x)$ 取为 $[-1, 1]$ 上的均匀分布时，所对应的核估计称为 Rosenblatt 方法（Rosenblatt method），在模式识别中也称为 Parzen 窗方法。

$$f_n^R(x) = \frac{1}{2nh} \sum_{i=1}^{n} I(x - h \leqslant X_i \leqslant x + h)$$

$$= \frac{F_n(x + h) - F_n(x - h)}{2h}.$$

其中 $F_n(x)$ 为经验分布函数，$F_n(x) = \dfrac{1}{n} \sum\limits_{i=1}^{n} I(X_i \leqslant x)$。从形式上看，Rosenblatt 方法和直方图方法似乎差不了多少，其不同点在于直方图的分割区间是事先给定的，而 Rosenblatt 方法并不把分割事先固定，而让区间随着估计点 x 变化，使 x 始终处在区间的中心位置。这样使得在任意点 x 处的估计更加精确。实际上我们在后面将说明，Rosenblatt 方法要优于直方图方法。

核函数有多种选择方式，常用核函数有

1．Parzen 窗（Rosenblatt 方法） $K(x) = \dfrac{1}{2} I(|u| \leqslant 1)$。

2．三角核函数 $K(x) = (1 - |x|) I(|x| \leqslant 1)$。

3．Epanechikov 核函数 $K(x) = \dfrac{1}{4}(1 - x^2) I(|x| \leqslant 1)$。

4．四次（quartic）核函数 $K(x) = \dfrac{15}{16}(1 - x^2)^2 I(|x| \leqslant 1)$。

5．三权（triweight）核函数 $K(x) = \dfrac{35}{32}(1 - x^2)^3 I(|x| \leqslant 1)$。

6．余弦核函数 $K(x) = \dfrac{\pi}{4} \cos\left(\dfrac{\pi}{2} x\right) I(|x| \leqslant 1)$。

7．高斯核函数 $K(x) = \dfrac{1}{\sqrt{2\pi}} \exp\left(-\dfrac{x^2}{2}\right)$。

8．指数核函数 $K(x) = \dfrac{1}{2} \exp(-|x|)$。

例 11.2 模拟数据考察影响核估计的因素：窗宽或者核密度函数的选取。

解： 我们生成 400 个正态分布 $N(-3, 1)$ 样本，生成 600 个正态分布 $N(3, 1)$ 样本，将两个样本合在一起得到了混合正态样本。其密度函数为 $p(x) = 0.4 \times \phi(-3, 1) + 0.6 \times \phi(3, 1)$，其中 $\phi(\mu, \sigma^2)$ 是正态分布 $N(\mu, \sigma^2)$ 的密度函数。我们重新定义一个函数 dfn1()，作为混合正态分布的密度函数。程序代码如下

```
> #直接将两个正态分布样本合起来生成混合正态分布样本
> data = c (rnorm (400, 3, 1), rnorm (600, -3, 1) )
> #定义混合正态分布的密度函数
> dfn1 = function (x) { 0.4*dnorm (x, 3, 1) + 0.6*dnorm (x, -3, 1)}
```

然后我们用这批数据来考察不同核函数的影响。我们分别用高斯核函数、三角核函数以及余弦核函数进行核密度估计，代码如下：

```
> #不同核函数的影响
> par (mfrow=c (2, 2))
> curve (dfn1 (x), from=-6, to=6, main="混合正态分布密度函数")
```

```
> plot (density (data,kernel= "gaussian"),main= "核密度估计,高斯核函数")
> plot (density (data, kernel= "triangular"), main= "核密度估计, 三角核
函数")
> plot (density (data,kernel= "cosine"),main= "核密度估计, 余弦核函数")
```

　　所得到的核密度估计连同真实密度如图 11.3 所示, 可以看到, 所得到的估计和真实密度函数几乎没有多大区别, 然后我们依然用这批数据来考察窗宽对核估计的影响。我们分别用窗宽 8、0.8、0.08 进行核密度估计, 代码如下:

```
> # 考察不同步长的影响
> par (mfrow=c (2, 2) )
> curve (dfn1 (x), from=-6, to=6, main= "混合正态分布密度函数")
> plot (density (data, bw=8), main= "核密度估计, 窗宽 =8")
> plot (density (data, bw=0.8), main= "核密度估计, 窗宽 =0.8")
> plot (density (data, bw=0.08), main= "核密度估计, 窗宽 =0.08")
```

　　所估计的密度函数和真实密度函数如图 11.4 所示。可以看到, 窗宽 8 太大, 将原本的双峰分布估计成了单峰分布; 而窗宽 0.08 太小, 得到的估计不光滑; 只有窗宽 0.8 看起来比较合适, 所得到的估计和真实密度函数比较相似。

　　从图 11.3、图 11.4 我们可以看到, 核函数的形式不是影响密度估计的关键因素, 窗宽才是影响密度估计的关键。

　　下面我们讨论如何选择合适的窗宽的问题。首先我们讨论如何评价密度估计的好坏。通过数理统计课程我们知道, 在参数估计中均方误差来评价估计的好坏, 因此对任意固定点 x, 有

$$\mathrm{MSE}\,(f_n\,(x)\,) = E_F\,[\,f_n\,(x)\,-f\,(x)\,]^{\,2}$$
$$= [\,E_F\,(f_n\,(x)\,)\,-f\,(x)\,]^{\,2} + \mathrm{Var}_F\,(f_n\,(x)\,)$$

　　其中前者是偏差平方, 后者是估计的方差。

　　由于密度本身是函数, 要对所有 x 都考虑, 一种方法是再对 x 积分, 即所谓的积分均方误差

$$\mathrm{MISE}(f_n(x)) = \int E\,[f_n(x)-f(x)]^2\mathrm{d}x = \int \mathrm{MSE}\,(f_n(x))\,\mathrm{d}x$$
$$= \int [E(f_n(x))-f(x)]^2\,\mathrm{d}x + \int \mathrm{Var}(f_n(x))\,\mathrm{d}x$$

　　前者为积分偏差平方和, 后者是积分方差。其中,

$$\begin{cases} E_F\,(f_n(x)) = \int K(y)f(x-h_n y)\mathrm{d}y \\ \mathrm{Var}(f_n(x)) = \dfrac{1}{nh_n}\int K^2(y)f(x-h_n y)\mathrm{d}y - \dfrac{1}{n}\Big[\int K(y)f(x-h_n y)\mathrm{d}y\Big]^2 \end{cases}$$

　　以下不妨设核函数 $K\,(t)$ 满足 $\int tK\,(t)\,\mathrm{d}t = 0$, $K_2 = \int t^2 K\,(t)\,\mathrm{d}t \neq 0$。前者对应于密度呈对称化, 后者对应于方差大于 0, 通常我们选择的核函数都满足这个要求。

　　定理 11.3　若待估计的密度函数满足: $f''\,(x)$ 绝对连续, 且 $\int |f''\,(x)|^2\mathrm{d}x < \infty$; 而且窗宽满足 $h_n \to 0\,(n \to +\infty)$, 那么对于密度函数 $f(x)$ 的核估计有:

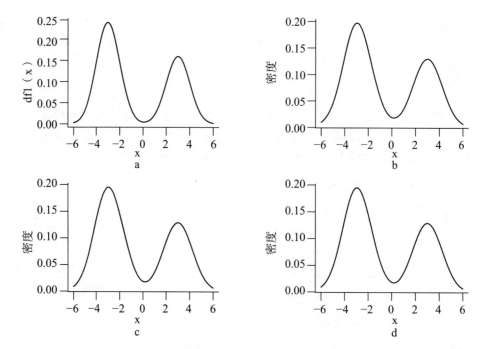

图 11.3　不同核函数下的核密度估计和真实密度函数的比较

a. 混合正态分布密度函数；b、c、d 分别为 N 为 1000，窗宽为 0.6963 时高斯核函数、三角函数、余弦核函数核密度估计。

注：这里的样本由混合正态分布 $0.4 \times N(-3, 1) + 0, 6 \times N(3, 1)$ 生成。

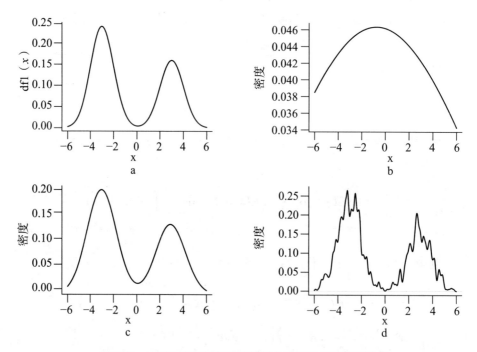

图 11.4　不同窗宽下的核密度估计和真实密度函数的比较

a. 混合正态分布密度函数，b、c、d 分别为窗宽为 8、0.8、0.08 时的核密度估计。

注：这里的样本由混合正态分布 $0.4 \times N(-3, 1) + 0.6 \times N(3, 1)$ 生成。

$$MSE(f_n(x)) = E[f_n(x) - f(x)]^2$$

$$= \frac{1}{4}K_2^2 h_n^4 [f''(x)]^2 + \frac{f(x)\int K^2(x)\,dx}{nh_n} + O\left(\frac{1}{n}\right) + O(h_n^6)$$

$$MISE(f_n(x)) = \int E[f_n(x) - f(x)]^2\,dx$$

$$= \frac{1}{4}K_2^2 h_n^4 \int [f''(x)]^2\,dx + \frac{\int K^2(x)\,dx}{nh_n} + O\left(\frac{1}{n}\right) + O(h_n^6)$$

定理 11.4　若待估计的密度函数满足：$f''(x)$ 绝对连续，且 $\int |f''(x)|^2 dx < \infty$。而且窗宽满足 $h_n \to 0\ (n \to +\infty)$，最优窗宽为 $h_{opt} = K_2^{-\frac{2}{5}}\left[\int K^2(u)\,du\right]^{\frac{1}{5}}\left[\int f''(x)^2\,du\right]^{-\frac{1}{5}} n^{-\frac{1}{5}}$，相应的最优积分均方误差为 $MISE(h_{opt}) = \frac{5}{4}\left(K_2^2 \int f''(x)^2\,dx\right)^{\frac{1}{5}}\left(\int K^2(u)\,du\right)^{\frac{4}{5}} n^{-\frac{4}{5}}$。

第二节　分布函数的估计

设 $X_1, X_2, \cdots, X_n$ 是来自分布函数 $F(x)$ 的独立同分布样本，将他们从小到大排序为 $X_{(1)}$，$X_{(2)}, \cdots, X_{(n)}$，对于任意实数 x，定义函数

$$S_n(x) = \begin{cases} 0, & x < X_{(1)} \\ \frac{k}{n}, & X_{(k)} \leq x < X_{(k+1)},\ k=1, \cdots, n-1 \\ 1, & x > X_{(n)} \end{cases}$$

即 $S_n(x) = \frac{i}{n}$，$X_{(i)} \leq x < X_{(i+1)}$，$i = 1, \cdots, n$。

该函数称为分布 $F(x)$ 的经验分布函数（empirical distribution function）。

例 11.3　模拟数据进行理论分布与经验分布的比较。

解：我们先用 R 程序随机生成 100 个服从正态分布 $N(10, 16^2)$ 的样本，然后用 ecdf() 统计出经验分布函数。我们在同一个坐标系下做出经验分布与理论分布的图像。代码如下：

```
> # 经验分布函数作图
> set.seed (1)
> n=100
> x1=rnorm (n, 10, 16)
> x=seq (min (x1), max (x1), 0.1)
> y=pnorm (x, 10, 16)
> plot (x, y, type= "l", main= "经验分布函数和分布函数对比", col= "blue")
> plot (ecdf (x1), verticals=TRUE, do.points=FALSE, add=T,
col= "red")
> legend (-20, 0.95, c ("分布函数", "经验分布函数"),
+ lty=1, col=c ("blue", "red") )
```

运行程序得到如图 11.5 所示的结果。

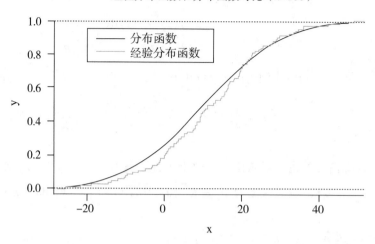

经验分布函数和分布函数对比（$n=100$）

图11.5　经验分布函数和分布函数的比较

注：样本来自正态分布 $N(10,16^2)$。

为了展示不同样本量对估计的影响，针对同一个分布 $N(10,16^2)$，我们选取了20、50、100、500 4种样本量，并做出了不同样本量下经验分布函数与真实分布函数的对比图。代码如下：

```
> #比较不同样本量下经验分布函数与分布函数的差别
> par (mfrow=c (2, 2))
> #经验分布函数作图，n=20
> set.seed (1)
> n=20
> x1=rnorm (n, 10, 16)
> x=seq (min (x1), max (x1) , 0.1)
> y=pnorm (x, 10, 16)
> plot (x, y, type= "1", main= "经验分布函数和分布函数对比 (n=20)", col= "blue")
> plot (ecdf (x1) , verticals=TRUE, do.points=FALSE, add=T, col= "red")
> #经验分布函数作图，n=50
> set.seed (1)
> n=50
> x1=rnorm (n, 10, 16)
> x=seq (min (x1), max (x1), 0.1)
> y=pnorm (x, 10, 16)
> plot (x, y, type= "1", main= "经验分布函数和分布函数对比 (n=50)", col= "blue")
> plot (ecdf (x1), verticals=TRUE, do.points=FALSE, add=T, col= "red")
> #经验分布函数作图，n=100
> set.seed (1)
```

```
>  n=100
>  x1=rnorm (n, 10, 16)
>  x=seq (min (x1) , max (x1), 0.1)
>  y=pnorm (x, 10, 16)
>  plot (x, y, type= "l", main= "经验分布函数和分布函数对比（n=100）",
col= "blue")
>  plot (ecdf (x1), verticals=TRUE, do.points=FALSE, add=T, col= "red")
>  # 经验分布函数作图，n=500
>  set.seed (1)
>  n=500
>  x1=rnorm (n, 10, 16)
>  x=seq (min (x1), max (x1), 0.1)
>  y=pnorm (x, 10, 16)
>  plot (x, y, type= "l", main= "经验分布函数和分布函数对比（n=500）",
col= "blue")
>  plot (ecdf (x1), verticals=TRUE, do.points=FALSE, add=T, col= "red")
```

结果如图 11.6 所示。可以看到，样本量越大，经验分布函数与真实分布函数的差别越小。

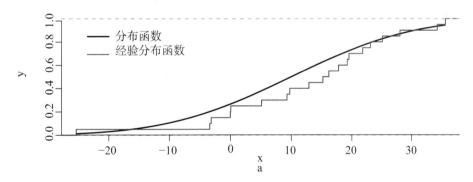

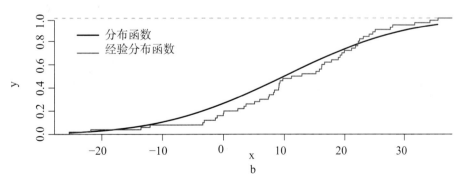

图 11.6　不同样本量下经验分布函数和分布函数比较。

a、b、c、d 的样本量分别为 20、50、100、500。

注：样本来自正态分布（10，16²）。

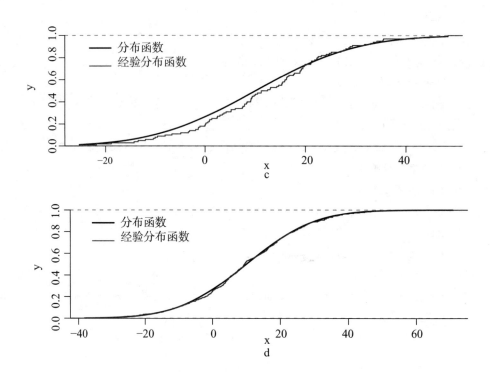

图 11.6 续   不同样本量下经验分布函数和分布函数比较。

a、b、c、d 的样本量分别为 20、50、100、500。

注：样本来自正态分布（10，16^2）。

第三节   分布函数的检验

有时候我们要对分布函数本身进行检验。比如 T 检验是常用的假设检验方法，但 T 检验强烈依赖于正态分布的假设，即只有当分布函数为正态分布时功效最大。因此如果可以通过检验说明样本接近正态分布，就可以放心地使用 T 检验。

给定某个未知分布 $F(x)$ 的一组独立同分布样本 X_1，X_2，$\cdots$，$X_n \sim F(x)$，我们需要进行检验，$H_0 : F(x) = F_0(x)$，$\forall x \leftrightarrow H_1 : F(x) \neq F_0(x)$，$\exists x$。这样的检验问题又称之为拟合优度检验（goodness of fit test）。

最直观的方法是 Q-Q 图（quantile-quantile plot）。其基本思想是对比理论分布 $F_0(x)$ 的各分位数和样本分位数，如果它们差别不大，则可以认为分布函数 $F(x)$ 就和理论分布 $F_0(x)$ 一样。为直观地比较，以理论分位数点为横轴，以实际分位数点为纵轴在平面上描点，这样做出了的图就是 Q-Q 图。通常来说，图像越接近对角线，表明分布函数 $F(x)$ 越接近理论分布函数 $F_0(x)$。为了比较 Q-Q 图的差别，我们首先生成 100 个标准正态分布样本，同时又用 Gamma（3，10）生成 100 个样本，然后分别做 Q-Q 图进行比较。代码如下：

```
> #Q-Q 图的比较
> par (mfrow=c (1, 2) )
> x < -rnorm (100)
> qqnorm (x)
> y < -rgamma (100, 3, 10)
> qqnorm (y)
```

图 11.7 展示了 Q-Q 图，左边是标准正态分布生成的样本并采用标准正态分布作为理论分布做出的 Q-Q 图，右边是伽马分布 Gamma（3，10）生成的样本，而采用标准正态分布作为理论分布做出的 Q-Q 图。可以看出，前者几乎都在对角线上，而后者偏离了对角线。

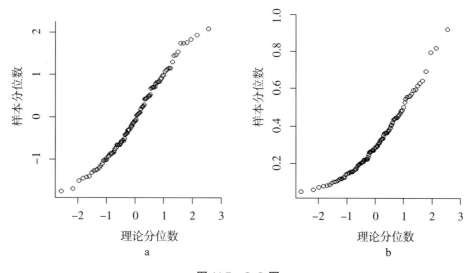

图 11.7　Q-Q 图

a 是正态分布样本相对于正态分布做出的 Q-Q 图，b 是 Gamma 分布相对于正态分布做出的 Q-Q 图。

Q-Q 图虽然直观，但缺乏定量的检验结果。下面介绍检验方法：离散卡方检验方法和 KS 检验方法。

一、离散卡方检验（discrete chi-square test）方法

将 X 的样本空间 S 划分为 K 个互不相交的部分 $S_1, \cdots, S_K$，满足 $\bigcup_{i=1}^{K} S_i = S$，$S_i \cap S_j = \varnothing$。

给定 X 的 n 个独立样本 $X_1, \cdots, X_n$，记落入空间 S_i 的样本点的个数为 n_i，$i = 1, \cdots, K$. 令 $\theta_i^0 = P_{F_0}(X \in S_i)$，$i = 1, \cdots, K$。于是检验问题转换为：

$$H_0 : p_i = \theta_i^0,\ i = 1, \cdots, K \leftrightarrow H_1 : p_i \neq \theta_i^0 \text{ 对至少一个 } i \text{ 成立。}$$

可以采用卡方统计量进行检验 $K_n = \sum\limits_{i=1}^{k} \dfrac{(n_i - n\theta_i^0)^2}{n\theta_i^0}$。

定理 11.5　在原假设 $p_i = \theta_i^0, i = 1, \cdots, K$ 下，卡方统计量 K_n 依分布收敛到卡方分布，即：

$$K_n \xrightarrow{d} \chi^2(K-1),\ n \to +\infty。$$

例 11.4　设有某个随机数发生器产生了如下的随机数

0.57	0.81	0.82	0.61	0.72	0.79	0.89	0.52	0.34	0.36
0.72	0.84	0.63	0.91	0.95	0.67	0.75	0.79	0.50	0.63
0.56	0.38	0.50	0.82	0.63	0.66	0.82	0.40	0.69	0.68

请检验该随机数发生器是否工作正常？

　　解：这是一个分布假设检验问题，检验分布是否为（0，1）上的均匀分布。将（0，1）区间等间隔划分成 5 格，统计落在每个区间的观测频数见表 11.1。

表11.1 落在不同区间的观测频数

区间	[0, 0.2]	(0.2, 0.4]	(0.4, 0.6]	(0.6, 0.8]	(0.8, 1.0]
观测频数	0	3	6	13	8

注意到前两个区间的计数都小于 5，故将前 3 个区间合并，得到 [0, 0.6]、(0.6, 0.8]、(0.8, 1.0] 3 个区间，对应的概率分别为 0.6、0.2、0.2，期望频数分别为 18、6、6，在 3 个区间上的观察频数分别为 9、13、8。于是卡方统计量

$$T = \frac{(9-18)^2}{18} + \frac{(13-6)^2}{6} + \frac{(8-6)^2}{6}$$
$$= 13.33 > \chi^2_{0.05/2}(2) = 7.38,$$

因此应该拒绝原假设，认为该数据不服从 $U(0, 1)$。采用 R 程序 chisq.test () 得到如下结果：

```
> chisq.test (c (9, 13, 8), p=c (0.6, 0.2, 0.2) )
    Chi-squared test for given probabilities
data:  c (9, 13, 8)
X-squared = 13.333, df = 2, p-value = 0.0013
```

计算出来的卡方统计量的值与手工计算的相同，P 值 0.0013 远远小于 0.05，故拒绝零假设，认为样本不服从均匀分布。

实际上，上面的数据是用贝塔分布 Beta (5, 3) 生成的样本。我们可以进一步用检验总体是否服从 Beta (5, 3)。仍然考虑区间 [0, 0.6]、(0.6, 0.8]、(0.8, 1.0]，对应的概率为 0.420、0.432、0.148，期望频数为 12.60、12.96、4.44，在 3 个区间上的观察频数为 9、13、8。于是卡方统计量

$$T = \frac{(9-12.6)^2}{12.6} + \frac{(13-12.96)^2}{12.96} + \frac{(4-4.44)^2}{4.44}$$
$$= 3.883 < \chi^2_{0.05/2}(2) = 7.38$$

不能拒绝原假设，故接受总体服从分布 Beta (5, 3) 这一零假设。采用 R 程序计算相应的概率并进行卡方检验，运行结果如下：

```
# 采用 Beta 分布来检验样本数据的分布
>  x1 = c (0, 0.6, 0.8, 1)。
>  y1 = pbeta (x1, 5, 3)。
>  z1 = y1 [-1]。
>  pr = z1-y1 [1: 3]。
>  chisq.test (c (9, 13, 8) , p=pr)。
    Chi-squared test for given probabilities
data:  c (9, 13, 8)
X-squared = 3.8795, df = 2, p-value = 0.1437 Warning message:
In chisq.test (c (9, 13, 8) , p = p) : Chi-squared 近似算法有可能不准
```

计算出来的卡方统计量的值与手工计算的相同，P 值 0.1437 大于 0.05，故不能拒绝零假设，接受数据服从参数为 (5, 3) 的 Beta 分布这一零假设。

上面定理中原假设参数是给定的，但更多的时候只是将分布的形式给出，参数

需要从数据中估计，这时候需要对自由度进行修正。此时问题可以这样表述：理论分布 $F(x)$ 含有 s 个参数，样本空间分割成 K 个互不相交的区域，$P(X \in S_i) = \pi_i(\theta)$，$i = 1, 2, \cdots, K$。根据样本可以得到参数的估计值 $\hat{\theta}_n$，再由相应的 $\pi_i(\hat{\theta}_n)$ 构造卡方统计量 $\tilde{K}_n = \sum_{i=1}^{k} \dfrac{(n_i - n\pi_i(\hat{\theta}_n))^2}{n\pi_i(\hat{\theta}_n)}$。Fisher 于 1924 年给出了如下的定理。

定理 11.6　在原假设下，设 $\hat{\theta}_n$ 是似然方程组的相合解，则 $\tilde{K}_n$ 依分布收敛到卡方分布，即：

$$\tilde{K}_n \xrightarrow{d} \chi^2(K - s - 1), \quad n \to +\infty。$$

因此仍然可以采用卡方分布进行检验，只不过自由度损失了 s。

例 11.5　如下有 100 个数据，你认为这个数据是否服从正态分布？

−0.302	1.002	0.810	−0.038	0.345	1.059	−1.427	−2.062	0.162	−0.664
0.640	−0.232	−0.463	0.157	1.111	0.646	−0.398	0.890	0.415	−0.788
1.869	0.123	−0.307	−2.388	0.356	0.846	0.976	0.356	−0.672	0.950
−1.223	0.713	−0.046	−0.722	0.818	0.290	1.702	−1.149	2.598	−1.995
−0.728	1.286	0.733	1.081	−0.677	−0.409	2.35	−0.975	0.616	−0.443
−1.849	−0.691	1.549	1.134	−0.872	−1.378	−0.827	−1.426	−0.163	−1.558
−0.824	0.651	0.651	0.928	−2.062	−2.005	0.872	0.032	1.551	−2.232
1.478	1.061	−0.397	0.222	2.339	0.411	0.016	0.084	−0.795	−1.073
−0.435	−0.122	0.833	−1.305	−0.712	0.049	2.083	0.354	1.266	0.0824
0.613	0.116	−1.195	−1.015	−1.321	−0.847	−0.117	−0.266	0.703	−0.811

解：这是一个含有参数的分布检验问题

$$H_0: F(x) = \Phi_N(x; \mu, \sigma^2), \forall x \leftrightarrow H_1: F(x) \neq \Phi_N(x; \mu, \sigma^2), \exists x。$$

其中参数 μ，σ^2 未知，$\Phi_N(x; \mu, \sigma^2)$ 表示正态分布 $N(\mu, \sigma^2)$ 的分布函数。

用数据估计得到 $\hat{\mu} = -0.0043$，$\hat{\sigma} = 1.0877$。观察数据在区间 $(-2.5, 2.5)$ 之间，将区间分成 10 等例，统计数据在各区间上的计数，得到表 11.2。

表11.2　落在不同区间的样本数

区间	样本数	区间	样本数
$(-2.5, -2.0]$	5	$(0, 0.5]$	17
$(-2.0, -1.5]$	3	$(0.5, 1.0]$	18
$(-1.5, -1.0]$	10	$(1.0, 1.5]$	9
$(-1.0, -0.5]$	15	$(1.5, 2.0]$	4
$(-0.5, 0]$	15	$(2.0, 5]$	3

由于有区间样本数小于等于 5，将相应区间合并，得到新的计数（表 11.3）。

表11.3 在不同区间的样本的指标

区间	样本数	概率	期望	区间	样本数	概率	期望
$(-\infty, -1.5]$	8	0.085	8.5	$(0, 0.5]$	$(0.5, 1.0]$	$(1.0, 1.5]$	$(1.5, +\infty]$
$(-1.5, -1.0]$	10	0.095	9.5	17	18	9	7
$(-1.0, -0.5]$	15	0.144	14.4	0.177	0.144	0.095	0.083
$(-0.5, 0]$	15	0.177	17.7	17.7	14.4	9.5	8.3

其中的概率是正态分布 $N(-0.00428, 1.087651^2)$ 落入相应区间的概率。于是

$$T = \frac{(8-8.5)^2}{8.5} + \frac{(10-9.5)^2}{9.5} + \frac{(15-14.4)^2}{14.4} + \frac{(15-17.7)^2}{17.7}$$
$$+ \frac{(17-17.7)^2}{17.7} + \frac{(18-14.4)^2}{14.4} + \frac{(9-9.5)^2}{9.5} + \frac{(7-8.3)^2}{8.3}$$
$$= 1.650 < \chi^2_{8-2-1}(0.05) = 11.07$$

故我们不能拒绝原假设，认为数据近似服从正态分布 $N(-0.0043, 1.0877^2)$。实际上，该数据原本就是采用 R 程序生成的标准正态分布样本。

卡方检验依赖于空间的划分。下面介绍的 KS 检验将不受限于空间的划分，而直接就分布函数进行检验。

二、KS 检验法

KS 检验是 Kolmogorov-Smirnov 检验（Kolmogorov-Smirnov test）的缩写，直接在分布函数上进行。即检验

$$H_0: F(x) = F_0(x), \ \forall x \leftrightarrow H_1: F(x) \neq F_0(x), \ \exists x。$$

给定样本 $X_1, X_2, \cdots, X_n \sim F(x)$，前面我们已经定义了经验分布函数

$$S_n(x) = \frac{i}{n}, \ X_{(i)} \leqslant x < X_{(i+1)}, \ i = 1, \cdots, n。$$

于是，我们可以考虑经验分布函数与原假设下的理想分布之间的差异，有如下几种定义方式。

1. $D_n = \sup_x |S_n(x) - F_0(x)|$。
2. $D_n^+ = \sup_x (S_n(x) - F_0(x))$。
3. $D_n^- = \sup_x (F_0(x) - S_n(x))$。

对应于 3 种不同的检验：

1. 双边检验　$H_0: F(x) = F_0(x), \ \forall x, \ \leftrightarrow H_1: F(x) \neq F_0(x), \ \exists x。$
2. 单边右侧检验　$H_0: F(x) = F_0(x), \ \forall x, \ \leftrightarrow H_1: F(x) \geqslant F_0(x), \ \exists x。$
3. 单边左侧检验　$H_0: F(x) = F_0(x), \ \forall x, \ \leftrightarrow H_1: F(x) \leqslant F_0(x), \ \exists x。$

定理 11.7　KS 统计量 D_n、D_n^+、D_n^- 是适应于任意分布（distribution-free）的。

其证明思路是将统计量表示成为有限个样本点上取值的某个函数，而在样本点上的取值完全可以看成是 $[0, 1]$ 上均匀分布的样本点，故为适应于任意分布的。

1933 年，Kolmogorov 给出了如下定理，1948 年，Feller 给出了一个相对简单的证明。

定理 11.8　设 $F_0(x)$ 是连续分布函数，则 $\forall d > 0$ 有 $\lim\limits_{n \to +\infty} P\left(D_n \leqslant \dfrac{d}{\sqrt{n}}\right) = \sum\limits_{k=-\infty}^{+\infty} (-1)^k e^{-2k^2 d^2}$。

定理 11.9　设 $F_0(x)$ 是连续分布函数，则对 $\forall d > 0$ 有 $\lim\limits_{n \to +\infty} P\left(D_n^+ \leqslant \dfrac{d}{\sqrt{n}}\right) = 1 - e^{-2d^2}$。

推论 11.1 设 $G_0(x)$ 是连续分布函数，则对 $\forall d > 0$，令 $V = 4n\left(D_n^+\right)^2$，当 $n \to +\infty$ 时，V 以自由度为 2 的卡方分布作为极限分布（asymptotic distribution）。

证明： 因为 $D_n^+ \leqslant \dfrac{d}{\sqrt{n}} \Leftrightarrow V = 4n\left(D_n^+\right)^2 < 4d^2$。于是

$$\lim_{n \to +\infty} P\left(V < 4d^2\right) = \lim_{n \to +\infty} P\left(D_n^+ < \frac{d}{\sqrt{n}}\right)$$

$$= 1 - e^{-2d^2} = 1 - e^{-\frac{4d^2}{2}}$$

服从自由度为 2 的卡方分布。

例 11.6 模拟正态分布数据测试分布函数的 KS 检验。

解： 我们首先模拟 100 个标准正态分布样本，然后用不同的分布函数进行 KS 检验。首先是用标准正态分布作为目标函数进行检验，得到如下结果。

```
> #KS test
> # 生成 100 个标准正态分布样本
> x < -rnorm (100)
> # 用标准正态分布作为目标函数进行 KS 检验
> ks.test (x, "pnorm")
      One-sample Kolmogorov-Smirnov test
data：x
D = 0.0578, p-value = 0.8918
alternative hypothesis：two-sided
```

此时，P 值远远大于 0.05，无法拒绝零假设，故接受数据服从标准正态分布的这一零假设。

其次，还在刚才的数据上，我们用 $N(0.5, 1)$ 作为目标分布进行 KS 检验，代码和结果如下：

```
> ks.test (x, "pnorm", 0.5, 1)
      One-sample Kolmogorov-Smirnov test
data：x
D = 0.2344, p-value = 3.39e-05
alternative hypothesis：two-sided
```

可以看出，P 值远小于 0.05，故拒绝零假设，认为分布与 $N(0.5, 1)$ 显著不同。

再次，还是在刚才的模拟数据上，我们用 $N(0, 1.5^2)$ 作为目标分布进行 KS 检验，代码与结果如下：

```
> ks.test (x, "pnorm", 0, 1.5)
      One-sample Kolmogorov-Smirnov test
data：x
D = 0.1391, p-value = 0.0418
alternative hypothesis：two-sided
```

可以看出，P 值远小于 0.05，故拒绝零假设，认为分布与 $N(0, 1.5^2)$ 显著不同。

最后，在刚才的模拟数据上，我们用均匀分布作为目标分布进行 KS 检验。注意到均匀分布是参数为 $(1, 1)$ 的 Beta 分布。代码与结果如下：

```
> ks.test (x1, "pbeta", 1, 1)
    One-sample Kolmogorov-Smirnov test
data: x1
D = 0.52, p-value < 2.2e-16
alternative hypothesis: two-sided
```

可以看出，P 值远小于 0.05，故拒绝零假设，认为该数据的分布与均匀分布显著不同。

通过这四种比较我们不难看出，**KS** 检验是一个相当灵敏的检验方法，它能显著区分不同分布族，比如区分标准正态分布与均匀分布，还可以同一分布族下不同参数的区别，特别是相同均值正态分布不同方差上的微小差异。

当然，**R** 中实现的 **KS** 检验还可以直接去检验两个数据是否来源于同一个分布，即所谓的两样本 **KS** 检验。比如

```
> x = rnorm (100)
> y = runif (100)
> ks.test (x, y)
    Two-sample Kolmogorov-Smirnov test
data: x and y
D = 0.5, p-value = 2.778e-11
alternative hypothesis: two-sided
```

P 值远小于 0.05，拒绝零假设，认为两个数据来源于不同的分布。

对分布族进行检验时，首先用数据估计出分布的参数，得到目标分布函数 $\hat{F}(x)$，定义相应的 KS 统计量 $\tilde{D}_n = \sup_x |S_n(x) - \hat{F}_0(x)|$。但此时没有离散时那么好的结论，在零假设下其分布非常复杂。1967 年 Lilliefors 指出，对正态分布检验时如果仍然采用原来的临界值做出拒绝域，其结果相当保守。一般用蒙特卡洛方法（Monte Carlo method）给出 $\tilde{D}_n$ 的临界值表格。

习　题

1．请参考本章中 R 程序，采用其他分布模拟样本，进行相应的密度估计、分布估计和分布检验。

2．考虑正态分布 $N(\mu, \sigma^2)$，选用标准正态分布 $N(0, 1)$ 的密度函数作核函数 $K(x)$，考虑核估计 $f_n(x) = \frac{1}{nh_n} \sum_{i=1}^{n} K\left(\frac{x - X_i}{h_n}\right)$，求 $E[F_n(x)]$。

3．考虑 $[0, a]$ 上的均匀分布 $U[0, a]$，并设核函数为指数分布的密度函数

$$K(x) = \begin{cases} e^{-x}, & x > 0 \\ 0, & x \leq 0 \end{cases}$$

设 $X_1, \cdots, X_n$ 是均匀分布的简单随机样本。求均匀分布 $U(0, a)$ 的核估计 $f_n(x)$ 的期望。

4．某人连续两周测量其血压（mmHg）如下：

98.3	102.8	103.3	105.8	96.6	96.3	105.8
100.3	100.9	102.0	102.0	99.6	107.3	101.0

能否认为这批测量服从均值为 100、标准差为 4 的正态分布（分别用 KS 检验和卡方拟合优度检验）？

第十二章 生存分析

第一节 引 言

人类最关心的事情莫过于自己的寿命。生存分析（survival analysis）起源于人类寿命分布的研究。由于方法具有普适性，生存分析方法被广泛应用在与寿命类似的感兴趣的量或结局变量的研究中，这些量我们统一称为生存时间、寿命或失效时间（failure time）。例如，生存时间可以是患者手术后到死亡的时间，即预后寿命；可以是老鼠被进行过某种处理到患肿瘤的时间；可以是一个人从出生到患老年期痴呆的时间等。抽象地说，生存时间为从某时刻开始到某种事件出现的时间长度。生存时间都不取负值，是非负随机变量。生存分析研究的问题种类很多，包括寿命分布的估计和比较，平均寿命、1 年生存率、3 年生存率和 5 年生存率等特征量的估计，生存因素和预后因素的识别和影响等。

因为失踪、失访、项目截止、不能连续观测等原因，我们经常遇到所谓不完全观测情形，即我们观测不到个体的确切生存时间。例如，在一项卵巢癌患者预后的研究中，需要考察患者手术后的生存时间。但由于种种可能的原因，经常出现患者在某个时间点失联的情况。这种时候，我们并不知道患者的确切死亡时间，只知道晚于我们最后的回访时间，即不知道患者的确切生存时间长度，只知道大于某个值，我们称为右删失数据。右删失数据的情况，也经常是由于我们的研究项目有时间节点，在我们结束收集数据时，很多患者仍然生存。除了右删失数据，还有其他的一些不能观测到确切生存时间的情形，我们将在第三节叙述。经常观测不到生存时间的确切值给问题带来了复杂性，形成了生存分析研究的特色，最终使得生存分析成为统计学和生物统计学的一个重要分支。生存分析方法不仅可以用在生物医学研究中，也广泛应用于保险精算、评估工业产品质量与可靠性等众多领域。

第二节 删失数据类型和基本概念

一、右删失数据

所谓右删失数据（right-censored data）是指在最后一次观测时间点 C 处，没有观测到感兴趣的结局事件的发生，即结局事件应该是在时间点 C 后将来某个时间点发生的（图 12.1）。在医学研究中右删失数据是最常见的数据类型。实际问题往往能够观测到大部分个体的确切寿命值，但又有一定比例的删失值。我们需要特别注意的是，由于右删失的个体往往是寿命较长的个体，通过丢弃删失数据来获得简单估计的方法往往损失最有价值的信息，从而得到不正确的结论。

3 种常见的数据获取方式，把获得的含有右删失的数据（集合）分别定义为Ⅰ型，Ⅱ型和Ⅲ型右删失数据。

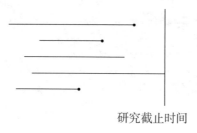

研究截止时间

图 12.1　右删失数据示意图

1. **Ⅰ型删失数据**　在生物寿命实验中，我们往往对一些生物同时开始观测，但要到一事先设定好的时间就停止实验。这时候，有些生物在实验期间死亡了，有些生物在截止观测时间仍然存活。这样得到的数据我们称为Ⅰ型删失数据，也称为定时截尾数据。

2. **Ⅱ型删失数据**　如果我们的生物实验不是按照规定好的时间停止，而是规定在观测到一定数量的生物死亡后停止，这样的数据我们称为Ⅱ型删失数据，也称为定数截尾数据。

3. **Ⅲ型删失数据**　在医学临床试验中，进入项目的患者往往不是同时到达的，对于在项目观测期内死亡的患者，我们能够观测到他们的确切生存时间，有些患者在观测截止时仍然存活。这样的数据我们称为Ⅲ型删失数据，也称为随机截尾数据。

在医学临床试验（clinical trial）中受试者的观测可能会因为不同的原因发生删失：

（1）由于经费或时间等原因，临床试验在感兴趣的结局事件发生之前就结束了，导致观测不到确切的发生时间，这也被称为行政删失（administrative censoring）。例如，某地一项研究人群阿尔兹海默病发病率的队列研究，由于经费有限，该研究项目只能持续追踪受访者 20 年，然而有些受访者，在这 20 年研究期间直到研究结束，也没有发病。这样的删失时间通常独立于事件的失效过程（failure process），也就是事件发生时间的随机过程。

（2）由于受访者随机失访（loss to follow-up），比如受访者移民、意外死亡等原因，导致观测不到感兴趣事件的确切发生时间，因此只知道该受访者在最后一次观察时感兴趣的结局事件还没有发生，这种观测也属于删失数据。

（3）试验对象或受试者决定中途退出试验（withdrawal from study），例如，药物临床试验中，由于试验组或对照组中的受试患者因为病情恶化或者受试对象接受新治疗后完全康复，处于人道主义或者医学伦理因素的考虑，受试患者已不适合继续进行试验，不得不中途退出试验，进而导致结局事件的观测发生删失。

下面，我们介绍两个实例。

例 12.1　在一项癌症治疗的临床研究中，我们追踪观测并记录 10 位癌症患者治疗后的复发情况，如表 12.1 所示，其中有 6 人观测到了确切的复发时间；但是有 2 位在分别被随访 5 个月和 12 个月后失访，未能观测到癌症的确切复发时间，另外 2 人在研究结束时，仍然处于病情缓解中，未观察到病情的复发。表格中"＋"表示观测发生右删失。

表 12.1　观测 10 名癌症患者的复发时间（单位：月）

i	1	2	3	4	5	6	7	8	9	10
y_i	2	5+	8	12+	15	21+	25	29	30+	34

例 12.2　[急性骨髓白血病（AML）数据] 考虑一项用于评价急性髓细胞白血病维持化

疗疗效的临床试验研究的初步试验结果，这项研究由斯坦福大学的 Embury 等（1977）主持进行，通过化疗达到缓解状态后，进入研究的患者被随机分为两组。第一组接受维持性化疗，第二组即对照组不接受维持性化疗。试验的目的是观察维持性化疗是否能延缓患者 AML 复发的时间。观测数据见表 12.2，表格中带加号 + 的数据表示右删失观测数据。

表12.2　两组患者在维持性化疗后完全缓解的时间

分组	完全缓解的时长（单位：周）
实验组	9，13，13+，18，23，28+，31，34，45+，48，161+
对照组	5，5，8，8，12，16+，23，27，30，33，43，45

二、左删失数据

相对于右删失数据，还有一类删失数据叫左删失数据。即由于感兴趣的结局事件发生在观测时间点之前，导致没有观测到事件确切的发生时间，即我们只知道在 Y 时刻事件已经发生，称这类删失数据叫左删失数据（left-censored data）。

例如，一位儿童精神病医生访问秘鲁的一个村庄，研究儿童第一次学习完成特定任务的年龄，比如首次学会独立穿衣。令 T 表示孩子首次学会执行指定任务的年龄。在研究中，医生第一次来访（并测试）某些孩子时，发现在访问时间点上，儿童已经学会了特定的技能或任务。因此，无法确切观测到真实的发生时间。此时，T 的观测就是发生了左删失。

三、区间删失数据

第三类删失数据是区间删失数据（interval-censored data）。区间删失观测是指实际中我们不能观测到感兴趣事件的确切发生时间，只观测到一个区间窗口和在此时间段内事件是否发生的信息。例如，如果我们知道寿命在两个观测时间组成的一个区间内，则称该寿命观测为区间删失（图 12.2）。

图 12.2　区间删失数据示意图

区间删失观测产生的原因有如下情形：

（1）患者未按要求，错过一次或多次既定安排的临床随访节点，末次随访时状态发生改变。患者通常会根据自己方便的时间安排去医院复查。

（2）即便患者都严格遵照医嘱，定期（1 个月、3 个月、半年等）去医院复查，医生仍然很大概率观测不到确切的发生时间。区间删失数据可看作是一种更一般、更广义的数据类型，右删失、左删失数据均可视作区间删失数据的一种特例。

区间删失数据又细分为 3 类：Ⅰ型（Case Ⅰ）区间删失数据，也称为当前状态数据、Ⅱ型（Case Ⅱ）区间删失数据（最常见的类型，如图 12.2 所示）和双区间删失（doubly interval-censored）数据等。特别地，Ⅰ型和Ⅱ型区间删失数据的推广型数据又称为 K 型（Case K）区间删失数据。

四、如何处理删失数据

至此，读者可能还是会有疑问。上面介绍的删失数据有何不同或特别之处？实际中，不考虑删失的存在，可不可以？我们以一个简单的右删失数据为例介绍一下删失数据在不同处理下的差异。

例 12.3 图 12.3 所示，假设感兴趣事件的失效时间 T 的分布为离散分布，只取两个值，不妨设 T 的取值分别为 $T=1$ 和 $T=3$，概率分布列为 $\Pr(T=1)=\Pr(T=3)=0.5$，假设研究截止日期设为 $\tau=2$，那么在研究截止前无法观测到 $T=3$，只能观测到在 $C=2$ 处事件未发生，因此 $C=2$ 就是右删失观测。我们感兴趣的是估计 T 的均值。在该例中，我们对比以下两种处理方式：①忽略删失的存在，把删失数据当成是普通的完全观测数据，直接做分析；②承认删失数据的存在，但是将这部分删失数据剔除后，再做分析（表 12.3）。结果如下：

表12.3 处理删失值得不同方式

	真值	忽略删失	剔除删失
$E(T)$	2.0	1.5	1.0

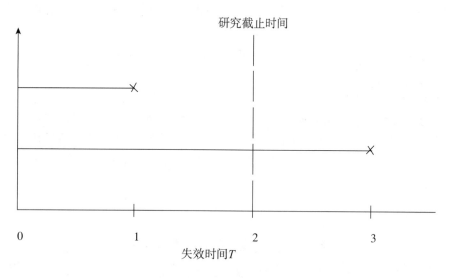

研究截止时间

失效时间 T

图 12.3 例 12.3 中观测时效失间数据的示意图

结果显示，忽略删失和剔除删失数据均会产生较大估计偏差，确切地说，在该例中是严重低估真值。因此，有必要研究并发展针对删失数据的分析方法，以提高删失数据分析和统计推断的精度。

五、失效时间 T 的分布描述

设描述感兴趣事件的失效时间（failure time）T 为非负（连续）随机变量，定义它的累积分布函数（cumulative distribution function，CDF）为 $F(t)=\Pr(T\le t)$，对于任何 $t\ge 0$。记 T 的分布密度函数（density function）是满足 $F(t)=\int_0^t f(s)\,\mathrm{d}s$ 对任何大于零的 t 都成立的非负函数 $f(t)$。

对于 T 为离散时间的情形，使用离散分布 $F(t)=\sum_{t_i\le t}\Pr(T=t_i)$，和离散概率分布列来描述 T 的分布规律。如果是离散与连续混合的情形，可以使用斯蒂尔斯积分（Stieltjes integration）

的广义表示方法来定义分布函数和密度函数。

实际应用中，T 的分布有不同的刻画方式。除累积分布函数 $F(\cdot)$ 外，在生存分析中，最常用的是生存函数和风险率函数。

定义 12.1 生存函数（survival function）定义为 T 大于给定值 t 的概率，即

$$S_T(t) = \Pr(T > t) = 1 - F(t),\ 0 \leqslant t < +\infty。$$

我们常简记 $S_T(t)$ 为 $S(t)$。由定义可知，生存函数是单调不增的右连续函数，满足 $S(0) = 1$，$\lim\limits_{t \to +\infty} S(t) = 0$。不同于累积分布函数 $F(\cdot)$，$S_T(\cdot)$ 度量的是整体分布右侧的概率，更适合用于右删失数据的情形，也更方便用于临床医学中患者生存概率的刻画。

定义 12.2 危险率函数（hazard rate function）的定义为

$$\lambda(t) = \lim_{\Delta t \to 0+} \frac{\Pr(t \leqslant T < t + \Delta t \mid T \geqslant t)}{\Delta t} \qquad \text{公式 12.2.1}$$

危险率函数的解释是 T 大于某个值 t 的生存个体在 t 值附近单位时间内死亡或失效的概率的瞬时变化率。$\lambda(t)$ 取非负值，但是它不是一个概率值。危险率函数在 t 时刻的值越大，表示生存个体在 t 时刻死亡的风险越高。

危险率函数与密度函数和生存函数之间的关系如下：

$$
\begin{aligned}
\lambda(t) &= \lim_{\Delta t \to 0+} \frac{\Pr(t \leqslant T < t + \Delta t \mid T \geqslant t)}{\Delta t} \\
&= \lim_{\Delta t \to 0+} \frac{1}{\Delta t} \frac{\Pr(t \leqslant T < t + \Delta t)}{\Pr(T \geqslant t)} \\
&= \frac{\lim_{\Delta t \to 0+} \Pr(t \leqslant T < t + \Delta t) / \Delta t}{\Pr(T \geqslant t)} \\
\lambda(t) &= \frac{f(t)}{S(t)} \qquad \text{公式 12.2.2}
\end{aligned}
$$

公式 12.2.2 是一个非常有用的关系式，本书下文中会频繁用到。

定义 12.3 累积危险率函数（cumulative hazard rate function）的定义为 $\Lambda(t) = \int_0^t \lambda(s)\,ds,\ t > 0$。累积危险率函数和生存函数同样具有直接的关系，推导公式如下，由公式 12.2.2 可知

$$\lambda(t) = \frac{f(t)}{S(t)} = \frac{-dS(t)/dt}{S(t)} = -\frac{d}{dt}\{\log S(t)\},$$

上式两边同时在 $[0,\ t)$ 积分可得 $\Lambda(t) = \log S(t)$，也即

$$S(t) = \exp\{-\Lambda(t)\} \qquad \text{公式 12.2.3}$$

公式 12.2.3 建立了生存函数与累积危险率函数之间的关系式，因此，未来关于生存函数的研究或者统计建模就可以转化为累积危险率函数的研究或者统计建模。累积危险率函数是取值在 $[0,\ +\infty)$ 的单调递增函数，在统计建模中具有很好的性质和广泛的应用。

六、生存分析的研究目标

关于生存分析中我们感兴趣事件的失效时间观测数据的分析和研究，最主要的研究目标有三类：

1. 估计感兴趣事件的失效时间的分布函数，探索其取值的分布规律。根据生存数据评估或预测未来事件发生的概率大小或者研究危险率函数的取值大小。

2．基于观测数据，比较不同组数据的生存函数（生存曲线）或危险函数的统计学差异。

3．评估解释变量 X 与生存时间 T 之间的关系，特别是通过使用正式的统计学模型或数学模型来刻画它们之间的关联关系，帮助量化不同解释变量对生存时间 T 的影响，进而用于预测或干预性研究目的。

下面的章节，我们将按所示研究目标的顺序逐一展开介绍。

第三节　寿命表法

在人口普查或者调查中，经常要对人口数和死亡数按年龄组进行统计，以便能够估计出人口的寿命分布以及预期寿命。例如全国分年龄、性别的死亡人口状况统计表，见表 12.4。

这种表一般是按 1 岁间隔分组进行统计的，为节省篇幅，表 12.4 是汇总后按 4 岁分组的统计数据，给出了分性别的每个年龄组的一年的平均人口和死亡人口。根据这个数据表可以估计出分性别的人口寿命分布。根据这个表中的数据，我们可以给出人口寿命的分布函数，计算出不同年龄段人群的生存概率，类似的方法在医学统计研究中也有很多应用的地方。

寿命表（life table）是反映一批人出生后陆续死亡过程的一种统计表。它是以各年龄组死亡概率为依据，以某 l_0（通常取为 1 万或 10 万）为出生人口基数，计算出这批人在各个年龄段的死亡情况，编制出的数据表称为寿命表或生命表。以 T 表示这批人的寿命随机变量，$S(x)$ 表示 T 的生存函数。寿命表一般包括下面几项内容：

$(x, x+n)$：年龄组，其中 $n \geq 1$，为年龄组间隔。各个年龄组间隔可以相同，也可以不同。

表 12.4　全国分年龄、性别的死亡人口状况（1999年11月1日至2000年10月31日）

	平均人口（人）			死亡人口（人）			死亡率（‰）		
	合计	男	女	小计	男	女	小计	男	女
总计	1 235 715 327	636 545 866	599 169 461	7 313 081	4 106 571	3 206 510	5.92	6.45	5.35
0 ~ 4 岁	70 548 254	38 497 390	32 050 865	425 913	202 211	223 702	6.04	5.25	6.98
5 ~ 9 岁	94 790 828	50 629 923	44 160 905	52 137	32 664	19 473	0.55	0.65	0.44
10 ~ 14 岁	122 506 274	63 738 454	58 767 820	51 716	32 169	19 547	0.42	0.50	0.33
15 ~ 19 岁	102 013 406	52 236 680	49 776 726	63 883	40 253	23 630	0.63	0.77	0.47
20 ~ 24 岁	95 944 587	48 663 498	47 281 089	93 184	58 931	34 253	0.97	1.21	0.72
25 ~ 29 岁	121 040 122	62 045 470	58 994 652	133 765	84 187	49 578	1.11	1.36	0.84
30 ~ 34 岁	125 707 689	64 559 579	61 148 110	167 007	107 000	60 007	1.33	1.66	0.98
35 ~ 39 岁	104 090 094	53 548 579	50 541 516	174 999	115 117	59 882	1.68	2.15	1.18
40 ~ 44 岁	83 206 670	43 263 856	39 942 814	199 808	131 939	67 869	2.40	3.05	1.70
45 ~ 49 岁	83 570 588	42 900 530	40 670 059	290 140	185 634	104 506	3.47	4.33	2.57
50 ~ 54 岁	60 971 157	31 610 338	29 360 819	335 032	212 106	122 926	5.49	6.71	4.19
55 ~ 59 岁	45 918 359	23 853 867	22 064 493	398 515	252 191	146 324	8.68	10.57	6.63
60 ~ 64 岁	41 037 574	21 261 202	19 776 372	606 884	380 911	225 973	14.79	17.92	11.43
65 ~ 69 岁	34 125 830	17 188 934	16 936 897	831 514	508 705	322 809	24.37	29.59	19.06
70 ~ 74 岁	24 353 116	11 768 529	12 584 587	1 029 811	600 515	429 296	42.29	51.03	34.11
75 ~ 79 岁	15 054 803	6 711 504	83 433 00	1 000 941	536 181	464 760	66.49	79.89	55.70
80 ~ 84 岁	7 283 194	2 887 734	4 395 460	813 355	384 869	428 486	111.68	133.28	97.48
85 ~ 89 岁	2 724 494	938 101	1 786 394	436 741	177 071	259 670	160.30	188.75	145.36
90 ~ 94 岁	669 705	194 003	475 703	162 110	52 114	109 996	242.06	268.63	231.23
95 ~ 99 岁	145 246	44 424	100 822	40 771	10 724	30 047	280.70	241.40	298.02
100 岁及以上	13 339	3 276	10 063	4 855	1 079	3 776	363.98	329.42	375.24

l_x：这批人中寿命长于 x 的期望人数，即 $l_x = l_0 P(T > x) = l_0 S(x)$。

$_n q_x$：寿命长于 x 者在年龄组 $(x, x+n]$ 的死亡概率，即 $_n q_x = P(T \leq x + n \mid T > x)$，可以推导得 $_n q_x = S(x+n)/S(x) - 1 = l_{x+n}/l_x - 1$。

$_n d_x$：这批人在年龄组 $(x, x+n]$ 死亡人数的期望值，即 $_n d_x = l_0 P(x < T \leq x+n) = l_{x+n} - l_x$。

$_n L_x$：这批人在年龄组 $(x, x+n]$ 生存时间总和的期望值，即 $_n L_x = l_0 E[(T-x)^+ \wedge n]$。

T_x：这批人中寿命长于 x 者剩余寿命之和的期望值，即 $T_x = l_0 E[(T-x)^+]$。

e_x：这批人中寿命长于 x 者平均剩余寿命，即 $e_x = T_x / L_x$。

$_n m_x$：$(x, x+n)$ 区间内的 x 岁的死亡速率（单位时间内的死亡人数），$_n m_x = {_n d_x}/{_n L_x}$。

$_n a_x$：终寿年成数，$(x, x+n)$ 区间内的死亡者在 $(x, x+n)$ 内的平均存活时间，即 $_n a_x = E(T - x \mid x < T \leq x+n) = l_0 E[(T-x) I(x < T \leq x+n)] / {_n d_x}$。

未进行处理的原始数据可能比这张表更加复杂。年初进入到某个年龄组的总人口中，按理说年末数减去年初数就应该是这年龄组的死亡数。但是在实际情况中，往往有一些人在年末调查时失踪或者生存状态不知。所以以年末和年初的人口之差可以分解成已知死亡人口数加上生存状态未知人口数。这种情况下，估计问题就不是那么简单了。

第四节　乘积限估计（K-M 估计）

本节，我们来介绍随机删失机制下估计生存函数的一种常用方法乘积限估计（product limit estimator），就是著名的 K-M 估计。它在生存分析中的重要性相当于完全观测数据下的经验分布函数。但是，因为删失观测的原因，乘积限估计的构造要比传统经验分布函数复杂得多。

假设我们计划研究肺癌患者在接受某种治疗后的几年内的生存概率，为此，我们对 n 名患者治疗后的生存时间 T 进行了随访和观测。但是，由于临床研究的时间跨度有限，加上部分患者因失访等原因无法观测到确切的死亡时间，只知道死亡结局事件在最后一次随访时尚未发生，即只能观测到右删失的时间 C。令 $\delta = I(T \leq C)$，则我们获得观测可记为

$$(y_1, \delta_1), (y_2, \delta_2), \cdots, (y_n, \delta_n),$$

其中 $\delta_i = 1$ 时 $y_i = t_i$，表示观测到治疗后的确切死亡结局时间；$\delta_i = 0$ 时 $y_i = c_i$，表示在时间 c_i 时，只知道患者处于生存状态，未能观测到死亡结局时间。需要注明的是我们假设本节讨论的结局事件的观测数据包括右删失数据均是确切知道的，也即不能是区间型的。

将 $y_1, \cdots, y_n$ 由小到大排序，特别地，如果一个删失观测 C 和一个结局观测 T 的值相同，则将 T 的值排在 C 的值之前，得到 $y_{(1)} \leq y_{(2)} \leq \cdots \leq y_{(n)}$，对应上述排序顺序，可定义 $\delta_{(i)}$ 为对应于 $y_{(i)}$ 的 δ 值。设 $R(t)$ 表示在时刻 t 的风险集，也即在时刻 t 结局尚未发生，因此处于风险中的个体集合。记

$n_i = \#R(y_{(i)})$，其中 # 表示集合中个体数；

$d_i =$ 在时刻 $y_{(i)}$ 观测到 n 个个体中结局事件（例如死亡）发生的个数；

$p_i = \Pr(T > t_i \mid T > t_{i-1})$

$\quad = \Pr($活过区间 $I_i = (t_{i-1}, t_i] \mid$ 在区间 I_i 的开始结局事件尚未发生，即还活着$)$

$\quad = 1 - \Pr($在区间 I_i 死亡 $\mid$ 在区间 I_i 的开始结局事件尚未发生，即还活着$)$

$\quad = 1 - \lambda_i$

$\quad \approx 1 - d_i / n_i$

假设观测数据中没有结点（knots），即 y 值相等的观测点。Kaplan 和 Meier（1958）提出了如下的乘积限估计

$$\hat{S}(t) = \begin{cases} 1, & t \in [0, y_{(1)}), \\ \prod_{i=1}^{j} \left(1 - \dfrac{1}{n_i}\right)^{\delta_{(i)}}, & t \in [y_{(i-1)}, y_{(i)}), j = 1, 2, \cdots, n-1, \\ 0 & t \in [y_{(n)}, +\infty) \end{cases}$$

$$\hat{S}(t) = \prod_{i: y_{(i)} \leqslant t} \left(1 - \dfrac{d_i}{n_i}\right)^{\delta_{(i)}} \qquad\qquad 公式\ 12.4.1$$

用于估计感兴趣结局事件发生时间 T 的生存函数 $S_T(t) = \text{Pr}(T > t)$，常简记为 $S(t)$。公式 12.4.1 简称 PL（product limit）估计，因为是 Kaplan 和 Meier 首次提出，又名 K-M 估计（图 12.4）。

图 12.4　K-M 估计用删失数据示意图

直觉上想，为什么上述 K-M 估计可用于估计理论上的生存函数呢？假设依据观测时间由小到大的排序 $\{y_{(i)}: i = 1, \cdots, n\}$ 将时间轴划分成一系列小区间，如下图所示，如果 $T = t$ 恰好落入某个区间 $I_k = (y_{(k-1)}, y_{(k)}]$，则 $y_{(k-1)} < t \leqslant y_{(k)}$，因此有

$$\begin{aligned}
S_T(t) &= \text{Pr}(T > t) \\
&= \text{Pr}(T > t \mid T > y_{(k-1)}) \, \underbrace{\text{Pr}(T > y_{(k-1)})} \\
&= \text{Pr}(T > t \mid T > y_{(k-1)}) \, \underbrace{\text{Pr}(T > y_{(k-1)} \mid T > y_{(k-2)}) \, \text{Pr}(T > y_{(k-2)})} \\
&\ \ \vdots \\
&= \text{Pr}(T > t \mid T > y_{(k-1)}) \, \text{Pr}(T > y_{(3)} \mid T > y_{(2)}) \cdots \\
&\quad \times \text{Pr}(T > y_{(2)} \mid T > y_{(1)}) \, \text{Pr}(T > y_{(1)} \mid T > 0) \, \text{Pr}(T > 0),
\end{aligned}$$

其中，当 $i = 1$ 时，$y_{(0)} = 0$。最后一项 $\text{Pr}(T > 0) = S_T(0) = 1$。为方便计算，可将上式改写为

$$\begin{aligned}
S_T(t) &= \text{Pr}(T > t \mid T > y_{(k-1)}) \prod_{i: y_{(i)} < y_{(k-1)}} \{\text{Pr}(T > y_{(i)} \mid T > y_{(i-1)})\}^{\delta_{(i)}} \\
&= 1 \times \prod_{i: y_{(i)} < y_{(k-1)}} \{\text{Pr}(T > y_{(i)} \mid T > y_{(i-1)})\}^{\delta_{(i)}} \\
&= \prod_{i: y_{(i)} < t} \{1 - \text{Pr}(T \leqslant y_{(i)} \mid T > y_{(i-1)})\}^{\delta_{(i)}}
\end{aligned}$$

进一步整理后可得

$$\begin{aligned}
S_T(t) &= \prod_{i: y_{(i)} < t} \{1 - \text{Pr}(y_{(i-1)} < T \leqslant y_{(i)})\}^{\delta_{(i)}} = \prod_{i: y_{(i)} < t} \{1 - \lambda_{(i)}\}^{\delta_{(i)}} \\
&= \prod_{i: y_{(i)} < t} \{1 - \widehat{\text{Pr}}(y_{(i-1)} < T \leqslant y_{(i)})\}^{\delta_{(i)}} \\
&= \prod_{i: y_{(i)} < t} \left\{1 - \dfrac{d_i}{n_i}\right\}^{\delta_{(i)}}
\end{aligned}$$

由此可得 K-M 估计的计算公式，另外，K-M 估计的公式也可以利用非参数极大似然估计（non-parametric maximum likelihood estimate，NPMLE）的方法获得。

下面，我们通过两个实际例子的计算来帮助大家理解 K-M 估计的算法。

例 12.4（例 12.1 续）记 T 为癌症治疗预后复发，$S(t)$ 表示 T 的生存函数，表 12.5 给出了生存函数估计的计算细节。

表 12.5　K-M 估计的计算

排序	$y_{(i)}$	$\delta(i)$	d_i	n_i	$\hat{\lambda}_i = d_i/n_i$	$\hat{S}(y_{(i)})$
0	0	0	0	10	0.000	$\hat{S}(0) = 1.000$
1	2	1	1	10	0.100	$\hat{S}(2) = \hat{S}(0) \times (1-0.1) = 0.9$
2	5	0	0	9	0.000	$\hat{S}(5) = \hat{S}(2) \times (1-0) = 0.9$
3	8	1	1	8	0.125	$\hat{S}(8) = \hat{S}(5) \times (1-0.125) = 0.788$
4	12	0	0	7	0.000	$\hat{S}(12) = \hat{S}(8) \times (1-0) = 0.788$
5	15	1	1	6	0.167	$\hat{S}(15) = \hat{S}(12) \times (1-0.167) = 0.656$
6	21	0	0	5	0.000	$\hat{S}(21) = \hat{S}(15) \times (1-0) = 0.656$
7	25	1	1	4	0.250	$\hat{S}(25) = \hat{S}(21) \times (1-0.250) = 0.492$
8	29	1	1	3	0.333	$\hat{S}(29) = \hat{S}(25) \times (1-0.333) = 0.328$
9	30	0	0	2	0.000	$\hat{S}(30) = \hat{S}(29) \times (1-0) = 0.328$
10	34	1	1	1	1.000	$\hat{S}(34) = \hat{S}(30) \times (1-1) = 0.000$

根据表 12.5 和图 12.5 的计算结果可知，$\hat{S}(t)$ 为单调不增的阶梯函数，且只在 $\delta_{(i)} = 1$ 的 $y_{(i)}$ 值上有跳跃，在 $\delta_{(i)} = 0$ 的 $y_{(i)}$ 值处不发生改变。因此，只需要计算 $\delta = 1$ 的观测点上的估计值。

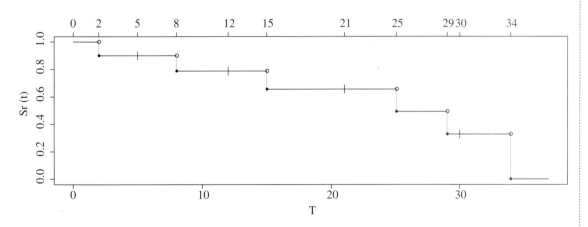

图 12.5　K-M 估计的曲线

例 12.5（例 12.2 续）根据生存函数的计算公式可知，AML 数据中维持化疗组的数据如图 12.6 所示，维持化疗组的生存函数的 K-M 估计计算如下：

图 12.6　维持化疗组的患者延长缓解时间

$$\hat{S}(0) = 1,$$

$$\hat{S}(9) = \hat{S}(0) \times (1 - \frac{1}{11}) = 0.91,$$

$$\hat{S}(13) = \hat{S}(9) \times (1 - \frac{1}{10}) = 0.82,$$

$$\hat{S}(18) = \hat{S}(13) \times (1 - \frac{1}{8}) = 0.72,$$

$$\hat{S}(23) = \hat{S}(18) \times (1 - \frac{1}{7}) = 0.61,$$

$$\hat{S}(31) = \hat{S}(23) \times (1 - \frac{1}{5}) = 0.49,$$

$$\hat{S}(34) = \hat{S}(31) \times (1 - \frac{1}{4}) = 0.37,$$

$$\hat{S}(48) = \hat{S}(34) \times (1 - \frac{1}{2}) = 0.18.$$

如果按由小到大排序的观测数据的最后一位处于风险中（at-risk）的患者观测到了确切的缓解时间，即 $\delta_{(n)} = 1$，则在最大点 $\tau = \max\{y_1, \cdots, y_n\}$ 处，$\hat{S}(\tau)$ 的估计值可以取到 0，如果观测发生右删失，即 $\delta_{(n)} = 0$，则 $\hat{S}(\tau)$ 的估计值严格大于 0。

现在，我们已经得到了 $S(\cdot)$ 在每个时间点 t 处的估计值，为了方便对生存函数的估计进行统计推断，我们还需要计算每一点处 K-M 估计值的方差。这就需要用到著名的 Greenwood 方差计算公式 $\hat{\sigma}_{\hat{S}}^2(t) = \hat{S}^2(t) \sum_{j:t_j \leqslant t} \frac{d_j}{n_j(n_j - d_j)}$。该方差公式的推导也可以通过非参数极大似然估计的方法获得，本书略过。另外，根据 Breslow & Crowley (1974) 证明的生存函数渐近分布结论，$\sqrt{n}[\hat{S}_n(t) - S(t)] \xrightarrow{d} G(t)$，其中 $G(t)$ 是一个零均值的高斯过程（Gaussian process）。利用该结论，我们可以构造任意给定单点处生存函数估计值的 95% 置信区间 $\hat{S}_n(t) \pm 1.96 \hat{\sigma}_{\hat{S}}(t)$。我们注意到，$S(t)$ 的取值限定于 [0, 1]，但是上述置信区间的构造方式不能保证其置信区间也限定于 [0, 1]。通常的做法是先构造 $\log S(t)$ 或 $\log[-\log S(t)]$ 的 $(1 - \alpha) 100\%$ 置信区间，再反解获得 $S(t)$ 的 $(1 - \alpha) 100\%$ 置信区间，即

(1) log 变换：$\exp(\log \hat{S}(t) \pm z_{\alpha/2} \hat{\sigma}_{\hat{\Lambda}}(t))$

(2) $\log(-\log)$ 变换：$(\hat{S}(t))^{\exp[\pm z_{\alpha/2} \hat{\sigma}_{\hat{W}}(t)]}$，其中 $W(t) = \log[-\log S(t)]$。

当然，还可以利用 logit 变换，即 $\log(S(t) / (1 - S(t)))$ 来构造生存函数的置信区间，在此略过。

利用 R 软件中 survival 软件包的 survfitKM () 或 survfit ()，可以很方便实现 K-M 估计的数值计算和作图。以 AML 数据为例，计算用的 R 代码如下，画图结果如图 12.7 所示。

```
> library (survival)
> dat <- data.frame (week=c (9, 13, 13, 18, 23, 28, 31, 34, 45, 48, 161),
+         status=c (1, 1, 0, 1, 1, 0, 1, 1, 0, 1, 0)) ;
> Surv (time=dat$week, event=dat$status)
 [1]  9  13  13+  18  23  28+  31  34  45+  48  161+
>
>  km.fit = survfit (Surv (week, status) ~1, data=dat, conf.type='log-log')
> km.fit
Call: survfit (formula = Surv (week, status) ~ 1, data = dat)
   n  events  median  0.95LCL  0.95UCL
```

```
  11  7  31  18  NA
>
> summary (km.fit) # survival is the estimated S (t)
Call：survfit (formula = Surv (week, status) ~ 1, data = dat)
```

time	n.risk	n.event	survival	std.err	lower 95% CI	upper 95% CI
9	11	1	0.909	0.0867	0.7541	1.000
13	10	1	0.818	0.1163	0.6192	1.000
18	8	1	0.716	0.1397	0.4884	1.000
23	7	1	0.614	0.1526	0.3769	0.999
31	5	1	0.491	0.1642	0.2549	0.946
34	4	1	0.368	0.1627	0.1549	0.875
48	2	1	0.184	0.1535	0.0359	0.944

```
> plot (km.fit, conf.int=F, xlab= "time until relapse (in weeks) ",
+    ylab= "proportion in remission", lab=c (10, 10, 7), mark.time=T);
>  text (90, 0.98, "K-M survival curve for the AML data", cex=1.5)
>  text (80, 0.85, "maintained group")
>  abline (h=0)
```

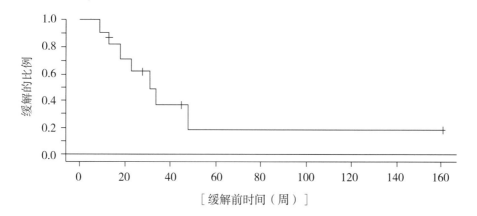

图 12.7　**AML 维持化疗组的患者延长缓解时间的 K-M 估计曲线**

第五节　生存分布的比较

上一节中，我们讨论了生存函数的 K-M 估计方法，给出了生存曲线的非参数估计。临床医学研究中常常需要对接受不同治疗方法或药物治疗后的治疗效果进行比较，这可以通过对不同组人群的生存分布或生存曲线进行比较。例如，肺癌的医生非常想了解两种不同的化疗方案对延长患者的寿命是否存在差异。使用生存曲线画图比较的方法，可以粗略判别差异显著的情形，但是过于主观，不能揭示差异是显著的还是由数据的随机性造成的。进行统计学意义上的假设检验是非常必要的。

一、两样本对数秩检验

设临床试验中，处理 1 与处理 2 两组观测的连续样本数据为

$$\{(Y_{i,j}, \Delta_{i,j}): Y_{i,j} = \min(T_{i,j}, C_{i,j}), \Delta_{i,j} = I(T_{i,j} \le C_{i,j}), j = 1, \cdots, n_i\},$$

其中 $i = 1, 2$。假设 $\{T_{i,j}\}$ 与 $\{C_{i,j}\}$ 相互独立。记 $T_{1,j}$ 和 $T_{2,j}$ 的生存函数分别为 $S_1(t)$ 和 $S_2(t)$。考虑假设检验

$$H_0: S_1(t) \equiv S_2(t) \ (t \ge 0), \quad \text{表示两种处理效果等价，无差异。}$$

可能的备择假设是

(1) H_1：存在 t 使得 $S_1(t) > S_2(t)$ $\Longleftrightarrow$ 处理 1 比处理 2 更有效

(2) H_1：存在 t 使得 $S_1(t) < S_2(t)$ $\Longleftrightarrow$ 处理 2 比处理 1 更有效

(3) H_1：存在 t 使得 $S_1(t) \ne S_2(t)$ $\Longleftrightarrow$ 两种处理效果存在差异

为了检验假设两种处理效果无差异，我们介绍生存分析中应用最广泛的一类检验方法——两样本对数秩检验（log-rank test for two samples），也称为 Mantel-Haenszel 检验，它在比较两组数据的生存分布的差异方面非常有用。

两样本对数秩检验的构造，利用了超几何分布（hypergeometric distribution）的原理。考虑在给定的 t 时刻，不妨设 $t \in \{t_1, \cdots, t_k\}$，两处理组中事件发生数（或者失效数、死亡数），生存数（事件尚未发生的样本个数），如表 12.6 所示：

表 12.6 t 时刻，两处理组中事件数列联表

	处理 1	处理 2	合计
失效数（deaths）	$d_{1,t}$	$d_{2,t}$	d_t
生存数（survivors）	$n_{1,t} - d_{1,t}$	$n_{2,t} - d_{2,t}$	$n_t - d_t$
处于风险数（at-risk）	$n_{1,t}$	$n_{2,t}$	n_t

在原假设 H_0 下，给定 d_t，则 $d_{1,t}$ 服从超几何分布 $H(n_t, d_t, n_{1,t})$，对应均值和方差分别为

$$\begin{cases} E(d_{1,t}) = d_t \dfrac{n_{1,t}}{n_t}, \\ \text{Var}(d_{1,t}) = \dfrac{d_t(n_t - d_t)}{n_t - 1} \times \dfrac{n_{1,t}}{n_t}\left(1 - \dfrac{n_{1,t}}{n_t}\right)。 \end{cases}$$

定义两样本的对数秩检验统计量：

$$W = \frac{\sum_{i=1}^{k}\{d_{1,t_i} - E(d_{1,t_i})\}}{\sqrt{\sum_{i=1}^{k}\text{Var}(d_{1,t_i})}} \tag{公式 12.5.1}$$

利用鞅中心极限定理或者经验过程等工具，可以证明：

$$W \xrightarrow{d} N(0, 1), \quad \text{当 } k \text{ 固定且 } n_t \to \infty \text{ 或 } k \to \infty。$$

例 12.6 我们利用一个简单数据的例子来详细阐述两样本对数秩检验统计量的计算，考虑两组分别接受新、旧治疗方法后延长的生存时间（周），数据如下：

旧疗法　3，5，7，9+，18

新疗法 12，19，20，20+，33+

考虑假设检验 $H_0: S_1(t) \equiv S_2(t)$，$H_1$：存在 t 使得 $S_1(t) \neq S_2(t)$。利用两样本对数秩检验方法的计算细节如表12.7，记 $r_{ti} = d_{1, ti} - E(d_{1, ti})$，

表12.7 例12.6中新、旧疗效的对数秩检验计算明细

疗法	t_i	n_{ti}	$n_{1, ti}$	$d_{1, ti}$	d_{ti}	$E(d_{1, ti})$	r_{ti}	$\dfrac{d_{t_i}(n_{t_i} - d_{t_i})}{n_{t_i} - 1}$	$\dfrac{n_{1, d_i}}{n_{t_i}}\left(1 - \dfrac{n_{1, d_i}}{n_{t_i}}\right)$
旧	3	10	5	1	1	0.50	0.50	1	0.2500
旧	5	9	4	1	1	0.44	0.56	1	0.2469
旧	7	8	3	1	1	0.38	0.62	1	0.2344
旧	9+	7							
新	12	6	1	0	1	0.17	−0.17	1	0.1389
旧	18	5	1	1	1	0.20	0.80	1	0.1600
新	19	4	0	0	1	0.00	0.00	1	0.0000
新	20	3	0	0	1	0.00	0.00	1	0.0000
新	20+	2							
新	33+	1							
合计					4		$\sum_{i=1}^{k} r_i = 2.31,$		$\sum_{i=1}^{k} \mathrm{Var}(d_{1, t_i}) = 1.0302$

由此可得对数秩检验统计量的值为 $W = \sum_{i=1}^{k} r_i \Big/ \sqrt{\sum_{i=1}^{k} \mathrm{Var}(d_{1, t_i})} = 2.31 / 1.02 = 2.26$。

计算双边检验设置下该统计量对应的 P 值为 0.0238。如果显著性水平设为 0.05，则拒绝原假设，认为两种疗法在延长患者寿命的效果上存在显著差异。

二、多组样本的对数秩检验

作为两样本情形的一个推广，我们介绍一下多组样本生存分布比较的对数秩检验。当临床试验中有 p 个处理组时，例如，处理1，处理2，$\cdots$，处理 p。记其连续样本观测数据为 $\{(Y_{i, j}, \Delta_{i, j}): Y_{i, j} = \min(T_{i, j}, C_{i, j}), \Delta_{i, j} = I(T_{i, j} \leq C_{i, j}), j = 1, \cdots, n_i\}$，$i = 1, \cdots, p$，假设 $\{T_{i, j}\}$ 与 $\{C_{i, j}\}$ 相互独立。记 $T_{1, j}, \cdots, T_{p, j}$ 的生存函数分别为 $S_1(t), \cdots, S_p(t)$。考虑假设检验

$$H_0: S_1(t) \equiv \cdots \equiv S_p(t) \text{ 对任意 } t \geq 0 \text{ 成立}$$

原假设表示这 p 种处理的效果无显著差异，备择假设是 H_1：存在 t 使得 $S_1(t), \cdots, S_p(t)$ 不完全相等。为了检验 H_0，我们同样考虑在给定 t 时刻，$t \in \{t_1, \cdots, t_k: t_1 < \cdots < t_k\}$，各组的失效事件频数和生存频数如表12.8。

表12.8 t 时刻，p 个处理组中事件失效频数列联表

	处理 1	$\cdots$	处理 i	$\cdots$	处理 p	合计
失效数	$d_{1, t}$	$\cdots$	$d_{i, t}$	$\cdots$	$d_{p, t}$	d_t
生存数	$n_{1, t} - d_{1, t}$	$\cdots$	$n_{i, t} - d_{i, t}$	$\cdots$	$n_{p, t} - d_{p, t}$	$n_t - d_t$
处于风险数	$n_{1, t}$	$\cdots$	$n_{i, t}$	$\cdots$	$n_{p, t}$	n_t

在原假设 H_0 成立和给定 n_t 和 d_t 的条件下，$(d_{1,t}, \cdots, d_{p,t})$ 的服从 p 元超几何分布，密度函数为 $\prod_{i=1}^{p} \binom{n_{i,t}}{d_{i,t}} \binom{n_t}{d_t}^{-1}$。由此推导可得，$d_{i,t}$ 的边际分布的条件期望和方差分别为

$E(d_{i,t}) = d_{i,t} \dfrac{n_{i,t}}{n_t}$，$\mathrm{Var}(d_{it}) = n_{i,t}(n_t - n_{i,t}) \dfrac{d_t(n_t - d_t)}{n_t^2(n_t - 1)}$，同时，任意两个 $d_{i,t}$ 和 $d_{j,t}$ 的条件协方差为

$Cov(d_{i,t}, d_{j,t}) = -n_{i,t} n_{j,t} \dfrac{d_t(n_t - d_t)}{n_t^2(n_t - 1)}$。定义统计量 $W_i = (d_{1,t_i} - E(d_{1,t_i}), \cdots, d_{p,t_i} - E(d_{p,t_i}))^T$，则

$E(W_i) = 0$，记其协方差矩阵为 $\sum_i$，$i = 1, \cdots, k$。将不同时间点定义的统计量 W_i 和对应协方差矩阵分别累加记为 $W = \sum_{i=1}^{k} W_i = O - E$，$\sum = \sum_{i=1}^{k} \sum_i$，其中 $O = (O_1, \cdots, O_p)^T$，$E = (E_1, \cdots, E_p)^T$，

$O_j = \sum_{i=1}^{k} d_{j,t^i}$，$E_j = \sum_{i=1}^{k} E(d_{j,t^i})$，$j = 1, \cdots, p$。可以证明，在原假设成立的条件下可知，对数秩统计量 $W^T \sum^{-1} W \xrightarrow{d} \chi^2(p)$。前面介绍的对数秩检验，还有两个著名的推广方法，在实际应用中更加频繁：一个是分层对数秩检验，另一个是加权对数秩检验。由于本书的篇幅限制，我们仅简要介绍一下结果，省略推导。

三、分层对数秩检验

考虑在允许比较群体异质性的同时检验几个生存分布的差异性，一种简单的方法是利用纳入的辅助协变量信息对样本进行分层。通过将每个独立的层（strata）内获得的对数秩统计量和相应方差相加，获得对有异质性的总体的检验统计量。具体来说，如果共划分了 K 个层，记 l 为第 l 个分层的索引，则 $W^{(l)}$ 和 $\sum^{(l)}$ 是对应第 l 个分层数据的对数秩统计量和方差，那么分层对数秩检验（stratified log-rank test）的统计量定义为 $\left(\sum_{l=1}^{K} W^{(l)}\right)^T \left(\sum_{l=1}^{K} \sum^{(l)}\right)^{-1} \left(\sum_{l=1}^{K} W^{(l)}\right)$，其中

$W^{(l)} = O^{(l)} - E^{(l)}$。可以证明，分层对数秩检验统计量在原假设成立时，依分布收敛到 $\chi^2(p)$。

需要注意的是，该检验对每个层中相似的 p 个治疗组之间的差异最为敏感。对每个层中单独的对数秩检验的检查也可以为层之间可能的交互作用的处理提供一些线索或见解。分层对数秩检验可以为许多数据集的初始分析和表示提供有价值的手段。它通常是向非统计人员传达更复杂分析结果的有用工具。

四、加权对数秩检验

上文所述的对数秩统计量对样本之间的风险比（hazard ratio）随时间大致恒定（即不同时间点上 W_i 有同等的重要性）的情形下的偏离零假设非常敏感。在某些情况下，可能有理由预期生存分布的任何差异会在早期出现，并且在治疗已经实施了一段时间后接受治疗组和未接受治疗组个体的生存分布会表现出很小的差异。有时相反，在某些情况下，治疗组之间的生存分布差异在开始时可能很小，但在随着时间的增加可能会变大。

对此，我们引入权重函数 $\omega(t)$ 来刻画在不同时间点处生存分布差异的重要性，构造如下加权对数秩检验（weighted log-rank test）的统计量 $W_\omega = \sum_{j=1}^{k} \omega_j W_j = \sum_{j=1}^{k} \omega_j (O_j - E_j)$。其中

$\omega_j = \omega(t_j)$，$0 \leqslant \omega_j \leqslant 1$，满足 $\sum_{j=1}^{k} \omega_j = 1$。定义 $\sum_\omega = \mathrm{Var}(W_\omega)$。可以证明，在原假设成立时，

有 $W_\omega^T \sum_\omega^{-1} W_\omega \xrightarrow{d} \chi^2(p)$。

关于最优权重 ω_j 的选取，有很多文献讨论。权重的值可能依赖当前的时间，也可能依赖过去的失效时间和删失时间。加权对数秩检验是一种更加广义的检验方法，特别是，当权重函

数取特定形式时，加权对数秩检验可以退化成一些经典的检验方法，详情见表 12.9。

表 12.9 不同权重函数与经典检验统计量的对应关系

检验统计量	权重函数 $\omega(t)$
对数值检验	1
Prentice-Wilcoxon	$\hat{S}(t-)$
Harrington-Fleming	$[\hat{S}(t-)]^{\rho}$
Gehan-Wilcoxon	n_{t-}/n
Tarone-Ware	$(n_{t-}/n)^{\rho}$
$G^{\rho,\gamma}$	$[\hat{S}(t-)]^{\rho}[1-\hat{S}(t-)]^{\gamma}$

在 R 软件中，利用 survival 软件包的 survdiff（）函数可以快速方便地实现对数秩检验和分层对数秩检验和加权对数秩检验。演示程序如下：

```
> # 对数秩检验
> group = c (1, 1, 1, 1, 1, 2, 2, 2, 2, 2) # 1=old；2=new
> hypdata = c (3, 5, 7, 9, 18, 12, 19, 20, 20, 33) # the data
> cen = c (1, 1, 1, 0, 1, 1, 1, 1, 0, 0) # 1=uncensored；0=censored
> survdiff (Surv (hypdata, cen) ~ group)
Call: survdiff (formula = Surv (hypdata, cen) ~ group)
      N Observed Expected (O-E) ^2/E (O-E) ^2/V
grouph=1  5    4    1.69    3.18     5.2
grouph=2  5    3    5.31    1.01     5.2
Chisq= 5.2  on 1 degrees of freedom, p= 0.02

> # 分层对数秩检验
> sex < - c (1, 1, 1, 2, 2, 2, 2, 2, 1, 1) # sex=1, male；sex=2, female
> survdiff (Surv (hypdata, cen) ~grouph + strata (sex) )
Call:
survdiff (formula = Surv (hypdata, cen) ~ grouph + strata (sex) )
      N Observed Expected (O-E) ^2/E (O-E) ^2/V
grouph=1  5    4    2.02    1.951    3.51
grouph=2  5    3    4.98    0.789    3.51
Chisq= 3.5  on 1 degrees of freedom, p= 0.06
```

利用 nph 软件包中的 logrank.test（）函数，可以很方便地实现加权对数秩检验。另外，利用 survminer 软件包中的 ggsurvplot（）函数，既可以方便实现经典权重函数下的加权对数秩检验，又可以快速实现生存分布曲线的画图展示，图上还可以显示加权对数秩检验的 P 值。

第六节　参数估计法

在进行统计分析时，我们除了需要考虑数据的删失机制因素，还应该对失效时间 T 的总体分布信息有一定的认识，当然这需要对总体分布的已有知识进行认真收集、整理、分析和概括，或者通过广泛的抽样，利用获取的数据进行估计才能获得。与传统统计学的框架一致，经典的生存分析方法大致分为 3 类。当对总体的分布信息了解较少或者毫无信息时，可以采用非参数估计方法，例如，前面介绍的 K-M 估计；当对总体的分布类型明确可知（分布中的参数未知）时，可以采用参数估计的方法，比如本节将介绍的基于常见失效时间分布的极大似然估计（maximum likelihood estimator）方法；还有一类方法是半参数估计（semiparametric estimator）方法，这类方法介于参数方法和非参数方法之间，兼顾两者的优点，比如下一节将要介绍的 Cox 比例风险模型方法。

所谓参数估计法，就是先假定失效时间 T 的总体服从某类特定的分布，分布本身依赖于一些未知的分布参数，然后利用已获取的 T 的观测数据来估计对应的分布参数，进而确定 T 的具体分布。

一、常见的参数分布

实际问题中遇到的失效时间分布一般是互不相同的，但是大量的实践表明，指数分布、韦布尔分布和对数正态分布等是比较常见的失效时间分布类型。

我们已经在本书第 2 章中介绍了指数分布、韦布尔分布和对数正态分布的概念，下面来介绍一下另外一个常见的分布。

定义 12.3 （极值分布）如果随机变量 T 的分布函数为

$$F(x) = 1 - \exp\left\{-\exp\left(\frac{x-\mu}{\sigma}\right)\right\}, \quad -\infty < x < +\infty,$$

则称 T 服从 I 型极值分布（extreme value distribution），也叫 Gumbel 分布（Gumbel distribution），记为 $G(\mu, \sigma)$，μ 称为极值分布的位置参数，σ 称为刻度参数。

一个重要的结论是，韦布尔分布随机变量的对数变换服从极值分布，即 $T \sim W(\alpha, \lambda)$，则 $X = \ln(T)$ 服从参数为 $\mu = -\ln(\lambda)$，$\sigma = 1/\alpha$ 的极值分布。换句话说，X 可以表示成 $X = \mu + \sigma Z$，其中 Z 是一个标准极值分布（均值为 0，方差为 1）。实际中，由于韦布尔分布的形状参数难于处理，一般我们可以将韦布尔分布的处理转化为极值分布再处理，从而降低计算复杂度。

前文中介绍过用于描述失效时间分布的两个重要函数是生存函数和风险率函数，我们总结上述分布的生存函数和风险率函数如表 12.10 所示。

表 12.10　失效时间的不同类型分布对应的生存函数和风险率函数的形式

分布类型	参数 θ	生存函数 $S(t;\theta)$	风险率函数 $\lambda(t;\theta)$
$T \sim \exp(\gamma)$	γ	$\exp(-\gamma t)$	γ
$T \sim W(\alpha, \gamma)$	$(\alpha, \gamma)^T$	$\exp(-(\gamma t)^\alpha)$	$\gamma\alpha(\gamma t)^{\alpha-1}$
$T \sim G(\mu, \sigma)$	$(\mu, \sigma)^T$	$\exp\left(-\exp\left(\dfrac{t-\mu}{\sigma}\right)\right)$	$\sigma^{-1}\exp\left(\dfrac{t-\mu}{\sigma} - 2\exp\left(\dfrac{t-\mu}{\sigma}\right)\right)$
$T \sim LN(\mu, \sigma)$	$(\mu, \sigma)^T$	$1 - \Phi(\log(e^{-\mu}t)/\alpha)$	$f(t)/S(t)$

二、极大似然估计

若已知失效时间 T 的总体服从某类特定的分布，我们可以利用本书第 5 章中介绍的极大似然估计法来获得分布参数的估计值。与第 5 章内容不同的是本节讨论的极大似然估计是针对生存分析中的删失数据。

设失效时间 T 的总体分布密度函数、生存函数和风险率函数分别为 $f(t;\theta)$、$S(t;\theta)$ 和 $\lambda(t;\theta)$，其中 $\theta \in H$ 为未知的分布参数。记样本容量为 n 的右删失观测数据为

$$\{(y_i,\ \delta_i):\ y_i=\min(t_i,\ c_i),\ \delta_i=I(t_i\leqslant c_i),\ i=1,\cdots,\ n\}。$$

在独立删失机制的假设下，观测数据的联合似然函数可以表示为

$$L_n=\prod_{i=1}^{n}\ [失效事件发生的概率密度]^{\delta_i}\ [事件发生右删失的概率密度]^{1-\delta_i}$$

$$\alpha\prod_{i=1}^{n}[f(y_i\,|\,\theta)]^{\delta_i}[S(y_i\,|\,\theta)]^{1-\delta_i}=\prod_{i=1}^{n}\left[\frac{f(y_i\,|\,\theta)}{S(y_i\,|\,\theta)}\right]^{\delta_i}[S(y_i\,|\,\theta)]^{(1-\delta_i)+\delta_i}$$

$$=\prod_{i=1}^{n}[\lambda(y_i\,|\,\theta)]^{\delta_i}S(y_i\,|\,\theta),\ (仍然将其记为\ L_n(\theta))$$

记对数似然函数为

$$l_n(\theta)=\log(L_n(\theta))=\sum_{i=1}^{n}(\delta_i\log(\lambda(y_i\,|\,\theta))+\log S(y_i\,|\,\theta)),$$

则分布参数 θ 的极大似然估计可定义为 $\theta_n=\arg\max\limits_{\theta\in\Theta}l_n(\theta)$。实际计算时，统计计算课程中的若干数值优化算法，例如 Newton-Raphson 算法，可用于该优化问题的最优值求解。

关于 θ_n 的统计推断，方法与传统的参数极大似然估计一致。在似然估计的正则性条件下，不难证明 $\sqrt{n}\,(\hat{\theta}_n-\theta_0)\xrightarrow{d}N(\mathbf{0},\ I^{-1}(\theta_0)),\ n\to+\infty$，其中，$\theta_0$ 表示参数 θ 的真实值，$I(\theta)=-E\left(\dfrac{\partial^2 l_n(\theta)}{\partial\theta\partial\theta^T}\right)$。利用这个渐进分布性质，我们可以构造参数 θ 的置信区间，还可以构造检验统计量对参数 θ 进行显著性假设检验。

例 12.7　下面我们以指数分布总体的右删失数据为例来介绍分布参数的极大似然估计。设 $T\sim\exp(\gamma)$，$\gamma>0$，由表格 12.10 可知，指数分布总体的右删失观测数据的联合似然函数为 $L_n(\gamma)=\prod_{i=1}^{n}(\gamma^{\delta_i}\exp(-\gamma y_i))$，对数似然函数为 $l_n(\gamma)=\sum_{i=1}^{n}(\delta_i\log(\gamma)-\gamma y_i)$，对 $l_n(\gamma)$ 关于 γ 求导，再令导数为 0，$\dfrac{d}{d\gamma}l_n(\gamma)=\sum_{i=1}^{n}(\delta_i/\gamma-y_i)=0$，可得 γ 的极大似然估计为 $\hat{\gamma}_n=\left(\sum_{i=1}^{n}\delta_i\right)/\left(\sum_{i=1}^{n}y_i\right)$。由 $l_n(\gamma)$ 关于 γ 的二阶导数 $\dfrac{d^2 l_n(\gamma)}{d\gamma^2}=-\sum_{i=1}^{n}\delta_i/\gamma^2$，可知 $\mathrm{Var}(\hat{\gamma})\approx\hat{\gamma}^2\Big/\sum_{i=1}^{n}\delta_i$。由此，可以构造 γ 的 95% 置信区间为 $[\hat{\gamma}-u_{0.025}\cdot se(\hat{\gamma}),\ \hat{\gamma}+u_{0.025}\cdot se(\hat{\gamma})]$。

根据获得的极大似然估计值 $\hat{\theta}_n$ 我们可以很方便的推断失效时间 T 的具体生存函数为 $S(t;\hat{\theta}_n)$ 和危险率函数为 $\lambda(t;\theta_n)$。此时，比较两个生存分布（或生存曲线）差异的假设检验就退化为两个参数的假设检验问题，即 $H_0:S(t;\theta_1)\equiv S(t;\theta_2)\Leftrightarrow H_1:\theta_1=\theta_2$。

第七节　带协变量的生存分析

设 T_i 表示样本中第 i 个个体感兴趣事件的失效时间，用 $X_i=(X_{i1},\cdots,\ X_{ip})^T$ 表示已知协变量（covariate）。我们想要对 T 和 X 进行建模和回归分析，探索二者间的关联关系，这就是本节主要讨论的带协变量的生存分析，通常也被称为预后风险分析（prognostic factor analysis）。X 被称为回归变量、回归因子、解释变量或者影响因素。

例 12.8　不妨设 X_1 表示性别（1 为男性，0 为女性），X_2 表示诊断时的年龄，$X_3=X_1\cdot X_2$，表示性别与年龄的交互项，T 表示生存时间。

下文中，我们假设 X 不随时间 t 变化，并且假设给定 X 后，生存时间 T 与 C 相互独立。我们将介绍 4 个回归模型：指数回归模型（exponential regression model）、韦布尔回归模型（Weibull regression model）、Cox 比例风险模型（Cox proportional hazards model）、加速失效模

型（accelerated failure time model），以及一个变量选择步骤。

一、指数回归模型

回顾上一节中指数分布对应的风险率函数 $\lambda(t) = \gamma$ 关于时间是不变的，且期望 $E(T) = 1/\gamma$。我们希望将风险率函数 $\lambda(t)$ 建模为协变量 X 的函数，从而建立 T 的分布与协变量 X 之间的关联。

假设对于单个个体，定义失效时间 T 的风险率函数为

$$\lambda(t|X) = \lambda(t) \cdot h(X^T\beta) \overset{\lambda(t)=\gamma}{=} \gamma \cdot h(X^T\beta) = \gamma \cdot h(\beta_1 X_1 + \cdots + \beta_p X_p) \qquad \text{公式 12.7.1}$$

其中 $\beta = (\beta_1, \beta_2, \cdots, \beta_p)^T$ 是回归系数的向量，$\gamma > 0$ 为常数，$h(\cdot)$ 是给定的连接函数。函数 $\lambda_0(t)$ 被称作基准风险率函数，即当 $X = 0$ 时风险率函数的值。注意，此时风险率函数对时间 t 是恒定的，只依赖于协变量 X 的变化。我们称公式 12.7.1 为指数回归模型。

最常用的连接函数为 $h(x) = \exp(x)$，此时，可以推导

$$\lambda(t|X) = \gamma \cdot \exp(X^T\beta) = \gamma \cdot \exp(\beta_1 X_1 + \cdots + \beta_p X_p)$$
$$= \gamma \cdot \exp(\beta_1 X_1) \times \exp(\beta_2 X_2) \times \cdots \times \exp(\beta_m X_m)$$

这说明协变量成倍作用于风险率函数。故有 $\log[\lambda(t|X)] = \log(\gamma) + \eta = \log(\gamma) + X^T\beta$。

上式说明协变量线性作用于对数风险率函数，即风险率的对数线性模型。$\eta = X^T\beta$ 被称作对数风险率函数的线性预测变量。我们考虑另外两种可能出现的连接函数 $h(\eta) = 1 + \eta$ 和 $h(\eta) = 1/(1+\eta)$。前者的风险函数 $\lambda(t|X) = \gamma \times (1 + X^T\beta)$ 为 X 的线性函数，后者的期望为 $E(T|X) = 1/\lambda(t|\beta) = (1 + X^T\beta)/\lambda$，也是 X 的线性函数。注意到二者都可能产生负的风险率，这是没有意义的；除非控制系数 β 的值以保证对于所有可能的协变量 X，都满足 $h(X^T\beta) > 0$。然而 $h(\eta) = \exp(\eta)$ 对任何 X 和 β 都为正，因此它也是最常用的连接函数。

在指数回归模型下，T 的生存函数为 $S(t|X) = \exp(-\Lambda(t|X)) = \exp(-\gamma \exp(X^T\beta) t)$。给定 X，T 的概率密度函数为 $f(t|X) = \lambda(t|X) S(t|X) = \gamma \exp(X^T\beta) \exp(-\gamma \exp(X^T\beta) t)$。

如果 T 服从指数分布，那么 $Y = \log(T)$ 服从尺度参数 $\sigma = 1$ 的极值（最小值）分布。给定 X，我们有 $\mu = -\log(\lambda(t|X)) = -\log(\gamma \exp(X^T\beta)) = -\log(\gamma) - X^T\beta$ 和 $\sigma = 1$。因此，给定 X，$Y = \log(T) = \mu + \sigma Z = \beta_0^* + X^T\beta^* + Z$。其中，$\beta_0^* = -\log(\gamma)$，$\beta^* = -\beta$，$Z \sim f_Z(z) = \exp(z - e^z)$，$-\infty < z < \infty$，为标准极值（最小值）分布。

总结来说，$\lambda(t|X) = \gamma \exp(X^T\beta)$ 是风险比的对数线性模型，可以转化为 $Y = \log(T)$ 的线性模型。指数回归模型在分析处理生存时间时通常效果不好，但由于该模型非常简单，在教学时我们还是用它来做介绍。

在例 12.8 中，考虑指数回归模型，则：

风险函数为 $\lambda(t|X) = \gamma \exp(X^T\beta)$，

对数风险函数为 $\log(\lambda(t|X)) = \log(\gamma) + \beta_1 X_1 + \beta_2 X_2 + \beta_3 X_3$，

生存函数为 $S(t|X) = \exp(-\gamma \exp(X^T\beta) t)$。

整理可得表 12.11

表12.11　例1的指数回归模型的函数

	男	女
风险函数	$\gamma \exp(\beta_1 + (\beta_2 + \beta_3) \text{age})$	$\gamma \exp(\beta_2 \text{age})$
对数风险函数	$(\log(\gamma) + \beta_1) + (\beta_2 + \beta_3) \text{age}$	$\log(\gamma) + \beta_2 \text{age}$
生存函数	$\exp(-\gamma \exp(\beta_1 + (\beta_2 + \beta_3) \text{age}) t)$	$\exp(-\gamma \exp(\beta_2 \text{age}) t)$

若 $\gamma = 1$，$\beta_1 = -1$，$\beta_2 = -0.2$，$\beta_3 = 0.1$

	男	女
风险函数	$\exp(-1 - 0.1 \cdot \text{age})$	$\exp(-0.2 \, \text{age})$
对数风险函数	$-1 - 0.1 \cdot \text{age}$	$-0.2 \cdot \text{age}$
生存函数	$\exp(-\exp(-1 - 0.1 \cdot \text{age}) \, t)$	$\exp(-\exp(-0.2 \cdot \text{age}) \, t)$

二、韦布尔模型

回顾韦布尔分布对应的风险函数为 $\lambda_0(t) = \alpha \gamma^{\alpha} t^{\alpha-1}$。给定协变量向量 X，我们将风险函数写成

$$\lambda(t \mid X) = \lambda_0(t) \cdot \exp(X^T \beta)$$
$$= \alpha \gamma^{\alpha} t^{\alpha-1} \exp(X^T \beta) = \alpha \left(\gamma \cdot \{\exp(X^T \beta)\}^{\frac{1}{\alpha}} \right)^{\alpha} t^{\alpha-1}$$
$$\lambda(t \mid X) = \alpha (\tilde{\gamma})^{\alpha} t^{\alpha-1} \qquad \text{公式 12.7.2}$$

其中 $\tilde{\gamma} = \gamma \cdot (\exp(X^T \beta))^{\frac{1}{\alpha}}$。

注意到

$$\log(\lambda(t \mid X)) = \log(\alpha) + \alpha \log(\tilde{\gamma}) + (\alpha - 1) \log(t)$$
$$= \log(\alpha) + \alpha \log(\gamma) + X^T \beta + (\alpha - 1) \log(t)$$

如果 T 服从韦布尔分布，那么给定 X，$Y = \log(T) = \mu + \sigma Z$，其中

$$\mu = -\log(\lambda(t \mid X)) = -\log\left(\gamma \cdot (\exp(X^T \beta))^{\frac{1}{\alpha}}\right) = -\log(\gamma) - \frac{1}{\alpha} X^T \beta$$

$\sigma = \dfrac{1}{\alpha}$，并且 Z 服从极值分布。因此有 $Y = \underbrace{\beta_0^* + X^T \beta^*}_{\mu} + \sigma Z$ 其中 $\beta_0^* = -\log(\gamma)$ 并且 $\beta^* = -\sigma \beta$。

给定 X 时，T 的生存函数为 $S(t \mid X) = \exp(-(\tilde{\gamma} t)^{\alpha})$

根据累积风险率函数与生存函数的关系 $\Lambda(t) = \int_0^t \lambda(u) \, du = -\log(S(t))$，给定 X 时，

$\Lambda(t \mid X) = -\log(S(t \mid X))$。根据上式对数风险率函数 $\log(\tilde{\gamma})$ 的表达式可以写出对数累积风险率函数

$$\log(\Lambda(t \mid X)) = \alpha \log(\tilde{\gamma}) + \alpha \log(t)$$
$$= \alpha \log(\gamma) + \alpha \log(t) + X^T \beta$$
$$\log(\Lambda(t \mid X)) = \log(\Lambda_0(t)) + X^T \beta \qquad \text{公式 12.7.3}$$

其中 $\Lambda_0(t) = -\log(S_0(t)) = (\gamma t)^{\alpha}$。对数累积风险率函数对 $\log(t)$ 和系数 β 均为线性关系。另外，给定 X 时，$\Lambda(t \mid X)$ 与 t 在双对数坐标的图像为一条斜率为 α，截距为 $X^T \beta + \alpha \log(\gamma)$ 的直线。根据累积风险率函数与生存函数的关系与公式 12.7.3 也可以推导出公式 12.7.4。

$$\Lambda(t \mid X) = \Lambda_0(t) \exp(X^T \beta) = (\gamma t)^{\alpha} \exp(X^T \beta) \qquad \text{公式 12.7.4}$$

总的来说，对于指数模型和韦布尔模型，它们的协变量 X 都是成倍影响着风险率函数，这一点可从下式看出

$$\lambda(t \mid X) = \lambda_0(t) \cdot \exp(X^T \beta) = \lambda_0(t) \cdot \exp(\beta_1 X_1 + \cdots + \beta_p X_p)$$
$$= \lambda_0(t) \cdot \exp(\beta_1 X_1) \times \exp(\beta_2 X_2) \times \cdots \times \exp(\beta_p X_p)$$

这种形式就是将在下一节介绍更加通用的 Cox 比例风险模型。

进一步，上述两个模型都是 T 的对数线性模型（log-linear model）经过变换得来的 $Y = \log(T)$ 的线性回归模型。也就是说，协变量 X 线性影响 $\log(T)$，从下式可以看出：

$$Y = \log(T) = \mu + \sigma Z = \beta_0^* + X^T \beta^* + \sigma Z_{\circ}$$

另一个更加通用的模型——加速失效模型，将会在下文介绍。

注：经过对数变换的目标变量 T，即 $Y = \log(T)$ 与普通线性回归模型的区别在于误差 Z 的分布是极值分布，而线性模型中为正态分布。再加上删失数据的影响因素，因此传统的最小二乘估计在这里将不适用。上一节中介绍的基于极大似然估计的参数估计方法可用于上述指数回归模型、韦布尔回归模型的参数估计和统计推断。

三、Cox 比例风险模型

Cox 比例风险模型假定失效时间 T 的风险率函数（或累积风险率函数）为

$$\lambda(t|X) = \lambda_0(t) \exp(X^T \beta), \ \Lambda(t|X) = \Lambda_0(t) \exp(X^T \beta)$$

其中 $\lambda_0(t)$ 是基准风险率函数，且均与协变量 X 无关，β 是 p 维的系数向量。协变量成倍作用于风险。显然，指数模型和韦布尔模型均为 Cox 模型的特例。对于两个不同的协变量值 X_1，X_2，比值

$$\frac{\lambda(t|X_1)}{\lambda(t|X_2)} = \frac{\exp(X_1^T \beta)}{\exp(X_2^T \beta)} = \exp[(X_1 - X_2)^T \beta] \qquad \text{公式 12.7.5}$$

它被称为风险比（hazards ratio，HR）。Cox 比例风险模型的风险比关于时间 t 不变，这是其比例风险性质的由来。模型 12.7.5 中，β 和 $\lambda_0(\cdot)$ 是待估计的未知参数（既包括有限维参数，也包括未知函数参数），我们最感兴趣的是参数 β 的估计。

注意：与线性模型和 logistic 回归模型一样，生存分析的统计目标是在调整变量并纳入到模型后，得到一些效果测度，这些测度可以帮助我们解释感兴趣的预测变量和失效时间之间的关系。在线性模型中，效果测度通常是回归系数 β。在 logistic 回归中，效果测度通常是优势比（odds ratio），$\exp(\beta)$ 表示 X 增加一个计量单位时的优势比。在生存分析中的效果测度是风险比（HR）。如上所述，这个比值也可以用模型中回归系数的指数来表示。

例如，让 β_1 表示治疗分组协变量的系数，治疗组 $\beta_1 = 1$，安慰剂组 $\beta_1 = 0$。把治疗组放在风险比的分子中。HR = 1 意味着治疗没有影响。HR = 10 说明治疗组的风险率是安慰剂组的10 倍。HR = 1/10 说明治疗组的风险率是安慰剂组的十分之一。

回顾风险率函数与生存函数之间的关系，如果风险比小于 1，那么对应的生存概率的比值就大于 1。因此，在其他因素固定不变时，治疗组在任何时间 t 的生存概率都更大。

对于任何比例风险模型，包括指数模型、韦布尔模型、Cox 模型等，给定 X、T 的生存函数均为

$$S(t|X) = \exp\left(-\int_0^t \lambda(u|X) \, du\right) = \exp\left(-\exp(X^T \beta) \int_0^t \lambda_0(u) \, du\right)$$

$$= \left\{\exp\left(-\int_0^t \lambda_0(u) \, du\right)\right\}^{\exp(X^T \beta)} = \{S_0(t)\}^{\exp(X^T \beta)},$$

其中 $S_0(t)$ 表示基准生存函数。给定 X，T 的密度函数为

$$f(t|X) = \lambda_0(t) \exp(X^T \beta)(S_0(t))^{\exp(X^T \beta)}_{\circ}$$

在实际问题中：

1. 不同数据子集的基准风险率函数 $\lambda_0(t)$ 可以不同。

2. 协变量 X 可以随时间变化而变化，即 $X = X(t)$。

由于 Cox 比例风险模型中，既包括有限维参数 β，又包括未知的函数参数 $\lambda_0(\cdot)$，因此不再属于参数估计的范畴，而是半参数的估计问题。因此，参数 β 和 $\lambda_0(\cdot)$ 的估计变得更加复杂。最经典的估计方法是先使用极大化偏似然函数（partial likelihood function）来估计有限维参数 β，然后利用 Breslow 估计获得基准风险率函数 $\Lambda_0(\cdot)$ 的估计。

关于 Cox 比例风险模型，Cox 提出了如下偏似然函数

$$L(\beta) = \prod_{i=1}^{n} \left\{ \frac{\exp(x_i^T \beta)}{\sum_{j=1}^{n} I(y_j \geq y_i) \exp(x_j^T \beta)} \right\}^{\delta_i} \qquad \text{公式 12.7.6}$$

用于估计参数 β。偏似然函数最大的优点是，它只包含未知参数 β，不包含讨厌参数 $\lambda_0(\cdot)$，而且该偏似然函数不损失任何参数 β 的信息，因此所得的估计具有很高的估计效率。偏似然函数推导，主要有两种方式，一种是从似然函数的定义出发，还有一种是使用基于非参数极大似然估计（nonparametric maximum likelihood estimation，NPMLE）方法和 profile 似然估计方法推导获得。由于篇幅较长，在此略过。

基于偏似然函数（公式 12.7.6），可以定义参数 β 的极大偏似然估计为

$$\hat{\theta}_n = \arg\max_{\beta \in \Theta} \log L(\beta) = \arg\max_{\beta \in \Theta} \prod_{i=1}^{n} \delta_i \left\{ x_i^T \beta - \log\left[\sum_{j=1}^{n} I(y_j \geq y_i) \exp(x_j^T \beta) \right] \right\}。$$

给定对数偏似然函数的一阶偏导数、二阶偏导数和 β 的初始值，利用 Newton-Raphson 算法，可以很容易的获得 θ_n 的估计值。关于讨厌参数（nuisance parameter）$\Lambda_0(t)$ 的估计，我们可以使用 Breslow 估计方法获得

$$\hat{\Lambda}_n(t) = \sum_{i=1}^{n} \frac{I(y_i \leq t) \delta_i}{\sum_{j=1}^{n} I(y_j \geq y_i) \exp(x_j^T \hat{\beta}_n)} \qquad \text{公式 12.7.7}$$

关于 $\hat{\beta}_n$ 的统计推断，方法与前文介绍的参数极大似然估计基本一致。在一定的模型假设条件下（Anderson & Gill，1982），不难证明 $\sqrt{n}(\hat{\beta}_n - \beta_0) \overset{d}{\longrightarrow} N(\mathbf{0}, I^{-1}(\beta_0))$, $n \to +\infty$。其中，β_0 表示参数的真值，$I(\beta) = -E\left(\frac{\partial^2 \log L(\beta)}{\partial \beta \partial \beta^T} \right)$。利用这个渐进分布性质，我们可以构造参数 β 的置信区间，并对参数进行假设检验。

四、加速失效（时间）模型

加速失效（时间）模型是 T 的对数线性模型，我们对 $Y = \log(T)$ 建模，使其成为协变量 X 的线性函数。假设 $Y = X^T \beta^* + Z^*$，其中 Z^* 服从一个确定但不唯一的分布。之后有 $T = \exp(Y) = \exp(X^T \beta^*) \cdot \exp(Z^*) = \exp(X^T \beta^*) \cdot T^*$。其中 $T^* = \exp(Z^*)$。这里协变量 X 成倍作用于生存时间 T。假设 T^* 有风险率函数 $\lambda_0^*(t^*)$，与 β^* 无关，即与协变量 X 无关。给定 X 时，T 的风险率函数可以写成含有 $\lambda_0^*(\cdot)$ 的形式

$$\lambda(t|X) = \lambda_0^*(\exp(-X^T \beta^*)\ t) \cdot \exp(-X^T \beta^*) \qquad \text{公式 12.7.8}$$

特别地，对数 logistic 回归模型（log-logistic regression model）和对数正态回归模型（log-normal regression model）与指数模型、韦布尔模型一样，都是加速失效模型的特例。

我们首先看对数 logistic 回归。写出模型 $Y = \beta_0^* + X^T \beta^* + \sigma Z$，其中 Z 服从标准 logistic 分

布。令 $Z^* = \beta_0^* + \sigma Z$，对数线性模型可表示为 $Y = X^T \beta^* + Z^*$，其中 Z^* 服从均值为 β_0^*，尺度参数为 σ 的 logistic 分布。服从对数 logistic 分布的时间 T^* 为 $\lambda_0^*(t^*) = \dfrac{\alpha \gamma^\alpha (t^*)^{\alpha-1}}{1 + \gamma^\alpha (t^*)^\alpha}$，其中 $\beta^* = -\log(\gamma)$，

$\sigma = \alpha^{-1}$。这个基准风险率函数与 β^* 无关。因此，这个对数线性模型其实是加速失效模型。从公式 12.7.8 可以得出目标随机变量 T 的风险率函数为

$$\lambda(t \mid X) = \frac{\alpha \tilde{\gamma}^\alpha t^{\alpha-1}}{1 + \tilde{\gamma}^\alpha t^\alpha} \qquad \text{公式 12.7.9}$$

其中 $\tilde{\gamma} = \gamma \cdot \exp(-X^T \beta^*)$。从公式 12.7.9 开始，因为风险率函数唯一确定一个分布。给定 X，T 服从参数为 $\tilde{\gamma}$ 和 α 的对数 logistic 分布。因此

$$Y = \log(T) = \mu + \sigma Z \qquad \text{公式 12.7.10}$$

其中 $\mu = -\log(\tilde{\gamma}) = -\log(\gamma) + X^T \beta^* = \beta^* + X^T \beta^*$，$Z$ 服从标准 logistic 分布。值得注意的一点是公式 12.7.9 给出的风险率函数的形式说明了对数 logistic 回归模型（尽管这里是对数线性模型）不是本章上一节定义的比例风险模型。

从累积风险率函数与生存函数的关系和公式 12.7.8 可以得出给定 X 时，T 的生存函数为

$$S(t \mid X) = \exp\left(-\exp(-X^T \beta^*) \int_0^t \lambda_0^* (\exp(-X^T \beta^*) u)\, du\right) \qquad \text{公式 12.7.11}$$

利用变换积分 $v = \exp(-X^T \beta^*)\, u$，$u$ 可得 $dv = \exp(-X^T \beta^*)\, du$，$0 < v < \exp(-X^T \beta^*)\, t$。

对于加速失效模型

$$\boxed{S(t \mid X)} = \exp\left(-\int_0^{\exp(-X^T \beta^*)t} \lambda_0^*(v)\, dv\right) = \boxed{S_0^* (\exp(-X^T \beta^*)\, t)} \qquad \text{公式 12.7.12}$$

其中 $S_0^*(t)$ 表示基准风险函数。这里我们要注意的是协变量 X 的变化会缩放（scale）水平轴 (t)。例如，若如果 $X^T \beta^*$ 增加，那么公式 12.7.12 的最后一项也会增加。此时失效的时间会被减缓（decelerated）。这也是为什么这里定义的对数线性模型，也被称作加速（减缓）失效模型。

注释：

1. 我们已经知道包含指数模型的韦布尔模型是 Cox 模型和加速失效时间模型的特例。在 Kalbfleisch 和 Prentice 的 *The Statistical Analysis of Failure Time Data* 第 2 章证明了对数线性模型类中既是对数线性模型同时也是比例风险模型的只有韦布尔模型。

2. 我们可以通过偏似然（partial likelihood）得到系数 β 的估计值，同时对基准风险率函数 $\lambda_0(t)$ 没有限制。可以通过 R 软件包 survival 中的函数 coxph() 实现。

3. 在加速失效模型中我们通过指定 Z^* 的分布来指定基准风险率函数的形式 $\lambda_0(t)$。

4. Hosmer & Lameshow（1999）提出了对数 logistic 回归的比例优势和比例时间性质。可以写出对数 logistic 分布的生存函数

$$S(t \mid X, \beta_0^*, \beta^*, \alpha) = \frac{1}{1 + \exp(\alpha(y - \beta_0^* - X^T \beta^*))} \qquad \text{公式 12.7.13}$$

其中 $y = \log(t)$，$\beta_0^* = -\log(\gamma)$，$\alpha = 1/\sigma$。在时间 t 上生存的优势（odds）有如下形式

$$\frac{S(t \mid X, \beta_0^*, \beta^*, \alpha)}{1 - S(t \mid X, \beta_0^*, \beta^*, \alpha)} = \exp(-\alpha(Y - \beta_0^* - X^T \beta^*)), \quad \text{注意到} -\log(\text{odds}) \text{为} \log(t) \text{和协变量}$$

X_j, $j = 1$, $\cdots$, m 的线性方程。在时间 t、协变量为 X_1 和 X_2 对应的生存优势比为 OR $(t \mid X = X_2$, $X = X_1) = \exp(\alpha (X_2 - X_1)^T \beta^*)$。优势比通常用于衡量协变量的影响。注意优势比是与时间无关的，这也被称作比例优势性质（proportional odds ratio property）。如果 OR = 2，那么在任何时间 t 上协变量 X_2 对应个体的生存优势为 X_1 对应个体的两倍。另外，一些研究者喜欢用生存时间来衡量协变量的影响。生存分布的第 $(p \times 100)$ 百分位数为 $t_p (X, \beta_0^*, \beta^*, \alpha) = (p / (1 - p))^\sigma \exp(\beta_0^* + X^T \beta^*)$。比如，时间比（times-ratio，TR）的中位数为 TR $(t_{.5} \mid X = X_2$, $X = X_1) = \exp((X_2 - X_1)^T \beta^*)$，对任意 p 均成立。TR 对时间是恒定的，这也被称为比例时间性质。类似地，如果 TR = 2，那么协变量为 X_2 的对应个体的生存时间为 X_1 对应个体的两倍。OR 与 TR 关系为 OR = TR^α。OR 的变化率被 α，即 log-logistic 分布的形状参数控制。如果 $\alpha = 1$，OR=TR。如果其中一个协变量增加一个单位，固定其他协变量不变，那么随着 $\alpha \to +\infty$，OR $\to +\infty$ 还是 0，取决于对应的 β^* 的正负。随着 $\alpha \to 0$，OR $\to 1$。最后，Cox 和 Oaked（1984）阐述了对数逻辑回归模型是唯一有比例优势性质的加速失效模型，等价地，它也是唯一有比例时间性质的模型。

五、小结

令 Z 为服从标准极值分布、标准 logistic、标准正态分布其中一种的随机变量。也就是说，每个分布有 $\mu = 0$，$\sigma = 1$。常见生存模型之间的关系及其性质见图 12.8。

$$Y = \log(T) = \mu + \sigma Z = \beta_0^* + X^T \beta^* + \sigma Z$$

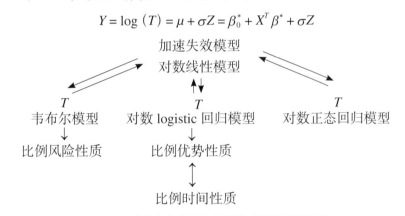

图 12.8 常见生存模型之间的关系及其性质图示

μ 被称作线性预测变量，α 为尺度变量。在目标变量 T 的分布中，$\lambda = \exp(-\mu)$，尺度参数 $\alpha = 1/\sigma$。R 软件 survival 软件包中函数 survreg () 可以估计 β_0^*、β^* 和 σ。predict () 可以提供特定协变量对应的 μ 的预测值。举例来说，回到 AML 数据，我们有二值的"分组"协变量（0 或 1），为了估计维持组的线性预测变量（lp），可以用如下代码

```
> predict (fit, type="lp", newdata=list (group=1) ).
```

韦布尔模型是唯一满足比例风险性质的对数线性模型。对于 Cox 模型和韦布尔模型，我们对风险率函数建模 $\lambda(t \mid X) = \lambda_0(t) \cdot \exp(X^T \beta)$，其中 $\lambda_0(t)$ 是基准风险率函数。对于韦布尔模型，基准风险率函数为 $\lambda_0(t) = \alpha \gamma^\alpha t^{\alpha-1}$，基线累积风险率函数为 $H_0(t) = (\gamma t)^\alpha$，对数累积风险率函数为 $\log(H(t \mid X)) = \alpha \log(\gamma) + \alpha \log(t) + X^T \beta$。对于韦布尔模型，对数线性模型中系数与风险率函数中系数的关系为 $\beta = -\sigma^{-1}\beta^*$，$\gamma = \exp(-\beta_0^*)$。R 语言函数 survreg () 可以估计 β^*，β^* 和 σ。风险比为 HR $(t \mid X = X_2, X = X_1) = \dfrac{h(t \mid X_2)}{h(t \mid X_1)} = (\exp((X_1^T - X_2^T)\beta^*))^{\frac{1}{\sigma}}$。

对数 logistic 回归模型是唯一满足比例优势性质的对数线性模型。生存函数为

$$S(t \mid X) = S_0^* (\exp(-X^T \beta^*)) = \frac{1}{(\exp(y - \beta_0^* - X^T \beta^*))^{\frac{1}{\sigma}}}$$，其中 $S^*(t)$ 为基准生存曲线，$y = \log(t)$，

$\beta_0^* = -\log(\gamma)$，$\alpha = 1/\sigma$。时间 t 上的生存优势为 $\dfrac{S(t \mid X)}{1 - S(t \mid X)} = (\exp(y - \beta_0^* - X^T \beta^*))^{\frac{1}{\sigma}}$。

生存分布的第 $(p \times 100)$ 百分位数为 $t_p(X) = (p/(1-p))^{\sigma} \exp(\beta_0^* + X^T \beta^*)$。时间 t，协变量 X_1 与 X_2 对应的优势比为 $OR(t \mid X = X_2, X = X_1) = (\exp((X_2 - X_1)^T \beta^*))^{\frac{1}{\sigma}} = (TR)^{\frac{1}{\sigma}}$，其中 TR 为时间比。OR 的倒数与韦布尔模型中的 HR 关于 β^* 和 σ 有相同的函数形式。

我们只需函数 survreg（）估计值就可以得到协变量的影响测度，$\widehat{HR}$ 和 $\widehat{OR}$。

习 题

1．设寿命变量 T 的生存函数 $S(t)$ 是连续函数，t_1，$\cdots$，t_n 是 n 个个体的寿命观测值，其中只有寿终数据和左删失数据，无右删失数据。问如何估计 $S(t)$？

2．我们观测 10 个某种晚期癌症患者经治疗后的病情缓解时间，其中 6 人分别在 3.0、6.5、6.5、10、12、15 个月后病情复发，有一个人被观测 8.4 个月后失去联系未继续观测（但在观测时期病情处于缓解中），还有 3 个患者在研究结束时仍处于病情缓解中，他们的缓解时间分别持续了 4.0、5.7、10 个月。用 T 表示缓解时间（随机变量），试对 T 的生存函数 $S(t) = P(T > t)$ 进行估计。

3．下列 2 148 个患心绞痛的男性患者的数据是从文献［1］中转抄的。生存时间是从诊断时间起按年计算的。共有 16 个区间，前 15 个的长度为 1 年。$I_j = (j, j+1]$（$j = 0, 1, 2, \cdots, 14$），$I_{15} = (15, \infty)$。数据如表 12.12 所示。试对男性心绞痛患者的生存函数 $S(t)$（生存时间超过 t 年的概率）进行估计。

表 12.12　男性心绞痛患者的生存数据

区间 I_j	历险数 N_j	死亡数 D_j	右删失数 W_j
0	2 418	456	0
1	1 962	226	39
2	1 697	152	22
3	1 523	171	23
4	1 329	135	24
5	1 170	125	107
6	938	83	133
7	722	74	102
8	546	51	68
9	427	42	64
10	321	43	45
11	233	34	53
12	146	18	33
13	95	9	27
14	59	6	23
15	30	0	0

注：$N_0 = 2418$，$N_{j+1} = N_j - D_j - W_j$.

4．在一项医学临床研究中对 42 位急性白血病患者的缓解时间进行了跟踪观察，以便评定乐疾宁（6-巯基嘌呤，6-MP）维持缓解的能力。随机地对每位患者施用 6-MP 治疗或安慰剂（placebo），1 年后停止研究。下列是缓解时间数据（单位：周）：

使用 6-MP 者（21 人）：6，6，7，10，13，16，22，23，6^+，9^+，10^+，11^+，17^+，19^+，20^+，25^+，32^+，32^+，34^+，35^+。

使用安慰剂者（21 人）：1，1，2，2，3，4，4，5，5，8，8，8，8，11，11，12，12，15，17，22，23。

试进行统计检验以便看出 6-MP 治疗在延长缓解时间上是否比安慰性治疗（对照组）更有效。检验水平 $\alpha = 0.05$。

5. 表 12.13 中给出了 30 位脑瘤患者在 4 种治疗下的生存时间（单位：周）。这四种治疗是否有相同的效果。

表 12.13　4种治疗方法下的生存时间

治疗 1	治疗 2	治疗 3	治疗 4
4	1	3	5
5	4	7	15
9	9	14	20
12	12	20	31
20^+	15	27	39
25	23	30	47
30^+	30	32^+	55^+
		50^+	67^+

第十三章 | 临床试验

第一节 引 言

临床试验是一种以人体为研究对象，测试某种临床干预的有效性的实验，它通过分离控制变量（干预）和结局变量来研究某种干预效果的不确定性。临床试验代表了科学医学的经验分支。它不仅是一种实验，还反映了科学方法重要的一般特征，其中包括：将感知或测量工具化，从而有助于可重复性和量化性；将方案和记忆转化成书面记录，以便于查阅和回应质疑；将控制外部因素作为研究设计的一部分内容（例如，应用内部对照和控制偏差的方法）；并提交已完成的工作，用于外部的认可、验证或证伪。科学探究中的所有这些基本特征和一般特征都已融合到现代临床试验中。然而，单凭实验不足以取得科学的进步。以生物学理论为代表的科学医学的另一理论分支也同样重要。在这里，理论是指一个具有广泛适用性的、公认的和系统的知识体系，而不是单纯的推测。科学推理不只是由实验所代表的一个框架，而是实验与理论相协调的过程。

临床试验设计是一个整体框架，它能够将感兴趣的因素分离出来。临床试验不需要比较不同的治疗方法，但要求具有试验的形式结构，包括研究者对治疗分配的控制、工具化的测量和外在化的计划、外在因素的控制。任何分析方法都不能纠正设计和实施不当的试验。因此，认真细致的试验设计所带来的好处是任何分析方法都无法保证的。合理的临床试验设计能够带来以下好处：①使研究者能够符合伦理要求；②使稀缺资源能够得到有效利用；③能从混杂因素中分离出感兴趣的干预效果；④能减少选择偏差和观察者偏差；⑤能最小化和量化随机误差或不确定性；⑥能增加试验的外部效度。这些好处充分说明研究者应当更加关注临床试验设计。

不同的临床试验设计具有不同的证据强度。Byar 等概述了从病例报告到随机临床试验证据强度的进展，并称之为"证据强度分级"（表 13.1）。

表 13.1 各种类型医学研究的证据强度（证据从强到弱依次排序）

研究类型	获得的证据
重复临床试验	独立验证对干预效果的估计。
对照临床试验	干预是在设计时分配的
观察性研究	研究者利用"自然"暴露或干预选择，并通过设计选择对照组
数据库分析	数据不是专门为了评估疗效而收集
病例系列	证明某些临床事件可能相关，但存在较大的选择偏差
病例报告	仅证明一些临床感兴趣的事件是可能发生的

数据来源于：Byar。

与其他领域的科学研究相同，医学研究也基于仔细的观察和记录。然而，科学不仅仅是观察和汇总，还需要通过理论来帮助构建、解释和指导观察。没有理论，就无法将被动的经验和可归纳的推论（主动经验）区分开。根据观察和理论的数量和质量，可以对医学研究进行分类。真正的实验通过控制干预分配、终点的确定和分析来检验理论。非实验性设计往往缺少其中的一个或多个实验设计特征。

过去常用的一些类型的临床观察，在某些情况下可以提供令人信服的证据，从而促进临床治疗的发展。但另一方面，不受控制的观察也可能抑制临床治疗的进展，因为这些观察往往容易出错。如果不加控制地观察得出的结果是错误的，并且被给予太多的信任，将会阻碍临床干预的发展。从历史经验来看，医疗卫生从业人员可能经常被这样误导。

病例报告（case report）通常构成最弱的临床证据，因为它们仅表明某些感兴趣的事件有可能发生。只有当观察结果与常识大相径庭时，才可能将其视为重要的证据。大多数情况下，病例报告只能生成假设，而不能检验假设，因其与临床经验总是大致相符的。由于研究者没有控制干预的分配、终点的确定或病例报告中的混杂因素，因此无法进行正式的统计分析。

病例系列研究（case series studies）比病例报告更有用，因为其中承载着与研究的大小和质量成正比的临床经验。但是，这一研究也仅能生成假设而不能检验假设。病例系列只是一种对临床经验的准确的汇总，而并不属于科学。这类研究虽然在许多历史医学著作中十分常见，但对临床干预的发展所提供的帮助是有限的。对于大型的病例系列研究，可能需要进行一些简单的统计分析，但与真正的实验不同，研究者仍无法对干预分配、选择偏差、混杂因素或终点的确定进行控制。

数据库分析（database analysis）与病例系列研究相似，只是范围通常更广，有时会用于比较不同临床治疗的差异。数据库分析也存在一些缺点，例如选择偏差的存在，无法控制终点的确定，干预选择的原因不明导致存在无法识别的混杂因素等，因此对临床治疗的比较说服力不足。数据库不适合用于干预的比较，但可以用于以下3方面：①存储和检索个体患者的相关信息，有助于临床管理或病例报告；②寻找或描述一组相似的患者（一个队列）；③使用描述性模型或其他统计方法（例如，预后因素研究）研究数据中的模式。

观察性研究（observational study）（如流行病学）可以提供有关不同干预（暴露）间差异的证据，而且通常可以控制终点的确定和选择合适的分析方法。然而，这类研究缺乏实验性研究的关键设计优势，例如控制干预的分配和未知混杂因素等。在真实的流行病学环境中，暴露信息可能是回顾性确定的（即受试者的回忆），因此可能存在回忆偏倚。虽然在有病历档案的干预研究中不存在回忆偏倚，但由于影响干预选择的因素存在，观察性研究也会存在其他的偏倚。

对照临床试验（controlled clinical trials）具有实验设计的全部特征。通过恰当的设计和实施，或能消除或最小化偏倚。同时，通过研究更多的受试者（概念上很简单的操作），可以提高试验的精度；通过独立重复或其他的验证，可以提高比较试验的可信度。

前文提到，将这种从病例报告到随机临床试验的进展称为"证据强度分级"。其中，重复临床试验具有最高的证据强度。然而，严格的临床试验结果的复制十分罕见。荟萃分析（meta analysis）可以对多个临床试验结果的一致性进行正式评估。Olkin 提出，采用原始数据进行荟萃分析应具有最高的证据强度。

第二节　临床试验设计的目的

临床试验设计的目的是控制随机误差和偏倚（非随机误差）的影响。合适的控制不一定是使误差最小化，而是相对于感兴趣的干预效果的大小让误差的影响较小。例如，如果考虑将随机误差降到最低，临床试验所需的样本量将会很大，所需的费用也十分高昂。因此，临床试验的设计关键在于一定程度地减少误差，使其达到检验临床干预有效性的目的。

对临床试验有效性的最大威胁是可能存在的偏倚，也就是系统性误差，它的产生并非出于偶然。选择偏差和观察者偏差是最常见的偏倚。选择偏倚是由于选择了无法代表预期研究人群的研究样本而产生的偏倚。当研究者下意识地将他（她）的期望投射到研究中时，就会产生观察者偏倚。其他相对少见的偏倚还包括幸存者偏倚和遗漏变量偏倚。当在分析中仅利用了已经通过某种预选过程的数据集，而没有考虑在这个过程中被忽略的数据，就会产生幸存者偏倚。当分析模型中遗漏了一个或多个重要变量，就会产生遗漏变量偏倚。

尽管临床试验中设计和分析的主要目的是减少一种或多种偏倚，但是从概念上来看，设计和分析的简单性也是一个目标。为了使临床研究成功，研究人员需要：①根据生物学知识，选择一个重要且可行的问题进行回答；②找到好的试验设计；③避免方法学错误。虽然在临床试验中最好使用客观判断，然而，在实际中，所有临床试验都需要研究人员在设计、实施或分析中做出一些主观判断。认识到临床试验中存在主观性十分重要。严格的研究设计可以最大限度地减少试验中的主观性，但并不能完全消除。例如，使用盲法和安慰剂对照可以使结局的评估更客观，但在某些情况下并不可行。在临床试验中，选择Ⅰ类错误率和Ⅱ类错误率也是主观决策。对于这两类率的选择，如 5% 和 10%，常常被认为是客观的，但实际上它们是主观确定的。将这些错误率设置为能反映相应错误的后果更为合适，但这也涉及主观决策。框 13.1 汇总了在临床试验中常见的主观决策。

框 13.1　临床试验中的主观决策

1. 选择研究的干预方案
2. 确定错误率
3. 确定纳入标准
4. 评估和归因干预的副作用
5. 评估结局
6. 分析方法的选择
7. 数据分析方法和途径
8. 解释和描述结果

第三节　设计的概念

一、重复

试验设计的最基本特征是独立可重复性，包括独立性和量化这两个组成部分。重复（repeat）是减少随机误差的唯一方法，因此需要考虑重复次数（如样本量）和误差大小之间的量化关系。样本的选择效应往往能够直接消除重复性所带来的好处。对于病例的选择性可能会导致不能被重复所校正的偏差，例如一个病例系列研究中部分患者脱落，或者从一个单独的队列试验中回顾性地去除受试者。最后，有些试验的重复性可能存在于多个水平。有时，区组或其他试验单位会在试验中重复。试验本身的重复是增加可信度和精度的有效方法。

二、试验和观测单位

对试验单位（experiment unit）进行治疗，对观测单位（observation unit）进行测量。在大多数临床试验中，试验单位和观测单位通常都是单个患者。

在某些情况下，个体构成的群组是随机的单位。例如，可以由家庭，学校或社区来定义一个群组。这种设计可能是出于降低成本的考虑，可能出于减少试验复杂性的考虑，也可能为了控制组内成员间干预效果的"沾染"，有时也是出于伦理原因。政治和社会方面的约束和限制也可能使得个体层面的随机化有时难以实施，某些干预措施自然会影响或针对某个群体中的所有成员。当受试者的数量相同时，与独立随机化设计相比，整群设计的效率较低。

三、干预和因子

在经典的试验设计文献中，干预的组合常被称为因子（factor）。工业或农业试验中可能涉及多个控制变量的问题，每个控制变量又都有一个以上的水平。例如，温度和压强都是化学反应产率的影响因素，可以对它们的不同水平的组合进行测试，以确定如何最大化产品的总产量。测试多种因素和水平的需求很常见，因为许多农业或制造业中会涉及复杂的过程。临床试验则很少采用两种或三种及以上的干预（因子）。如果采用的话，每个干预通常是单剂量（水平）的。即使是三臂或多臂试验，干预组也通常只是由几个不同的干预水平组成。

四、嵌套

当一个因素或效应完全位于层次结构中的另一个因素或效应之内时，就会发生嵌套（nesting）。例如，在通常的两组（平行组或独立组）临床试验中，患者会被嵌套在某一干预组中。在交叉试验中，每个患者最终都接受两种干预，此时患者不会嵌套在某一干预组中。嵌套与区组化和分层均有关。例如，作为误差控制设计的一部分（参见下面关于区组化的讨论），随机对照试验（RCT）通常会按研究中心进行区组化和分层。如果研究中心被嵌套在更大的单位内（例如省份或国家），那么这一研究也会以更大的单位进行区组化和分层，尽管此时的区组很大。为了使效率最大化，在分析试验结果时必须考虑误差控制设计。

五、随机化

随机化（randomization）可以消除系统误差并解释 I 类错误概率。R.A.Fisher 首先将其应用于农业实验，在 Hill 和 Doll 在英国进行的开创性工作之后，随机化也成为了临床试验中的重要工具。在比较研究中随机化的应用十分成功，这使得随机化的应用看起来需要正式的假设检验。然而，随机化并不总是能引出明确的假设检验，它可能只是用于消除选择偏倚。

六、区组化

区组化（blocking）是将受试者分为更同质的较大单位以控制变异的一种方法。它起源于农业现场试验：在较小的地理区域内进行干预的比较有助于去除土壤质量或日照等局部影响，因为外来的变异会同等地影响每种干预并相互抵消。在比较临床试验中，区组化这一经典理论的意义略有不同。术语"区组化"通常意味着在较大的试验单位中，强制地使得干预分配达到平衡。

七、分层

在临床试验中，分层（stratification）理论有以下两种应用方式：一种是用于提高组间可比性的设计方法，另一种是提高精确度或解释危险因素的分析方法。这两种分层方式有一个共同核心，也就是控制外部变异。分层总是需要联合另一种策略以发挥作用。在使用分层随机化时，还需要进行区组化以达到平衡，从而使层内的干预分配可以达到平衡，与平衡干预组内的分层变量相似。

如果使用分层方法，在分析干预效应时需要综合估计值。分层通常由绝对风险来定义。在每个分层内，可以估计相对干预效应，然后综合各层效应，产生总体干预效应（假设实际上有共同的干预效应，即没有分层和干预的交互作用）。由此得到的干预效应的估计将不受分层变量的外部变异影响。

分层随机化的研究需要采用分层分析，这有时会被研究者忽略。分层随机化实际上已明确地将分层因素确认为不关心的变异来源，只要按照如上所说进行分层分析，就可以通过平衡各层内的干预分配来消除这种变异来源。否则，层间变异将与层内变异混合在一起，不仅降低了精确度，也达不到分层的目的。有时，"分层"这一术语用来指代数据的子集，由于可能没有共同的干预效应，研究者会估计每一层中未合并的效应。严格来说，这种情况不属于"分层"，它意味着干预和层之间存在交互作用（干预和分层的交互作用），必须使用其他分析方法来处理。

八、盲法

干预的盲法（blind method）是一种有效的增加观察者的客观性的方法。在对干预进行盲法处理后，观察者的偏见或期望不太可能影响所进行的测量。在需要患者进行自我报告或自我评估的临床试验中，盲法尤其重要。研究者经常低估盲法在干预和评估中的价值。他们倾向于认为相对于干预效应的大小，观察者偏差很小（实际上可能恰好相反），或者研究者可以弥补他们的偏见和主观性。比较环磷酰胺和血浆置换对多发性硬化症干预效果的随机试验为此提供了一个经典的反例。在该试验中，所有临床结果分别由盲法和无盲法的神经科医生评估。研究结果显示，无盲法的神经科医生的测量结果证明临床干预效果显著，但有盲法处理的神经学家的测量结果却证明临床干预效果不显著。研究人员从而得出结论，盲法可减少 I 类错误，对其他试验也有明显意义。临床试验可以使用单盲或双盲设计。在单盲临床试验中，参与者不知道他们正在接受安慰剂还是真正的临床干预。在双盲临床试验中，参与者和实验人员都不知道哪一组接受了安慰剂，哪一组接受了干预。双盲设计往往优于单盲设计。但是，有时出于伦理或可行性原因，无法做到双盲。例如，对于涉及手术治疗的临床试验，进行手术的外科医生必须要知道这是真正的治疗还是虚假的手术（安慰剂）。

九、安慰剂

无效的干预有时看起来能够明显地改善疾病。有 3 种主要机制可以解释这一现象：①疾病的自然改善；②向均值回归；③安慰剂（placebo）效应。许多疾病都有自然缓解或恶化的趋势。如果患者在病情加重时开始干预，那么疾病的自然缓解可能被解释为干预效果。向均值回归是一个类似的现象，但完全是基于统计的说法。疾病严重程度的测量往往不完善，并且存在随机变异。如果在疾病最严重时进行干预，那么即使基本状况没有改变，在后续测量中也可能更接近平均水平（即病情较轻）。这种改变可能被错误地归因于干预。即使是完全客观的测量，也会出现这种现象。

安慰剂是一种物质，或是一种其他类型的干预，看起来与常规的临床干预或药物相似。它是一种无效的、"外观相似"的物质或临床干预。尽管安慰剂对于疾病没有作用，却会影响一些人的感受。服用安慰剂后，患者的症状可能会发生变化，这种变化称为安慰剂效应。既往经验表明，安慰剂在干预中起着确定性的作用——能减轻医生的心理压力，也能减轻患者的心理压力。尽管在任何情况下，医生都知道这些安慰剂是生物学惰性的。在临床试验中使用安慰剂的目的是模仿应用于对照组的治疗方式。假设患者和研究者均盲法处理，安慰剂或许能够消除研究者不关心的干预效应。这种效应可能只是患者期望的结果，也可能由真正的神经机制介导。但除此之外观察到的效应才更多是基于生物学的干预效应。

干预效果至少包括两个组成部分，即纯生物学效应和心理社会效应（可能部分由某种生物机制介导）。安慰剂对照设计使研究者能够分离出单纯的生物学效应。忽视安慰剂效应可能有两种潜在风险。第一，惰性干预的明显益处可能会被不那么明显的干预风险抵消。这意味着干预的生物效应可能是非常负向的，而心理社会效应是正向的。这样的话，临床干预还不如一种安全的安慰剂有效。第二，安慰剂效应可能会产生误导。患者可能会放弃更有效的临床干预，特别是那些有一定风险但被更大的生物学益处所抵消的临床干预。研究者可能错误地将安慰剂效应归因于生物学。错误的科学认知从而抑制了临床治疗的发展。

安慰剂可能会影响观察者（研究者）以及研究对象。与没有干预的情况相比，研究者可能偏向于某种干预或某些干预。对研究人员和受试者盲法处理并结合安慰剂对照可以消除这种偏倚。当试验使用主观结果评估时，控制观察者偏倚可能尤其重要。盲法是控制观察者偏倚的主要设计手段，在比较干预与不干预时，盲法的应用与安慰剂的应用常常结合在一起。

第四节　正交设计（orthogonal design）

一、正交表

一个强度为 t 的正交表（orthogonal table）$OA\,(N,\ s_1^{m_1}\cdots s_\gamma^{m_\gamma},\ t)$ 是一个 $N\times m$ 矩阵，$m = m_1+\cdots+m_\gamma$，其中 m_i 个列有 $s_i\,(\geqslant 2)$ 个符号或水平，使得对任 t 列，所有可能的符号组合在设计阵中出现的次数相同。

当所有的因子有相同的水平数时，称这类表为对称正交表。当 $\gamma > 1$ 时，称它们为非对称（或混合水平）正交表。为不引起混淆，我们可直接称正交表而不必指明其强度，即用简单记号 $OA\,(N,\ s_1^{m_1}\cdots s_\gamma^{m_\gamma})$。通常，当我们用到一个强度为 2 的正交表时，均不指明其强度而直接用该简化形式。

考虑一个试验，用以研究 1 个二水平因子、7 个三水平因子对临床实验室测试仪测出的血液葡萄糖读数的影响。试验使用了一个 18 个水平组合的混合水平正交表。因子和水平列在表 13.2 中。这里我们仅仅考虑研究的一个方面，即识别影响平均读数的因子。注意因子 F 组合了两个变量：灵敏性和吸收性，故 F 的水平为灵敏性和吸收性的水平对。因为 18 个水平组合的设计不能同时安排 8 个三水平的因子，故必须把两个变量结合为一个单一的因子。设计阵采用了一个正交表 $OA\,(18,\ 2^1 3^7)$，表 13.3 列出了该设计阵和相应的响应数据。

表 13.2　血液葡萄糖试验的因子和水平

水平	因子		
	0	**1**	**2**
A 冲洗	无	有	—
B 微型玻璃瓶体积（毫升）	2.0	2.5	3.0
C caras H_2O 水平（毫升）	20	28	35
D 离心分离 RPM	2100	2300	2500
E 离心分离时间（分钟）	1.75	3	4.5
F（灵敏性、吸收性）	(0.10, 2.5)	(0.25, 2)	(0.50, 1.5)
G 温度（℃）	25	30	37
H 溶解率	1:51	1:101	1:151

二、效应分解

一个二水平的定量因子 A 仅有一个自由度，设 y_0 和 y_1 分别表示因子 A 在水平 0 和 1 上的效应观测值，则 A 的效应定义为 $y_1 - y_0$。A 的对照向量记为 $A = \frac{1}{\sqrt{2}}(-1, 1)$。$-1$ 和 1 分别是因子 A 在水平 0 和 1 上的对照系数，利用尺度常数 $\sqrt{2}$ 可得到单位长度向量。

表 13.3　血液葡萄糖试验的设计阵和响应数据

试验号	因子								平均读数
	A	G	B	C	D	E	F	H	
1	0	0	0	0	0	0	0	0	97.94
2	0	0	1	1	1	1	1	1	83.40
3	0	0	2	2	2	2	2	2	95.88
4	0	1	0	0	1	1	2	2	88.86
5	0	1	1	1	2	2	0	0	106.58
6	0	1	2	2	0	0	1	1	89.57
7	0	2	0	1	0	2	1	2	91.98
8	0	2	1	2	1	0	2	0	98.41
9	0	2	2	0	2	1	0	1	87.56
10	1	0	0	2	2	1	1	0	88.11
11	1	0	1	0	0	2	2	1	83.81
12	1	0	2	1	1	0	0	2	98.27
13	1	1	0	1	2	0	2	1	115.52
14	1	1	1	2	0	1	0	2	94.89
15	1	1	2	0	1	2	1	0	94.70
16	1	2	0	2	1	2	0	1	121.62
17	1	2	1	0	2	0	1	2	93.86
18	1	2	2	1	0	1	2	0	96.10

一个三水平的定量因子 A 的两个自由度可以分解为线性和二次两个成分。设 y_0，y_1 和 y_2 表示在水平 0，1 和 2 上的观测，则 线性效应定义为 $y_2 - y_0$，二次效应定义为 $(y_2 + y_0) - 2y_1$，它也可以表示为两个接连线性效应之差 $(y_2 - y_1) - (y_1 - y_0)$. 数学上，线性和二次效应可以用两个相互正交的向量来表示：

$$A_l = \frac{1}{\sqrt{2}}(-1, 0, 1), \quad A_q = \frac{1}{\sqrt{6}}(1, -2, 1)$$

为简单起见，分别称它们为 l 效应和 q 效应。同样，利用尺度常数 $\sqrt{2}$ 和 $\sqrt{6}$ 也为了得到单位长度向量。使用单位长度的对照向量使得我们能够对半正态图中的所有估计在同一尺度下进行统计比较。线性（或二次）效应通过取 A_l（或 A_q）与向量 $Y = (y_0, y_1, y_2)$ 的内积得到。对于另一个因子 B，B_l 和 B_q 可类似定义。于是交互作用 $A \times B$ 的 4 个自由度可分解为 4 个相互正交项：$(AB)_{ll}$，$(AB)_{lq}$，$(AB)_{ql}$ 和 $(AB)_{qq}$，它们的定义如下：对于 i，$j = 0$，1，2，

$$(AB)_{ll}(i, j) = A_l(i)B_l(j), \quad (AB)_{lq}(i, j) = A_l(i)B_q(j),$$
$$(AB)_{ql}(i, j) = A_q(i)B_l(j), \quad (AB)_{qq}(i, j) = A_q(i)B_q(j)。$$

分别称它们为线性×线性、线性×二次、二次×线性和二次×二次 的交互效应，也称为 $l\times l$，$l\times q$，$q\times l$ 和 $q\times q$ 效应。容易看出它们也是相互正交的。利用因子 A 和 B 的 9 个水平组合上的响应观测值 y_{00}，y_{01}，$\cdots$，y_{22}，4 个交互作用对照 $(AB)_{ll}$，$(AB)_{lq}$，$(AB)_{ql}$ 和 $(AB)_{qq}$ 可以表示如下：

$$(AB)_{ll}: \frac{1}{2}\{(y_{22} - y_{20}) - (y_{02} - y_{00})\},$$

$$(AB)_{lq}: \frac{1}{2\sqrt{3}}\{(y_{22} + y_{20} - 2y_{21}) - (y_{02} + y_{00} - 2y_{01})\},$$

$$(AB)_{ql}: \frac{1}{2\sqrt{3}}\{(y_{22} + y_{02} - 2y_{12}) - (y_{20} + y_{00} - 2y_{10})\},$$

$$(AB)_{qq}: \frac{1}{6}\{(y_{22} + y_{20} - 2y_{21}) - 2(y_{12} + y_{10} - 2y_{11}) + (y_{02} + y_{00} - 2y_{01})\}。$$

一个 $(AB)_{ll}$ 交互效应度量的是，在因子 A 的水平 0 和 2 上 B 的条件线性效应之差。一个显著的 $(AB)_{ql}$ 交互效应意味着，在因子 A 的 3 个水平上因子 B 的条件线性效应存在一个曲度。其他的交互效应 $(AB)_{lq}$ 和 $(AB)_{qq}$ 有类似的解释，我们称这种对主效应和交互作用进行参数化的系统为线性—二次对照系统。

带有复杂别名试验的效应分解（effect decomposition）可看作是一个变量选择问题，可采用逐步回归程序按照如下步骤得到好的模型。

步骤1 对每个因子 X，考虑包含 X 和它与其他所有因子的交互作用 XY 的模型。用逐步回归程序从候选变量中识别出显著的效应，以 M_X 记筛选后的模型。对每个因子重复此程序，选择到最好的模型。转入步骤2。

步骤2 在前一步识别的最好模型中，添加所有主效应，再用逐步回归程序识别显著的效应。转到步骤3。

步骤3 在步骤2识别出的模型中，添加显著主效应与其他所有因子的两因子交互作用。再用逐步回归程序识别出显著的效应。之后，返回到步骤2。

步骤4 在步骤2和步骤3之间迭代直到所选模型不再变化。

因为此程序中的模型搜索参照了效应遗传原则，故得到不可解释模型的可能性会大为减小。然而，问题并不能完全消除，因为效应遗传并未在整个程序中强行使用。效应稀疏性意味着只要求少量的迭代就可以收敛。

对于一个四水平因子 A，如果它是一个定量因子，我们仍可用正交多项式来得到 A 的线性、二次和三次对照：

$$A_l = (-3, -1, 1, 3), \quad A_q = (1, -1, -1, 1), \quad A_c = (-1, 3, -3, 1)。$$

其中 A_l 中的 -3，-1，1，3 分别为在水平 0、1、2、3 上的观测值的权重，对 A_q、A_c 中的权重解释类同，上面的 3 个对照是相互正交的。对于定性因子这种加权常常是难以解释的，特别是对有不同权重的 A_l 和 A_c。一个更好的分解系统是：

$$A_1 = (-1, -1, 1, 1), \quad A_2 = (1, -1, -1, 1), \quad A_3 = (-1, 1, -1, 1)。$$

这里 4 个水平上的观测值的权重只能是 +1 或 -1。显然，这三个对照是相互正交的。对于定性因子，每个对照都可解释为两组水平之间的对比。例如，A_1 对应于水平 2、3 和水平 0、1 之间的差异 $(y_2 + y_3) - (y_0 + y_1)$。后一种对照系统给出的对照 A_1，A_2，A_3 可解释为定量因子的线性、二次和三次效应或定性因子的两组水平的平均之间的比较。两个四水平因子 A 和 B 之间的交互作用可以很容易地通过 (A_1, A_2, A_3) 与 (B_1, B_2, B_3) 之间的乘积得到，共有 9 个对照 $(AB)_{ij}(x, y) = A_i(x) B_j(y)$；$x, y = 0, 1, 2, 3$；$i, j = 1, 2, 3$。

三、血液葡萄糖试验的分析

首先考虑主效应分析。由图 13.1 中的半正态图可识别出效应 E_q 和 F_q，含这两个效应的模型的 R^2 值仅为 0.36！

现在考虑使用逐步回归方法进行变量选择。对于三水平因子，我们把它们的主效应分解为线性和二次效应。在步骤 1 中可识别出含 B_l、$(BH)_{lq}$、$(BH)_{qq}$ 的模型，其 R^2 值为 0.85。由于该模型比主效应模型（包含 E_q 和 F_q）多一项，因此它有特别高的 R^2 值。在随后的步骤中所识别的模型是相同的，预测均值读数为 $\hat{y} = 95.95 - 3.50 B_l + 5.75 (BH)_{lq} - 2.71 (BH)_{qq}$。

注意，在上述模型中，线性和二次项用非尺度化的 $(-1, 0, 1)$ 和 $(1, -2, 1)$ 向量，使得 $(BH)_{lq}$ 是通过 B_l 和 H_q 相乘形成的，$(BH)_{qq}$ 是由 B_q 和 H_q 相乘形成的。由于因子 B 和 H 可以用于校准机器，故识别出显著的 $B \times H$ 交互作用成份对于调试安装机器给出无偏读数是十分重要的。

上述效应筛选方法中，步骤 1 需要考虑含 X 的全部交互作用 XY。若在步骤 1 中仅考虑主效应，则会识别出 E_q 和 F_q。再添加 E 或 F 的交互作用后，只会识别出 $(EF)_{ll}$ 作为附加项。这个包含 E_q，F_q 和 $(EF)_{ll}$ 的结果模型，其 R^2 值仅为 0.68。

习　题

1．请简述随机化的作用和目的。
2．请描述在临床试验中使用什么方法可以减少或清除非干预因素的影响。
3．请简述安慰剂的作用和意义。
4．请简述观察性研究数据使用的优缺点。

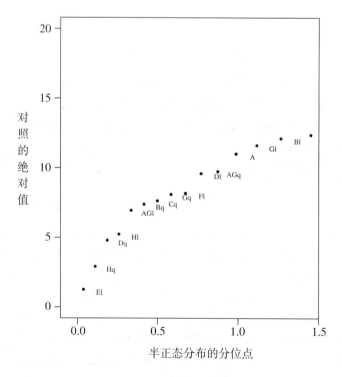

图 13.1　血液葡萄糖试验的半正态图

第十四章 | 诊断医学中的统计学方法

第一节 引 言

诊断医学（diagnostic medicine）是通过评估患者的体征、症状和各种诊断检验的结果来识别患者所患有的疾病或状况，并排除该患者所没有的疾病或状况的过程。诊断准确性研究旨在检验某诊断检验区分患者是否患有某疾病的能力。诊断检验的主要目的包括：①为患者的病情提供可靠的信息；②优化卫生保健制度下的患者管理计划；③通过研究了解疾病的机制和自然史（例如，对慢性病患者的反复检查）。为了达到这些目的，我们需要进行临床研究，从而了解诊断检验的表现如何，并解释诊断检验的结果。研究者提出了一种用于描述影像学诊断检验性能的分层模型。该模型从图像质量开始，然后发展到诊断准确度的评价、对治疗决策的影响、对患者结局的影响以及最终的社会成本评估。该模型的关键特征是要使一个诊断检验在较高水平上有效，那么在所有较低级别上都必须有效；反之则不成立。例如，新诊断检验可能比标准诊断检验有更高的准确度，但可能花费过高 [就金钱支出和（或）由于并发症而导致的患者发病而言]。在本章中，我们只考虑诊断准确度的评估（层次模型的第 2 层），这也是诊断检验最常用的度量。

诊断检验准确度（precision）简单来说就是一个检验区分多种不同健康状况的能力。如果在不同的健康状况下，诊断检验结果没有差异，那么这个诊断检验准确度较差；相反，如果在不同的健康状况下，诊断检验结果没有重叠，那么这个诊断检验具有完美的准确度。大多数诊断检验的准确度处于这两种极端情况之间。诊断检验准确度研究有 3 个共同的要素：已经有或将要进行一个或多个待评估的诊断检验的受试者样本、对检验结果的某种形式的解释或评分，以及一个用于判断检验结果的参考标准或金标准。在本章中，我们首先定义各种诊断准确度的度量，然后介绍用于估计和比较试验准确度的基本统计方法。之后我们将介绍更高级的统计方法，用于校正临床试验中诊断检验的验证偏差。

第二节 诊断检验准确度及评价指标

诊断检验的性能首先由其固有准确度所刻画，即该试验在疾病存在时能够正确检测，在疾病不存在时能够准确排除的固有能力。固有准确度被认为是试验本身的基础，对于具有不同的疾病患病率的不同患者样本保持不变。然而，由于诊断检验的技术规范化、临床医生对试验的解释和患者特征（例如，疾病的严重程度）的改变，固有准确性会随着时间和总体的变化而变化。

通过将诊断检验的结果与真实患病情况进行比较，可以得到诊断检验的固有准确度。我们假设真实患病情况是两种互斥的状态之一：患病或未患病。如果真实健康状况是有序的，推荐读者参考由周晓华等编写的《诊断医学中的统计学方法》一书。为了估计诊断检验的准确度，我们需要确定一个金标准来决定真实患病情况。值得注意的是，金标准的信息来源应与诊断检验或正在评估的诊断检验完全不同，并且能够确定患者的真实状况。不同的诊断检验和应用可能需要不同的金标准。常见的例子包括尸检报告、手术结果、活检标本的病理结果以及其他达到或接近完美准确度的诊断检验。

一个诊断检验一旦被证明具有一定程度的固有准确度，我们需要进一步评估诊断检验在特定的临床情况下的性能，考虑试验误诊的后果，以及解读诊断检验的医生的认知和感知能力对于诊断的影响。这种性能的常用评价指标是阳性值和阴性值。

一、灵敏度与特异度

固有准确度的两个基本指标是灵敏度和特异度。我们用指示变量 D 来表示真实患病情况，其中 $D=1$ 表示患病，$D=0$ 表示未患病。类似地，我们用指示变量 T 来表示诊断检验的结果，其中 $T=1$ 表示阳性结果，$T=0$ 表示阴性结果。诊断检验的灵敏度（sensitivity，Se）是其检测出真实患病的能力。在数学上，可以定义为在已知该受试者患病时，诊断检验的结果是阳性的条件概率，即 $Se = P(T=1 \mid D=1)$。诊断检验的特异度（specificity，Sp）是其排除真实未患病的能力，在数学上，我们定义特异度为已知该受试者未患病时，诊断结果是阴性的条件概率，即 $Sp = P(T=0 \mid D=0)$。

描述准确度的另一种方法强调与诊断检验结果相关的后果。在这种使用方式下，灵敏度也被称为真阳性比例或率 [true positive fraction (TPF) or rate (TPR)]，特异度被称为真阴性比例或率 [true negative fraction (TNF) or rate (TNR)]。

为了估计诊断检验的灵敏度和特异度，我们需要抽取一些受试者的样本，他们既接受了诊断检验又进行了"金标准"的试验。表 14.1 展示了结果，其中 n_1 和 n_0 分别是患病和未患病的受试者总数，s_1 和 s_0 分别是患病样本中诊断检验结果为阳性和阴性的总数，r_1 和 r_0 分别是未患病样本中诊断检验结果为阳性和阴性的总数。研究组中的总受试者数为 N，$N = s_1 + s_0 + r_1 + r_0$，或 $N = n_1 + n_0$。

通过表 14.1 的结果，我们可以估计诊断检验的灵敏度和特异度，分别是 $Se = s_1/n_1$ 和 $Sp = r_0/n_0$。

表 14.1　基本 2×2 计数表

真实患病情况	诊断检验结果：		
	阳性（$T=1$）	阴性（$T=0$）	总计
患病（$D=1$）	s_1	s_0	n_1
未患病（$D=0$）	r_1	r_0	n_0
合计	m_1	m_0	N

值得注意的是，阳性和阴性检验结果的定义以及患病状态都必须清晰，因为一个阳性发现可能对应着某种疾病状态的存在，也可能对应着疾病状态的不存在，这取决于临床应用。例如，在一个肺部疾病研究中，检测到肾上腺腺瘤的受试者标记为阳性，检测到肺转移的受试者标记为阴性。具有肾上腺腺瘤的受试者有资格进行手术，而没有这种情况的受试者（例如，具有肺转移的患者）无资格进行，这促使作者将对腺瘤的检测作为阳性发现。

二、案例研究

接下来我们将通过阅片者使用计算机断层扫描结肠成像（CTC）检测结肠癌的案例研究，进一步阐述灵敏度和特异度的计算。研究样本包括 30 位接受了 CTC（即诊断检验）的受试者。该研究中使用的"金标准"试验是结肠镜检查（将与照相机连接的长形柔性仪器插入直肠并沿结肠移动）和手术。"金标准"确定 25 例受试者中有 39 个息肉，5 例受试者没有息肉。我们将真阳性定义为有一个或多个息肉的受试者，阅片者至少检测出一个息肉。假阴性定义为有一个或多个息肉的受试者，阅片者漏检了全部息肉。真阴性定义为没有息肉的受试者且阅片者未检测出任何息肉。假阳性定义为没有息肉的受试者，而阅片者检测出一个或多个息肉。结果如表 14.2。

表 14.2 计算机辅助诊断（computer aided detection，CAD）25 例结肠息肉和 5 例非结肠息肉受试者 CTC 结果

有无息肉：	诊断检验结果		总计
	阳性	阴性	
有息肉	22	3	25
无息肉	2	3	5
总计	24	6	30

在 25 例有息肉的受试者中，有 22 例诊断检验为阳性，也就是说，CTC 上至少有 1 个息肉被检测到。因此，有 22 例真阳性（true positives，TPs）和 3 例假阴性（false negatives，FNs），灵敏度是 22/25 = 0.88。在 5 例没有息肉的受试者中，有 3 例诊断检验为真阴性（true negatives，TNs）。特异度为 3/5 = 0.60。假阳性率（false positive rate，FPR）为 2/5 = 0.40，或 1 − 特异度。

第三节 灵敏度和特异度的汇总指标

当比较两个或多个诊断检验的准确度时，理想的情况是能够证明某一诊断检验的灵敏度和特异度均高于其他检验。由于必须同时考虑灵敏度和特异度，因此通常难以确认哪个诊断检验更具优越性，在很多情况下，一个诊断检验就某一指标而言比其他诊断检验好，而另一指标则不如其他诊断检验。因此，用一个指标来概括诊断检验的准确度是具有重要意义的。在本节中，我们描述了 3 种将灵敏度和特异度结合的常用汇总指标。

一、正确诊断的概率

我们首先介绍一个文献中常常出现并被简单地称为准确度的指标，或者更确切的说法是正确诊断的概率，其数学定义为 $P(T = D)$，不难看出正是灵敏度和特异度的加权平均，权重分别为患病率 [即 $P(D = 1)$] 和未患病率 [即 $P(D = 0)$]。这一概率可以通过表 14.1 中的数据进行估计，即 $(s_1 + r_0)/N$，包括了 TPs 和 TNs 在样本中的比例。

这一准确度指标的优势在于其简单的计算。然而，这一指标也存在许多缺点。首先，虽然灵敏度和特异度是诊断检验固有准确度的指标，正确诊断的概率却不是固有准确度的指标。举例来说，我们考虑两个计算机辅助诊断软件检测 CTC 中息肉的准确度研究的数据。这两个研究的数据报告在表 14.2 和表 14.3 中。表 14.2 展示了 30 名受试者的诊断检验结果——其中 25 例有息肉，5 例没有息肉。表 14.3 展示了 5 250 名受试者的诊断检验结果——其中 250 例（是

表 14.2 的 10 倍）有息肉，5 000 例没有息肉（是表 14.2 的 1 000 倍）。

表 14.3　5 250 例受试者 CTC 结果

有无息肉	诊断实验结果		总计
	阳性	阴性	
有息肉	220	30	250
无息肉	2 000	3 000	5 000
总计	2 220	3 030	5 250

　　通过表 14.2 的数据，我们可以估计出 CAD 辅助诊断 CTC 的灵敏度和特异度分别为 0.88 和 0.60，且此处设患病率为 83%。通过表 14.3 的数据，我们可以得到和使用表 14.2 中数据时对于灵敏度和特异度的一致估计，此处设患病率为 5%。然而，通过表 14.2 得到的正确诊断的概率是 83%，这与通过表 14.3 估计的正确诊断的概率 61% 不同。这是因为，在表 14.2 中由于患病率是 83%，灵敏度被赋予了更高的权重；而在表 14.3 中由于其患病率较低，特异度被赋予了更高的权重。正确诊断的概率的另一缺点在于它把假阳性和假阴性看作同等地位，实际上却并非如此。

二、比值比和约登指数

　　我们将介绍另外两个总结性指标。一个是比值比（odds ratio，OR），定义为患病人群中阳性检验结果相对于阴性检验结果的比值除以未患病人群中阳性检验结果相对于阴性检验结果的比值。OR 可以用灵敏度和特异度来表示：

$$OR = \frac{Se/(1\text{-}Se)}{(1\text{-}Sp)/Sp} = \frac{Se \times Sp}{FNR \times FPR}$$

　　对于表 14.2 和表 14.3 中的数据来说，OR 值均为 11。OR 值等于 1 表示对于患病人群和未患病人群阳性检验结果的可能性相同（即 Se=FPR）。OR 值大于 1 表示患病人群阳性检验结果的可能性更大，OR 值小于 1 表示未患病人群阳性检验结果的可能性更大。

　　另一个指标是约登指数，约登指数 = Se + Sp − 1，或者可以写成，约登指数 = Se − FPR。对于表 14.2 和表 14.3 中的数据来说，约登指数是 0.48。约登指数最大值为 1.0，最小值为 0.0；它反映了相对于未患病人群，患病人群具有阳性检验结果的可能性。Hilder 等发现约登指数（Youden's index）也可以解释为诊断检验期望后悔值（expected regret）的函数，其中后悔值是指进行诊断检验后所采取的行动和回顾时可能采取的最佳行动之间的差异。

　　与正确检验结果的概率不同，比值比和约登指数不依赖于样本人群中疾病的流行程度。然而，比值比和约登指数与正确检验结果的概率具有共同的缺点。这两个指标均将 FP 和 FN 视为同等程度的不理想结果。

三、受试者操作特征（ROC）曲线

　　很多诊断检验产生数值型的测量结果或有序的测量结果，而不是二分类结果（即阳性或阴性）。例如一种用于识别瓣膜置换术患者植入的人工心脏瓣膜是否破裂的数字成像算法。这种数字成像算法可以计算出气门撑杆支腿之间间隙的宽度，该宽度可用于区分完整的瓣膜和破裂的瓣膜。间隙越大，瓣膜越有可能破裂。表 14.4 报告了 20 例接受了瓣膜置换术的患者的间隙测量结果。这里我们将手术结果视为"金标准"。

表 14.4　10 个心脏瓣膜破裂患者和 10 个心脏瓣膜完整患者间隙测量结果

破裂	完整
0.58	0.13
0.41	0.13
0.18	0.07
0.15	0.05
0.15	0.03
0.10	0.03
0.07	0.03
0.07	0.00
0.05	0.00
0.03	0.00

为了描述成像技术的灵敏度和特异度，我们可选择一个值，如 0.05。间隙值大于 0.05 的标记为阳性，小于或等于 0.05 的定义为阴性。相应的灵敏度和特异度分别为 0.60 和 0.80。我们把 0.05 这一诊断实验结果称为决策阈值，作为定义阳性和阴性结果的截断值，从而可以定义灵敏度和特异度。不同的决策阈值将产生不同灵敏度和特异度的组合。

表 14.5 总结了对应不同决策阈值的灵敏度和特异度。从这个表中，我们可以看出，如果我们选择较大的间隙值，灵敏度会下降，而特异度会上升。但如果我们选择较小的间隙值，灵敏度会上升，特异度会下降。这种现象表明，灵敏度和特异度具有内在联系——一个上升，另一个就会下降。因此，在描述诊断检验时，灵敏度和特异度都需要同对应的决策阈值一起报告。

Lusted 1971 年提出的受试者操作特征（receiver operating characteristic，ROC）曲线是一个图形化展示灵敏度和特异度内在联系与其随阈值变化的规律的工具。ROC 曲线可以描述排除决策阈值影响后诊断检验的固有准确度。ROC 曲线是灵敏度（y 轴）相对于假阳性率（FPR），或 1 − 特异度（x 轴）绘制的图。图上的每一点都由一个不同的决策阈值生成。不同连接这些点的方式会产生不同类型的 ROC 曲线。如果我们使用线段连接由可能的决策阈值产生的点，会形成一个经验 ROC 曲线。如果我们用平滑函数连接这些点，会形成一个平滑 ROC 曲线。图 14.2 为心脏瓣膜研究（表 14.4）的经验和平滑 ROC 曲线。

表 14.5　心脏瓣膜研究中灵敏度和特异度的估计值

阈值	灵敏度	特异度	假阳性率	假阴性率
> 0.58	0.0	1.0	1.0	0.0
> 0.13	0.5	1.0	0.5	0.0
> 0.07	0.6	0.8	0.4	0.2
> 0.05	0.8	0.7	0.2	0.3
> 0.03	0.9	0.6	0.1	0.4
> 0.0	1.0	0.3	0.0	0.7
≥ 0.0	1.0	0.0	0.0	1.0

在图 14.1 中，经验 ROC 曲线上的每一个圆圈代表对应于不同决策阈值的一个（FPR，Se）

点。例如，在最左端的点（FPR = 0.0，Se = 0.5）对应于决策阈值 > 0.13（见表 14.5），最右端的点（FPR = 0.7，Se=1.0）对应于决策阈值 > 0.0。我们使用线段连接所有可能的决策阈值产生的点。在这个样例数据中，共有 9 个决策阈值提供了不同的（FPR，Se）点，除了两个不重要的点（0，0）和（1，1）。这 9 个阈值由研究人群（见表 14.4）中 10 个不同的检验结果产生。我们看到，随着试验的灵敏度上升，FPR 也上升；ROC 曲线精准地显示了增加的幅度。

四、拟合 ROC 曲线

尽管图 14.1 中的经验 ROC 曲线很有用，但通常具有锯齿状的外观，尤其是在有序数据和（或）小样本量的情况下。在图 14.1 中经验曲线的旁边，我们绘制了一个拟合 ROC 曲线（也被叫做平滑 ROC 曲线）的样例。平滑曲线是通过对受试者样本检验结果的分布假定一个统计模型来进行拟合的。在这些例子中，我们考虑双正态模型（即两个高斯分布：一个是未患病样本的检验结果，另一个是患病样本的检验结果）。这是诊断医学中拟合 ROC 曲线最常使用的模型。当使用双正态模型时，ROC 曲线被两个参数完全确定。第一个参数表示为 a，是患病和未患病样本检验结果的分布均值的标准化差异。第二个参数表示为 b，是患病和未患病样本检验结果分布的标准差（SDs）的比值。关于 ROC 曲线双正态模型的更多讨论，可参考周晓华等编写的书籍。

五、ROC 曲线的优点

受试者特征曲线的名字源于以下概念：给定曲线，信息接收者可以通过使用适当的决策阈值来使用曲线上的任何点。临床应用将决定需要试验的哪些特征。我们考虑心脏瓣膜数据（图 14.1）。如果成像技术用于筛查无症状的人，我们希望具有良好的特异性以最大程度地减少 FP 的数量，因为手术更换瓣膜存在风险。我们可能会选择 0.07 这一截断值，此处假阳性率是 0.20，灵敏度是 0.60。另一方面，如果成像技术用于诊断胸痛患者，我们则需要更高的灵敏度。这种情况下截断值选为 0.03 更合适，此处灵敏度是 0.90，假阳性率是 0.40。

ROC 曲线是准确度数据的直观表示：曲线的标度（灵敏度和假阳性率）是准确度的基本度量，可以从图中轻松读取。通常产生点的决策变量的值也会标注在曲线上。ROC 曲线不要求选择一个特定的决策阈值，因为所有可能的决策阈值都包含在内。灵敏度和特异度是独立于患病率的，因此 ROC 曲线同样独立于患病率。然而，如同灵敏度和特异度，ROC 曲线和相关指标可能受疾病谱和相关特征的影响。

ROC 曲线的另一优点是它不依赖于检验结果的范围；也就是说，它对于检验结果的单调变换是保持不变的，如线性、对数和平方根变换。实际上，经验曲线仅取决于观测结果的秩（rank），而不取决于检验结果的大小。

ROC 曲线还能在一组相同的比例尺上直接对两个或多个诊断检验进行直观比较。正如我们在表 2.8 中甲状腺疾病的例子中所见，当只有一对灵敏度和特异度数据时，很难比较两个检验。只有当一个检验特异度更高且灵敏度更高，或特异度相同且灵敏度更高，或灵敏度相同且特异度更高时，这个检验的性能才优于另一个检验。但是，即使其中一种情况成立，也很难确定决策阈值发生变化时检验的效果如何，因为阈值的变化可能会不同程度地影响两个检验。通过建立 ROC 曲线，可以在所有决策阈值下比较两个检验。

六、ROC 曲线下面积

用一个指标来概括一个检验的准确性通常十分实用。一些这样的综合指标与 ROC 曲线有关，其中包括最流行的 ROC 曲线下面积（area under the ROC curves，AUC），或可仅表示为 A。ROC 曲线下面积上部由 ROC 曲线界定，左右由平行的 y 轴界定，下部由 x 轴界定。ROC

曲线下面积取值为 0 到 1。面积为 1 的 ROC 曲线由两个线段组成：(0，0) - (0，1) 和 (0，1) - (1，1)。这样的检验是完美的，因其灵敏度是 1.0，假阳性率是 0.0。然而，这种诊断检验很少见。相反，面积为 0.0 的检验是完全不准确的；就是说，患病的样本总是被错误地标记为阴性，而未患病的样本总是被错误地标记为阳性。如果存在这样的检验，那么很容易地可以反转检验结果来得到一个完美的检验。ROC 曲线下面积的实际下限是 0.5。(0，0) - (1，1) 的连线下面积是 0.5，它叫做机会对角线。如果我们依赖于纯粹的机会来判断样本是否存在疾病，将会产生沿对角线的 ROC 曲线。

ROC 曲线高于机会对角线的诊断检验至少具有一些区分样本是否患病的能力。曲线离 (0，1) 点（左上角）越近，诊断检验越好。检验 ROC 曲线下面积是否不同于 0.50 总是合适的。拒绝这一假设意味着该试验具有区分样本是否患病的能力。

七、ROC 曲线下面积的涵义

ROC 曲线下面积有几种不同的解释：①所有可能特异度值的灵敏度平均值；②所有可能灵敏度值的特异度平均值；③随机选择的一个患病样本比随机选择的一个未患病样本的检验结果表现出更多患病可疑程度的可能性。

第三种解释来自于 Green、Swets 和 Hanley、McNeil 的工作。他们发现真实 ROC 曲线下面积与心理物理学中的二选一强迫选择（two-alternative forced choice，2-AFC）试验相关联。（"真实 ROC 曲线"指经验 ROC 曲线由无限样本和无限决策阈值构建。）在一个 2-AFC 试验中，两个刺激呈现给观察者，其中一个是噪声，另一个是信号。观察者需识别信号；ROC 曲线下面积恰是观察者正确识别信号的频率。由于 ROC 曲线下面积可以写为正确排序样本（患病和未患病）的概率，我们可以借用其他统计领域的统计方法来估计 ROC 曲线下面积。

即使没有进行 2-AFC 试验，我们仍可以使用 2-AFC 试验中的工具来构建 ROC 曲线。通过考虑经验 ROC 曲线下面积是如何估计的，可以很容易地理解这件事。令 X 表示一个患病样本的检验结果，Y 表示一个未患病样本的检验结果。我们有 n_1 个患病样本（即有 n_1 个 X，X_i，$i = 1, \cdots, n_1$）和 n_0 个未患病样本（n_0 个 Y，$Y_j = 1, \cdots, n_0$）。我们将每个 X 与每个 Y 配对。对于每个配对，如果患病样本比未患病样本检验结果更可疑，我们赋值为 1；如果未患病样本比患病样本检验结果更可疑，我们赋值为 0；如果患病样本和未患病样本检验结果相同，我们赋值为 1/2。在评估了所有可能的配对后，这些分数的总和除以配对的总数，即为经验 ROC 曲线下面积的估计。我们将其写为

$$\hat{A} = \frac{1}{n_0 \times n_1} \sum_{i=1}^{n_1} \sum_{j=1}^{n_0} \psi(X_i, Y_j)$$

公式 14.3.1

其中如果 $X_i > Y_j$，$\Psi(X_i, Y_j) = 1$；如果 $X_i < Y_j$，$\Psi(X_i, Y_j) = 0$；如果 $X_i = Y_j$，$\Psi(X_i, Y_j) = 1/2$。

Pepe、Thompson 和 Sullivan Pepe、Cai 发现，给定未患病样本检验结果为 ROC 曲线上一个特定临界点，在某个临界值的 ROC 曲线可以看作患病样本的检验结果比未患病样本的概率更大（更可疑）。这一见解使得我们可以通过标准的二分类回归方法来检验关于 ROC 曲线的假设。

八、阳性和阴性预测值

在这一节中我们向临床医生提出了一个重要问题：阳性（或阴性）检验结果意味着什么？对于一个检验结果为阳性的受试者，我们希望知道该受试者患病的概率；对于一个检验结果为

阴性的受试者，我们希望知道该受试者未患病的概率。这两种概率可以分别记为 $P(D=1\,|\,T=1)$ 和 $P(D=0\,|\,T=0)$。回答这些问题的关键是认识到这两种概率不仅取决于试验的固有准确度，还取决于在试验前患病的概率。

以一名 50 岁的受试者为例，他接受了 CTC 检查，结果为阳性。该受试者患有结肠息肉的概率是多少？假设表 2.7 描述了 5 250 名 45 岁老年受试者，他们均接受了 CTC 筛查。我们可以从这些数据中计算出 CT 检查结果阳性的受试者患有息肉的概率。检验结果阳性的受试者为 2 220，在这些受试者中，220 个患有息肉，因此，$P(D=1\,|\,T=1) = 220/2220 = 0.10$。在给定检验结果为阳性的条件下患病的概率即为阳性预测值（positive predictive value，PPV）。类似地，给定检验结果为阳性的条件下未患息肉的概率是 $P(D=0\,|\,T=1) = 2000/2220 = 0.90$，或简单记为 1 – PPV。

现在，假设受试者 CT 结果为阴性。在给定检验结果为阴性条件下受试者没有息肉的概率 $P(D=0\,|\,T=0)$，即阴性预测值（negative predictive value，NPV）。这里 NPV = 3000/3030 = 0.99。类似地，给定检验结果为阴性存在息肉的概率为 1 – NPV，即 0.01。

回想一下，根据表 14.2 和表 14.3 计算的灵敏度和特异度相同：0.88 和 0.60。然而，从这两个表中计算出的 PPV 和 NPV 却不同：表 14.2 中，PPV = 0.92，NPV = 0.50；表 14.3 中，PPV = 0.10，NPV = 0.99。这种差异是由不同的患病率所致。PPV 和 NPV 不是诊断检验固有准确度的度量，而是固有准确度和疾病患病率的函数。研究设计和抽样方案都将影响研究样本中的患病率（见第 3 章）。估计 PPV 和 NPV 时必须考虑这些因素。

继续讨论这个例子，考虑一个 70 岁有息肉病史的受试者。由于 PPV 和 NPV 都是疾病患病率的函数，我们不能直接从表 14.3 中计算 PPV 和 NPV。然而，通过贝叶斯定理，我们仍然可以使用表 14.3（或表 14.2）中固有准确度的估计来计算 PPV 和 NPV。

九、贝叶斯定理

贝叶斯定理（Bayesian theorem）以提出它的牧师、数学家贝叶斯（Bayes）的名字命名，是一种在给定检验的固有准确度和试验前疾病存在的概率下估计 PPV 和 NPV 的方法。后者是指检验前概率，它基于受试者的病史、体征和症状以及较早进行的诊断检验的结果。PPV 和 NPV 是疾病的检验后概率（也叫修正或后验概率），因为它们代表了知道检验结果后疾病存在的概率。因此，贝叶斯定理给出了疾病的检验后概率，该概率为检验前疾病存在概率与检验的灵敏度和特异度的函数。贝叶斯定理表示为：

$$P(D=d\,|\,T=t) = \frac{P(T=t\,|\,D=d)\,P(D=d)}{P(T=t\,|\,D=0)\,P(D=0) + P(T=t\,|\,D=1)\,P(D=1)} \qquad 公式\ 14.3.2$$

例如，为了计算 PPV 和 NPV，

$$PPV = P(D=1\,|\,T=1) = \frac{Se \times P(D=1)}{Se \times P(D=1) + (1-Sp) \times P(D=0)} \qquad 公式\ 14.3.3$$

$$NPV = P(D=0\,|\,T=0) = \frac{Sp \times P(D=0)}{Sp \times P(D=0) + (1-Se) \times P(D=1)} \qquad 公式\ 14.3.4$$

图 14.2 展示了检验结果阳性后试验前和检验后概率的关联。这里，灵敏度固定为 0.95，假阳性率是 0.01、0.10 或 0.25。当检验前概率非常低的时候，阳性检验结果大大提高了疾病存在的概率。相反，如果检验前概率非常高，阳性检验结果对疾病存在的概率影响很小。

我们还可以将贝叶斯定理写为比值（odds）和似然比（likelihood ratio，LR）的形式：

$$\text{post-test odds} = \text{pre-test odds} \times \text{LR}$$ 公式 14.3.5

比值（odds）由一个概率除以它的互补概率形成的：odds = P/（1$-P$）。例如，如果将公式 14.3.3 除以 $P(D = 0 \mid T = 1)$，那么得到 $\dfrac{\text{PPV}}{(1-\text{PPV})} = \dfrac{P(D=1)}{P(D=0)} \times \dfrac{\text{Se}}{(1-\text{Sp})}$。类似地，NPV /（1 − NPV）= $P(D = 0)$ /$P(D = 1)$ × Sp/（1 − Se）。然后通过以下方式将比值转换为概率：概率 = 比值 /（比值 +1）。

Radack 等阐述了使用肌酸激酶浓度这一连续数字检验结果时，似然比的使用及其对检验后比值的影响。他们的研究表明，患有急性心肌梗死（AMI）的患者更有可能具有较高的肌酸激酶值；换句话说，较高的肌酸激酶值具有较高的似然比。他们报道了不同范围的肌酸激酶值的似然比。根据肌酸激酶值的不同，试验前比值相似的患者可以在检验后比值上有很大差异。

采用贝叶斯定理解释诊断检验与在临床研究中解释统计检验之间存在一个有趣的类比。与诊断检验一样，统计假设检验也会发生错误。如果不了解研究假设的先验概率，就无法正确地解释统计检验（如诊断检验）的结果。尽管难以量化，但可以在贝叶斯定理中使用研究假设的先验概率来计算研究假设成立的概率。

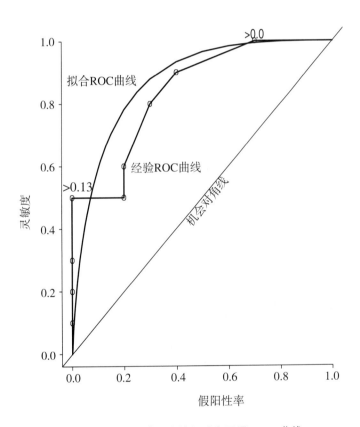

图 14.1　心脏瓣膜研究的经验和平滑 ROC 曲线

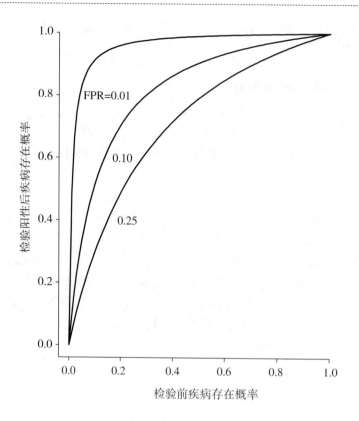

图 14.2　心脏瓣膜研究的经验和平滑 ROC 曲线

第四节　验证偏倚

到目前为止，我们的估计方法需要金标准来确定受试者的真实患病情况（患病或未患病）。然而，一些进行了诊断检验的受试者可能没有经过金标准的验证。通常情况下，没有进行疾病情况确认的受试者不是一个随机样本而是选定的一组样本。例如，如果金标准是侵入性手术，那么与诊断检验结果为阳性的受试者相比，诊断检验结果为阴性的受试者可能更不愿意进行金标准评估。尽管这种方式在临床实践中可能是明智且具有成本效益的，但是当此方法应用在评估诊断检验准确性的研究中时，诊断检验的准确度估计可能会有偏倚，这种偏差称为验证偏倚（verification bias）。

尽管验证偏差可能会扭曲一个诊断检验的准确度估计，很多已发表的诊断检验准确性研究未能识别这种验证偏差。例如，Greenes 和 Begg 回顾了在 1976—1980 年间发表的 145 篇研究，发现至少由 26% 的文章存在却未能识别验证偏差。Bates 等回顾了 54 篇儿科研究并发现其中超过 1/3 存在验证偏差。Reid 等查看了 1978—1993 年间发表的 112 篇 *NEJM*（《新英格兰医学杂志》）、*JAMA*（《美国医学会杂志》）、*BMJ*（《英国医学杂志》）和 *Lancet*（《柳叶刀》）上的研究，发现 54% 存在验证偏倚。

接下来我们介绍一些在估计二分类试验灵敏度和特异度时校正验证偏倚的方法。V、S 和 D 为随机变量，分别代表一个受试者的验证状态、检验结果和患病情况。$V = 1$ 表示经过验证的受试者，$V = 0$ 表示未经验证的受试者；$T = 1$ 表示阳性检验结果，$T = 0$ 表示阴性检验结果；$D = 1$ 表示患病受试者，$D = 0$ 表示未患病受试者。如果诊断检验结果是唯一观察到的会影响验证过程的因素，我们有以下结果：

$$P(V = 1 \mid T,\ D) = P(V = 1 \mid T)$$

公式 14.4.1

在这个例子中，观察数据如表 14.6 中所展示。

接下来，我们得出试验 T 的灵敏度和特异度的最大似然估计。记

$$\phi_{1t} = P\left(T = t\right) \text{ 和 } \phi_{2t} = P\left(D = 1 \mid T = t\right) \qquad \text{公式 14.4.2}$$

其中 $t = 0$，1。令 $\phi_1 = \phi_{11}$ 且 $\phi_2 = \left(\phi_{20}, \phi_{21}\right)'$。在随机缺失（missing at random，MAR）假设下，对数似然函数可写为

$$l\left(\phi_1, \phi_2\right) = \sum_{t=0}^{1} m_t \log\left(\phi_{1t}\right) + \sum_{t=0}^{1}\left(s_t \log\left(\phi_{2t}\right) + r_t \log\left(1 - \phi_{2t}\right)\right) \qquad \text{公式 14.4.3}$$

表 14.6　一个二分类试验的观察数据

		诊断结果	
		T=1	**T=0**
已验证	D=1	s_1	s_0
	D=0	r_1	r_0
未验证		u_1	u_0
合计		m_1	m_0

其中 $\phi_{10} = 1 - \phi_1$。最大化上面的对数似然函数将得到 ϕ_1 和 ϕ_2 的 ML 估计：

$$\hat{\phi}_1 = \frac{m_1}{N}, \quad \hat{\phi}_{2t} = \frac{s_t}{s_t + r_t} \qquad \text{公式 14.4.4}$$

其中 $N = m_0 + m_1$，为样本的总数。

ML 估计量的渐近方差矩阵，$\hat{\phi}_1$、$\hat{\phi}_{21}$ 和 $\hat{\phi}_{20}$，遵循观察到的 Fisher 信息矩阵并有以下形式：

$$\sum = \mathrm{diag}\left(\frac{\phi_1^2\left(1 - \phi_1\right)^2}{m_1\left(1 - \phi_1\right)^2 + m_0\phi_1^2}, \frac{\phi_{21}^2\left(1 - \phi_{21}\right)^2}{s_1\left(1 - \phi_{21}\right)^2 + r_1\phi_{21}^2}, \frac{\phi_{20}^2\left(1 - \phi_{20}\right)^2}{s_0\left(1 - \phi_{20}\right)^2 + r_0\phi_{20}^2}\right)$$

由于 T 的灵敏度（Se）和特异度（Sp）都是 ϕ_1，ϕ_{20} 和 ϕ_{21} 的函数，可以通过 delta method 得出 Se 和 Sp 及相应方差的 ML 估计。Begg、Greenes 和 Zhou 均推导出下面灵敏度和特异度的 ML 估计：

$$\widehat{Se} = \frac{m_1 s_1 / \left(N\left(s_1 + r_1\right)\right)}{m_0 s_0 / \left(N\left(s_0 + r_0\right)\right) + m_1 s_1 / \left(N\left(s_1 + r_1\right)\right)}, \qquad \widehat{Sp} = \frac{m_0 r_0 / \left(N\left(s_0 + r_0\right)\right)}{m_0 r_0 / \left(N\left(s_0 + r_0\right)\right) + m_1 r_1 / \left(N\left(s_1 + r_1\right)\right)}$$

相应的一致方差估计为 $\widehat{Var}\left(\widehat{Se}\right) = \left(\widehat{Se}\left(1 - \widehat{Se}\right)\right)^2\left(\dfrac{N}{m_0 m_0} + \dfrac{r_1}{s_1\left(s_1 + r_1\right)} + \dfrac{r_0}{s_0\left(s_0 + r_0\right)}\right)$，$\widehat{Var}\left(\widehat{Sp}\right) =$ $\left(\widehat{Sp}\left(1 - \widehat{Sp}\right)\right)^2\left(\dfrac{N}{m_0 m_1} + \dfrac{s_1}{r_1\left(s_1 + r_1\right)} + \dfrac{s_0}{r_0\left(s_0 + r_0\right)}\right)$。

基于渐近正态性 $\dfrac{\widehat{Se} - Se}{\sqrt{\widehat{Var}\left(\widehat{Se}\right)}}$ 和 $\dfrac{\widehat{Sp} - Sp}{\sqrt{\widehat{Var}\left(\widehat{Sp}\right)}}$，我们分别建立了 Se 和 Sp 的 $100\left(1 - \delta\right)\%$ 置信区间 $\widehat{Se} \pm z_{1 - \delta/2}\sqrt{\widehat{Var}\left(\widehat{Se}\right)}$ 和 $\widehat{Sp} \pm z_{1 - \delta/2}\sqrt{\widehat{Var}\left(\widehat{Sp}\right)}$，其中 z_δ 是标准正态分布的第 $100\left(1 - \delta\right)$ 百分位数。

为了得到更好的置信区间，我们可以对 $\widehat{Se}$，$\log\left[\widehat{Se} / \left(1 - \widehat{Se}\right)\right]$ 做 logit 变换。使用和 Se 相同的方法，我们得到 $\left[\log Se / \left(1 - Se\right)\right]$ 的 $100\left(1 - \delta\right)\%$ 置信区间，

$$\log \widehat{Sp} / (1-\widehat{Se}) \pm z_{1-\delta/2}\sqrt{\widehat{Var}\left(\log \widehat{Sp} / (1-\widehat{Se})\right)},$$

其中 $\widehat{Var}\left(\log \widehat{Sp} / (1-\widehat{Se})\right) = \dfrac{N}{m_0 m_1} + \dfrac{r_1}{s_1(s_0+r_1)} + \dfrac{r_0}{s_0(s_0+r_0)}$。产生的 Se 的置信区间为

$$\left(\frac{\exp\left(\dfrac{\widehat{Se}}{1-\widehat{Se}} - z_{1-\delta/2}\sqrt{\widehat{Var}\left(\log \dfrac{\widehat{Se}}{1-\widehat{Se}}\right)}\right)}{1+\exp\left(\dfrac{\widehat{Se}}{1-\widehat{Se}} - z_{1-\delta/2}\sqrt{\widehat{Var}\left(\log \dfrac{\widehat{Se}}{1-\widehat{Se}}\right)}\right)}, \frac{\exp\left(\dfrac{\widehat{Se}}{1-\widehat{Se}} + z_{1-\delta/2}\sqrt{\widehat{Var}\left(\log \dfrac{\widehat{Se}}{1-\widehat{Se}}\right)}\right)}{1+\exp\left(\dfrac{\widehat{Se}}{1-\widehat{Se}} + z_{1-\delta/2}\sqrt{\widehat{Var}\left(\log \dfrac{\widehat{Se}}{1-\widehat{Se}}\right)}\right)} \right)$$

Sp 的 CI 与上述 Se 的表达式相同。

肝闪烁扫描仪实例分析

在这一小节中，我们利用上述校正验证偏差的方法分析肝闪烁扫描仪案例。让 T，D 和 V 分别表示受试者的检验结果，真实患病状态和疾病验证状态。我们将观察数据总结在表 14.7 中。

表 14.7　肝闪烁扫描仪数据

		诊断结果	
		$T=1$	$T=0$
$V=1$	$D=1$	231	27
	$D=0$	32	54
$V=0$		166	140
总计		429	221

如果在计算中仅考虑疾病状态经过验证的受试者，灵敏度的有偏估计是 0.90，95% 置信区间是 (0.86，0.93)；特异度的有偏估计是 0.63，95% 置信区间是 (0.53，0.73)。

如果受试者进行验证的概率仅取决于肝成像扫描的结果，验证过程是 MAR。使用上述校正方法，估计的灵敏度下降到 0.84，95% 置信区间为 (0.79，0.88)，估计的特异度为 0.74，95% 置信区间为 (0.66，0.81)。

习　题

1. 一项评估"CINE"磁共振成像（MRI）检测胸主动脉解剖的准确性的研究共包含 45 名解剖患者和 69 名未解剖患者。读者使用置信量表：1="绝对不解剖"，2="可能不解剖"，3="可能解剖"，4="很可能解剖"，5=""明确解剖"。测试结果总结如表 14.8。计算每个可能的决策阈值的 Se 和 FPR，并绘制 ROC 曲线。

表14.8　使用MRI检测胸主动脉解剖的准确度

解剖状态	存在	不存在
1	7	39
2	7	19
3	3	9

续表

解剖状态	存在	不存在
4	5	1
5	23	1

2．练习 1 中描述的研究的研究人员假设新的"CINE"成像序列将提高标准自旋回波图像的准确性。表 14.9 给出了使用自旋回波的相同 114 名患者的读者置信度分数。在与练习 1 相同的轴上绘制 ROC 曲线。讨论 ROC 区域的相对优势和劣势。

表14.9　使用自旋回波检测胸主动脉解剖的准确度

解剖状态	存在	不存在
1	1	21
2	4	39
3	10	9
4	4	0
5	26	0

3．磁共振血管造影（MRA）是一种用于检测脑动脉瘤的无创检查，它的 Se 和 Sp 都是 ≥ 0.80。对于有动脉瘤家族史的无症状患者，动脉瘤的预检概率为 20%。对于这些患者，假设 MRA 的 Se 和 Sp 等于 0.80，那么阳性检测后发生动脉瘤的概率是多少？一般人群（即没有家族病史的受试者）发生动脉瘤的概率为 0.02。对于没有家族史的患者和有家族史的患者（假设 Se=Sp），MRA 的 Se 和 Sp 需要是多少才能达到相同的测试后概率？

4．PPV 在什么情况下等于 0，在什么情况下等于 1？NPV 在什么情况下等于 0，在什么情况下等于 1？

5．一项由 Zhou 报告的研究对检测阿尔茨海默症的新筛查和标准测试的数据的相对准确性感兴趣，金标准是临床评估，包括神经学检查、神经心理学测试组、实验室测试、CT 扫描和对该主题的亲属的详细采访。一些受试者接受了两项测试，但没有接受临床评估。表 14.10 显示了生成的分类数据。

假设接受临床评估的概率仅取决于标准测试和新测试的结果。计算新测试的敏感度和特异度的验证偏差校正估计。

表 14.10　来自阿尔茨海默症研究的数据

		Age ≥ 75			
		检测 1 阴性		检测 1 阳性	
		检测 2 阴性	检测 2 阳性	检测 2 阴性	检测 2 阳性
评估	未患病	55	19	10	25
	患病	1	3	5	31
未评估		346	65	6	22
总数		402	87	21	78

附 录 | R 语言简介

第一节 引 言

数据分析包括随机模拟和统计模型中参数的求解，这些都离不开计算工具。常用的计算工具有 C 语言、Fortran 语言等。这些高级语言的特点是运算速度快，适用于快速求解模型的参数。这些语言的缺点是不太直观、编程不太友好，特别是不能很好地与随机模拟直接结合起来。

目前有非常好的专门进行统计计算和随机模拟的软件，可以快速地实现随机数的产生、模型的验证等。这些常用的软件有 SAS、matlab、python 和 R。

本书采用 R 语言（下文简称 R）主要是因为它具有如下优点：① R 是一个免费的软件。② R 的安装和使用非常方便。③国际上使用 R 的统计学家很多，最新的和经典的统计学方法一般都有 R 软件包，可以方便地使用。

当然 R 也有它本身的限制，比如 R 运算速度较 C 语言、JAVA 等慢很多。一个比较好的处理方法是将 R 和 C 语言结合起来，将大型的运算，比如循环交给 C 语言处理。

本附录是 R 语言的一个入门介绍。通过本附录的学习，读者可以快速地使用 R 进行数据分析。

R 语言是从 S 语言演变而来的。S 语言是 20 世纪 70 年代由贝尔实验室的 Rick Becker、John Chambers 和 Allan Wilks 开发的。1995 年，新西兰 Auckland 大学统计系的 Robert Gentleman 和 Ross Ihaka，基于 S 语言的源代码，编写了一套软件。或许是因为软件的作者都以 R 开头，或者因为字母 R 的编号比字母 S 的编号小 1，该软件被命名为 R 软件。

第二节 R 软件的安装

R 是一个跨平台的软件，可在多种操作系统下运行。它的安装非常简单，进入 R 语言的主页 https：//www.r-project.org，你会看到"To download R, please choose your preferred CRAN mirror"然后选择合适的镜像网站（CRAN mirror）。根据你自己的操作系统（Windows、MAC 或 linux），选择合适的链接进行下载，然后安装即可。

第三节 R 软件中的数据结构

R 操作的实体是对象。常见的对象有向量、列表、数据框、矩阵等。

向量是由同一类型的许多元素按照一定顺序排放在一起构成的。例如数字向量就是由一系列数字组成的，逻辑向量是由一系列逻辑值组成的，字符向量是由一系列字符串组成的。因为构成向量的元素必须都是同一类型的，它们是 R 的基本类型。基本类型有 4 类：数值型、字符型、逻辑型和复数型。

一、向量的创建

最简单的创建一个向量的方式如下：通过函数 c () 来创建，并赋值给一个变量。

```
x = c (2, 0, 1, 7) ## 创建长度为 4 的数值型向量
y = c ('computational', 'statistics') ## 创建长度为 2 的字符型向量
z = c (TRUE, FALSE) ## 创建长度为 2 的逻辑型向量
```

创建字符串时，既可以用单引号（' '），也可以用双引号（" "）。在 R 中使用 # 对程序进行注释，即 # 号之后的内容将被程序忽略，只起到注释说明的作用。若创建有规律的向量，则可以使用函数 rep ()，seq () 以及 " : "。

```
x = rep (3, times = 5) ## 将 3 重复 5 次，得到一个向量 (3, 3, 3, 3, 3)
y = rep (c (1, 2), times = 2) ## 将向量 (1, 2) 重复 2 次，得到一个新向量 (1, 2, 1, 2)
z = seq (from = 0,to =1,length = 5) ## 产生长度为 5 的向量 (0.00 0.25 0.50 0.75 1.00)
w = 1: 10 ## 产生一个递增数列，从 1 至 10，每次数值增加 1
```

seq () 函数还有其他使用方法，比如可以指定开始和结束数值，以及两个相邻元素的间隔。可以在 R 中键入 "? + 函数名" 来查询函数的使用方法。比如 "? seq" 返回 seq () 函数的具体使用方法。

二、向量的运算

最常见的向量的运算，是数值型向量的算术运算。操作规则是：按照向量中的元素，一个一个进行运算。例如：

```
x = c (1, 2, 3)
y = c (5, 6, 7)
z = x + y
```

z 是一个新的向量，它的值是 c (6，8，10)。值得一提的是，两个向量运算时，向量的长度最好一样，否则会出现 "意外" 的结果。例如

```
x = c (1, 2)
y = c (2, 3, 4)
z = x + y
```

这里 R 并不会报错，它确实计算出了 z 这个向量。z 的值是 c (3，5，5)。它的计算规则是这样的，把长度短的向量复制过来，"补" 到与长的向量长度相同，然后在对应位置做运算。

对于字符型向量，有一个很常用的函数 paste ()。它把几个字符型向量按元素连起来。这个函数非常实用。比如我们要构造一个长为 100 的向量，第 i（i = 1，2，…，100）个元素为 X_i，使用 paste () 函数将非常方便。

```
X = paste ('X', 1: 100, sep = " ")
```

注意，paste () 函数中的参数 "sep" 指定了链接两个字符串时使用的分隔符，默认的是空格。

上面我们选的分隔符是一个空字符，即紧密连在一起。注意向量的操作，上个例子中，第一个向量（"X"）长度为 1，所以它与第二个长度为 100 的向量运算时，先重复 100 次，使得长度和第二个向量相同。

向量的所有元素必须是同一种基本类型。R 还有一用于存储复杂类型数据的数据结构。常见的有列表（list），数据框（data.frame）和矩阵（matrix）。

列表和向量类似，列表也是由一些列元素组成的。和向量不同的是，列表的元素可以是 R 的任何对象。比如，要存储一个数据集。该数据集包括样本的姓名、年龄、身高、体重等信息。显然，用一种单一的基本数据类型没有办法完成任务。这个时候可以考虑使用列表。下面给出两个列表的例子。

```
X = list ('James', 20, 180, 100) ## 4 个元素的列表
Y = list (list ('James', 20, 180, 100), list ('John', 25, 175, 90))
## 两个元素的列表，每个元素分别是一个列表
```

数据框是 R 的一种重要的数据结构，用处十分广泛。简单来讲，数据框是一种二维的结构，有行和列。每一列是一个向量。不同的列可以是不同类型的向量。在数据分析中，通常用数据框来存储数据。比如有 n 个观测、p 个变量的样本，可以用一个 $n \times p$ 的数据框来存储。

```
X = data.frame (name =c ('James', 'John'), age=c (20, 21),
height=c (180, 170) , weight=c (100, 90))
## 产生了如下的一个 2×4 的数据框
```

	name	age	height	weight
1	James	20	180	100
2	John	21	170	90

矩阵是一个二维向量。它有行和列。它的每一行都是一个向量，每一列也是一个向量。在统计计算中，经常会使用矩阵以及它的数学运算。下面给出几个矩阵生成的例子。

```
X = matrix (c (1, 2, 3, 4, 5, 6), ncol=2) ##    生成 3×2 的矩阵
     [, 1] [, 2]
[1,]  1   4
[2,]  2   5
[3,]  3   6
```

```
X = diag (3) ## 生成 3×3 的单位矩阵
```

前面讲解了如何构造 R 中常见的数据结构，接下来通过一些代码，说明如何从这些数据中查询、抽取以及修改数据。

三、查询和抽取元素

R 使用 "[]" 来查询和抽取元素。将 [] 放到 R 的一些对象（如向量、列表、矩阵、数据框）后，在 [] 内写入符合要求的向量，即可查询和抽取元素。[] 内的向量称为索引向量。常见的索引向量有 4 种：

1. 逻辑向量　逻辑向量要求长度和要操作的对象长度相同。逻辑向量值为 TRUE 时，操作对象对应位置的元素被抽取出来。这是经常使用的一个索引向量。例如有一个学生成绩向量

c（83，92，73，65，86，69，71）。现在希望找出其中优秀（成绩大于或等于85）的成绩。可以这样做

```
X = c (83, 92, 73, 65, 86, 69, 71) ## 成绩向量
index = (X >= 85) ## 得到一个逻辑向量，判断成绩是否 >= 85
print (index) ## 把 index 的值显示在屏幕上
[1] FALSE  TRUE FALSE FALSE  TRUE FALSE FALSE ## index 的值
X [index] ## 抽取那些 index 取 TRUE 时，X 对应的值
[1] 92 86 ## 上面表达式 X [index] 的结果
```

容易看出 index = c（FALSE，TRUE，FALSE，FALSE，TRUE，FALSE，FALSE）X [index] 返回的是 X 的一个子向量 c（92，86）。思考：X [c（TRUE，FALSE）] 的返回值是什么？

2. 正整数向量　另一个最常用的索引向量是正整数向量。它精确查找第 i 个元素。比如 X 是一个向量，则 X [3] 查找第 3 个元素。X [c（3，5，6，3）] 给出 X 的第 3，5，6，3 这四个元素。如果 X 是一个列表（list），则 X [] 返回值仍然是一个列表，X [c（1，3）] 给出长度为 2 的列表，这个新的列表的元素是 X 的第 1 个和第 3 个元素。看几个例子：

```
X = c (83, 92, 73, 65, 86, 69, 71) ## 成绩向量
X [3]  ## 第三个成绩，值为 73
X [c (2, 5, 2)] ## 长度为 3 的向量，值为 c (92, 86, 92)

Y = list (name = c ('James', 'John'), age=c (20, 21), height=c (180, 175))
## 长度为 3 的 list，第一个元素是 name，第二个是 age，第三个是 height
Y [1] ## 仍然是一个 list，它只含有一个元素 name
Y [c (1, 3)] ## 长度为 2 的 list，它的第一个元素是 name，第二个元素是 height
```

注意 list 的一个特殊取值操作。在上面例子（Y）中，想得到第二个人的 name，该怎么操作呢？Y [1] 取出了所有数据的 name 这一个项。但是 Y [1] 不是一个向量，它只是一个子列表。要想得到列表的某一个元素，需要使用 [[]]，即 Y [[1]] 给出了 Y 的第一个元素向量 c（'James'，'John'）。因此 Y [[1]] [2] 给出了第二个人的 name（'John'）。编程时，对于列表，一定要区分好 [] 和 [[]] 的不同之处。对于列表，一般每一项元素都有名字，可以使用 Y$name：Y$age 来直接选取某一个元素，也可以使用 Y [['name']]：Y [['age']] 来选取。也请注意 Y ['name'] 和 Y [['name']] 的区别。

3. 负整数向量　负整数向量用来去除不想要的值。比如 X [−c（1,3）] 去掉 X 中的第 1，3 个元素之后，剩余的向量即为该表达式的值。

4. 字符型向量　有些 R 对象有名字（name），比如上面的 list Y 中，有 3 个元素，每一个元素都有一个名字。所以，可以直接使用名字来选取数据。向量的每个元素也可以赋予名字。然后可以使用名字来查询或抽取数据。

```
X = c (80, 85, 95)
names (X) = c ('homework', 'mid_term', 'final')
X [c ('mid_term')]
X [c ('homework', 'final')]
```

四、修改数据

R 修改数据比较简单。首先找到 X 的要替换的元素的索引向量（index），然后使用目标向

量赋值给 X［index］即可。

```
X = c (80, 85, 95)
names (X) = c ('homework', 'mid_term', 'final')
X [c ('mid_term')] = 95   ## 修改了期中成绩
```

第四节　R 软件产生随机数

R 可以很方便地产生许多常见分布的随机数。还可以计算这些分布的累积分布函数值 $F(x)$：$P(X \le x)$，密度函数值，以及 q 分位数 $(\min\{x: P(X \le x) > q\})$。

表附录 1 给出了常见的分布在 R 中的名称，以及使用他们时需要指定的参数。

在这些分布的名称前加 'd' 得到密度函数值，加 'p' 得到累计分布概率，加 'q' 得到分位数，加 'r' 得到随机数。

例如：

```
2*pt (-2.43, df = 13)  ##t 分布的双侧 p 值
qf (0.01, 2, 7)  ## F (2, 7) 分布的 99\% 分位点
rnorm (100, 0, 1)  ## 产生 100 个均值为 0，标准差为 1 的正态分布随机数
dunif (0.3, 0, 1)  ## [0, 1] 上均匀分布的密度函数在 x=0.3 处的函数值
```

表附录1　R 中常见分布的名称及其使用时所需参数

分布类型	R中的名称	指定参数
beta	beta	shape1、shape2、ncp
binomial	binom	size、prob
Cauchy	cauchy	location、scale
chi-squared	chisq	df、ncp
exponential	exp	rate
F	f	df1、df2、ncp
gamma	gamma	shape、scale
geometric	geom	prob
hypergeometric	hyper	m、n、k
log-normal	lnorm	meanlog、sdlog
logistic	logis	location、scale
negative binomial	nbinom	size、prob
normal	norm	mean、sd
Poisson	pois	lambda
signed rank	signrank	n
Student's t	t	df、ncp
uniform	unif	min、max
Weibull	weibull	shape、scale
Wilcoxon	wilcox	m、n

第五节　数据的读取和存储

做数据分析，通常数据都存储在电脑中，而不是手动输入数据。最简单的数据读取的方法是，直接读取 excel 或者 csv 文件中的数据。csv 文件比 excel 文件更容易读取。

一、数据的读取

读取 csv 文件的方法为

```
X = read.csv ('./filename.csv')
```

其中，*read.csv* 是函数名，用来读取电脑中的 csv 文件。csv 文件是一种文本文件，可以将 excel 文件中的文件使用"另存为"保存成 csv 文件。"./filename.csv"是文件名。其实"filename.csv"是文件名及其后缀。"./"是文件存放的路径，它代表当前文件夹。

如果希望直接读取 excel，则需要安装支持读取 excel 的程序包（package）。一个简单的读取 excel 文件的程序包是 readxl。它的使用方法是：

```
install.packages ("readxl")  ## 安装 readxl 程序包
library (readxl)  ## 在 R 中加载程序包
data = read_excel ("./filename.xlsx", sheet = 1)
## 读取当前文件夹下的名为 filename.xlsx 的 excel 文件，
## 且读区它的第一个 sheet 中的数据
```

上段代码完成了 3 个任务、①安装程序包；②在 R 中加载程序包；③读取 excel 文件。

二、数据的存储

在我们做完数据分析之后，通常要将模型、结果存储下来，以便以后使用。存储结果通常有两种方法，一种是将结果转成表格的形式，存在 excel 或者 csv 文件中。保存在 csv 文件中比较简单。

```
write.csv (X, './filename.csv')
```

这里 *X* 是一个数据框（data.frame），'./filename.csv'是希望保存的文件名。如果希望保存到 excel 里面，需要程序包，这里推荐使用

```
install.packages ("writexl")  ## 安装 readxl 程序包
library (writexl)  ## 在 R 中加载程序包
data = write_xlsx (X, "./filename.xlsx")
## 将数据框 X，保存到名为 filename.xlsx 的 excel 文件中。
```

第六节　用 R 软件做经典统计分析

本节介绍怎样使用 R 做经典统计分析，包括随机数的产生、假设检验、方差分析和回归分析。

一、随机数的产生

随机数的产生是非常重要的内容。很多模型的验证都要使用模拟数据，就要使用随机数。

R 产生随机数非常方便。R 带有许多常用的分布。知道分布的名称，在其前面加 r 即可产生相应分布的随机数。例如：

```
rnorm (100, 0, 1)  ## 产生 100 个均值为 0，标准差为 1 的正态分布随机数
runif (10, 0, 1)   ## 产生 10 个 [0, 1] 上均匀分布的随机数
rt (100, 20) ## 产生 100 个自由度为 20 的 t 分布的随机数
```

二、常见的假设检验

许多假设检验可以直接在 R 中实现，而不需要手动计算统计量。

1. t 检验，下面是一个例子：

```
x = rnorm (100, 0, 1)  ## 产生 100 个标准正态分布的随机数
t.test (x)  ## 检验其均值是否为 0
t.test (1: 10, y = c (7: 20))  ## 检验两组数据均值是否相同
```

2. 卡方检验　卡方检验常用在分类变量的假设检验中，下面是一个例子：

```
## From Agresti (2007) p.39
 M < - as.table (rbind (c (762, 327, 468), c (484, 239, 477)))
 dimnames (M) < - list (gender = c ("F", "M"),
            party = c ("Democrat", "Independent", "Republican"))
 (Xsq < - chisq.test (M) )  # 打印出检验结果
```

三、方差分析

方差分析根据随机设计不同而不同，这里仅介绍最基础的完全随机设计的方差分析的使用方法。

R 中方差分析的基本代码是 *aov* (*y ~ treatment*, *data = df*)，这里 y 是目标变量，treatment 是指个体接受不同的处理。

y 和 treatment 通常是一个数据框的两列。其他设计例如区组随机设计的方差分析，其实是多因素方差分析的一种。可以使用多因素方差分析的代码来实现。多因素方差分析的基本代码是 aov (y ~ treatment1 + treatment2 + ⋯ + treatmentK, data= df)。

下面我们来看一个例子。

```
ctl < - c (4.17, 5.58, 5.18, 6.11, 4.50, 4.61, 5.17, 4.53, 5.33, 5.14)  ##
控制组数据
trt < - c (4.81, 4.17, 4.41, 3.59, 5.87, 3.83, 6.03, 4.89, 4.32, 4.69)  ##
处理组数据
group < - gl (2,10,20,labels = c ("Ctl","Trt"))  ## 构造一个因子（分类变量）
weight < - c (ctl, trt)  ## 将控制组数据和处理组数据放在一起，构成一个向量
aov_result < - aov (weight ~ group)  ## weight 记录了结果变量的值，group 记录
了对应的分组
summary (aov_result)  ## 打印出方差分析的结果，见下表：
```

```
summary (aov_result)
Df Sum Sq Mean Sq F value Pr (> F)
```

| group | 1 | 0.688 | 0.6882 | 1.419 | 0.249 |
| Residuals | 18 | 8.729 | 0.4850 | | |

四、回归分析

回归分析是非常常用的研究变量间关系的工具。也常常用来进行预测分析。假设我们有一个数据框，里面有一列是目标变量，记为 Y。现在我们想计算一个回归方程用于解释、控制或预测。可以使用 lm ()，具体例子如下：

```
X1 = rnorm (100) # 产生一个变量的数据
X2 = rnorm (100) # 产生一个变量的数据
X3 = rnorm (100) # 产生一个变量的数据
eps = rnorm (100) # 产生随机误差
Y = X1 + 2*X2 + 1.5*X3 + eps # 产生结果变量的数据
df = data.frame (cbind (X1, X2, X3, Y)) # 把数据放在一个数据框中
lm (Y~., data = df) # 线性回归
summary (lm (Y~., data = df)) # 得到线性回归中的参数及统计推断结果
```

第七节　使用程序包

R 是一个开源软件，许多统计学家发展了新的算法，并把算法写成工具包。大大方便了数据分析人员处理数据。本节介绍怎么使用程序包。

一、程序包的安装

很多程序包，需要下载安装。像前面大家见到的 readxl 和 writexl 包，它们需要先安装再使用。一个简单的安装的方法就是在 R 中，使用函数 install.packages ('pkg')，引号里面的 pkg 就是指程序包的名字，如 readxl、writexl 等。一旦安装成功，就可以调用该程序包了。

二、程序包的调用

调用程序包之前，首先要加载程序包，使用 library ('pkg')。引号里的 pkg 就是程序包的名字，比如 readxl、writexl 等。加载成功后，可以使用程序包里面的各函数。比如 read_excel 函数，就是程序包 readxl 中的函数。加载 readxl 之后，就可以使用 read_excel 函数了。

第八节　用R软件画图

R 是一个非常优秀的可视化软件。它有一个非常强大的 ggplot 程序包，专门负责各种漂亮的可视化做图。这里简单介绍几个常用的画图函数。满足读者最基本的需求。这里介绍的画图函数，不需要其他程序包的支持，R 本身自带画图函数。

一、散点图

散点图是用来直观地显示变量之间关系的一种可视化工具。假设我们想知道变量 Y 和变量 X 之间的关系，可以使用

```
plot (X, Y) ## 画散点图，
```

```
plot (Y~X) ## 和上面一样
plot (Y~X, data = df) ## 这里 X, Y 分别是数据框 df 的两列的列名
```

来观察它们的散点图。这里 X 是一个向量，Y 是一个向量。它们也可以是数据框中的两列的列名。

二、直方图

观察一个连续型变量的有用的工具是直方图。R 中画直方图非常简单，使用函数 hist (X) 即可。X 是一个向量。

第九节　其　他

上面我们简单介绍了 R 的基本使用规则，大家学习之后，应该能够进行常规的数据分析工作。R 还能做更加复杂的工作，比如发展更先进的统计方法等。这时候可能需要大家掌握一些编程的技巧，比如构建函数、使用循环、使用判断语句等。这些知识不在本简介之列，大家可以参考 R 的学习文档。

参考文献

Anderson G., Cummings S., Freedman L., et al. (1998). Design of the women's health initiative clinical trial and observational study. *Controlled Clinical Trials*, 19 (1): 61-109.

Bates A. S., Margolis P. A., Evans A. T. (1993). Verification bias in pediatric studies evaluating diagnostic tests. *The Journal of pediatrics*, 122 (4): 585-590.

Bayes T. (1763). An essay towards solving a problem in the doctrine of chances. *Philosophical Transaction-Royul Society*: *Biological Sciences*, 53: 370-418.

Begg, C. B. & Greenes R. A. (1983). Assessment of diagnostic tests when disease verification is subject to selection bias. *Biometrics*, 3: 207-215.

Browner W. S. & Newman T. B. (1987). Are all signifi-cant p values created equal? the analogy between diagnostic tests and clinical research. *Journal of the American Medical Association*, 257: 2459-2463.

Burk D. & Yiamouyiannis J. (1975). Fluoridation and cancer. *Congressional Record*, 121: 7172-7176.

Byar D. P. (1991). Problems with using observational databases to compare treatments. *Statistics in Medicine*, 10, 663-666.

Byar D. P., Simon R. M., Friedewald W. T., et al (1976). Randomized clinical trials. perspectives on some recent ideas. *New England Journal of Medicine*, 295 (2): 74-80.

Campbell G. (1994). General methodology I: Advances in statistical methodology for the evaluation of diagnostic and laboratory tests. *Statistics in Medicine*, 13: 499-508.

Cobb G. W. & Moore D. S. (1997). Mathematics, statistics, and teaching. *The American Mathematical Monthly*, 104 (9): 801-823.

Collier R. (2009). Legumes, lemons and streptomycin: A short history of the clinical trial. *Canadian Medical Association Journal*, 180, 23-24.

D'Agostino Jr R. B. (1998). Propensity score methods for bias reduction in the comparison of a treatment to a non-randomized control group. *Statistics in Medicine*, 17 (19): 2265-2281.

Davidian M. & Louis T. A. (2012). Why statistics? *Canadian Nurse*, 336 (6077): 726-728.

De Veaux R. D. & Velleman P. F. (2008). Math is music: statistics is literature (or, why are there no six-year-old novelists?). *AMSTAT News*, 375: 54-58.

Fienberg S. E. (1992). A brief history of statistics in three and one-half chapters: a review essay. *Statistical Science*, 7, 208-225.

Possou W. J. E., Anderson G. L., Prentice R. C., et al (2002). Risks and benefits of estrogen plus progestin in healthy postmenopausal women: principal results from the women's health initiative randomized controlled trial. *Journal of the American Medical Association*，288（3）：321-333.

Fryback D. G. & Thornbury，J. R.（1991）. The efficacy of diagnostic imaging. *Medical Decision Making*，11：88-94.

Green D. M. & Swets，J. A.（1966）. *Signal Detection Theory and Psychophysics.* New York：John Wiley & Sons.

Green S. B. & Byar D. P.（1984）. Using case-control data to estimate sample sizes required for disease prevention trials in high-risk groups. *Controlled Clinical Trials*，5（3）：305.

Greenes R. A. & Begg C. B.（1985）. Assessment of diagnostic technologies. methodology for unbiased estimation from samples of selectively verified patients. *Investigative Radiology*,20（7）：751-756.

Hald A.（2003）. *A History of Probability and Statistics and their Applications Before 1750.* New Jersey：John Wiley & Sons.

Hanley J. A. & McNeil B. J.（1982）. The meaning and use of the area under a receiver operating characteristic（ROC）curve. *Radiology*，143：29-36.

Hilden J. & Glasziou P.（1996）. Regret graphs，diagnostic uncertainty and youden's index. *Statistics in Medicine*，15（10）：969-986.

Kaptchuk T. & Miller F.（2015）. Placebo effects in medicine. *New England Journal of Medicine*，373：8-9.

Liu Z.，Liu J.，Zhao Y.，et al.（2013）. The efficacy and safety study of electro-acupuncture for severe chronic functional constipation：study protocol for a multicenter，randomized，controlled trial. *Trials*，14（1）：176.

Lusted L. B.（1971）. Signal detectability and medical decision-making. *Science*，171（3977）：1217-1219.

Matthews R.（2016）. History of biostatistics. *Medical Writing*，25：8-11.

McNeil B. J. & Adelstein S. J.（1976）. Determining the value of diagnostic and screening tests. *Journal of Nuclear Medicine*，17：439-448.

Metz C. E.（1989）. Some practical issues of experimental design and data analysis in radiologic ROC studies. *Investigative Radiology*，24：234-245.

Moore D. & McCabe G（2006）. *Introduction to the Practice of Statistics*. 5th edition. New York：John Wiley & Son.

Morabia A.（2006）. Pierre-charles-alexandre louis and the evaluation of bloodletting. *Journal of the Royal Society of Medicine*，99（3）：158-160.

Morton V. & Torgerson D.（2003）. Effect of regression to the mean on decision making in health care. *British Medical Journal*，326（7398）：1083-1084.

Noseworthy J. H.，Ebers G. C.，Vandervoort M. K.，et al.（1994）. The impact of blinding on the results of a randomized，placebo-controlled multiple sclerosis clinical trial. *Neurology*，44（1）：16-20.

Oldham P. & Newell D.（1977）. Fluoridation of water supplies and cancer—a possible association? *Journal of the Royal Statistical Society：Series C（Applied Statistics）*，26（2）：125-135.

Olkin I.（2007）. Keynote addresses. meta-analysis：reconciling the results of independent studies. *Statistics in Medicine*，14（5-7）：457-472.

Pepe M. S. & Thompson M. L.（2000）. Combining diag-nostic test results to increase accuracy.

Biostatistics，1：123-140.

Piantadosi S. & Piantadosi S. (1997). *Clinical Trials：a Methodologic Perspective*. New Jersey：Wiley.

Powell K., Obuchowski N., Mueller K., et al. (1996). Quantitative detection and classification of single-leg fractures in the outlet struts of bjork-shiley convex-concave heart valves. *Circulation*，94：3251-3256.

Radack K. L., Rouan G., Hedges J. (1986). The likelihood ratio：an improved measure for reporting and evaluating diagnostic test results. *Archives of Pathology and Laboratiory Medicine Association*，110：689-693.

Reid M. C., Lachs M. S., Feinstein A. R. (1995). Use of method-ological standards in diagnostic test research：getting better but still not good. *Journal of the American Medical Association*，274 (8)：645-651.

Remer E. M., Obuchowski N., Ellis J. D, et al (2000). Adrenal mass evaluation in patients with lung carcinoma：a cost-effectiveness analysis. *American Journal of Roentgenology*，174 (4)：1033-1039.

Sox Jr, H., Stern S., Owens D., et al (1989). *Assessment of Diagnostic Technology in Health Care. Rationale，Methods，Problems，and Directions*. Washington D.C：National Academy Press.

Strasak A. M., Zaman Q., Pfeiffer K. P., et al (2007). Statistical errors in medical research a review of common pitfalls. *Swiss Medical Weekly*，137 (0304)：44-49.

Sullivan P. M. & Cai T. (2004). The analysis of placement values for evaluating discriminatory measures. *Biometrics*，60 (2)：528-535.

Turner D. A. (1978). An intuitive approach to receiver operating characteristic curve analysis. *Journal of Nuclear Medicine*，19：213-220.

VanDyke C. W., White R. D., Obuchowski N. A., et al (1993). Cine MRI in the diagnosis of thoracic aortic dissection. *The Annual Meeting of the Radiological Society of North America*，Presented.

WG C. & Afifi A. (2001). Biostatistics in public health. *Encyclopedia of Public Health.* 81：35-37.

Wild C. J. & Pfannkuch M. (1999). Statistical thinking in empirical enquiry. *International Statistical Review*，67 (3)：223-248.

Zhao X., Chen F., Feng Z., et al (2014). Charac-terizing the effect of temperature fluctuation on the incidence of malaria：an epidemio-logical study in southwest china using the varying coefficient distributed lag non-linear model. *Malaria Journal*，13 (1)：192.

Zhou X. (1998). Comparing accuracies of two screening tests in a two-phase study for dementia. *Journal of Royal Statistical Society*，*Series C*，47：135-147.

Zhou X. H. (1993). Maximum likelihood estimators of sensitivity and speci-ficity corrected for verification bias. *Communications in Statistics-Theory and Methods*，，22 (11)：3177-3198.

Zhou X. H.，Obuchowski N.A.，McClish D. K. (2011). *Statistical Methods in Diagnostic Medicine*. 2nd Edition. New York：John Wiley & Sons，15-28.

Zweig M. H. & Campbell G. (1993). Second Receiver-operating characteristic (ROC) plots：a fundamental evaluation tool in clinical medicine. *Clinical Chemistry*，39：561-577.

何书元 (2013). 概率论与数理统计. 2 版. 北京：高等教育出版社.